U0185345

大数据管理与应用专业系列教材编委会

序言

信息技术与经济社会的交汇融合引发了数据迅猛增长，数据已成为国家基础性战略资源，大数据正日益对全球生产、流通、分配、消费活动以及经济运行机制、社会生活方式和国家治理能力产生重要影响。大数据作为互联网、云计算、物联网、移动计算之后 IT 产业又一次颠覆性的技术变革，正在重新定义国家战略决策、社会与经济管理、企业管理、业务流程组织、个人决策的基本过程和方式。

大数据是一类能够反映物质世界和精神世界运动状态和状态变化的信息资源，它具有复杂性、决策有用性、高速增长性、价值稀疏性、可重复开采性和功能多样性等特征。基于管理的视角，当大数据被看作是一类“资源”时，为了有效地开发、管理和利用这种资源，就不可忽视其获取问题、加工问题、应用问题、产权问题、产业问题和法规问题等相关的管理问题。

大数据的获取问题。正如自然资源开发和利用之前需要探测，大数据资源开发和应用的前提也是有效地获取。大数据的获取能力一定意义上反映了对大数据的开发和利用能力，大数据的获取是大数据研究面临的首要管理问题。制定大数据获取的发展战略，建立大数据获取的管理机制、业务模式和服务框架等是这一方向中需要研究和解决的重要管理问题。

大数据的处理方法问题。大数据资源的开发和利用主要基于传统的计算机科学、统计学、应用数学和经济学等领域的方法和技术。除了大数据的基础处理方法外，基于不同的开发和应用目的，如市场营销、商务智能、公共安全和舆情监控等，还需要特定的大数据资源开采技术和处理方法，称为应用驱动的大数据处理方法。大数据的处理方法是大数据发展中重要的基础性管理问题。

大数据的应用方式问题。大数据资源的应用需要考虑的重要问题是如何将大数据科学与领域科学相结合。大数据资源的应用方式可以分为 3 大类，首先是在领域科学的框架内来研究和应用大数据资源，称为嵌入式应用；其次是将大数据资源的开发和利用与领域科学相结合，二者相互作用，这种方式称为合作式应用；最后，大数据资源的开发应用还可能引起领域科学的变革，称作主导式应用。为了更好地发挥大数据的决策支持功能，其应用方式问题是不可忽视的重要管理问题。

大数据的所有权和使用权问题。通过有效的管理机制来界定大数据资源的所有权和使用权是至关重要的管理问题。需要建立产业界和学术界协作和数据共享的稳健模型，从而在促进科学研究的同时保护用户的隐私。解决大数据的产权问题需要回答以下几方面的问题：谁应该享有大数据资源的所有权或使用权？哪些大数据资源应该由社会公众共享？如何有效管理共享的大数据资源，以实现在保障安全和隐私的同时，提高使用效率？

大数据产业发展问题。大数据的完整产业链包括数据的采集、存储、挖掘、管理、交易、应用和服务等。大数据资源产业链的发展会促进原有相关产业的发展，同时还会催生新的产业，如大数据资源的交易会促使以大数据资源经营为主营业务的大数据资源中间商和供应商的出现。此外，还有可能出现以提供基于大数据的信息服务为主要经营业务的大数据信息服务提供商。这些都是需要关注的重要问题。

大数据的相关政策和法规问题。大数据资源的发展还必须有完善的政策和法规支撑。例如通过对大数据资源的所有权界定，有效维护大数据所有者的权利，促进大数据产业的健康发展。数据的安全与隐私保护问题是大数据资源开发和利用面临的最为严峻的问题之一，除了在安全和隐私保护技术方面不断突破外，还需要相关法律法规对大数据资源的开发和利用进行严格有效的规范。全国人大近期通过的《中华人民共和国个人信息保护法》，将为信息资源利用和隐私保护提供相关的法律保障。

显然，大数据所涉及的复杂的技术、管理与应用问题，决定了其具有知识密集的特点，人力资本将成为国家在大数据时代的核心竞争力。国务院在《促进大数据发展行动纲要》中指出：要创新人才培养模式，建立健全多层次、多类型的大数据人才培养体系。正是在此背景下，2018 年教育部批准新开设“大数据管理与应用”专业，为近年重点扶持的新型专业之一。该专业的发展定位是以互联网 + 和大数据时代为背景，适应国民经济和社会发展需要，培养从事大数据管理、分析与应用的具有国际视野的复合型人才。学生毕业后能够胜任金融、商务、工业、医疗与政务等领域的大数据分析、量化决策和综合管理等工作岗位，并有潜力成长为具有系统化思维和战略眼光的高级管理人才。

新专业的建设面临着一系列艰巨的任务，其中教材编写就是一项基础和关键性的挑战。为此，2019 年高等教育出版社开始组织调研和专家论证，2020 年初成立了“大数据管理与应用”系列教材编委会，邀请先期设立“大数据管理与应用”专业且具有较好的教学和研究基础的哈尔滨工业大学、合肥工业大学、国防科技大学、东北财经大学、大连理工大学和浙江大学的骨干教师，论证编写教材的选题，并对教材大纲和内容开展多轮研讨。在论证研讨中大家形成了一些基本共识，包括大数据管理与应用的基本概念一定要准确、清晰，既要符合中国国情，又要与国际接轨；教材内容既要符合本科生课程设置的要求，又要紧跟技术发展的前沿，及时地把新理论、新方法、新技术反映在教材中；教材还必须体现理论与实践的结合，要特别注意选取具有中国特色的成功案例和应用实例，达到帮助学生学以致用的目的；等等。

经过两年多的编写和严格审稿，即将陆续出版的教材包括《大数据管理与应用概论》《大数据技术基础》《大数据智能分析理论与方法》《大数据计量经济分析》《非结构化数据分析与应用》。我衷心期望，系列教材的出版和使用能对“大数据管理与应用”新专业建设和教学水平提高有所裨益，对推动我国大数据管理与应用人才培养有所贡献。同时，我也衷心期望，使用系列教材的教师和学生能够不吝赐教，帮助教材编委会和作者不断提高教材质量。

中国工程院院士　杨善林
2022 年 1 月

前言

我们已经进入了大数据时代。在大数据时代，数据作为重要的生产要素，在国民经济各行各业中发挥着越来越重要的作用，也为社会发展和企业管理带来全新的挑战与机遇。我国在 2015 年首次提出“国家大数据战略”，相继发布了《促进大数据发展行动纲要》《关于构建更加完善的要素市场化配置体制机制的意见》《中华人民共和国数据安全法》等一系列政策文件和法律法规，其目的是持续推动数字产业化和产业数字化的创新发展，发展以数据为关键要素的数字经济新形态，利用大数据更好地服务我国经济社会发展和人民生活改善。因此，系统地学习大数据及其管理与应用的基础知识，是高等学校学生适应科学技术与社会发展的必然要求。

为了系统地描述大数据管理与应用所涉及的主要内容，我们编写了本书，希望通过本书的学习，学生对大数据的基础知识、大数据的管理职能、大数据的应用领域有一个整体的认识，能够在理解大数据时代管理变革的基础上，激发学生深入学习大数据管理与应用知识和技术的兴趣。在编写过程中，我们积极吸取国内外同类教材的经验，同时注意形成自身的特色。

（1）从管理学视角构建教材的理论体系和知识框架。不同于同类教材主要将大数据作为管理对象来组织内容，本教材从管理学的视角，将大数据视为管理对象、决策使能器和数据资产，以大数据与管理变革、基于大数据的管理决策方法、基于大数据的管理决策应用为主线，介绍大数据基础知识与管理职能、大数据时代的管理变革、基于大数据的管理决策方法，以及面向商务、能源和医疗等领域的大数据管理应用等。知识体系更加符合大数据管理与应用专业的需求，也可以为数据科学与大数据技术等相关专业学生理解大数据提供新的思路。

（2）保持教材内容的先进性。为了适应大数据知识和技术的快速更新迭代，在内容选取时，我们参阅了大数据管理与应用相关的大量文献，并与我们的科研成果相结合，将目前关于大数据管理与应用的最新科研成果融入教材之中，力争能够反映大数据领域的前沿知识和技术。在本书最后“扩展阅读”部分，我们提供了战略、生产、营销、人力资源等管理领域关于数据驱动决策的最新研究文献，希望通过相关文献的阅读，帮助学生进一步深入理解大数据管理与应用的内涵。

（3）教材建设与课程建设紧密结合。我们还将建设教材相关 MOOC 资源，构建课程所需的数据资源、案例资源、实训资源，建立课程教学网络研讨社区，为来自全国的使用本教材的老师们提供社会化服务，并定期围绕本教材的持续完善开展研讨。

全书内容共分三篇九章。第一篇“大数据与管理变革”从管理决策的视角介绍“大数据基础知识”“大数据管理的职能”和“大数据驱动的管理变革”的相关知识。第二篇“基于大数据的管理决策方法”从“大数据获取方法”“大数据质量管理方法”“大数据驱动的管理决策”等方面，介绍大数据支持管理决策的理论与方法。第三篇“基于大数据的管理决策应用”从商务大数据、能源大数据、医疗大数据等领域视角，结合实际管理案例，介绍基于大数据的管理决策方法在企业管理实践中的应用。

本书由合肥工业大学管理学院姜元春教授、付超教授、周开乐教授、孙见山副教授任主编。各章的编写分工如下。第一、八章：周开乐；第二、三章：姜元春；第四、五、七章：孙见山；第六、九章：付超。姜元春负责全书的统纂工作。

在本书编写过程中，李一军教授、叶强教授、唐加福教授、胡祥培教授、胡笑旋教授等专家对本书内容体系给了大量宝贵建议和指导，合肥工业大学计算机网络系统研究所、电子商务研究所常文军、丁正平、刘春丽、刘畅、周凡、李怡、李栋洋、李志强、于俊卿、周昆树、殷辉等师生对本书编写给予了极大的支持，谨向他们表示诚挚的感谢。本书参考了大量的国内外有关研究成果，对所涉及的专家、学者表示衷心感谢。

大数据管理与应用是一门新兴的学科，所涉及的知识和技术发展日新月异，应用实践不断创新，加上作者水平有限，书中难免有疏漏或不妥之处，恳请广大读者不吝赐教，以便再版时及时更正。

编　者

2022 年 12 月

目录

1

第一篇

大数据与管理变革

第一章

大数据基础知识

本章将首先介绍大数据的相关概念，然后介绍大数据的主要特征，包括一般特征、形态特征、分析特征和资源特征，同时分析了大数据对经济社会的影响，包括对经济发展、社会治理和政务服务等的影响，最后介绍大数据全生命周期的相关内容。

学习目标

（1） 掌握大数据的基本概念和主要特征。

（2） 掌握大数据作为一类战略性人造资源的定义，掌握大数据资源特征的内涵。

（3） 了解大数据的发展过程。

（4） 了解大数据对经济社会发展和管理活动的影响，了解大数据给经济社会发展和管理活动带来的机遇与挑战。

（5） 掌握大数据全生命周期的内涵，掌握大数据全生命周期各环节的基本含义。

（6） 了解大数据全生命周期各环节任务的主要方法。

（7） 能够结合具体领域或实例，分析大数据带来的主要影响、应用价值和风险挑战等。

本章导学

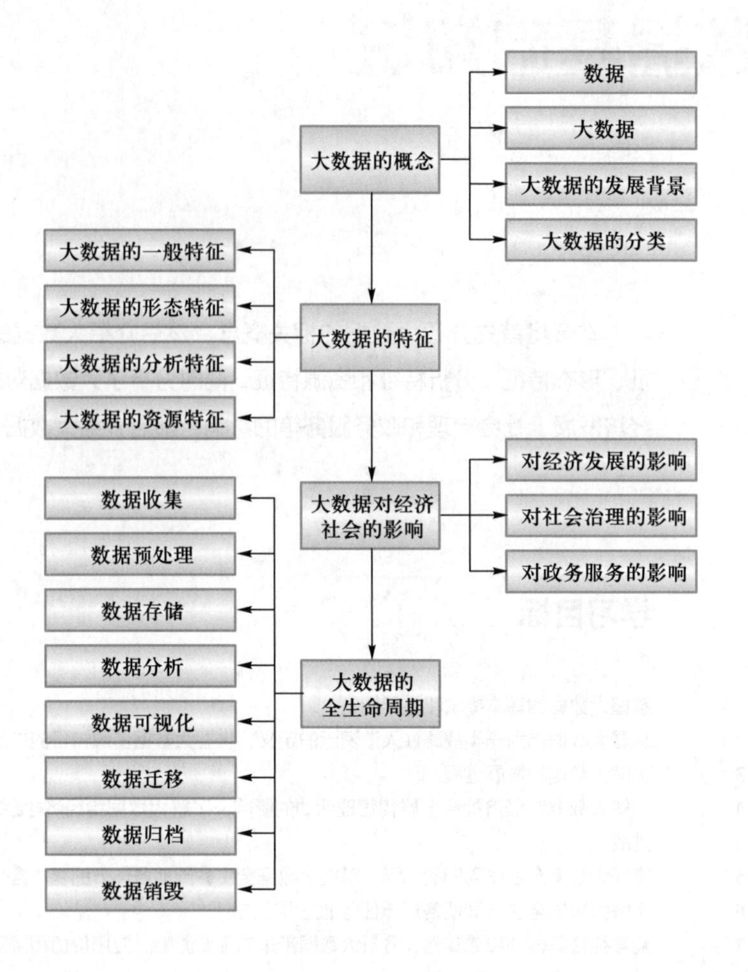

第一节 大数据的概念

一、 数据

数据（Data）是对客观事物的性质、状态以及相互关系等进行记录和描述的物理符号或物理符号的组合，是事实或观察的结果。数据不仅指狭义上的数字，还可以是具有一定意义的文字、字母、数字符号的组合，以及图像、视频、音频等。数据是客观事物的属性、数量、位置及其相互关系等的抽象表示。在计算机科学中，数据是指所有能输入计算机并被计算机程序处理的介质的总称，是用于输入电子计算机进行处理的具有一定意义的数字、字母、符号和模拟量等的统称。

与数据这一概念相关的还有信息、知识、智慧等概念，这些概念的基本含义见表1-1。

表 1-1 数据相关概念及其基本含义

概念	基本含义
数据	对客观事物的性质、状态以及相互关系等进行记载的物理符号及其组合
信息	对物质存在的一种方式、形式或运动状态的表示，用于减少不确定性
知识	对信息的进一步加工和应用，对事物内在规律和原理的认识
智慧	人基于知识所做出的推理、判断和主张等

数据、信息、知识以及智慧之间存在着辩证关系。“数据—信息—知识”是处于一个平面上的三元关系，分别从语法、语意以及效用三个层面反映了人们认知的深化过程，而“智慧”则是超越了这个平面的创造性活动。具体来讲，数据是基本原料，信息是有规律的数据，知识是有价值及效用的信息，而智慧则是建立在“数据—信息—知识”之上并主要以已有的知识存量为基础的一种更高层次的知识创造活动。

二、大数据

自 20 世纪 60 年代互联网技术诞生并逐步掀起全球信息化浪潮以来，智能硬件、网络技术、软件应用及其创新集成得到了极大的发展，如今物联网、云计算、区块链、移动互联网、人工智能等新一代信息技术促使人类社会的数据种类和规模正以前所未有的速度增长。根据互联网数据中心（Internet Data Center，IDC）的预测，全球的数据量将由 2018 年的 33 ZB 增长到 2025 年的 175 ZB（1 ZB=1 万亿 GB），可以说大数据时代已经到来。

（一）大数据的基本概念

大数据从狭义上可定义为：难以用现有的一般技术管理的大量数据的集合，即所涉及的资料规模巨大到无法通过目前主流软件工具，在合理时间内实现获取、管理、处理，并使之成为有效的支持管理决策的信息。所谓“难以用现有的一般技术管理”，是指目前在企业数据库中占据主流地位的关系型数据库无法进行管理的复杂结构数据，或者说是指由于数据量的庞大，对数据的查询（Query）响应时间超出允许范围的数据。

广义的大数据除了数据集合的含义外，还包括对这些数据进行存储、处理和分析的技术，以及从中发现新知识、创造新价值、提升新动能的新技术和新业态。所谓“存储、处理和分析的技术”，指的是用于大规模数据分布式处理的框架 Hadoop、具备良好扩展性的 NoSQL 数据库，以及机器学习和统计分析等。因此，大数据所代表的不仅仅是重要的技术要素，更是一种战略性资源，大数据服务业已成为前景广阔的新技术产业。

（二）大数据的资源观

随着物联传感技术、智能硬件技术、网络通信技术等在各个领域的渗透式发展，大数据已经不再局限于信息技术行业，而是广泛地存在于商业、医疗、能源、制造、政务、教育等各个领域。“数据”已经被纳入生产要素的范畴，并参与分配。但由于人们分析大数据的背景和应用大数据的目的存在诸多差异，因此不同主体对大数据的定义也有所不同。表 1-2 总结了几个有代表性的定义及其基于的视角，以更全面地认识和理解大数据。

表 1-2
关于大数据的几种定义及其视角

来源	定义	视角
麦肯锡公司（McKinsey & Company）	大数据是个大的数据池，其中的数据可以被采集、传递、聚集、存储和分析。与固定资产和人力资本等其他重要的生产要素类似，没有数据，很多现代经济活动、创新和增长都不会发生，这正成为越来越普遍的现象	强调大数据对全球经济社会发展的重要性，把大数据看作一种与固定资产和人力资本类似的重要生产要素；研究的关键在于大数据与经济增长和创新活动的关系
高德纳咨询公司（Gartner Group）	大数据是大容量、高速度和形式多样的信息资产，需要低成本的、形式创新的信息处理，以增强洞察力和辅助决策	认为大数据是一类信息资产，从技术特征、处理方法和应用价值 3 个方面对大数据做出了界定；研究的关键在于寻找准确、低成本处理大数据的行为活动
IBM 公司	可以用 4 个特征来描述大数据，即规模性（Volume）、高速性（Velocity）、多样性（Variety）和真实性（Veracity）	将大数据定义为一种数据集合，指出了大数据 4 个方面的技术特征
维基百科（Wikipedia）	大数据是指规模庞大且复杂的数据集合，很难用常规的数据库管理工具或传统数据处理应用对其进行处理。其主要挑战包括数据抓取、策展、存储、搜索、共享、转换、分析和可视化	主要从大数据的处理方法和处理工具的视角认识大数据，研究的目的是要得到快速处理大数据的方法和非常规软件工具，让大数据始终在“大数据”和“非大数据”之间不断转换
美国国家科学基金会（NSF）	大数据是指由科学仪器、传感器、网上交易、电子邮件、视频、点击流和所有其他现在或将来可用的数字源产生的大规模、多样的、复杂的、纵向的和分布式的数据集	该定义对开展大数据的科学研究没有设置任何边界，指出了大数据是一类数据集、大数据现在和将来的数据来源以及大数据具有的大规模、多样性、复杂性、分布性、关联性等数据特征

从表 1-2 可以看出，人们认识大数据的视角是存在差异的，造成这种差异的原因主要是人们分析大数据的背景和应用大数据的目的不同。除了上述具有代表性的定义外，还有许多关于大数据的不同定义，然而对大数据的认识就像是盲人摸象，每个定义都是基于特定的视角，如大数据的技术特征、应用价值、来源和处理方法等。

从大数据的资源观出发，基于大数据的管理视角，可以定义大数据为“大数据是一类能够反映物质世界和精神世界运动状态和状态变化的信息资源，它具有复杂性、决策有用性、高速增长性、价值稀疏性和可重复开采性，一般具有多种潜在价值”。作为重要的战略资源，大数据中包含诸多关键的管理问题，尤其是当大数据被看作一类“资源”时，就不可忽略这种资源的获取问题、加工问题、应用问题、产权问题、产业问题和法规问题等，其中每个问题都是重要的管理问题。

三、 大数据的发展背景

理解大数据的概念除了从定义出发，另一个路径是从大数据发展演变的历史出发，了解时代背景赋予大数据的新内涵。尤其是在大数据出现之前，已有“海量数据”之称，仅从字面解释两词差别不大，但分析其出现背景可知两词含义大不相同。海量数据仅仅是形容数据量大但仍然可以用现有技术方案解决，而大数据代表着一个新时代的到来，史无前例的数据规模及其多样化的数据结构充斥着人类社会各个方面。作为新的生产要素，大数据资源的有效开发和利用将创造新价值、提升新动能、开创新业态，意味着社会生产力发展的巨大机会。

（一） 大数据发展的技术背景

1. 摩尔定律奠定基础

与其说大数据是一种技术，不如说大数据是一种环境。大数据应用不是靠某项发明，而是社会信息环境变迁的结果。大数据概念代表着社会性，没有信息技术普及，就不可能生成如此多的数据，没有计算机存储能力的指数增长，大数据将无处存放，数据量的膨胀速率与摩尔定律是一致的。摩尔定律的贡献不仅在于使计算机硬件功能呈指数增长，还使硬件成本急剧降低，使智能手机等智能终端迅速普及，进而使自动化数据收集成本迅速下降，从而迎来大数据的爆发。

2. 互联网推动大连接

与数据库时代海量数据主要集中于大型机相比，互联网时代的大数据已无处不在：智能终端快速普及，时刻处于连接状态，GPS 随时定位，网上查询、购物、聊天、游戏不停，银行卡、交通卡、门禁卡不停地刷，视频监控、ETC 等时刻记录过往车辆。正是网络连接使得这些数据爆炸式增长，并快速汇聚。当然数据并非仅仅是指人们在互联网上发布的信息，随着互联网与各行各业的深度融合，工业互联网、能源互联网、医疗互联网等使得各种机器和设备无时无刻不在接入网络并产生大规模数据。

3. 软件与新技术的创新驱动

大数据应用的核心技术是软件，大数据的技术定义是“现有数据处理技术所不能胜任的大规模数据”，引申含义是：大数据处理新技术是大数据应用的关键，没有新处理技术的大规模的数据难以产生价值，软件技术的新发展不断催生新的大数据处理技术。软件的作用不仅仅是大数据资源的数据挖掘，还是智能技术集成创新的黏合剂。将硬件设备、网络资源、传感器、控制器与数据组织成为能够实现目标的智能系统，靠的就是软件。软件是智能系统的灵魂，软件工程的发展与软件工具的积累为大数据智能系统的大量涌现奠定了基础。

4. 大数据生态日渐完善

可以说大数据所体现的已经不是一项一项的孤立的信息技术，而是多种信息技术共生的新生态环境。这些技术包括传感器、高速网络、移动互联网、智能终端、云平台、大数据处理技术、人工智能技术等，这些技术为大数据管理与应用奠定了良好的基础。新技术出现的基础是已有技术的集成创新。积累的技术越多，创新机会就越多，这是一个正反馈循环。大数据时代是数据大爆发的时代，也是智能系统大爆发的时代。

（二）相关概念的区分

在大数据概念提出之前，就有了“海量数据”之称，为了更好地理解大数据，这里将进一步区分大数据、海量数据与小数据的定义，相关概念及其解释见表 1-3。

表 1-3
大数据相关概念及其解释

概念	解释
大数据	是一类能够反映物质世界和精神世界运动状态和状态变化的信息资源，它具有复杂性、决策有用性、高速增长性、价值稀疏性和可重复开采性，一般具有多种潜在价值
海量数据	通常是指数据量巨大的结构性数据
小数据	是指以特定对象为中心，以满足特定需求为导向，以解决特定问题为目的，具有多源性、异质性、动态性、全息性的数据集以及相关的数据采集、处理、分析和人机交互的思维方式及数据处理方法

海量数据与大数据的主要区别在于数据的类型。海量数据虽然数据量巨大，但通常其所有的数据类型均为结构化数据；大数据除了数据规模巨大外，数据类型包括结构化数据、半结构化数据、非结构化数据三种。

与大数据相对应的概念是小数据，小数据不是小规模数据，而是可用于支撑特定管理决策的高质量数据，无须复杂算法、昂贵成本，就可以实现对小数据的分析应用。《大数据时代》作者迈尔－舍恩伯格将大数据理念革命的精髓概括为三点：不是抽样数据，而是全部数据；不是精确数据，而是模糊数据；关注相关性，而非追究因果性。而小数据则与其恰好相反，即小数据注重于个体的行为分析结果，基于因果关系进行预测，是一种自上而下的论证和决策过程，注重现象背后的内在机理与解释，常通过数据分析为企业决策提供因果解释的依据。大数据与小数据并非对立关系，而是统一体。小数据是大数据的一个侧面，通过对小数据进行汇集、扩展和连接形成更大的数据集后，小数据将变得越来越趋近于大数据。同时，小数据从中微观层面深度挖掘信息的数据处理范式，能够有效弥补大数据在应对特定场景、针对具体目标、满足特殊需求方面的缺陷和不足。

四、大数据的分类

从资源观的视角看待大数据，就意味着大数据作为生产要素可以促进经济增长、激发创新活动。大数据应用的核心在于用户从数据中挖掘出蕴藏的价值，而不是软硬件的堆砌。因此，准确理解不同主体不同场景下的大数据含义，针对不同领域的大数据应用模式、商业模式的研究和探索是大数据产业健康发展的关键。图

1-1 给出了从大数据业务出发、以大数据解决方案为目的的大数据分类方法。这些分类方法是对大数据业务逻辑进行分析后得出的，详细的应用需要结合具体的实例展开描述。由于篇幅的限制，本节不对其展开详细介绍，仅从应用领域出发，对商务大数据、医疗大数据、能源大数据、工业大数据、金融大数据、政务大数据做简要介绍。

图 1-1
大数据分类

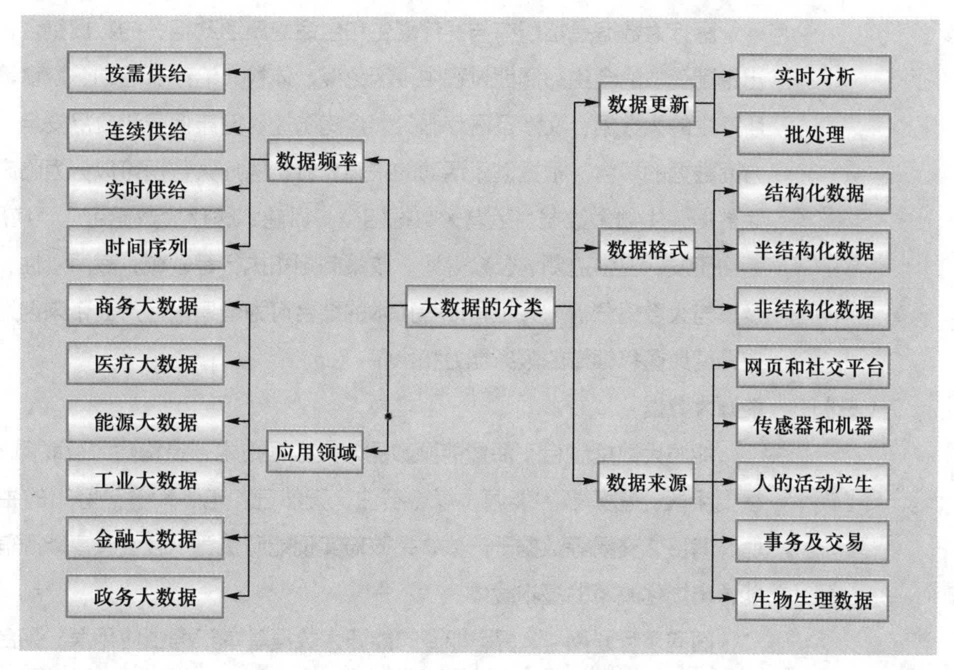

（一） 商务大数据

商务大数据是大数据技术赋能新一轮商业创新的重要技术支撑，是指所有与电子商务、客户管理、渠道管理、营销管理、商业模式创新等商业活动有关的数据集合。通过采集和应用各类商务大数据，能够实现精细化运营、电商个性化推荐、客户群体细分与管理、供应链物流信息追踪、优化营销环节、提升产品价值等各种智慧商业决策功能，推动商务模式不断向信息化、数字化、智能化升级。

在市场销售与客户管理方面，企业对市场的理解和洞察需求正在日益走向实时化和精准化，快速积累的大数据使企业能够记录或收集顾客在各个渠道、产品各生命周期阶段的行为数据，从而设计出高度精准、绩效可高度量化的营销策略。同时随着时代的变迁，消费者异质性也在不断增大，大数据为个性化商业应用提供了充足的养分和可持续发展的沃土，基于交叉融合后的可流转性数据以及全息可见的消费者个体行为与偏好数据，通过商务智能可以精准地根据每一位消费者不同的兴趣与偏好为他们提供专属性的个性化产品和服务。

在商业环境生态方面，基于商务大数据，企业的运作及其生态正日益走向网络化和动态化，逐渐呈现出纵向整合和横向联合两种新发展趋势。在纵向整合方面，大规模企业群体以供应链为纽带紧密联系起来，分工协作、互利共生，从而实现供应链向价值链进而向网络生态链的转变；在横向联合方面，网络化商务模式改变了企业组织之间的竞争模式，使得地理上异地分布、组织上平等独立的多个企业，在谈判协商的基础上能够建立密切合作关系，形成动态的“虚拟企业”或“企业联盟”，这种新型组织形式能够实现企业资源的优化、动态组合与共享。

（二） 医疗大数据

医疗大数据是指所有与医疗卫生和生命健康活动相关的数据集合，既包括个人从出生到死亡的全生命周期过程中，因免疫、体检、治疗、运动、饮食等健康相关活动所产生的大数据，又涉及医疗服务、疾病防控、健康保障和食品安全、养生保健等多方面数据的聚合。根据健康活动的来源划分，医疗大数据可以分为临床大数据、健康大数据、生物大数据、运营大数据四类。目前，医疗大数据可广泛应用于临床诊疗、药物研发、卫生监测、公众健康、政策制定和执行等领域，其海量性、多样性的特点及其与大数据分析、人工智能等技术的结合可为健康医疗产业带来创造性变化，全面提升健康医疗领域的服务能力和水平。

（三） 能源大数据

能源大数据融合了海量能源数据与大数据技术，是构建“互联网 +”智慧能源的重要手段。它集多种能源（煤、石油、天然气、电、冷、热等）的生产、传输、存储、消费、交易等数据于一体，是政府实现能源监管、社会共享能源信息资源、促进能源市场化改革的基本载体。

面向“互联网 +”智慧能源的能源大数据基本架构由应用层、平台层、数据层以及物理层组成。能源大数据的物理层包括能源生产、能源传输、能源消费全环节以及每一环节的各类能源装备，通过装设在能源网络和能源装备的传感器装置和能源表计获取系统运行信息及设备健康状态信息，并将数据信息交由智能运营维护与态势感知系统实现数据可视化展示、状态监测、智能预警和故障定位等功能；信息通信与智能控制系统则负责能源系统各环节、各设备间的通信以及控制，所产生的海量数据均与气象环境等外部系统数据一同存储在能源大数据的专用数据库中，以进一步加工并用于能效情况评价、风险辨识评估以及能源经济利用分析等功能中。基于能源大数据技术，可实现能源生产侧的可再生能源发电功率的精准预测，并协同电—气—冷—热的多样化能源优化配置；在能源传输侧，实现智能化的能源网络在线运营维护，有效监控能源系统的运行状态，自动辨识故障位置；为能源消费侧的用户提供能效分析与能效提升服务，并可整合能源消费侧的各类负荷资源，实现需求侧响应，充分提高能源利用效率。

（四） 工业大数据

工业和信息化部于 2020 年 4 月发布的《关于工业大数据发展的指导意见》对工业大数据的定义是：工业大数据是工业领域产品和服务全生命周期数据的总称，包括工业企业在研发设计、生产制造、经营管理、运维服务等环节中生成和使用的数据，以及工业互联网平台中的数据等。

中国电子技术标准化研究院《工业大数据白皮书（2019）》中给出的工业大数据的定义是：工业大数据是指在工业领域中，围绕典型智能制造模式，从客户需求到销售、订单、计划、研发、设计、工艺、制造、采购、供应、库存、发货和交付、售后服务、运维、报废或回收再制造等整个产品全生命周期各个环节所产生的各类数据及相关技术和应用的总称。工业大数据以产品数据为核心，极大延展了传统工业数据范围，同时还包括工业大数据相关技术和应用。

从狭义角度来讲，工业大数据是指在工业领域生产服务全环节产生、处理、传递、使用的各类海量数据的集合；从广义角度来讲，工业大数据是包括以上数据及与之相关的全部技术和应用的总称，除了“数据”内涵外，还有“技术与应用”内涵。工业大数据的不同定义有其共通之处：一是覆盖工业生产与服务全生命周期过程；二是强调数据和信息处理的重要性。这是工业大数据的两个关键核心。工业大数据也可以分成“工业”和“大数据”两个维度来看，“工业”是需求与实践，“大数据”是技术与手段。

（五） 金融大数据

金融大数据是指以金融数据为核心，针对银行、证券、保险、支付清算、互联网金融等行业，以提升资源配置效率、强化风险管控能力、促进业务创新为目标，进行数据获取、存储、分析和应用的新一代信息技术和服务业态。

大数据金融模式广泛应用于电商平台，通过对平台用户和供应商进行贷款融资，从中获得贷款利息以及流畅的供应链所带来的企业收益。基于大数据的金融服务的关键是从大量数据中快速获取有用信息的能力，或者说是大数据资产快速变现的能力，因此，大数据的信息处理往往以云计算为基础。目前，大数据金融服务平台的运营模式可以分为以小额信贷为代表的平台模式和供应链金融模式。随着大数据金融的完善，企业将更加注重用户个人的体验，进行个性化金融产品的设计，未来大数据金融企业之间的竞争将聚焦于数据的采集范围、数据真伪性的鉴别以及数据分析和个性化服务等方面。

（六） 政务大数据

狭义上，政务大数据是指通过大数据技术将政务相关的数据整合起来应用在政务服务和公共治理领域，赋能政府机构和公共部门，提升政务服务效能。这些数据包含了政府部门开展工作产生、采集的内部数据以及因管理服务需求而采集的外部数据。广义上，政务大数据是政府掌握的数据在公共服务领域的应用实践，即政府将自身的业务数据和收集的外部数据进行汇集、治理，开展数据共享、开放、交易以及业务协同等。

从数据治理的关注点来看，政务大数据具有以下三方面特点：

第一，数据规模大，价值高。数据规模大是大数据的典型特征，政务大数据也不例外。我国既是人口大国，又是陆地大国、海洋大国，还是贸易大国、能源消耗大国。无论从哪个维度看，我国都具有庞大的基数，由此决定了我国政务大数据的规模庞大。另外，政务大数据汇聚各级政府部门的业务数据和相关公共数据，记录着社会主体活动的方方面面，具有巨大的价值。

第二，数据类别多，来源广。政务大数据记录了社会活动的全部，形成了种类繁多的信息类和数据项，例如，《江苏省省级政务信息资源目录（2017 版）》统计显示，全省 72 家省级政务部门产生 6 000 多类数据，约 13 万个数据项。除类别多外，政务数据的来源范围也很广泛，既有数量众多的各级政府部门，又有水、电、气等公共企事业单位以及互联网。

第三，数据格式杂，质量不高。由于区域和行业信息化发展水平的差异，各数据源产生数据的格式种类多样，有各种数据库类型和电子文档格式，还有纸质文档。因此，政务大数据中存在各种格式的数据。同时，因为缺乏统一的数据标准，政务数据普遍存在质量问题，常见的有数据重复、数据错误、数据缺失等。以上这些特点，使得政务大数据的治理要求高、难度大，须从技术和管理两方面建立跨层级、跨地域、全方位的数据治理体系。

第二节 大数据的特征

关于“大数据”，不同领域、不同行业从不同视角有着不同的定义，但多数定义都反映了那种不断增长的捕捉、管理和处理数据的技术能力，而这个数据集在数量、速率和种类上持续扩大。数据可以更快获取，有着更大的广度和深度，并且包含了以前做不到的新的观测和度量类型。对大数据特征的认识，也可以从不同视角展开。本节从一般特征、形态特征、分析特征和资源特征等不同维度，介绍大数据的特征。

一、 大数据的一般特征

2001 年高德纳咨询公司（Gartner）分析员道格·莱尼指出，数据增长有 4 个方向的挑战和机遇：大量性（Volume）、多样性（Variety）、高速性（Velocity）和价值性（Value）。在莱尼的理论基础上，IBM 提出的大数据的“4V”特征（如图 1–2 所示），得到了学术界和产业界比较广泛的认可。

（一） 大量性（Volume）

大数据的大量性（Volume）指的是大数据巨大的数据量和数据完整性。随着互联网 / 移动互联网、智能设备、物联网传感器等技术的发展，数据生产在高速增长，

图 1-2
大数据的“4V”特征

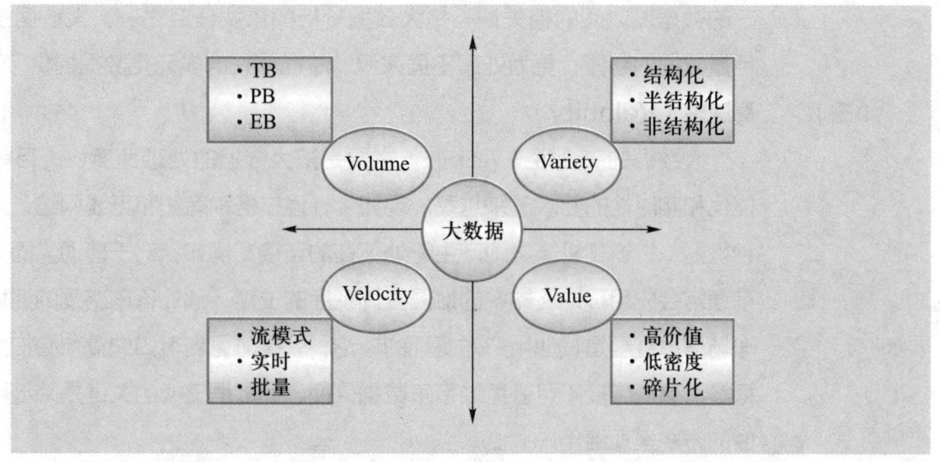

数量的单位从 TB 级跃升到 PB 级甚至是 ZB 级别。

伴随着互联网技术广泛应用，互联网用户急剧增多，数据的获取、分享变得非常容易，普通用户也可以通过网络非常方便地获取数据。此外，用户的分享、点击、浏览都会快速地产生大量数据。其次是随着各种传感器数据获取能力大幅提高，人们获取的数据越来越接近原始事物本身，描述同一事物的数据量激增。早期的单位化数据进行了一定程度的抽象，数据维度低，数据类型简单，并且收集、存储和整理数据时多采用表格的形式，数据的单位、量纲和意义基本统一，存储、处理的只是数值，数据量有限。而随着新一代信息技术的快速发展，描述相同事物所需的数据量越来越大，数据维度越来越高，且互联网的核心网络节点是人，不再是网页，人人都成了数据制造者。数据来自无数自动化传感器、自动记录设施、生产检测等；来自自动流程记录，如收款机、电子停车收费系统、电话拨号设施以及各种办事流程登记等。大量自动或人工产生的数据通过互联网聚集到特定地点，形成了大数据。

（二） 多样性（Variety）

大数据的多样性（Variety）主要指数据的类型多。复杂多变是大数据的重要特性。以往的数据尽管数量庞大，但通常都是事先定义好的结构化数据，处理此类结构化数据，只需事先分析好数据的意义和数据间的相关属性，数据都以表格的形式存储在数据库中，数据格式统一，后面产生的数据只要存储在合适的位置就可以方便地处理和查询，限制数据处理能力的只是运算速度和存储空间。但随着传感器、智能设备以及社交网络技术的飞速发展，数据也变得更加复杂，非结构化数据大量涌现。非结构化数据没有统一的结构属性，难以用表结构来表示，在记录数据值的同时还需要存储数据的结构，增加了数据存储、处理的难度。

目前在网络上流动着的数据不仅包含传统的关系型数据，还包含着来自网页、互联网日志文件、视频、图片、地理信息、搜索索引、电子邮件、文档、主动和被动系统的传感器等的原始、半结构化和非结构化数据。发掘这些形态各异、频率不一的数据流之间的相关性，是大数据分析的重要任务之一。大数据技术不仅是处理巨量数据的利器，更为处理不同来源、不同格式的多元化数据提供了可能。

（三） 高速性（Velocity）

大数据的高速性（Velocity）主要是指大数据的处理速度快。目前，对于数据智能化和实时性的要求越来越高。现如今，通过各种有线和无线网络，人和人、人和各种机器、机器和机器之间产生无处不在的连接。例如，对于普通人而言，开车去就餐前通常会先用移动终端中的地图查询餐厅的位置，预计行车路线的拥堵情况，了解停车场信息甚至是其他用户对餐厅的评论，就餐时见到可口的食物会拍照发朋友圈或微博等。这些连接不可避免地带来数据交换，而数据交换的关键是降低延迟，以近乎实时的方式呈现给用户。

在数据处理方面，有一个著名的“1 秒定律”，即要在秒级时间范围内给出分析结果，超出这个时间，数据就会失去价值。

在商业领域，“快”也早已贯穿企业运营、管理和决策智能化的每一个环节。形形色色描述“快”的新兴词汇出现在商业数据语境里，如实时、快如闪电、价值送达时间等。速度快是大数据处理技术和传统的数据挖掘技术最大的区别。大数据是一种以实时数据处理、实时结果导向为特征的解决方案，它的“快”有两个层面。一个是数据产生得快。有的数据是爆炸式产生，例如欧洲核子研究中心的大型强子对撞机在工作状态下每秒产生 PB 级的数据；有的数据虽然是涓涓细流式产生，但是由于用户众多，短时间内产生的数据量依然庞大。例如，点击流、日志、射频识别数据、GPS 位置信息。二是数据处理得快。正如水处理系统可以对从水库调出水进行处理，也可以直接对涌进来的新水流进行处理。大数据也有批处理（“静止数据”转变为“正使用数据”）和流处理（“动态数据”转变为“正使用数据”）两种范式，以实现快速的数据处理。

像其他商品一样，数据的价值会折旧，等量数据在不同时间点价值不等。NewSQL（新的可扩展性 / 高性能数据库）的先行者 VoltDB（内存数据库）发明了一个概念叫作“数据连续统一体”，数据存在于一个连续的时间轴上，每个数据项都有它的年龄，不同年龄的数据有不同的价值取向，新产生的数据更具有个体价值，产生时间较为久远的数据集合起来更能发挥价值。

越来越多的数据挖掘趋于前端化，即提前感知预测并直接提供服务对象所需要的个性化服务，例如，对绝大多数商品来说，找到顾客“触点”的最佳时机并非在结账之后，而是在顾客还提着篮子逛街时。电子商务网站从点击流、浏览历史和行为（如放入购物车）中实时发现顾客的即时购买意图和兴趣，并据此推送商品，这就是“快”的价值。

（四） 价值性（Value）

大数据的价值性（Value）是指大数据的最终意义——获得洞察力和价值。大数据的崛起，正是在人工智能、机器学习和数据挖掘等技术的迅速发展驱动下，呈现这么一个过程：将信号转化为数据，将数据分析为信息，将信息提炼为知识，以知识促成决策和行动。

大数据的价值是稀疏的，数据量很大，但其中真正有价值的东西却比较稀少。大数据分析的重要任务就是针对这些 ZB、PB 级的数据，利用云计算、智能化开源实现平台等技术，提取出有价值的信息，将信息转化为知识，发现规律，最终用知识促成正确的决策和行动。追求高质量的数据是一项重要的要求和挑战，即使最优秀的数据清理方法也无法消除数据固有的不可预测性。

二、 大数据的形态特征

传统地，人们通过问卷调查收集数据，或者是依靠已存储的历史经营数据，比如财务数据、销售数据等，一台服务器基本就能完成这些数据的存储。传统数据的表现形态为对数据的统计分析，以表或图的形式呈现。而大数据的信息量是海量的，这个海量并不是某个时间端点的量级总结，而是持续更新、持续增量。由于大数据产生的过程中诸多的不确定性，大数据的表现形态多种多样。

（一） 大数据的复杂性

首先，大数据来源具有复杂性。网络技术迅猛发展使得数据产生的途径多样化。比如微博、微信等社交网络的数据成为互联网上的主要信息来源。将这些分散但相互之间有关联的信息加以汇总和整理，并打破原有垂直系统之间的信息孤岛，构造统一的数据平台，才能做到多源数据的有效融合。其次，大数据结构具有复杂性。传统数据多是能够存储在数据库中的结构化数据，由于数据生成的多样性，如社交网络、移动终端和传感器等技术设备产生的非结构化数据成为大数据的重要组成部分。非结构化数据的格式多样化，包括文本、图形、视频等，这些非结构化数据中可能蕴含着非常有价值的信息。

（二） 大数据的实时性

大数据的实时性首先体现在数据更新的实时性。例如，在电商购物过程中，精准的价格与库存信息直接影响着用户对产品的购买决策。其次体现在数据变化后提供其他服务的实时性。例如，一些电商平台提供基于用户画像的个性化推荐，这些实时用户行为服务，提供跨业务线的推荐和实时推荐，能有效满足用户的需求，也能为平台带来更大的价值。

当前，随着新一代信息技术与各行各业的深度融合，全产业链都在实现数字化，数据在产业链上下游甚至跨产业流通并创造价值。在这一过程中，目前数据的生产速度和能力远远大于我们对其使用和价值变现的速度和能力。对数据业务价值的高期望值和落后的数据集成方案之间的矛盾日渐突出。各类业务系统每时每刻都在产生大量的不同来源的数据，如何及时、有效、全面地捕获到这些数据是直接影响数据价值体现的关键因素。

（三） 大数据的不确定性

首先，原始数据的收集、多模态数据的融合、应用需求的差异性、数据分析与可视化展示等因素，使得数据在不同尺度、不同维度上都表现出一定的不确定性。传统数据的处理侧重于数据的准确性，通常很难应对海量、高维、多样性的不确定数据，而大数据的分析和挖掘面临更多的细粒度数据，数据的采集、存储、建模、挖掘等方面都需要新的方法来应对不确定性带来的挑战。其次是模型的不确定性，数据的不确定性要求数据的处理方法能够提出新的模型方法，并能够把握模型的表达能力与复杂程度之间的平衡。此外还有学习的不确定性，数据模型通常要对模型参数进行学习，在大数据环境下，传统近似的、不确定的学习方法需要面对规模和时效的挑战。计算机硬件的发展给并行计算带来了可能，分而治之的方法被普遍认为是解决大数据问题的必由之路。

在处理这些类型的数据时，数据清理无法修正这种不确定性。然而，尽管存在不确定性，数据仍然包含宝贵的信息。我们必须承认、接受大数据的不确定性，并确定如何充分利用这一点。例如，采取数据融合，即通过结合多个可靠性较低的来源创建更准确、更有用的数据点，或者通过鲁棒优化技术和模糊逻辑方法等先进的数学方法。

三、 大数据的分析特征

除了以上所提到的“4V”特征外，从大数据分析视角看，大数据在增长、分布和处理等方面具有更多复杂的特征。

（一） 非结构性

结构化数据可在结构数据库中存储和管理，并可用二维表来表达数据。这类数据先定义结构，然后才有数据。结构化数据在大数据中所占比例较小，在基本的数据分析中已经比较常用。

非结构化数据在获得数据之前通常无法预知其结构。目前所获得的数据大部分是非结构化数据。非结构化数据的增长过程如图 1-3 所示。传统的系统难以对非结构

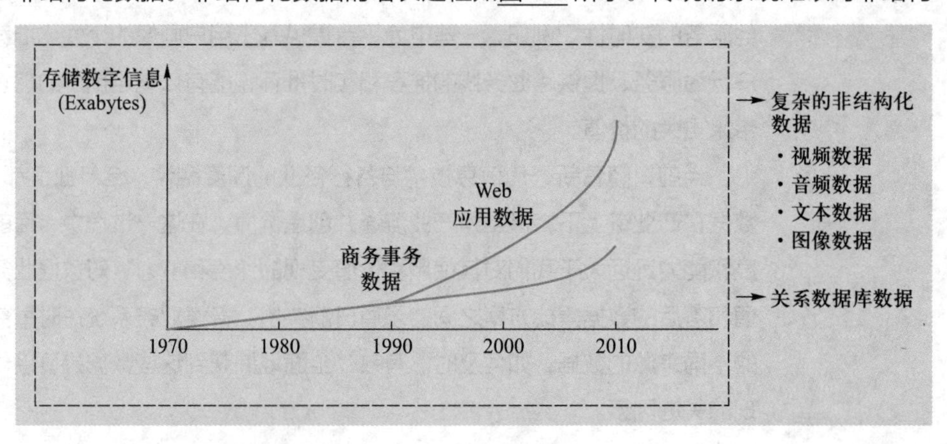

图 1-3 非结构化数据的增长过程

化数据进行处理，从应用角度看，非结构化数据的计算是计算机科学的前沿。大数据的高度异构也导致抽取语义信息的困难。如何将数据组织成为合理的结构是大数据管理中的一个重要问题。

半结构化数据具有一定的结构。这样的数据与结构化数据、非结构化数据都不一样，半结构化数据是结构变化很大的结构化的数据。因为需要了解数据的细节，所以不能将数据简单地组织成一个文件按照非结构化数据处理；由于结构变化很大，所以也不能够简单地建立一个表和它对应。结构化数据、非结构化数据、半结构化数据的比较如表 1–4 所示。

表 1–4 结构化数据、非结构化数据、半结构化数据的比较

对比项	结构化数据	非结构化数据	半结构化数据
定义	具有数据结构描述信息的数据	不方便用固定结构来表现的数据	处于结构化数据和非结构化数据之间的数据
结构与内容的关系	先有结构，再有数据	只有数据，无结构	先有数据，再有结构
示例	各类表格	图形、图像、音频、视频信息	HTML 文档，它一般是自描述的，数据的内容与结构混在一起

非结构化和半结构化数据的个体表现、一般特征和基本原理尚不完全清晰，需要通过包括数学、经济学、社会学、计算机科学和管理科学在内的多学科交叉研究。对于半结构化或非结构化数据，例如图像，需要研究如何将它转化成多维数据表、面向对象的数据模型或者直接基于图像的数据模型。大数据的每一种表示形式都仅呈现数据本身的一个侧面表现，而非其全貌。

由于现存的计算机科学与技术架构和路线已经难以高效处理大数据，如何将大数据转化成一个结构化的格式是一项重大挑战，如何将数据组织成合理的结构也是大数据管理中的一个重要问题。

（二） 不完备性

数据的不完备性是指所获取的数据常常包含一些不完整的信息和错误的数据，即脏数据。在数据分析阶段之前，需要进行抽取、清洗、集成，进而得到高质量的数据之后，再进行挖掘和分析。

（三） 时效性

数据规模越大，分析处理时间就会越长，所以高效进行数据处理非常重要。一个专门处理固定大小数据量的数据系统，其处理速度可能非常快，但并不能适应大数据的要求。因为在许多情况下，用户要求立即得到数据的分析结果，需要在处理速度和数据规模的平衡中寻求新的方法。

（四） 安全性

大数据分析高度依赖数据存储和共享，必须考虑寻找更好的方法来消除各种安全隐患和漏洞，以有效地管控安全风险。数据的隐私保护是大数据分析和处理面临的一个重要问题。对数据使用不当，尤其是有一定关联的多组数据泄露，将导致用户的隐

私泄露。因此，大数据安全性问题是一个重要的研究方向。

（五） 可靠性

可以通过数据清洗、去除冗余等技术来提取有价值数据，实现数据质量高效管理，以及对数据的安全访问和隐私保护，这已成为提高大数据可靠性的关键。因此，针对互联网大规模真实运行数据的高效处理和持续服务需求，以及出现的数据异质异构，非结构化乃至不可信等特征，数据的可靠性分析和处理已经成为互联网环境中大数据管理和应用面临的重要问题。

四、 大数据的资源特征

作为一种重要的战略资源，大数据中包含诸多关键的管理问题。而对大数据资源管理特征的准确认识是研究其中具体管理问题的前提。根据本章第一节中基于管理视角的大数据资源定义，下面将从复杂性、决策有用性、高速增长性、价值稀疏性、可重复开采性和功能多样性六个方面逐一分析大数据资源的管理特征。

（一） 复杂性

正如很多定义所指出的，大数据的形式和特征是极其复杂的。大数据的复杂性除了表现在其数量规模之大、来源的广泛性和形态结构的多样性外，还表现在其状态变化和开发方式等方面的不确定性。

（二） 决策有用性

大数据本身是客观存在的大规模数据资源，其直接功用是有限的。通过分析、挖掘和发现其中蕴藏的知识，可以为各种实际应用提供其他资源难以提供的决策支持，大数据的价值也主要通过其决策有用性体现。

（三） 高速增长性

大数据资源的这一特征与石油等自然资源是不同的。自然资源的总存量会随着人类不断开采而逐渐减少，而大数据却具有高速增长性，即随着不断开采，大数据资源不仅不会减少，反而会迅速增加。大数据资源的增加是指数性的，甚至呈现爆发性态势。例如在互联网上，通过搜索引擎、社会媒体和电子商务等方式，每时每刻都会产生大量的数据。由于大数据的数据量之大及其高速增长的动态性，而且大数据的内容及其数量增长容易受到偶然因素的影响，因此，利用大数据支持管理决策面临的一个主要挑战就是时效性问题。

（四） 价值稀疏性

大数据的数据量之大在带来了诸多机遇的同时，也带来了不少挑战。其主要挑战之一就是大数据价值的低密度问题。大数据资源的数量虽大，但其中蕴藏的有用的价值却是稀疏的，这就增加了开发和利用大数据资源的难度。

（五） 可重复开采性

自然资源的开发利用过程是不可重复的，随着不断开采，其存量会逐渐减少。但对于大数据资源，它们可以被重复开采。对于给定的大数据资源，任何拥有该资源使用权的人或组织都可以进行开采和挖掘。一些人进行开采之后，该大数据资源仍可以被其他人或组织继续开采和挖掘。

（六） 功能多样性

对于一些自然资源，如煤、石油和天然气等，它们的功用是有限的。而对于特定的大数据资源，基于不同的开发目的和方式，具有多样化的功能。例如，基于社会管理的目的，大数据可以用于医疗卫生管理、舆情监控和公共安全管理等；基于商务管理的目的，大数据可以用于社交网络分析、商业模式创新和市场营销等；基于企业管理的目的，大数据还可以用于生产销售管理、客户关系管理和人力资源管理等。

除了正面积极的功能，大数据还存在着诸多风险和潜在危害性。在采集、挖掘和分析数据时，可能面临着严重的安全和隐私问题。例如，大数据环境下用户的线上就医记录、电商平台购物记录、网站搜索记录、手机通话记录和手机位置轨迹记录等都可能使用户的个人信息泄露。因此，在开发利用大数据资源时，还应该防范由于方式不当或非法利用对个人、企业和组织以及国家和社会带来的严重危害。

第三节 大数据对经济社会的影响

一、 大数据对经济发展的影响

在新一轮的科技革命浪潮下，大数据技术已经成为推动产业变革的重要力量。对于传统行业来说，大数据为传统产业的升级改造提供了极大的空间。同时，大数据在创造新的产品需求、拓展新的产业领域等方面，有着不容忽视的作用。另外，大数据还推动了产业间的融合发展，也催生了新的产业形态，见图 1-4。所以，大数据在促进产业结构调整和优化方面发挥了十分重要的作用，也是经济高质量提升与可持续发

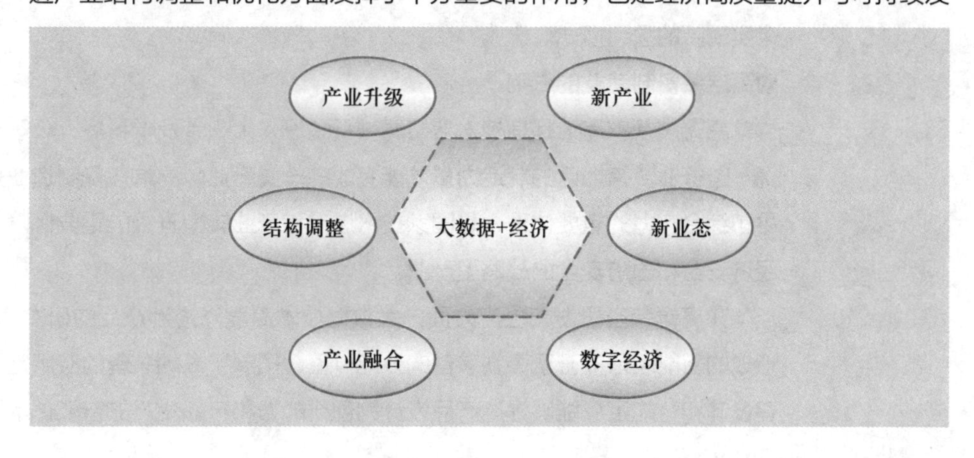

图 1-4
大数据与经济发展的关系

展的不竭动力。

（一） 大数据对不同产业的影响

1. 对服务业的影响

（1） 大数据能够促进服务业的商业创新。在市场机制方面，大数据平台辅助实现了非面对面交易，让用户可以有效参与到对产品、服务的评价过程中，使用户得到更好的服务体验；在渠道管理方面，大数据技术使信息发布、交易、物流、支付、客户支持等都成为独立的渠道，从而促进渠道选择的公平性和渠道控制的合理性，有利于上下游关系的协同与资源的整合；在营销策略方面，大数据环境使个性化、社会化和移动化成为市场营销的重要特征，营销策略更加关注客户的情感诉求和客户对企业的信任，个性化推荐、定制服务和社会网络平台等可以改进客户体验，提高客户的忠诚度；在商业模式创新方面，大数据为企业实现线上线下业务整合带来了新的发展机遇，互联网企业向线下延伸商业业务，传统商业企业利用互联网平台拓展线上业务。

（2） 大数据能够促进服务业的金融创新。对于银行业来说，大数据技术正在挑战传统银行的存贷利息、金融产品、金融服务和思维方式，使传统银行业向着业务无网点化、支付移动化、服务便捷化和信用数据化等方向发展，必然引发银行业的业务重组；对于证券业来说，依托互联网与大数据建立集交易和理财于一体的全功能智能账户，向客户提供包括交易、理财、投融资等在内的一站式综合金融服务，从而提升营销服务能力和网上投资顾问能力，可以更好地改善客户体验，提升服务效率，降低经营成本。

（3） 大数据能够促进商融一体化发展。大数据技术使金融不再是传统金融机构的专属领域。传统金融业正在积极探索互联网金融，而互联网企业正在全力向金融领域拓展。同样，大数据技术使电商也不再是电商企业的专属领域。传统的金融业在积极发展互联网金融的同时，也在积极开拓电商业务。

大数据时代的服务业创新思维是提供优质免费的搜索引擎、社交软件、商业平台等互联网服务来吸引庞大的用户群，在此基础上利用互联网和移动互联网的增值业务来实现新的盈利模式。

2. 对高端装备制造业的影响

高端装备制造业是指技术含量高、资金投入大、涉及学科多，一般需要组织跨部门、跨行业、跨地区的制造力量才能完成的一类产业。高端装备制造业是国家科技水平和综合实力的重要体现，是国家技术进步和产业转型升级的重要保障，是事关国家经济安全和国防安全的战略型产业。

在高端装备研发和生产方面，大数据技术深度渗透到产品的研发和生产过程中，形成的智能装备提升了高端装备的效能价值，拓展了高端装备的应用范围，形成的众智设计和智能工厂能够提高产品设计的创新能力和产品生产的智能化水平，降低产品研发和生产的过程风险。在高端装备制造模式变革方面，大数据技术广泛应用于供应商、销售商和协作商的协同过程中，形成的全球化网络制造进一步优化了价值链和价值网络，能够更快地发现市场需求，更好地在全球组织制造资源，显著提高制造业的资源利用效率。在高端装备业务模式创新方面，大数据技术显著加速了制造业服务化进程。制造商将各类服务纳入销售范围，用基于产品的服务销售模式取代原有的产品销售模式，产品与服务之间的界限越来越模糊。基于产品的服务将不再是企业的成本中心，而是创收中心。在高端装备制造业生态重构方面，相对于高端装备制造业价值网络中的节点企业，价值网络就是最直接的生态环境。而高端装备制造价值网络的生态环境则是由经济生态、社会生态和自然生态构成的多层次结构。

大数据时代的制造业创新思维，就是充分利用互联网与大数据等新一代信息技术，不断提高产品的智能化水平、研发与生产过程的开放式创新水平和基于产品的服务化水平，并重构制造资源组合，优化产业生态系统。

3. 对资源型产业的影响

资源型产业是一类极其重要的产业，主要有农业、煤炭产业、石油天然气产业等。大数据对资源性产业的发展同样有着不可低估的影响。

大数据对农业发展的影响主要体现在农业生产技术、农产品营销、农业经营模式三个方面。在农业生产技术方面，大数据技术应用到农业生产过程中，能够提升环境监测、生命感知、病虫害监控防治的现代化水平，改变传统农业的作业方式，提高农业资源的调配效率；在农产品营销方面，大数据技术的应用促进了农产品的电子商务化流通，从而有利于建立可追溯的农产品供应链系统和农产品质量保证体系，有利于挖掘更为精准的农业信息，有利于提高农产品生产和营销的精确度；在农业经营模式方面，互联网与大数据技术应用到农业产业化过程中，通过发展定制农业、精细农业和电商农业，推动传统农业的模式创新，提高农产品附加值，延伸涉农产业的价值链，促进实现农业现代化。

大数据对煤炭、石油、天然气等产业发展的影响主要体现在生产运营和安全管理方面。在大数据的环境下，资源的开采与生产一般需要经历实地勘测与考察、施工方案制定，以及开采后的处理等一系列过程。在实地勘测与考察以及施工方案制定过程中，大数据可以根据开采地的实地环境数据，辅助制定出优化的方案，大大减少了工作人员的工作量，提高了方案的准确性。在资源的开采以及开采后的处理过程中，大数据可以对现场的开采状况进行实时勘测，较为直观地体现储量以及环境，可以及时地应对资源开采过程中遇到的难题。另外，在大数据技术的支持下，实现了大型设备的全过程自动跟踪与智能化分析，建立覆盖各业务领域和业务范围的各类信息系统，服务于各层级的生产运营和安全管理以及管理决策支持，可以极大地提高产业运作的安全性和决策的科学性，带来显著的经济价值和社会效益。

大数据时代的资源型产业创新思维，就是充分利用大数据等新一代信息技术，提升资源型产业的生产技术水平，创新产品营销和经营管理模式，提高智能化综合决策水平。

（二） 大数据催生数字经济

近年来，新的商业模式、新的产业形态不断涌现，新的经济生态体系正加速形成。数字经济作为一种全新的社会经济形态，正在变革经济社会的发展方式，正逐渐成为引领经济社会高质量发展的重要力量，以及全球经济增长的重要驱动力。2017年《政府工作报告》中首次提出了“数字经济”战略，并提出“推动‘互联网+’深入发展、促进数字经济加快成长，让企业广泛受益、群众普遍受惠”。数字经济成为我国经济增长新的重要引擎。

数字经济是指人类通过大数据的识别、选择、过滤、存储和使用，引导并实现资源的快速优化配置与再生，实现经济高质量发展的经济形态。在大数据环境下，大数据资源的有效利用以及开放的大数据生态体系可以使数字价值得到充分的释放，驱动传统产业的数字化转型升级，驱动数字经济新业态的培育发展。大数据已成为数字经济这种全新经济形态的关键要素，可以有效地促进数字经济持续发展与创新。

1. 大数据是发展数字经济的生产要素

2020年4月9日，中共中央、国务院发布了《关于构建更加完善的要素市场化配置体制机制的意见》，正式确立了大数据的生产要素地位，并强调通过推进政府数据开放共享、提升社会数据资源价值、加强数据资源整合和安全保护，以及健全要素市场化交易平台、完善要素交易规则和服务等手段，加快培育数据要素市场。在农业经济、工业经济之后，数字经济作为一种新兴的经济社会发展形态，必然也产生了新的生产要素。但与农业经济和工业经济不同，数字经济本身是建立在新一代信息技术的基础之上。大数据技术以及海量数据资源的挖掘与应用是数字经济发展的核心。在数字经济环境下，大数据资源融入产业创新和升级的各个环节，成为数字经济发展的重要资源和关键生产要素。一方面，大数据技术与经济社会的各个领域深度融合，特别是随着物联网技术的发展，数据量迅猛增长，大数据已成为经济社会的基础性战略资源，蕴藏着巨大潜力和能量。另一方面，大数据资源与产业要素的融合促使社会生产力发生新的飞跃，在生产过程中与劳动力、土地、资本等其他生产要素协同创造经济价值，大数据成为社会经济发展的新兴生产要素。相比于传统的生产要素有限供给对经济增长的制约，大数据资源具有的可复制、可共享、无限增长和供给等特性，为持续增长和发展提供了基础与可能，因而成为数字经济发展的关键生产要素。

2. 大数据是发展数字经济的驱动要素

生产要素要能够以商品的形式在市场上完成交易，形成各种生产要素市场，从而实现要素资源的流动与配置。大数据是数字经济中关键的生产要素。所以，构建大数据要素市场是发挥市场在资源配置中的决定性作用的必要条件，也是发展数字经济的必然要求。一方面，要引导培育大数据交易市场，开展面向应用的大数据交易市场试点，探索开展大数据衍生产品交易，鼓励产业链各环节的市场主体参与到大数据交换和交易中。另一方面，要重点推进大数据流通标准的制定和大数据交易体系的规范化建设，以保证大数据要素在交易、共享、转移等市场环节能够规范有序。通过大数据分析将数据转化为可用信息，是大数据作为关键生产要素实现价值创造的路径。构建大数据要素市场，实现大数据要素的市场化和自由流动，可以有效地优化大数据要素资源配置，充分地发挥和挖掘大数据要素资源的价值。数字经济的市场价值提升和自身价值创造无不需要大数据作为支撑，因而大数据成为发展数字经济的关键驱动要素。

3. 大数据是发展数字经济的创新要素

加快大数据相关技术在社会经济各领域的广泛应用，可以有效地促进传统产业的数字化与智能化创新升级，可以大力催生以数据驱动为支撑的新兴产业形态，所以，大数据是驱动数字经济发展的核心创新要素。一方面，大数据可以为传统产业的创新转型、优化升级提供重要支撑。大数据技术可以推动传统产业模式向形态更高级、分工更优化、结构更合理的数字经济模式演进，引领传统产业实现数字化转型。另外，大数据可以通过推动不同产业之间的融合创新，使得传统产业在经营模式、盈利模式和服务模式等方面发生变革，是数字经济创新驱动能力的另一重要体现。另一方面，基于大数据的创新活动日趋活跃，例如，大数据产业自身催生出的数据交易、数据租赁服务、分析预测服务、决策外包服务等，已经成为重要的大数据创新业态。

二、大数据对社会治理的影响

（一）大数据对公共安全的影响

1. 社会治安管理

大数据技术能够有效支撑治安防控、打击犯罪、处理案件等，弥补传统社会治安管理面临的效率不高问题。在建立智能化信息采集渠道后，通过对人员、车辆、事件等数据进行实时收集和分析，实现城市治安相关信息互联互通，对具有治安风险的数据进行自动识别和预测，可以有效提升区域内治安事件的动态监测和预警能力。大数据为公安机关提供有效且实时的数据依据，使公安机关的社会治安管理及犯罪惩治工作更加精准和高效。

大数据推动治安管控提效，提升人民安全感。数据量大、类型多样、处理速度快是大数据的显著特征。治安监控视频、交通监控视频、图片、音频、地理位置、网络日志、社交媒体、互联网 Cookies、个人社交信息等快速增长，为公安机关开展治安管理工作提供了庞大的数据支持。

大数据推动数据处理优化，有效预防犯罪。大数据警务的根本目的在于发掘深藏于数据中的犯罪信息并做出治安决策。根据城市中以往治安案件发生的时间、地点、类型等信息，结合地理信息系统（GIS）在电子地图上标注热点区域、绘制相关地图，据此合理布置警力，可以有效降低暴力犯罪的发生率。

2. 社会舆情管理

互联网是社会舆情的新载体，海量的舆情信息反映了社会公众的观点和态度，并可能引发社会公众的群体行为，甚至诱发社会舆情事件。利用大数据技术对海量的网络信息进行分析，有效开展网络舆情管理，有利于塑造积极向上的网络空间环境。传统的舆情监测手段难以应对互联网中海量信息和高传播速度，大数据技术可与人工智能等技术结合，对文字、图片、音频、视频等信息进行智能分析，有效甄别信息真伪、识别敏感信息、挖掘核心观点，对重点领域的舆论进行重点监控和有效引导，显著提升网络空间治理水平。

大数据推动舆情管理从监测转向预测。传统网络舆情管理把监测已经产生的舆情信息作为起点，这种明显的滞后性使其在网络舆情危机的应对中处于消极被动的位置。而互联网环境下留给突发事件的处理时间越来越少，如此短的时间使舆情分析和决策尚未来得及参与进来，整个事件就可能已经造成了严重后果。在大数据时代，通过挖掘数据相关性，在敏感消息进行网络传播的初期就立即开始监测，并模拟网络舆情的演变过程，使网络舆情突发事件发生的可能性和倾向性变得可以预测。

大数据推动舆情管理由定性管理转向定量管理。大数据相关技术使得将网民评论、情绪变化、社会关系等舆情信息，以量化的形式转化为可供计算分析的标准数据成为可能。管理者可以建立数据模型进行计算，分析舆情态势和走向。大数据时代，所有元数据都可通过量化关联转化为有价值的信息，并实现多次利用，每一次利用都是一种创新，大数据成为网络舆情定量管理的重要支撑。尽管数据的相关性决定了某些数据价值的潜藏性，但新技术、新软件的出现使得通过数学分析实现数据的价值转化成为可能。而多维解读舆情和新的深刻洞见的揭示，使舆情分析结果的全面性和客观性大大超越传统的网络舆情管理。

大数据时代对政府舆情管理能力提出更高的要求。相对于传统的社会舆情管理，大数据时代的社会舆情管理更集中于对大量网络数据的收集、存储、清洗，并结合文本挖掘技术从大量低价值密度的数据中获取相关的舆情信息。传统的基于数据统计进行舆情管理的方法已然不适用，如何浓缩海量信息，应对数据爆炸，进而实现舆情信息增值并提高关联数据的趋势研判能力，是大数据时代社会舆情管理面临的重大挑战。

（二） 大数据对环境治理的影响

环境治理就是在对自然资源和环境的持续利用过程中，政府和环境的利益相关者们进行环境决策，行使权力并承担相应的责任而达到一定的环境效益、经济效益和社会效益并寻求效益的最大化和可持续。应用大数据的思想和方法，管理者可将环境数据的收集、分析和标准制定三个步骤统一起来，形成具有无限性、多样性、灵活性和开发性的环境大数据库。环境大数据就是将环境规划、环境监测、环境执法等与环境管理相关的数据和信息联系起来，让用户了解更多环境信息，并可以跟踪、查询和管控。

（1）大数据推动环境治理立体化程度提升。目前我国环境治理主要依赖于政府相关部门，公众的环境治理意识不足，非政府组织环境治理权限以及治理手段都十分有限，而环境治理中大数据技术的广泛应用能够通过数据公开等方式，拓宽公众参与环境治理的途径，增强公众环境保护意识，同时也能够给非政府组织更多的环境治理权限，从而形成全社会共同参与环境治理的新模式。此外，凭借大数据的信息公开优势，环境治理者可以及时了解公众对环境治理的诉求，有针对性地提供环境公共服务。

（2）大数据推动环境治理监管能力提升。环境治理过程中对环境的实时动态变化进行监测是保障环境治理可持续发展的必然要求。传统的环境监管由于信息获取手段低效，极易造成信息的封锁或不对称，从而导致隐瞒或低估环境风险，并因此产生风险急剧积累或失控的困境，导致管理失灵。应用大数据创新监管模式，加强全程治理，为解决环境治理中的管理失灵问题提供了新的视角和途径。

（3）大数据推动环境治理预测能力提升。环境治理预测要求对大量环境治理信息进行收集整理和处理分析，其结果可直接被环境治理者作为客观数据依据支撑决策制定。大数据的预测性分析是环境治理的技术基础，通过对历史环境数据隐藏规律的挖掘，预测未来环境数据的变化趋势，并提前制定治理预案，防患于未然。雾霾预警机制已是较为成功的案例。此外，基于大数据进行更长周期的生态演变趋势预测是开展环境治理的另一个重要路径，如通过对沙化严重地区的水文、植被、降水等数据进行收集，可以有效推测环境恶化的演变规律，为土地沙化防治提供科学依据。

大数据环境治理在取得显著成效的同时，也存在一定的不足。一方面，环境监测数据开放不足，大量监测数据掌握在相关业务部门手中，只有部分数据得以公开，开放数据的广度和深度有待提升。另一方面，部分公开数据中只有基本信息和统计信息，缺乏关键字段，没有明细清单，时效性也有待提高。大量数据只在部门内部保有，无法通过技术手段挖掘信息间的关联关系，形成信息孤岛，造成信息资源浪费。此外，从业人员技术能力不足、部门重视程度不高、宣传力度较低等问题也是限制大数据环境治理能力提升的重要因素。

（三）大数据对信用管理的影响

在经济社会生活中，个人、企业、机关事业单位法人、社会组织法人等主体产生大量多样的信用数据，为社会信用体系建设提供了重要机遇也带来巨大挑战。大数据技术可整合汇聚分析多来源渠道、多类型的海量信用数据，搭建统一的公共信用信息平台，将平台归集的数据进行深度挖掘分析，准确识别各主体信用水平，根据数据预测信用风险，快速识别风险较高的信用主体并提前预警，为建立健全完善的社会信用体系提供保障。

（1） 大数据有效扩大征信数据来源。中国人民银行征信中心为全国个人征信的主干数据库，主要通过工资收入、社保记录、信用卡记录、贷款记录等维度，有效地解决了一些信用风险问题。但其仅覆盖了与银行发生过信贷关系的群体，现有信用记录数量及覆盖人群有限。大数据的应用可以有效收集、分析任何个人、企业的互联网记录，基于全面信息的信用评级远比仅依靠金融机构借贷记录的信用评级可靠。如阿里小贷通过企业行为分析企业信用状况，企业行为包括信用记录、成交数额等结构化数据和用户评论等非结构化数据，也包括水、电、气缴费等信息。

（2） 大数据有效转变征信视角。传统的征信评估模型使用的数据多为一系列历史数据指标，数据要求准确且相对简单，有一定的时间序列，然后采用特定的评估模型对数据进行加工，更关注征信对象的历史信息，致力于深度挖掘。大数据征信则更看重用户的当前信息，强调横向及多维度拓展，注重对用户信息评级的预测。

（3） 大数据有效扩大征信应用范围。传统征信主要应用于信贷领域，而大数据征信由于数据来源和信用评分不同，可将应用场景从金融领域扩大到社会生活的方方面面，如租房、订酒店、租车、办签证、求职应聘等各种需要信用的履约场景。此外，大数据征信还能为政府监管和服务提供决策依据，在行政管理和公共服务领域应用大数据征信产品，可及时了解市场主体的信用状况，提高政府服务水平和监管的有效性，降低服务和监管的成本。

（4） 大数据在优化征信市场布局、促进传统征信业改造升级及推动差异化竞争格局的形成方面具有重要价值。然而，当前大数据征信尚不成熟，实际应用中存在征信监管水平不高、信息安全缺乏保障、信息主体的隐私权归属判定、信息孤岛难以消除等问题。

此外，大数据应用在交通管理领域，可以改变当前交通信息分散、信息内容单一等问题，有效提升跨部门合作效率，实现交通状况预判和智能化交通管理；大数据应用在房产管理领域，可以全面掌握各地房产需求、供给情况，有效监控房地产行业。

三、 大数据对政务服务的影响

政务是国家治理中的行政事务，是公共治理的重要工具和形式。政务服务是各级政府及其所属部门、法律法规授权的组织，依法为公民、法人或者其他组织办理行政权力事项和公共服务事项的活动。近年来，随着大数据技术不断发展，政务服务在服务理念、服务模式以及服务水平等方面也发生了重要的变革，见图 1–5。

（一） 大数据促进政务服务理念的变革

1. 大数据塑造政务服务开放性理念

在互联网与大数据等信息技术的支持下，政务服务在多个方面都体现出开放性

图 1-5
大数据与政务服务的关系

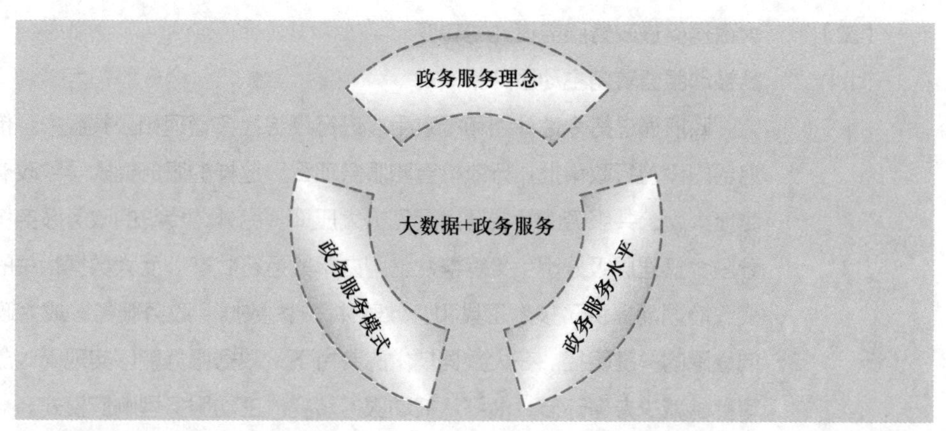

的特征。首先以信息资源的开放为前提，其次以公众的参与为基础，加速促进政府部门内部、政府部门之间以及政府与社会、市场、公众之间的合作。同时，政务服务广泛运用大数据技术，推进技术创新和流程再造，加强政务服务信息跨层级、跨地域、跨系统、跨部门、跨业务的互联互通和开放合作，可以有效地增强综合服务能力，进一步提升政务服务效能。

2. 大数据塑造政务服务共享性理念

随着政务服务共享性理念的发展，政务服务开始注重开发政府服务大数据的价值，搭建政府服务信息共享平台，引导公众以及其他主体合理有序地参与到服务过程中来。在大数据的支撑下，通过加强顶层设计，统一政务服务数据标准与技术规范，充分整合现有各级各部门的政务信息资源，实现各类政务信息互联互通，按需流转。通过加大数据资源整合力度，推动建设政务大数据库，对各级各部门政务网站、业务系统等实行多层面、深层次整合，全面实现政务服务的在线申请、在线办理、在线监管、在线评估。政务服务的共享性理念从消除数据鸿沟、信息孤岛，实现信息共享开始，进一步拓展完善共享标准与服务流程，有效化解资源分享过程中的矛盾，引导服务主体合理地分享信息资源及其他资源，从而促进政务服务逐步走向深层次的合作共享。

3. 大数据塑造政务服务前瞻性理念

大数据相关的信息技术也为政务服务的前瞻性预测提供了强有力的支持。传统的政务服务思维通常是在问题出现之后，采取回应性的方式处理问题。回应性的政务服务是只有等问题出现了或者被发现了，政府才采取应对措施，被动地回应社会问题。而在大数据环境下，前瞻性服务理念的政务服务体系，可以通过主动寻求大数据技术的支持，将不同领域的数据整合，与其他治理主体共同合作，为政府开展政务服务活动提供前瞻性的预测与科学指导，从而主动地处理预测的事件。这样不仅可以创造性地发现问题并解决问题，甚至在许多情况下，在问题还未出现的时候，就已经将其创造性地解决了。因此，在大数据技术的支持下，在开放性、共享性理念的基础上，政务服务前瞻性的理念，是政务服务理念的根本性转变。

（二） 大数据促进政务服务模式的转变

1. 从被动服务转向主动服务新模式

政府通过指令性计划和行政手段进行经济社会管理和公共服务。传统的方式是政府部门设置行政审批、行政检查和服务项目。这样的服务模式导致政府机构设置越来越庞大，公共服务的社会活力受到极大压抑。另外，传统的政务服务停留在职能条块分割、管理层级分明、坐等群众上门办事的运行状态。而大数据相关的科技创新为转变政府职能提供了技术工具和有效载体，“大数据＋政务服务”成为政务服务改革推向纵深的关键路径。在大数据技术的支持下，政务服务能够实现简政放权，精简行政审批、减少办事环节，最终从被动服务转变成主动服务型响应模式。

2. 从单向服务转向协同服务新模式

随着大数据技术不断发展，互联网平台和移动数据设备的接入，可以帮助公众更加便捷地获取政务服务，满足公众需求的电子政务成为一种新的发展方向。与传统电子政务相比，新型电子政务是基于移动端平台的，以公众需求为整体理念支撑，在业务办理和政务信息的传递上不受时间和空间的限制，服务方式上更为主动，服务内容上偏向于信息化服务。更为重要的是，政民双向互动的手段更加多元，能够发挥公众的主观能动性，双向互动渠道的通畅性、易用性将直接影响政务服务的效果。移动互联网已成为更广泛、更方便、更快捷地收集和掌握社情民意，听民声、知民情、解民忧、聚民智的新阵地。

3. 从粗放管理转向精细管理新模式

政务服务作为主要由政府部门及其所属机构主导提供的公共服务，是政府履行服务职能、表达为民服务理念、体现服务能力和水平的重要表征。传统的政务服务受到长期的粗放式管理的影响，标准化水平低，政务服务标准缺失，政务服务的管理协调机制不够完善。在大数据技术支持下，政务服务完成标准化、规范化等升级转变。政务服务按照事项精细化、要素模板化、指南标准化、办事场景化的标准，对现行审批时限及申请材料进行全面梳理。按照在服务方面做“加法”，时限、材料方面做“减法”的原则，大力推进申请材料、审批时限压减，提高即办件比例，优化政务服务。精细管理的新模式不仅使政务服务工作的目标、过程和结果清晰明确，而且使工作责任可跟踪、可追溯，从而有利于促进政务服务质量和水平不断提高，为服务型政府建设提供有力的支撑。基于大数据的科学决策、精细管理、精准服务成为常态，大大推动了政务服务理念和模式进步。

（三） 大数据提升政务服务水平

1. 提高政务服务的效率

随着“互联网＋政务服务”模式的发展，自助式服务、一站式服务的政务服务模式逐步得到推广，政务服务的工作效率得到了极大的提升。首先，通过电子政务平台和移动政务客户端的建设，实现了大部分政务服务流程的无纸化。在部门与部门间的日常工作中，用数字化的办公方式降低文件传输的成本，使得部门间的沟通更为顺畅。其次，在政务服务的日常工作中，被服务主体在办理相关业务时，可以借助移动政务软件，整个业务的办理都在线上进行，实现线上审批和线下服务的紧密结合，极大地简化了业务办理流程，提高了业务办理的速度和效率。最后，通过大数据技术处理政务信息，对公众提交的业务请求进行分析，可以快速、准确、高效地进行业务处理，改善政务信息处理缓慢、政务处理流程繁杂的问题，大大提高了工作效率。

2. 提高政务服务的精准性

当前，可采用大数据技术对海量政务数据进行信息研判，利用数据关联分析、数学建模、虚拟仿真和人工智能等技术，在大数据的基础上进行模块化分析和政策模拟，从中识别抽取出有价值的隐含信息，并利用这些信息为政府各部门重大政策、法规的制定提供决策依据。推动政府决策由过去的经验型、估计型向数据分析型转变，有效提高决策的科学性和精准性，最终实现政府决策流程再造。

3. 提高政务服务的规范性

通过大数据技术的支持，权力监督网络日益透明。在电子政务的办公过程中，从数据的录入至业务流程的实时进行，每个环节的录入和审核过程以及办理人员都在数据库的记录中，每个步骤都有迹可循，这就极大减少了监管的缺失，增加了业务流程监督的透明性。同时，公众可通过网络问政平台以及移动政务服务平台，实时提出对有关政策的疑问，从而更好地实现公众对政务服务的监督。另外，政府也可以借助大数据手段，对权力运行过程中产生的数据进行全程记录、融合分析，及时发现和控制可能存在的风险，并通过实践不断使政务服务工作更加规范化。

第四节 大数据的全生命周期

全生命周期是指从产生到消亡的整个过程。大数据是一种特殊的信息资源，也有其自身的生命周期。大数据的全生命周期管理是管理大数据生命周期的实践。

大数据的全生命周期一般包括数据收集、数据预处理、数据存储、数据分析、数据可视化、数据迁移、数据归档和数据销毁八个阶段，如图 1–6 所示。

图 1–6 大数据全生命周期

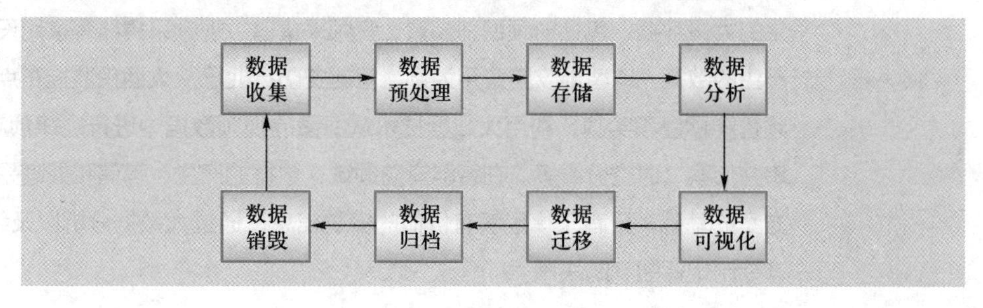

一、 数据收集

（一） 数据收集的概念

数据收集是大数据全生命周期的第一个环节，是在确定用户目标的基础上，针对该范围内所有结构化、半结构化和非结构化数据的采集。在一些大数据的收集过程中，其面临的主要挑战是成千上万的用户同时进行访问和操作而引起的高并发数。

大数据出现之前，计算机所能够处理的数据都需要在前期进行相应的结构化处理，并存储在相应的数据库中。但大数据技术对于数据的结构要求大大降低，互联网上人们留下的社交信息、地理位置信息、行为习惯信息、偏好信息等各种维度的信息都可以实时处理，传统的数据收集与大数据的数据收集对比如表 1–5 所示。

表 1–5
传统的数据收集与大数据的数据收集对比

比较项目	传统的数据收集	大数据的数据收集
数据来源	数据来源单一	数据来源广泛
数据量	数据量相对较小	数据量巨大
数据类型	结构单一	包括结构化、半结构化和非结构化数据
使用数据库	关系数据库和并行数据库	分布式数据库

按数据来源划分，大数据的三大主要来源为商业数据、互联网数据与物联网数据。其中，商业数据主要来自企业 ERP 系统、各种 POS 终端及网上支付系统等业务系统；互联网数据主要来自通信记录及 QQ、微信、微博等社交媒体；物联网数据主要来自射频识别装置、全球定位系统、传感器设备、视频监控设备等。

（二） 数据收集的来源和方法

商业数据是目前最主要的数据来源渠道之一。一些大型超市详细记录了消费者的购买清单、消费额、购买日期等数据，通过对消费者的购物行为等非结构化数据进行分析，发现商品关联，并优化商品陈列。

互联网是大数据信息的主要来源，能够采集什么样的信息，采集到多少信息及哪些类型的信息，直接影响着大数据应用价值。而信息数据采集需要考虑采集量、采集速度、采集范围和采集类型，信息数据采集速度可以达到秒级以上，采集范围涉及微博、论坛、博客、新闻网站、电商网站、问答网站等各种网页，而采集类型包括文本、URL、图片、视频、音频等。

物联网数据是除了人和服务器之外，在射频识别、物品、设备、传感器等节点产生的大量数据，包括射频识别装置、音频采集器、视频采集器等家用设备和生产设备产生的数据。以智能安防应用为例，智能安防行业已从大面积监控布点转变为注重视频智能预警和实战，利用大数据技术从海量的视频数据中进行规律预测、情境分析、串并侦察、时空分析等。在智能安防领域，数据的产生、存储和处理是智能安防解决方案的基础，只有采集足够有价值的安防信息，通过大数据分析以及综合研判模型，才能制定智能安防决策。

针对 3 种不同的数据源，大数据采集方法有以下几类：

1. 系统日志采集方法

系统日志采集主要是收集公司业务平台日常产生的大量日志数据，供离线和在线的大数据分析系统使用。很多互联网企业都有自己的海量数据采集工具，如 Facebook 的 Scribe、Cloudera 的 Flume 等。这些系统采用分布式架构，能满足高可用、高可靠和可扩展的日志数据采集和传输系统的需求。

2. 网络数据采集方法

网络数据采集是指通过网络爬虫或网站公开 API 等方式从网站上获取数据信息的过程。该方法可以将非结构化数据从网页中抽取出来，将其存储为统一的本地数据文件，并以结构化的方式存储。网络爬虫工具基本可以分为 3 类：分布式爬虫工具、Java 网络爬虫工具和非 Java 网络爬虫工具。

3. 感知设备数据采集方法

感知设备数据采集是指通过传感器、摄像头和其他智能终端自动采集信号、图片或录像来获取数据。大数据智能感知系统需要实现对结构化、半结构化、非结构化的海量数据的智能化识别、定位、初步处理和管理等。

二、数据预处理

（一）数据预处理的概念

在数据采集环节可能产生数据缺失、数据重复、数据不一致和数据噪声等问题，因此需要检查数据的完整性及数据的一致性，对其中的噪声数据进行平滑，对丢失的数据进行填补，对重复的数据进行消除等。

数据缺失包括数据记录缺失和记录中部分属性值缺失两种情况。造成数据缺失的原因很多，例如，因为人为或设备原因，数据未被采集或记录；数据无法获取或数据获取的代价太大而未被采集；各种随机因素造成的数据丢失；等等。

数据重复是因为同一个实体在不同的数据源中表达方式不同，这种差异造成数据无法直接一一对应。数据重复的情况包括：多重数据结构、名称拼写错误、不通用的别名、不同的缩写、不完全的匹配记录等。结构不一的多源数据必然会导致重复记录的产生。

数据不一致是指数据的矛盾性、不相容性，一般是由数据命名规则或数据代码不同引起的。数据不一致可以分为数据记录规范的不一致和数据逻辑的不一致。数据记录规范的不一致是指数据编码和格式不一致，例如国内手机号码不是 11 位数字，就不符合数据记录规范。数据逻辑的不一致是指标统计和计算的不一致性，例如同一个部门的数据编码出现不同的值。

数据噪声是指数据中包含不正确的属性值，出现错误或存在偏离预期的离群值。产生噪声的原因包括：数据采集设备出现故障；数据在储存过程中发生错误等。

（二） 数据预处理的方法

1. 不完整数据清洗

不完整数据清洗是指对缺失值的处理。常用的方法包括删除对象方法、数据补齐方法和基于 k-NN 近邻缺失数据的填充算法等。删除对象方法是指将缺失信息属性值的对象删除，从而得到一个不含缺失值的完整信息表。这种方法的优点是简单易行，缺点是应用场景较少，只在含有缺失值的对象与总数据量相比非常小的情况下有效。当缺失数据所占比例较大时，这种方法可能导致数据发生偏离，从而引出错误的数据分析结果。数据补齐方法是指使用某值去填充空缺值，从而获得完整数据的方法。通常基于统计学原理，根据决策表中其余对象取值的分布式情况对一个缺失值进行填充，例如用其余样本的平均值或中位值进行填充。数据补齐方法主要分为单一填补法和多重填补法。其中单一填补法是指对缺失值，构造单一替代值来填补，常用的方法有取平均值或中间数填补法、回归填补法、最大期望填补法、近似补齐填补等方法。单一填补法不能反映原有数据集的不确定性，会造成较大的偏差。多重填补法是指用多个值来填充，然后用针对完整数据集的方法进行分析得出综合的结果，比较常用的有趋势得分法等。这类方法的优点在于通过模拟缺失数据的分布，可以较好地保持变量间的关系；其缺点在于计算复杂。k-NN 近邻缺失数据的填充算法是一种简单快速的算法，它利用本身具有完整记录的属性值实现对缺失属性值的估计。

2. 异常数据清洗

当个别数据值偏离预期值或大量统计数据时，如果将这些数据值和正常数据值放在一起进行统计，可能影响实验结果的正确性，如果将这些数据简单地删除，有可能忽略了重要的实验信息，因此需要在分析其产生的原因之后，做适当的处理。异常值产生的原因包括：数据来源于不同的类、自然变异、数据测量和收集误差等。异常值检测方法主要有统计学方法和基于邻近度的聚类方法。统计学方法是基于构建一个概率分布模型，并考虑对象有多大可能符合该模型。通常会给定一个置信概率，并确定一个置信区间，凡超过此区间的误差就认为它不属于随机误差范围，将其视为异常值。当数据聚合程度高、关联性强时，统计学方法难以准确识别异常数据，需要使用基于邻近度的聚类方法。该方法将数据集分为多个类或簇，在同一个簇中的数据对象之间具有较高的相似度，而不同簇中的对象的差别就比较大。将散落在外、不能归并到任何一类中的数据称为孤立点或奇异点，可以对孤立或是奇异的异常数据值进行剔除处理。

3. 重复数据清洗

重复数据清洗又称数据去重。重复数据是冗余数据，对于这一类数据应删除其冗余部分。采用聚类分析可以提高重复检测的效率，因为经过聚类处理，同一簇内的对象虽然不一定重复，但属于同一个客观对象的重复记录必定在同一个簇内。

4. **噪声数据处理**

噪声数据是指数据中存在某变量的随机误差或异常的数据，一般采用数据平滑方法消除数据中的噪声，常用的技术包括分箱技术、回归方法等。分箱技术就是将待处理的数据进行排序，按照一定的规则划分子区间，如果数据位于某个子区间范围内，就将该数据放进这个子区间所代表的“箱子”中，再用箱中的数据值来布局平滑所存储的数据值。回归方法是利用函数进行数据拟合达到平滑数据的目的。回归分析有线性回归和非线性回归两种，一般用于连续数据的预测。通过线性回归方法，可以获得多个变量间的拟合关系，从而达到利用一个变量值来帮助预测另一个变量值的目的。

5. **数据规范化**

规范化的作用是指对重复性事物和概念，通过规范、规程和制度达到统一，以获得最佳效果和效益。在数据分析中，度量单位的选择将影响数据分析的结果。使用较小的单位表示属性将导致该属性具有较大值域，因此导致这样的属性具有较大的影响或较高的权重。为了避免对度量单位选择的依赖性与相关性，应该将数据规范化或标准化。数据规范化可将原来的度量值转换为无量纲的值。将原始数据按比例缩放，使之落入一个较小的特定区域，实现数据规范化。常用的数据规范化方法有：最小—最大规范化方法、Z 分数规范化方法和小数定标规范化方法。最小—最大规范化方法对原始数据进行线性转换。Z 分数规范化方法是基于原始数据的均值和标准差进行数据的规范化。小数定标规范化方法是通过移动属性 A 的小数点位置来实现的。

6. **数据泛化处理**

数据泛化处理就是用更抽象（更高层次）的概念来取代低层次或数据层的数据对象。例如，将属性值为“地铁”“出租车”和“公共汽车”的数据统一使用“交通工具”来代替。对于年龄这种数值属性，可以将原始数据中的 20、30、40、50 等数值映射到更高层次概念，如“青年”“中年”和“老年”。

7. **数据约简**

数据约简是指在对分析任务和数据本身内容理解的基础上，寻找依赖于发现目标特征的有用数据，以缩减数据规模，从而在尽可能保持数据原始特性的前提下，最大规模地精简数据量。虽然约简后的数据集变小了，但仍保持原始数据的完整性。约简的方式包括：特征约简、样本约简、数据立方体聚集、维约简等。

特征约简是指在保留、提高原有判别能力的前提下，从原有的特征中删除不重要或不相关的特征。可以通过对特征进行重组来减少特征的个数，或者减少特征向量的维度。样本约简用来从数量很大并且质量参差不齐的样本中选出一个有代表性的样本子集。随机抽样是样本约简的主要方法。其优点是：由于每个样本单位都是随机抽取的，根据概率论不仅能够用样本统计量对总体参数进行估计，还能计算出抽样误差，从而达到对总体目标变量进行推断的可靠程度。常用的随机抽样方法主要有简单随机抽样、系统抽样、分层抽样、整群抽样、多阶段抽样等。数据立方体是一类多维矩阵，可使用户从多个角度分析数据集，通常是使用三个维度。当从一堆数据中提取信息时，需要找到有关联的信息，以及探讨不同的情景。维约简又称降维，具体指的是采用某种映射方法或者函数，将原先高维空间中的数据点映射到低维度的空间中。降维对数据进行了压缩，减少了数据的存储用量和计算复杂度，而更深层的意义在于价值数据的提取汇总和无用信息的摒弃。维约简主要的方法包括线性映射和非线性映射两大类。该方法的目标是在尽可能保存变量之间关系的同时，使用较少的数据参数代替原先较多的数据参数，避免维数灾难。当使用这些较少数据参数时，既能够保留住较多的原始数据特性，又能保证留下的参数之间保持相互独立无关。

8. 数据压缩

数据压缩就是利用数据编码或数据转换等手段将原数据集压缩为一个较小规模的数据集。若不丢失任何信息就能还原到原始数据的压缩即为无损压缩；反之，则是有损压缩。一般而言，有损压缩的压缩比要高于无损压缩的压缩比。常用的小波变换和主成分分析法都属于有损压缩方法。小波变换在指纹图像压缩、计算机视觉、时间序列数据分析和数据清理中具有重要应用价值；主成分分析法计算开销低，与小波变换相比，能够更好地处理稀疏数据。

三、数据存储

（一）数据存储的概念

数据存储是将收集的数据集存储到计算机存储设备中。大数据对存储容量、存储性能和可靠性都提出了更高的要求，数据存储的方式随着数据量和数据结构的变化逐渐丰富，数据量从 MB、GB 级别发展到 PB、ZB 级别甚至更大，数据结构从关系型到非关系型，存储资源组织方式从直接连接存储到网络连接存储再到虚拟化云存储，存储机制和数据库都有了重大的调整和发展。

（二）数据存储方法

1. 直接连接存储

直接连接存储（Direct Attached Storage，DAS）是指将外置存储设备通过连接电缆，直接连接到一台主机上，再连接到存储系统中，使得数据存储是整个主机结构的一部分。该方法的优点是中间环节少，磁盘的利用率高，成本也比较低；缺点是其扩展能力有限，数据存储占用主机资源，使得主机的性能受到相当大的影响。

2. 网络连接存储

网络连接存储（Network Attached Storage，NAS）是指采用独立服务器，即单独为网络数据存储而开发的一种文件服务器来连接所存储设备，形成一个网络。由于 NAS 采用一个专门用于数据存储的简化操作系统，能够提供高效率的文档服务，不仅响应速度快，而且数据传输速率高。

3. 存储域网络存储

存储域网络存储（Storage Attached Network，SAN）是指通过支持 SAN 协议的光纤信道交换机，将主机和存储系统联系起来，组成一个网络。与传统技术相比，SAN 技术最大的特点是将存储设备与传统的以太网隔离开来，成为独立的存储域网络。同时，SAN 技术完全采用光纤连接，从而保证了数据传输带宽。SAN 具有以下优点：专为传输而设计的光纤信道协议，使其传输速率和传输效率都非常高，特别适合于大数据量高带宽的传输要求。

四、数据分析

（一）大数据分析的概念

大数据分析是指用准确适宜的分析方法和工具来分析经过预处理后的大数据，提取具有价值的信息，进而形成有效的结论并通过可视化技术展现出来的过程。更具体地说，大数据分析是通过应用技术与工具来分析与理解数据。大数据分析不是简单的统计分析，其过程中主要出现了大数据分析的两个方向：一是侧重大数据处理的方法；二是侧重研究数据的统计规律，侧重于对微观数据本质特征的提取和模式发现。将两者结合起来是一个重要趋势与方向。数据挖掘是大数据分析的核心，占有重要的地位。

从分析的结果来看，大数据分析主要分为探索性数据分析、证实性数据分析、定性数据分析；从分析的方式上来看，大数据分析主要分为离线数据分析、在线数据分析和交互式分析。探索性数据分析是基于数据本身的角度来说明数据分析方法，采用非常灵活的方法来探究数据分布的大致情况，主要内容包括基本数字特征，通过绘制直方图、茎叶图和箱线图等来实现，为进一步结合模型的研究提供线索。证实性数据分析评估观察到的模式或效应的再现性。传统的统计推断提供显著性或置信性陈述，证实性数据分析的证实阶段通常还包括：将其他密切相关数据的信息结合起来，通过收集和分析数据确认结果。定性数据分析是指定性研究和观察结果等非数值型数据的分析。定性数据分析是对对象性质特点的一种概括。离线数据分析是指将待分析的数据先存储于磁盘中，然后再进行数据分析。离线数据分析用于较复杂和耗时的数据分析和批处理。在线数据分析用来处理用户的在线请求，对响应时间的要求比较高，通常处于秒级。与离线数据分析相比，在线数据分析能够实时处理用户的请求，并且能够允许用户随时更改分析的约束和限制条件。交互式分析强调快速的数据分析，典型的应用就是数据钻取。可以通过对数据进行切片和多粒度的聚合，从而通过多维分析技术实现数据的钻取构建执行引擎，或者说去构建一些数据切片，并能够快速地将其串起来。

统计分析方法是比较经典的方法，主要解决一般的大数据分析问题。常用的统计分析方法有：指定对比分析、分组分析、综合评价分析、指数分析、平衡分析、趋势分析、交叉分析、显著性检验、结构分析、因素分析、动态分析、相关分析、回归分析、判别分析、对应分析、主成分分析、多维尺度分析、方差分析等。

（二） 大数据挖掘

大数据挖掘是大数据分析的核心。数据挖掘通过键名和构造算法来获取信息和知识。大数据挖掘融合了数据库技术、人工智能、机器学习、统计学、知识工程、面向对象方法、信息检索、云计算、高性能计算以及数据可视化等最新技术的研究成果。

数据挖掘是数据分析阶段中的核心内容。数据挖掘工具提供了关联规则、分类、聚类等多种模型和算法。建立挖掘模型、选取或改进挖掘模型都需要验证，最常用的验证方法是样本学习。先用一部分样本数据建立模型，然后再用剩下的非样本数据（测试数据）来测试和验证这个模型。测试数据集可以按一定比例从被挖掘的数据集中提取，也可以使用交叉验证的方法，把学习集和测试集交换验证。在样本数据较小情况下，需要高度的随机性。随机性越高，效果越好。数据挖掘是一个反复的过程，通过反复的交互式执行和验证才能获得结果。

常用的数据挖掘方法有关联分析、分类方法、聚类方法、序列模式挖掘等。应用关联规则进行挖掘可以发现数据集中不同数据项之间的联系规则。分类是数据挖掘中的一项非常重要的任务，利用分类方法可以从数据集中提取描述数据类的一个函数或模型（也常称为分类器），并把数据集中的每个对象归结到某个已知的对象类中。从机器学习的观点，分类方法是一种有指导的学习，即每个训练样本的数据对象已经有类标识，通过学习可以形成表达数据对象与类标识间对应的知识。聚类就是自动对数据对象分类，划分的基本原则是在同一个类中的数据对象具有较高的相似度，而不同类中的数据对象相似度差别较大。聚类与分类不同的是：聚类操作中要划分的类事先未知，类的形成完全是由数据驱动，属于一种无指导的学习方法。时间序列就是将某一指标在不同时间上的不同数值，按照时间的先后顺序排列而成的数列。这种数列的数据彼此之间存在着统计上的依赖关系，但由于受到各种偶然因素的影响，往往表现出某种随机性。由于每一时刻上的取值或数据点的位置具有一定的随机性，不可能完全准确地用历史数值来预测将来。但是，前后时刻的数值或数据点的相关性却可呈现某种趋势性或周期性变化，这就表明存在着时间序列挖掘的可行性。

五、 数据可视化

（一） 数据可视化的概念

可视化是利用计算机图形学和图像处理技术，将数据转换成图形或图像在屏幕上显示出来，旨在利用计算机自动化分析能力的同时，充分挖掘人对于可视化信息的认知能力优势，将人、机的各自强项进行有机融合，借助人机交互式分析方法和交互技术，辅助人们更为直观和高效地洞悉大数据背后的信息、知识与智慧。可视化手段能够清晰有效地传达与沟通。可视化可以使用计算机支持的、交互的、可视化的形式表示抽象数据，以增强认知能力。其侧重于通过可视化图形展现数据中隐含的信息和规律，建立符合人的认知规律的心理映像，可视化已经成为分析复杂问题的有力工具。交互性、多维性和可视性是大数据可视化的主要特点。大数据可视化和一般数据可视化的比较如表 1-6 所示。

表 1-6
大数据可视化与一般数据可视化的比较

比较项目	大数据可视化	一般数据可视化
数据类型	结构化、半结构化、非结构化	结构化
表现形式	多种形式	主要是统计图表
结果	发现数据中蕴含的规律特征	注重数据及其结构关系

大数据可视化与科学可视化和信息可视化密切相关，从应用大数据技术获取信息和知识的角度出发，信息可视化技术具有重要作用。根据信息的特征可以将信息可视化分为一维信息、二维信息、三维信息、多维信息、层次信息、网络信息、时序信息可视化。随着大数据迅速发展，互联网、社交网络、地理信息系统、企业商业智能、社会公共服务等应用领域催生了特征鲜明的信息类型，主要包括文本、网络（图）、时空及多维数据等。

1. 文本可视化

文本信息是大数据时代非结构化数据类型的典型代表，是互联网中最主要的信息类型，也是物联网各种传感器采集后生成的主要信息类型，人们日常工作和生活中接触最多的电子文档也是以文本形式存在的。文本可视化的意义在于，能够将文本中蕴含的语义特征（例如词频与重要度、逻辑结构、主题聚类、动态演化规律等）直观地展示出来，这些语义特征主要有词频与重要度、逻辑结构、主题聚类、动态演化规律等。典型的文本可视化技术是标签云（Word Clouds 或 Tag Clouds），将关键词根据词频或其他规则进行排序，按照一定规律进行布局排列，用大小、颜色、字体等图形属性对关键词进行可视化。一般用字体大小代表该关键词的重要性，在互联网应用中，多用于快速识别网络媒体的主题热度。

2. 网络可视化

网络关联是大数据中最常使用的关系，例如互联网与社交网络。层次结构数据属于网络信息的一种特殊情况，基于网络节点和连接的拓扑关系，直观地展示网络中潜在的模式关系，例如节点或边聚集性，是网络可视化的主要内容之一。对于具有大量节点和边的复杂网络，如何在有限的屏幕空间中进行可视化是一项困难的工作。除了对静态的网络拓扑关系进行可视化，大数据网络也具有动态演化性，因此如何对动态网络的特征进行可视化也是极其重要的内容。

3. 时空数据可视化

时空数据是带有地理位置与时间标签的数据。传感器与移动终端迅速普及，使得时空数据成为大数据中的典型数据类型。时空数据可视化与地理制图学相结合，重点对时间与空间维度以及与之相关的信息对象属性建立可视化表征，对与时间和空间密切相关的模式及规律进行展示。为了反映信息对象随时间进展与空间位置所发生的行为变化，通常通过信息对象的属性可视化来展现。流式地图（Flow Map）是一种典型的方法，将时间事件流与地图进行融合。为了突破二维平面的局限性，另一类主要方法称为时空立方体（Space-Time Cube），以三维方式将时间、空间及事件直观展现出来。

4. 多维数据可视化

多维数据是指具有多个维度属性的数据变量，广泛应用于企业信息系统以及商业智能系统中。例如，多维数据分析的目标是探索多维数据项的分布规律和模式，并揭示不同维度属性之间的隐含关系。多维可视化的基本方法主要包括基于几何图形、基于图标、基于像素、基于层次结构、基于图结构以及混合方法。散点图（Scatter Plot）是最为常用的多维可视化方法。二维散点图将多个维度中的两个维度属性值集合映射至两条轴，在二维轴确定的平面内通过图形标记的不同视觉元素来反映其他维度属性值。投影（Projection）是能够同时展示多维的可视化方法之一。投影将各维度属性列集合通过投影函数映射到一个方块形图形标记中，并根据维度之间的关联度对各个小方块进行布局。基于投影的多维可视化方法一方面反映了维度属性值的分布规律，另一方面直观展示了多维度之间的语义关系。平行坐标（Parallel Coordinates）是应用最为广泛的一种多维可视化技术，它将维度与坐标轴建立映射，在多个平行轴之间以直线或曲线映射表示多维信息。

（二） 大数据可视分析

可视分析是一个新的学科方向。可视分析是通过交互可视界面来进行的分析、推理和决策。可视分析与各个领域的数据形态、大小及其应用密切相关。可视分析是一种通过交互式可视化界面来辅助用户对大规模复杂数据集进行分析与推理的技术。如图 1-7 所示，可视分析的过程是数据→知识→数据的往复闭循环过程，中间经过可视化技术和自动化分析模型的互动与协作，达到从数据中获取知识的目的。可视分析关注人类感知与用户交互。在大数据环境下，可以将数据分析结果用形象直观的方式

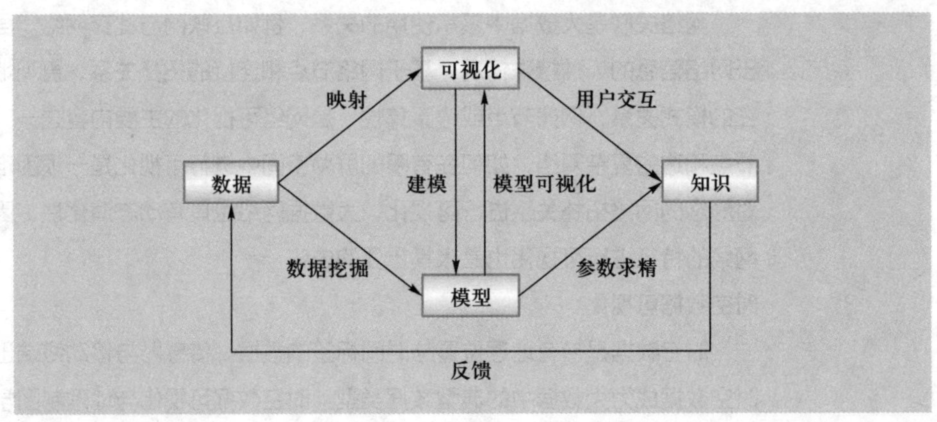

图 1-7
可视分析的运行机制

展示出来，如标签图、气泡图、雷达图、热力图、树形图、辐射图、趋势图等都是可视化的表现方式，使用户能够快速发现数据中蕴含的规律特征。大数据分析的理论和方法研究可以从两个维度展开。一个维度是从机器或计算机的角度出发，强调机器的计算能力和人工智能，以各种高性能处理算法、智能搜索与挖掘算法等为主要研究对象。另一个维度是大数据可视分析，从人作为分析主体和需求主体的角度出发，强调基于人机交互的认知规律的分析方法，将人所具备的、机器并不擅长的认知能力融入分析过程中。

六、数据迁移

（一）数据迁移的概念

数据迁移指的是在不同存储格式、数据类型以及硬件设备之间的数据移动过程。大数据中蕴藏着巨大的商业价值，然而企业庞大的历史数据都分散在各个传统关系型数据库中，处于相互隔离、割裂的状态，海量数据的价值很难进行挖掘和体现。当历史数据迁移到大数据平台后，存储容量可达 PB 级别以上且可自由扩展，同时查询效率显著提高，可在几秒内查询上亿条记录。迁移到大数据平台的数据主要有三方面的用途：一是做备份，企业多用备份软件工具将数据进行备份，然后在目标存储设备上进行恢复，常见存储设备为磁带，此方式不支持数据源发生变动的情况，而迁移到大数据平台的数据可支持实时更新。二是支持海量数据在线实时查询，例如银行将个人历史账单明细数据迁移到大数据平台后，可以支持用户查询近五年至十年的账单。三是供挖掘分析处理，比如银行的个人“十年账单”，可以利用这个账单对客户进行 360 度画像，进而使用分析结果进行精准营销。

按照迁移条件不同，数据迁移可分为全表迁移、条件迁移、自动迁移三类；按照迁移的模式不同，数据迁移可以分为覆盖迁移与追加迁移。数据迁移模块通常采用的关键技术如下：

（1）迁移模块架构。迁移模块使用 B/S 架构（Browser/Server，浏览器 / 服务器模式），用户在浏览器端设置所需迁移数据源表、迁移类别与迁移目的库等信息，服务器端根据输入信息自动组装迁移任务并存入 MySQL 元数据库中的任务调度表中。

（2）任务调度模块。任务调度模块使用 Linux Shell 脚本编写，主要利用计划任务工具 Crontab 完成固定间隔轮询任务调度表，执行 Sqoop 迁移任务。

（3）Sqoop 工具将任务自动转换成 MapReduce 程序，而 MapReduce 通过 Split 函数对数据表进行切割。Sqoop 支持配置 Split 并行任务数，分片个数的最优值与集群的规模、硬件配置有关。每一切片对应一个 Map 任务，进行数据迁移。由于迁移进大数据平台的数据量比较大，且 Hadoop 数据存储采用一备三的方式容错，为了尽可能节省空间最终选择将迁移至 Hive 表的数据采用 ORCFile 方式压缩。对于 HBase 中的优化，在数据迁移至 HBase 时建立 HBase 快照保证迁移的事务性，在发现迁移异常时，及时执行回滚操作。

（4） 对数据迁移过程提供日志管理、任务监控以及数据概况的实时更新，详细记录迁移的各个阶段，实时了解数据存储的动态，优化迁移的执行效率。

（二） 数据迁移的方法

数据迁移方法的选择建立在对系统软硬件以及业务系统的各环节的具体分析基础之上。目前开放平台系统中可以采用的数据迁移方法主要有以下几类：

1. 基于主机的迁移方式

该方式的主要特点是数据迁移操作的发起和控制发生在主服务器端，有两种形式：利用操作系统命令直接拷贝和逻辑卷数据镜像方法。此方法的优点在于：支持任意存储系统之间的迁移，且成功率较高，支持联机迁移。但在镜像同步的时候，仍会对主机有一定影响，适合于主机存储的非经常性迁移。

2. 备份恢复的方式

利用备份管理软件将数据备份到磁带或其他虚拟设备，然后恢复到新的存储设备中，对于联机要求高的环境，可以结合在线备份的方法，然后恢复到目的地。该方法的优点在于：可以有效缩短停机时间窗口，一旦备份完成，其数据的迁移过程完全不会影响生产系统。但备份时间点至切换时间点，源数据因联机操作所造成的数据变化，通常需要通过手工方式进行同步。

3. 基于存储的迁移方式

该方式主要采用存储虚拟化方法。存储虚拟化是指通过网络（SAN 网络和 IP 网络）将不同的存储设备进行统一管理，可以方便地将数据从源端迁移到目的地。这种方法的主要优点在于：①兼容主流存储设备；②支持不同厂商不同品牌间的数据迁移和容灾；③适合于频繁迁移数据的大型企业。

4. 应用软件提供的迁移方式

应用软件支持数据迁移，还可以利用其自有或第三方的工具来进行数据迁移。Oracle 自带复制工具 DataGuard；第三方数据复制工具 GoldenGate，Sybase 的 dump/load，ERP 软件 SAP 的数据迁移工具 LSMW。一般而言，这种迁移方式完全依赖于应用软件自身，与具体的主机、存储种类则关系不大。迁移方法的具体实现从实时复制、定时复制到数据转储也各不相同。

在有联机迁移要求且迁移数据量大的情况下，一般采用逻辑卷数据镜像方法或直接的阵列到阵列复制方法来实现数据迁移，相对简单、高效。如果系统没有逻辑卷管理软件，可以考虑采用在线备份恢复的方式来实现，这种方式较前者步骤复杂，但使用可靠、成熟，在满足备份窗口要求的情况下，也是一种很好的选择。对于迁移数据量不大的系统，可以考虑采用脱机迁移的方法，这种方式下，采用直接拷贝的方式就显得简单、快捷。如果需要在线不停机做数据迁移，同时又要求不占用业务系统服务器资源，通常采用直接的阵列到阵列复制方法。

七、数据归档

（一）数据归档的概念

数据归档是将不经常使用的数据移动到单独的存储设备中并进行长期存储的过程。一个数据档案由旧数据组成，但它是供将来参考的必要的和重要的数据，其数据必须按照规则保存。数据归档具有索引和搜索功能，因此可以很容易地找到文件。

数据归档的方式主要分为定期数据归档和不定期数据归档。定期数据归档的数据对象主要是长期积累的业务数据。由于每日数据量不断增加，因此需要对数据进行定时的数据归档操作，使数据归档自动化、规范化，以保证应用系统和系统资源有效利用。不定期数据归档的对象主要是应用系统中数据量较大的数据，或者使用非常频繁的数据，采用不定期的集中化数据归档，以保证对系统和应用资源的影响最小。完成数据归档任务需要反复论证和调试，总结经验，形成一套规范、一项制度，将数据归档纳入日常操作，使数据清理自动化、规范化、量化，成为一套完整的数据清理和归档系统。

（二）数据归档的基本原理

首先从业务的角度对应用数据进行分析、分类，整理需要归档数据的表单，并确认归档目标数据的来源和数据量，选择相应的目标归档方法和编制相应的批处理程序。然后为需要存档的表创建相应的过渡表，最后通过应用程序或结构化查询语言（Structured Query Language，SQL）语句将数据传输到过渡表，并进行确认。根据归档规则，它们可以直接保存在过渡表中以供使用，也可以通过系统程序将它们归档到磁带中。用于传输数据的批处理程序由应用程序开发人员提供，系统与应用程序人员一起执行。为了保证归档过程的稳定性和恢复的可靠性，所使用的程序或语句必须是固定的，每次运行只能修改相关的时间参数。为了检查传输的数据量，批处理程序必须列出程序中传输前后源数据表和过渡表的记录数量。

八、数据销毁

（一）数据销毁的概念

数据销毁是指通过一定手段将指定的待删除数据进行有效删除，使其被恢复的可能性足够小甚至是不可被恢复。针对某个具体节点上具体数据的销毁，现有的数据销毁方法主要分为硬销毁和软销毁两种。硬销毁通常用于保密等级比较高的场合，如国家机密、军事要务等；软销毁则通常用于保密等级相对而言不是很高的场合，如一般的企业、个人文件等，数据销毁后存储空间可以重复使用。

（二）数据销毁的方法

数据硬销毁是指采用物理、化学方法直接销毁存储介质，从而彻底销毁存储在其中的用户数据。物理破坏方法有焚烧、粉碎等，但是磁盘的碎片仍然可能被恶意用户利用，而且物理破坏方法需要特定的环境和设备；化学破坏方法是指运用化学试剂喷洒磁性存储介质的磁表面，腐蚀破坏其磁性结构。然而，不管是物理破坏方法还是化学破坏方法，被销毁的存储介质不能重复使用，造成了一定的浪费，并且有一定的污染，所以没有得到广泛应用。

软销毁即逻辑销毁，是向准备销毁的数据块区中反复写入无意义的随机数据，比如“0”“1”比特，将原有数据覆盖并替换，达到数据不可读的目的，即实现了数据销毁。常用逻辑销毁的方式包括：数据删格方式、数据重写方式。删除与格式化操作是计算机用户最常用的两种清除数据的方式，但其实它们都不是真正意义上的数据销毁方法。以 Windows 系统举例，磁盘数据以簇为基本单位存储且存储位置以一种链式指针结构分布在整个磁盘。删除操作就是在文件系统上新创建一个空的文件头簇，然后将删除文件占用的其他簇都标为“空”，让文件系统“误认为”该文件已经被清除了。数据重写又叫覆写销毁技术，既经济又有效，是目前主流的数据销毁技术。数据重写技术主要是通过采用规定的无意义数据序列，利用特定的重写规则，覆盖磁性存储介质上的原始数据。由于磁存储介质具有磁残留特性，其导致磁头在进行写操作时，每一次写入时的磁场强度都不一致，这种差别会在写入记录间产生覆写痕迹，通过专业设备可以分析重构出数据副本。为解决这一类数据重写的缺陷，最有效的方法就是进行多次重写。对于存储在云上的数据可以通过以下两种方式进行销毁。一种是在硬件上借助可信计算技术，在软件上借助虚拟机监控器，来实现可信数据销毁。可信的虚拟机监控器负责保护用户的敏感数据，并按照用户命令对数据进行彻底销毁。即使云服务器的全权管理员也无法绕过保护机制得到受保护的敏感数据。另一种云端销毁技术是使用云存储环境下全生命周期可控的数据销毁模型。首先，通过函数变换处理明文生成密文和元数据，避免复杂的密钥管理；其次，为提高数据销毁的可控性，可设计一种基于时间可控的自销毁数据对象，使得过期数据的任何非法访问都会触发数据重写程序对自销毁数据对象进行确定性删除，从而实现全生命周期可控的数据销毁功能。

本章小结

本章首先介绍了大数据的相关概念以及大数据的发展过程，介绍了不同类型的大数据及其基本特点。然后，从不同视角阐述了大数据的特征，包括一般性的“4V”特征、形态方面的特征、分析方面的特征，以及基于管理视角的大数据的资源性特征。在此基础上，从经济发展、社会治理、商务活动和政务服务等方面分析了大数据对经济社会的影响，以及带来的管理变革。最后介绍了大数据的全生命周期，包括数据收集、数据预处理、数据存储、数据分析、数据可视化、数据迁移、数据归档和数据销毁等。

关键词

- 大数据（Big Data）
- 商务大数据（Business Big Data）
- 健康医疗大数据（Health Care Big Data）
- 能源大数据（Energy Big Data）
- 工业大数据（Industrial Big Data）
- 政务大数据（Government Big Data）
- 结构化数据（Structured Data）
- 半结构化数据（Semi Structured Data）
- 非结构化数据（Unstructured Data）
- 多元异构数据（Multivariate Heterogeneous Data）
- 数据安全（Data Security）
- 数据质量（Data Quality）
- 数据收集（Data Collection）
- 数据预处理（Data Preprocessing）
- 数据存储（Data Storage）
- 数据分析（Data Analysis）
- 数据可视化（Data Visualization）
- 数据迁移（Data Migration）
- 数据归档（Data Archiving）
- 数据销毁（Data Disposal）

思考题

1. 你认为数据、信息、知识、智能之间的关系是什么？
2. 大数据与传统数据相比有什么区别和联系？
3. 除了课本中提到的案例，你在日常生活中还看到了哪些大数据的成功应用案例？该应用案例中是如何体现大数据管理决策价值的？
4. 查阅数据安全相关的法律法规，你认为大数据时代为什么数据安全和隐私保护更加重要？
5. 如何理解大数据的资源性特征？结合具体实例，分析大数据资源“价值稀疏性”的具体体现。
6. 数据所有权和产权问题是大数据应用面临的一大挑战，你认为可以从哪些方面采取措施，解决数据所有权和产权问题？
7. 大数据驱动的管理决策与传统管理决策的区别有哪些？应用大数据驱动的管理决策时应该注意哪些问题？
8. 阐述大数据时代数据可视化的价值和意义，分析数据可视化应该注意哪些问题。
9. 阅读《促进大数据发展行动纲要》（国发〔2015〕50 号），谈谈其对我国促进大数据发展的意义以及大数据发展的主要任务。

10. 阅读《中华人民共和国国民经济和社会发展第十四个五年规划和 2035 年远景目标纲要》第五篇“加快数字化发展　建设数字中国”，谈谈大数据在国民经济中的重要作用以及我国大数据发展和应用的主要方向。

即测即评

第二章

大数据管理的职能

本章将介绍大数据管理的相关职能、职能框架，分别从管理对象视角和决策使能视角介绍大数据管理的相关职能；从数据资产的概念、评估方法和交易模式等方面介绍大数据资产管理的相关知识；介绍大数据系统管理的职能、体系架构和大数据存储管理的相关方法；介绍大数据项目管理的主要职能，包括数据管道与暂存项目、数据开发项目和应用程序开发项目管理等；介绍大数据管理能力的成熟度评估模型，包括国际上的 CMMI-DMM 模型和国内的数据管理能力成熟度评估模型。

学习目标

（1） 掌握大数据管理的核心职能。
（2） 掌握管理对象视角和决策使能视角的数据管理职能。
（3） 掌握数据资产的价值评估方法与交易模式。
（4） 了解数据管理各职能的目标和相关活动。
（5） 掌握大数据管理系统的体系架构，掌握关系数据库和非关系数据库的基本原理。
（6） 了解大数据管理系统各功能模块的相关技术，了解数据库系统的代表性软件。
（7） 了解数据项目管理的主要类型，掌握不同数据管理项目应关注的事项。
（8） 掌握数据管理能力成熟度的评估模型。

本章导学

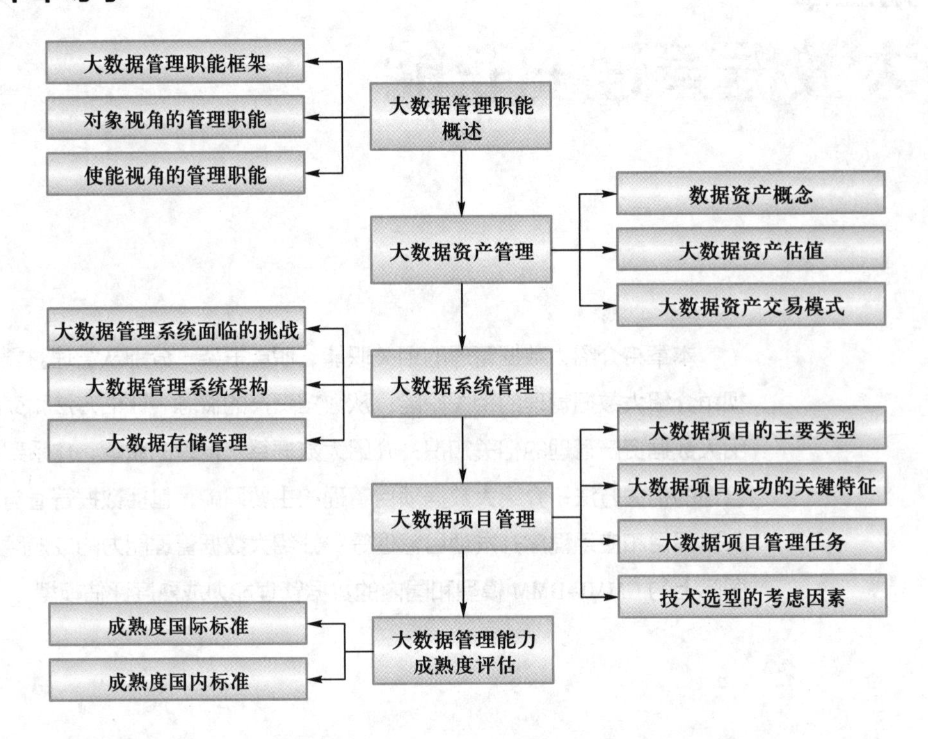

第一节 大数据管理职能概述

一、 大数据管理职能框架

随着大数据技术的发展和广泛应用，我们对大数据管理的认识经过了如下三个阶段：

（1） 数据存储阶段。在这个阶段，数据是数据，是我们管理的对象。大数据管理的核心任务是收集数据，将数据存储在数据库或数据仓库中。

（2） 数据应用阶段。在这个阶段，数据是知识，是支持企业决策的使能器。大数据管理的核心任务是从数据中挖掘共性规律和模式，这些知识用来支持组织决策。

（3） 数据治理阶段。在这个阶段，数据是资产，是企业重要的无形资产。大数据管理的核心价值是资产确权、资产评估、资产变现等。

在数字经济时代，如果一个企业没有意识到管理数据与管理固定资产、人力资本等一样重要，那么这个企业在信息时代将无法生存。从管理对象、决策使能和数据资产等不同视角，企业的大数据管理需要完成不同的管理职能。这些职能不是孤立的活动，而是以更好地服务企业战略为目标的系统工程，需要以项目管理为手段、以信息系统为工具，提供大数据管理的系统化解决方案。大数据管理能力成熟度模型则给出了一个评估企业大数据管理效果的工具。通过大数据管理能力成熟度模型，企业可以更加清晰地发现问题，找出差距，规划大数据管理改进的方向。

图 2–1 给出了大数据管理的职能框架，具体职能包括：

（1）对象视角的管理职能。将数据视为管理对象，数据管理包括数据治理、数据架构管理、数据开发、数据操作管理、数据安全管理、数据质量管理、参考数据和主数据管理、数据仓库和商务智能管理、文档和内容管理、元数据管理 10 大职能。我们将在本节后续部分对上述职能进行详细介绍。

（2）使能视角的管理职能。将数据视为管理决策的使能器，大数据管理包括问题理解、数据准备、模型构建、决策支持等职能。我们将在本节后续部分对上述职能进行详细介绍。

（3）资产视角的管理职能。将数据视为企业的无形资产，大数据管理包括资产价值的评估与交易。我们将在本章第二节对大数据资产管理进行详细介绍。

（4）大数据系统管理。包括大数据管理系统架构、大数据存储管理等职能。我们将在本章第三节对大数据系统管理进行详细介绍。

（5）大数据项目管理。包括大数据存储、开发、管理系统等项目管理职能。我们将在本章第四节对大数据项目管理进行详细介绍。

（6）大数据管理能力成熟度评估。包括评估模型、评估等级、评估活动、评估实施等职能。我们将在本章第五节对大数据管理能力成熟度评估进行详细介绍。

图 2–1

大数据管理职能框架

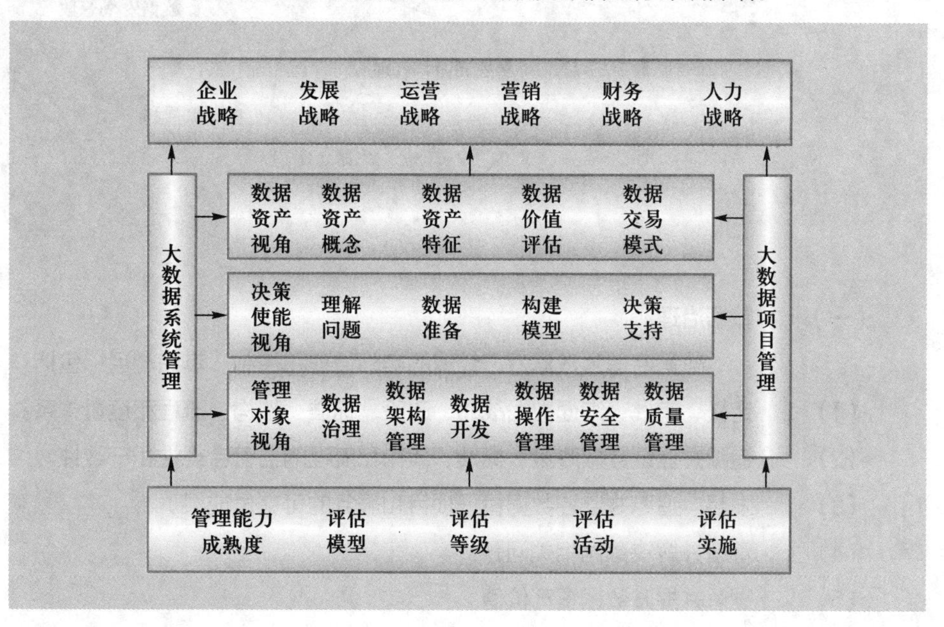

二、对象视角的管理职能

将数据视为企业的管理对象，大数据管理是采集、集成、管理、应用和清除数据资源的业务活动的总和。具体包括规划、执行、监督有关数据的计划、政策、方案、项目、流程、方法和程序，从而控制、保护、交付和提高数据的资产价值。从管理对象的视角，数据管理的任务是通过相关数据管理活动，使得数据满足利益相关者对数据可用性、数据质量和数据安全的需求。其目标包括如下 5 方面：

（1） 理解企业和利益相关者的数据需求；

（2） 获取、存储、保护并确保数据资产的一致性；

（3） 持续改进数据的质量；

（4） 保证隐私和机密性，并阻止对数据和信息的未授权或不适宜使用；

（5） 最大化数据资产价值的有效利用。

国际数据管理协会（Data Management Association，DAMA）给出了数据管理所包括的 10 大职能，如图 2-2 所示。各职能具体介绍如下。

图 2-2
对象视角的管理职能

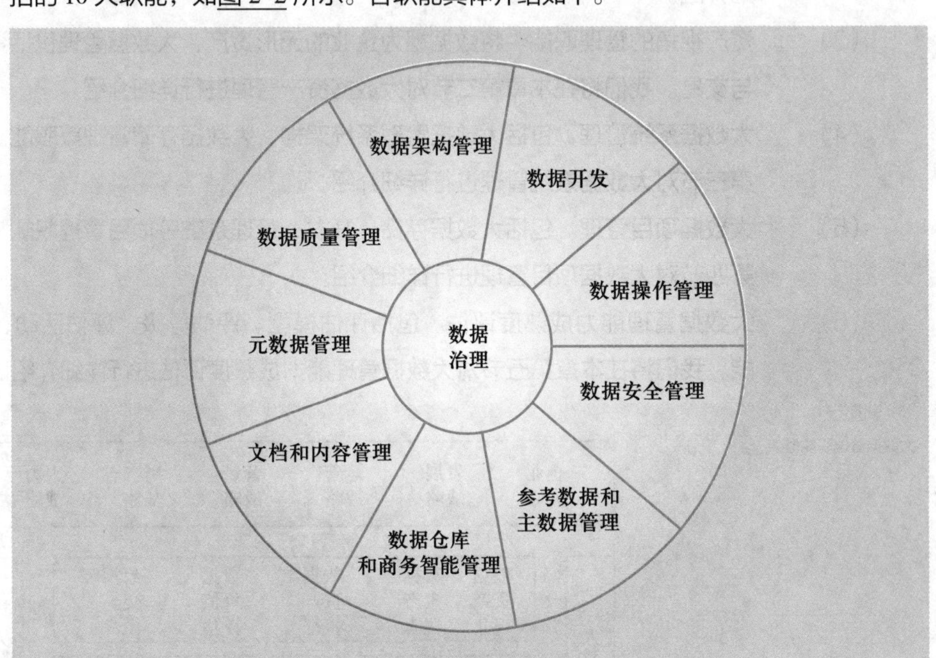

（一） 数据治理

数据治理是数据资产管理的实际管理和控制。其职能目标包括：

（1） 定义、审批、沟通数据战略、政策、标准、架构、流程和度量体系。

（2） 追踪并保证数据政策、标准、架构和流程的监管合规性和一致性。

（3） 发起、追踪并监控数据管理项目和服务的可交付成果。

（4） 管理并解决数据相关问题。

（5） 理解并提升数据资产价值。

数据治理的职能主要包括数据管理计划和数据管理控制两部分。其中，数据管理计划和数据管理控制的活动及其主要交付物如表 2-1 所示。

（二） 数据架构管理

数据架构是定义企业数据需求、设计实现数据需求的主要蓝图。其职能目标

表 2-1
数据治理活动及主要交付物

数据管理计划	主要交付物	数据管理控制	主要交付物
理解企业数据战略需求	企业数据战略需求	监督数据专业组织和工作人员	数据管理服务组织和人员
发展和维护数据战略	数据战略——愿景、使命、总线、案例、目标、目的、原则、组件、度量、实现路线图	协调数据治理活动	数据治理组织的计划、会议、议事日程、文档、会议记录
建立数据专业角色和组织	数据管理服务组织和人员	管理和解决数据相关问题	问题记录；问题解决方法
识别并任命数据管理专员	数据治理委员会；数据管理专员委员会；数据管理专员团队	监控和确保遵守法律法规	合规报告；违规问题
建立数据治理和管理制度组织	业务数据管理专员；协调数据管理专员；执行数据管理专员	监控和确保符合数据政策、标准和架构	政策 / 标准 / 架构违规问题
制定并审核数据政策、标准和程序	数据政策；数据标准；数据管理流程	监督数据管理项目和服务	
审阅和批准数据架构	采纳的企业数据模型相关的数据架构	沟通和宣传数据资产的价值	
计划和发起数据管理项目和服务	数据管理项目；数据管理服务		
评估数据资产价值和相关成本	数据资产价值估算；数据管理成本估算		

包括：

（1）设计满足长期需求的数据架构，提供高质量数据。

（2）设计并定义一般数据需求。

（3）识别概念结构并制定可实现企业当前及长期数据需求的计划。

数据架构管理的职能活动及交付物如表 2-2 所示。

表 2-2
数据架构管理活动及主要交付物

职能活动	主要交付物	职能活动	主要交付物
理解企业信息需求	关键信息需求列表	定义和维护数据整合架构	数据整合架构；数据血缘关系 / 数据流；实体生命周期
开发和维护企业数据模型	企业数据模型包括：主题域模型；概念模型；逻辑模型；术语字典	定义和维护数据仓库 / 商务智能架构	数据仓库 / 商务智能架构
分析和配合其他业务模型	信息价值链分析矩阵包括：实体 / 功能；实体 / 组织和角色；实体 / 应用	定义和维护企业分类和命名空间	企业分类法；XML 命名空间；内容管理标准
定义和维护数据技术架构	数据技术架构（技术、分布、使用）	定义和维护元数据架构	元数据架构

（三） 数据开发

数据开发是设计、实施并维护解决方案，满足企业数据需求的活动。其职能目标包括：

（1） 识别并定义数据需求。

（2） 设计满足需求的数据结构和其他解决方案。

（3） 实施并维护满足需求的解决方案组件。

（4） 确保解决方案与数据架构和标准的一致性。

（5） 确保结构化数据资产的完整性、安全性、可用性和可维护性。

数据开发的职能主要包括数据建模、分析和解决方案设计，详细的数据设计，数据模型和设计质量管理以及数据项目实施四部分。四部分的活动及主要交付物如表2-3所示。

表2-3
数据开发的部分活动及主要交付物

职能活动	主要交付物	职能活动	主要交付物
分析信息需求	信息需求规格说明书	设计物理数据库	数据定义规格说明书 OLAP多维数据集规格说明书；XML模式
开发并维护概念数据模型	概念数据模型图和报告	设计信息产品	应用屏幕展示；应用报表
开发并维护逻辑数据模型	逻辑数据模型图和报告	设计数据访问服务	数据访问服务设计规格说明书
开发并维护物理数据模型	物理数据模型图和报告	设计数据整合服务	源－目标对应关系；ETL设计规格说明书；转换设计
开发数据建模和数据库设计标准	数据建模标准 数据库设计标准	迁移和转换数据	迁移的和转换的数据
审阅数据模型和数据库设计质量	设计审阅结果	建立和测试信息产品	信息产品；屏幕展示；报表
管理数据模型版本和整合	模型管理内容和库	建立和测试数据访问服务	数据访问服务（接口）
实现开发和测试数据库的变更	开发和测试数据库环境；数据库表；其他数据库对象	建立和测试数据整合服务	数据整合服务（ETL等）
建立和维护测试数据	测试数据库；测试数据	验证信息需求	验证的需求；用户的确认
		准备部署数据	用户培训；使用文档

（四） 数据操作管理

数据操作管理是在数据全生命周期内计划、控制和支持结构化数据资产，包括从数据创建、获取到数据归档和清除的过程。其职能目标包括：

（1） 保护和确定结构化数据资产的完整性。

（2） 管理数据在其生命周期内的可用性。

（3） 最优化数据库事务性能。

数据操作管理的职能主要包括数据库支持和数据技术管理两部分。数据操作管理职能活动及主要交付物如表 2–4 所示。

表 2–4
数据操作管理职能活动及主要交付物

职能活动	主要交付物	职能活动	主要交付物
实施和控制数据库环境	产品数据库环境维护管理产品数据库的更改和发布	支持专用数据库	地理空间数据库；CAD/CAM 数据库；XML 数据库；对象数据库
获取来自外部的数据	外部数据	理解数据技术需求	数据技术需求
规划数据恢复	数据可用性服务水平 数据恢复计划	定义和维护数据技术架构	数据技术架构
备份和恢复数据	数据库备份和日志；恢复数据库；业务连续性	评估数据技术	工具评估发现；工具选择决定
确定数据库性能服务水平等级	数据库性能服务水平	安装和管理数据技术	安装的技术
监控并调整数据库性能	数据库性能报告	备案和跟踪数据技术使用许可	许可证库存
规划数据留存方案	数据留存方案；存储管理程序	支持数据技术使用和问题	已确定的技术；已解决的技术问题
归档、留存和清除数据	归档的数据；留存的数据；清除的数据		

（五） 数据安全管理

数据安全管理是通过计划、发展并执行数据安全政策和措施，为数据和信息提供适当的认证、授权、访问和审计。其职能目标包括：

（1） 为数据资产读取和变更提供适合的方法，阻止不适合的方法。

（2） 实现监管对隐私性和机密性的要求。

（3） 确保实现所有利益相关者隐私性和机密性需求。

数据安全管理职能活动及主要交付物如表 2–5 所示。

表 2–5
数据安全管理职能活动及主要交付物

职能活动	主要交付物	职能活动	主要交付物
理解数据安全需求及监管需求	数据安全需求和监管	管理数据访问视图与权限	数据访问视图；数据资源权限
定义数据安全策略	数据安全策略	监控用户身份认证与访问行为	数据访问日志；安全通知警告；数据安全报告
定义数据安全标准	数据安全标准	划分信息密级	分级别的文档；分级别的数据库
定义数据安全控制及措施	数据安全控制和措施	审计数据安全	数据安全审计报告
管理用户、密码和用户组成员	用户账户；密码；角色群组		

（六） 数据质量管理

数据质量管理是通过计划、实施和控制活动，运用质量管理技术度量、评估、改进和保证数据的恰当使用。其职能目标包括：

（1） 适度改进数据质量，满足既定的业务预期。

（2） 定义需求和规格说明，将数据质量控制整合至系统开发生命周期。

（3） 为度量、监控和报告数据质量水平的一致性提供既定的操作程序。

数据质量管理职能活动及主要交付物如表 2–6 所示。

表 2–6 数据质量管理职能活动及主要交付物

职能活动	主要交付物	职能活动	主要交付物
建立和提升数据质量意识	数据质量培训 数据治理流程 数据管理专员委员会	确定并评估数据质量服务水平	数据质量服务级别
定义数据质量需求	数据质量需求文档	持续衡量和监控数据质量	数据质量报告
剖析、分析和评估数据质量	数据质量评估报告	管理数据质量问题	数据质量问题记录
定义数据质量测量指标	数据质量度量文档	清洗并纠正数据质量缺陷	数据质量缺陷解决记录
定义数据质量业务规则	数据质量业务规则	设计并实施数据质量管理操作程序	运营数据质量管理流程
测量和验证数据质量需求	数据质量测试用例	监控数据质量管理的操作程序和绩效	运营数据质量管理度量

（七） 参考数据和主数据管理

参考数据和主数据管理是通过计划、实施和控制活动，达到保证语境数据价值与“黄金”数据的一致性。其职能目标包括：

（1） 提供来自权威数据源的协调一致的高质量的主数据和参考数据。

（2） 通过利用和重用标准来降低成本和复杂度。

（3） 支持商业职能和信息整合。

参考数据和主数据管理职能活动及主要交付物如表 2–7 所示。

表 2–7 参考数据和主数据管理职能活动及主要交付物

职能活动	主要交付物	职能活动	主要交付物
理解参考数据和主数据的整合需求	参考数据和主数据的整合需求	建立“黄金版本”记录	可信的参考数据和主数据；交叉引用数据； 数据血缘关系分析报告； 数据质量报告
识别参考数据和主数据来源及贡献者	数据源和贡献者描述以及评估	定义和维护数据层次及关联关系	层级和关联关系定义
定义和维护数据整合架构	参考数据和主数据整合架构以及路线图；数据整合服务设计规格说明书	计划和实施新数据源的整合	数据源质量和整合评估； 被整合的新数据源

续表

职能活动	主要交付物	职能活动	主要交付物
实施参考数据和主数据解决方案	参考数据管理应用和数据库；主数据管理应用和数据库；数据质量服务；用于一般应用的数据复制和访问服务；用于数据仓库的数据复制服务	复制和分发参考数据与主数据	数据副本
定义和维护数据匹配规则	匹配规则记录（功能规格说明书）	管理参考数据和主数据的变更	变更请求流程；变更请求和响应；变更请求度量

（八） 数据仓库和商务智能管理

数据仓库和商务智能管理是通过计划、实施和控制活动，提供决策支持数据给知识工作者报告、查询和分析。其职能目标包括：

（1） 支持知识工作者做出有效的商业分析和决策。

（2） 建立并维护环境 / 设施以支持商业智能活动，特别是平衡所有其他数据管理功能，实现为商业智能活动有效提供持续整合的数据。

数据仓库和商务智能管理职能活动及主要交付物如表 2–8 所示。

表 2–8 数据仓库和商务智能管理职能活动及主要交付物

职能活动	主要交付物	职能活动	主要交付物
理解商务智能的信息需求	数据仓库商务智能项目需求	处理商务智能所需数据	可访问的数据整合 详细的数据质量反馈
定义和维护数据仓库 / 商务智能架构	数据仓库商务智能架构	监控并调整数据仓库的处理过程	数据仓库性能报告
实施数据仓库和数据集市	数据仓库；数据集市；联机分析处理；数据立方体	监控并调整商务智能活动和性能	商务智能性能报告 新建的索引 新建的聚合
实施商务智能工具和用户界面	商务智能工具和用户环境；查询和报表制作仪表盘；记分卡；分析应用等		

（九） 文档和内容管理

文档和内容管理是通过计划、实施和控制活动以存储、保护和读取电子及物理档案中的数据（包括文档、图形、图片、音频和视频）。其职能目标包括：

（1） 保护并确保非完全结构化存储的数据资产的可用性。

（2） 有效恢复并使用非结构化存储的数据和信息。

（3） 达到法定义务和客户期望值。

（4） 通过数据留存、恢复和变换保证业务连续性。

（5） 控制文件存储运营成本。

文档和内容管理的职能主要包括文档 / 档案管理和内容管理两部分。文档 / 档案管理和内容管理职能活动及主要交付物如表 2-9 所示。

表 2-9 文档 / 档案管理和内容管理职能活动及主要交付物

职能活动	主要交付物	职能活动	主要交付物
规划文档 / 档案管理	文档管理策略和路线图	定义并维护企业信息分类和命名空间	企业分析规范（信息内容架构）
实施文档 / 档案管理系统的获取、存储、访问与安全控制	文档 / 档案管理系统；门户；纸质和电子版本的文档	建立信息内容元数据文档 / 索引	被索引的关键词；元数据
备份和恢复文档 / 档案	备份文件；业务连续性	提供内容访问和检索	门户；内容分析；杠杆化的信息
保留和转储文档 / 档案	存档的文件；受管理的存储	治理信息内容的质量	杠杆化的信息
审计文档 / 档案管理	文档 / 档案管理审计		

（十） 元数据管理

元数据管理是通过计划、实施和控制活动，实现轻松访问高质量的整合的元数据。其职能目标包括：

（1） 提供术语及其用法的组织化说明。

（2） 从不同来源进行元数据集成。

（3） 提供简易、集成的元数据读取方法。

（4） 保证元数据质量和安全。

元数据管理职能活动及主要交付物如表 2-10 所示。

表 2-10 元数据管理职能活动及主要交付物

职能活动	主要交付物	职能活动	主要交付物
理解元数据的需求	元数据需求	整合元数据	整合的元数据存储库
定义并维护元数据架构	元数据架构	管理元数据存储库	受管理的元数据存储库管理原则、实施、策略
开发和维护元数据标准	元数据标准	分发和交付元数据	元数据分发；元数据模型和架构
实现受控的元数据管理环境	元数据度量	查询、报告和分析元数据	元数据质量；元数据管理运营分析；元数据分析 数据血缘关系 变更影响分析

三、 使能视角的管理职能

将数据视为管理决策的使能器，大数据管理是面向管理决策问题的问题理解、数据准备、模型构建、决策支持等业务活动的总和。从决策使能的视角，数据管理的任务是通过相关数据管理活动，获取数据中蕴含的知识，从而有效地支持企业的管理决策。其目标包括如下 4 方面：

（1） 理解管理决策所面临问题的表象及其本质；

（2） 集成相关数据并对数据进行预处理；

（3） 构建并选择有效的数据分析模型；

（4） 应用模型分析结果支持管理决策。

图 2-3 给出了决策使能视角下数据管理所包括的职能，主要是对数据到知识以及利用知识支持决策等不同阶段的活动进行管理。主要包括理解管理决策所面临的问题，结合对企业数据的理解准备分析问题所需的数据，在此基础上，构建数据分析模型，利用模型结构支持管理决策。各职能具体介绍如下。

图 2-3
使能视角的管理职能

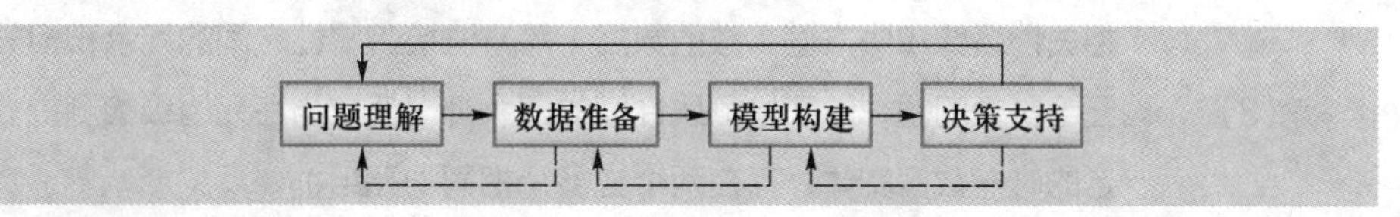

（一） 问题理解

问题是指实际现象与预期之间有偏差的情形。在管理实践中，当一些不寻常的事情发生，或当实际的结果偏离预期目标时，便可能产生了“问题”。爱因斯坦曾经说过：“提出一个问题往往比解决一个问题更重要，因为解决问题也许仅是一个数学上或实验上的技能而已，而提出新的问题、新的可能性，从新的角度去看旧问题，却需要有创造性的想象力，这标志着科学的真正进步。”

在管理实践中，当实际现象与预期之间出现偏差时，找到导致偏差的管理问题并非易事，因为我们看到的偏差往往只是表象，而非管理问题的关键所在。以员工离职问题研究为例，我们观察到的员工离职率高仅仅是表面现象。到底是什么原因导致了员工离职率高需要深入探究。是因为企业福利待遇低，还是因为员工没有晋升机会，抑或有其他更有吸引力的工作机会？

对管理问题的准确理解是利用大数据支持管理决策的第一步。只有准确理解了管理问题，找到了问题的症结所在，才能有效开展数据准备、模型构建、决策支持等工作。例如，如果我们识别出员工离职率高是企业福利待遇低导致的，那么我们应该去准备与企业福利待遇相关的数据，构建企业福利待遇的优化模型，而不是准备员工晋升相关的数据。

（二） 数据准备

理解了需要解决的管理问题，我们需要准备有助于问题解决的各种数据。数据准备主要包括数据集成和数据预处理等活动。

1. 数据集成

数据集成是把不同来源、格式、特点性质的数据在逻辑上或物理上有机地集中，从而为管理问题的解决提供全面的候选数据集。管理决策过程中，之所以要进行数据集成，是因为支持解决某一问题的数据在物理上往往是分散的，数据集成需要合并来自多个不同物理存储的数据。有效的数据集成有助于减少结果数据集的冗余和不一致，提高后续模型构建的准确性和速度。

数据集成需要处理的问题包括：

（1） 实体识别问题。来自多个信息源的等价实体如何才能匹配，这涉及实体识别问题。例如，如何才能确定一个数据库中的 customer_id 与另一个数据库中的 cust_number 指的是相同的属性。

（2） 冗余和相关性问题。冗余是数据集成的另一个重要问题。一个属性（例如年收入）如果能由另一个或另一组属性导出，则这个属性可能是冗余的。属性或维命名的不一致也可能导致结果数据集中的冗余。给定两个属性，我们可以用卡方检验（标称数据）、相关性系数和协方差（数值数据）等方法检验属性之间的冗余和相关性。

（3） 元组重复问题。除了检测属性间的冗余外，还应当在元组级检测重复（例如，对于给定的唯一数据实体，存在两个或多个相同的元组）。

（4） 数据值冲突问题。数据集成还涉及数据值冲突的检测与处理。例如，对于同一实体，来自不同数据源的属性值可能不同。属性也可能在不同的抽象层，其中属性在一个系统中记录的抽象层可能比另一个系统中相同的属性低。

2. 数据预处理

现实世界的数据往往不能直接用于分析任务，因为这些数据往往有存在缺失值、数据噪声、数据不一致以及不准确等问题。因此，在对原始数据进行分析之前，需要进行数据清洗、数据转换、数据约简等数据预处理操作。

（1） 数据清洗。面对存在缺失值的数据，我们可以采取删除法和补齐法两种思路。删除法即将存在缺失值的样本或属性数据删除。在缺失值大量存在的情况下，删除法往往会删除大量的有用信息。与删除法不同，补齐法则基于某些原则将缺失值进行填充。常用的补齐原则包括：中心趋势度方法，主要利用均值、中位数和众数等进行填充；同类样本的中心趋势度方法，找出同类样本，利用同类样本的均值、中位数和众数等进行填充；最可能值方法，将缺失值问题转化成分类或预测问题，基于回归、贝叶斯推理、决策树等方法进行缺失值填充。面对噪声数据，我们可以采取统计学方法、聚类法等对噪声数据进行识别并删除，也可以采取分箱法对数据进行离散化操作，从而降低噪声数据的影响。

（2） 数据转换。当数据量纲不一致时，我们可以采取标准化的方法进行量纲的统一。通常采用的数据标准化方法包括 Min-Max 法和 Z-Score 法。当数据类型不一致时，如存在连续型和离散型数据，我们需要根据模型需要对数据进行离散化等操作。

（3） 数据约简。当样本数量很多时，我们可以采取样本约简的方法，采取随机抽样、分层抽样、专家知识驱动的抽样等方式减少样本数量；抽取的原始特征如果是高维的，我们可以采取属性约简的方法，利用主成分分析（PCA）、相关性分析、决策树归纳等方法进行属性约简。

（三） 模型构建与选择

基于准备好的数据，模型构建的任务是根据决策问题的需求构建相关模型，对模型效果进行评估，并最终选择决策支持所用模型。

1. 模型构建

常用的大数据分析模型通常可以分为分类、聚类、关联、序列模式挖掘等模型。这里介绍前三者。

分类模型的任务是给定一个对象及其对应的特征，将该对象分到一个预先定义好的类别中。在管理实践中存在大量的分类任务。例如医疗中的疾病诊断、保险用户的风险分级等。常用的分类模型包括逻辑回归方法、决策树方法、朴素贝叶斯方法等。近年来，各种深度学习模型被广泛用来从事分类任务，取得了良好的效果。

聚类模型是将对象集合分成多个类的过程。与分类问题不同，聚类问题中的类别是自动发现而非预先定义的。常见的聚类问题有客户细分、竞争市场发现等。常用的聚类模型包括基于距离的算法 K-Means、层次聚类算法 AGNES 和 DIANA、基于密度的聚类算法 DBSCAN 等。近年来，LDA 等主题模型被广泛用来进行主题发现，其本质是针对文本数据的聚类分析。

关联分析的任务是查找存在于项目集合或对象集合之间的频繁模式、关联、相关性或因果结构。购物篮分析是经典的关联分析问题，其目的是发现交易数据库中不同商品之间的联系。关联分析在精准广告、个性化产品推荐中具有广泛的应用。

2. 模型选择

在实际应用过程中，针对某一特定的数据分析任务，我们可以构建不同的模型得到分析结果。例如，在某一分类任务中，我们可以利用逻辑回归、决策树和深度学习等不同方法构建分类模型。因此，需要对不同模型的效果进行评估，以选择更加有效的模型支持管理决策。

针对分类问题，常用的模型选择指标包括混淆矩阵、准确率、召回率、F1 值、ROC 曲线、AUC 曲线、PR 曲线等。针对聚类问题，常用的模型选择指标包括兰德指数（Rand Index）、互信息（Mutual Information）、轮廓系数（Silhouette Coefficient）等。针对关联分析问题，常用的模型选择指标包括支持度、置信度、提升度等。

模型评估可以采用保留法和交叉验证法等策略。保留法将数据随机分成 80% 和 20% 的数据两部分，利用 80% 的数据训练模型，并在 20% 的数据上进行评估。交叉验证法将数据随机分为 N 等份，如 10-fold 策略将数据随机等分为 10 份。每次利用其中 1 等份作为测试集，剩余 $N-1$ 等份作为训练集。评估结果为 N 次实验评估结果的平均值。

（四） 决策支持

通过问题理解、数据准备、模型构建等系列步骤后，我们得到能够支持管理决策的最佳模型。在此基础上，数据建模团队需要撰写使用文档，将模型和使用文档交付给工程技术人员进行应用部署。需要注意的是，模型的交付并不代表模型构建活动的结束，相关模型需要在后续应用过程中不断调整和优化，从而起到更好的决策支持效果。在模型部署应用的过程中，需要注意如下三方面问题。

1. 模型版本化问题

数据分析模型往往是在决策支持的不断迭代中创建和更新的。这些模型基于大量离线数据进行测试，基于实时数据和决策效果进行参数的不断调优。在该过程中容易出现的问题是，无法有效跟踪模型的迭代过程，导致模型的版本出现混乱，从而迷失了调优的方向。因此，在最终模型之前应有一系列先前模型元信息的快照，例如创建每个版本的人员和时间、模型代码、所需配置、参数、注释等。

2. 模型部署问题

模型部署的基本原则是应快速并适应业务需求。部署的模型应该受到监控并且易于管理。根据业务需求，模型部署可以采用批处理部署（以脱机方式使用）、实时部署（用于自动执行对时间敏感的决策）、边缘部署（用于对时间要求严格的系统中，需要立即做出决策）等部署模式。模型部署可以基于 Java/Python 应用程序或 API 的形式实现。与基于 API 的模型部署相比，将模型作为应用程序进行部署的成本更高且速度较慢，但可提供更高的可靠性、更高的速度和更好的安全性。

3. 模型管理问题

在利用模型进行决策支持后，需要跟踪已部署模型的性能，并收集模型在各种度量标准上的表现数据。例如，准确性、召回率、F1 值、资源使用、响应时间等。基于上述数据重新评估模型，并在必要的时候对模型进行重新选择。

需要注意的是，数据分析模型的目的并不是要取代人类的决策，而是为人类的决策提供依据。因此，在模型设计和应用过程中，如何更好地融合人类的主观知识、如何将客观知识与主观知识更好地融合，是数据分析模型设计和应用中需要认真思考的问题。

第二节 大数据资产管理

一、数据资产概念

（一）数据资产定义

关于数据资产的定义较多，不少学者从财务的角度对数据资产给出了相关定义。例如，部分学者认为，数据资产是指那些能够数据化，并且通过数据挖掘能给企业未来经营带来经济利益的数据集合，包含数字、文字、图像、方位，甚至是沟通信息等，一切可“量化”、可数据化的信息都有可能形成企业的大数据资产。再如，部分学者认为数据资产是无形资产的延伸，指不具有固定资产的实物形态而主要以知识形态存在的重要经济资源，它是为其所有者或合法使用者提供某种权力、优势和效益的固定资产。还有学者依据《企业会计准则》关于资产的定义，提出只有数据被企业拥有和控制、能够用货币计量、能够为企业带来经济利益，才能成为企业的一种资产。

综合多方面观点可以看出，数据资产与无形资产的关联性得到广泛的认可。因此，结合上述数据、资产概念，参考《资产评估执业准则——无形资产》第2条无形资产的定义，数据资产（Data Assets）是指由特定主体拥有或者控制，能够被计算机识别，并且能带来经济利益的信息资源。

（二） 数据资产特征

数据资产的基本特征通常包括非实体性、依托性、多样性、可加工性、价值易变性等。对数据资产基本特征的了解，有助于资产评估专业人员分析基本特征对数据资产价值评估的影响。

（1） 非实体性。数据资产无实物形态，虽然需要依托实物载体，但决定数据资产价值的是数据本身。数据的非实体性导致了数据的无消耗性，即数据不会因为使用频率的增加而磨损、消耗。这一点与其他传统无形资产相似。

（2） 依托性。数据必须存储在一定的介质里。介质多种多样，如纸、磁盘、磁带、光盘、硬盘等，甚至可以是化学介质或者生物介质。同一数据可以以不同形式同时存在于多种介质。

（3） 多样性。数据的表现形式多种多样，可以是数字、表格、图像、声音、视频、文字、光电信号、化学反应，甚至是生物信息等。数据资产的多样性，还表现在数据与数据处理技术的融合，形成融合形态的数据资产。例如，数据库技术与数据，数字媒体与数字制作特技等融合产生的数据资产。多样的信息可以通过不同的方法进行互相转换，从而满足不同数据消费者的需求。该多样性表现在数据消费者上，则是使用方式的不确定性。不同数据类型拥有不同的处理方式，同一数据资产也可以有多种使用方式。数据应用的不确定性，导致数据资产的价值变化波动较大。

（4） 可加工性。数据可以被维护、更新、补充、增加数据量；可以被删除、合并、归集、消除冗余；可以被分析、提炼、挖掘、加工得到更深层次的数据资源。

（5） 价值易变性。数据资产的价值受多种不同因素影响，这些因素随时间的推移不断变化，某些数据当前看来可能没有价值，但随着时代进步可能产生更大的价值。另外，随着技术的进步或者同类数据库的发展，可能导致数据资产出现无形损耗，表现为价值降低。

（三） 数据资产分类

（1） 按照产生数据主体的性质分类。按照产生数据主体的性质，数据资产可以划分为个人数据、企业数据及关系型数据。个人数据指包括个人独有的特征数据和参与经济活动、社会活动的行为数据，是属于个人的数据，如个人的姓名、电话、住址、职业、学历、偏好、习惯、旅游过的城市、购物的交易记录、上网浏览的页面等数据。企业数据是企业在生产经营管理活动中产生的数据，是来自企业内部与外部的数据，是属于企业的数据，如企业在调查、研发、生产、购买原材料、收货、交货、收款、付费等过程中产生的数据。关系型数据是不同主体在社会活动、经济活动时相互联系、相互作用过程中产生的数据，在这个过程中主体间的关系是对等的，如个人与个人、个人与企业、企业与企业之间由交易活动过程而产生的买方数据、卖方数据、产品数据等。

（2） 按照数据应用所属的产业分类。按照数据应用所属的产业可以划分为金融业数据、工业企业数据、零售业数据、农业数据、医疗数据、公共部门数据等。

（3） 按照数据获得的方式分类。按照数据获得的方式可分为三方数据：第一方数据是指企业直接通过自身的生产经营活动获得的数据。通过对第一方数据的挖掘、使用与出售，可以给数据拥有者带来经济收益。第二方数据是指通过提供某种中介服务所获得的数据。例如，作为第三方支付平台的支付宝，可以通过对阿里系以外的企业提供支付通道，同时获取了额外交易数据和信用数据。从拥有和控制角度看，第二方数据的所有者（如支付宝）具有对数据的控制权，但这些数据会受到获取路径方式的限制，在使用、交换或交易的过程中会采取不同的限制条件，经脱敏处理后，例如匿名化、整体化等方式，才能实现对这些数据的有效控制和使用。通过对第二方数据的挖掘、使用与出售，也可以给数据拥有者带来经济收益。第三方数据是指通过爬虫技术等方式间接获得的数据。从拥有和控制角度看，第三方数据的产权问题比较复杂。通过网络爬虫获取数据的企业或个人可以使用这些数据，但不能直接进行数据交易或授权。

（四） 数字资产价值的影响因素

影响数据资产价值的因素主要从数据资产的收益和风险两个维度考虑，数据资产的收益取决于数据资产的质量和数据资产的应用价值。数据资产的质量是应用价值的基础，对数据的质量水平有一个合理的评估，有利于对数据的应用价值进行准确预测。

（1） 质量维度。数据资产质量价值的影响因素包含真实性、完整性、准确性、数据成本、安全性等。

（2） 应用维度。数据资产应用价值的影响因素包含稀缺性、时效性、多维性、场景经济性。

（3） 风险维度。数据资产的风险主要源自所在商业环境的法律限制和道德约束，其对数据资产的价值有着从量变到质变的影响，在数据资产估值中应予以充分考虑。

（五） 数据资产价值分析的难点

（1） 数据资产的价值随着不断的加工而改变。数据作为资源具有可再生特性，加工处理后的数据可以成为一种新的数据资源。但在数据加工过程中，将多个数据集进行集成再加工所得的价值会远大于对各个数据分别进行加工所得价值之和，加工过程中引入的各类算法与模型也可以极大地增加数据的价值。所以，随着数据的加工，数据资产的价值会改变。

（2） 数据资产的价值随着使用次数与人数而改变。数据作为资源具有的无限性，使得数据资源使用的次数可以无限，使用的人可以无限，这个特性使得数据资产的价值更是难以具体用数字来计量。同时，数据是不可消耗的，这意味着它的使用不会阻止其他额外的用途。在一个企业中，相同的数据资产可以被多个用户使用于不同用途，可见数据的价值难以准确衡量。

（3） 数据资产的价值随着用户不同而存在差异。数据作为产品和服务能够在市场被用户使用和消费，满足不同用户的需求，具有不同的用途。例如，零售公司可以使用汇总的 GPS 数据来选择其下一个商店的位置，而市政府可以使用汇总的 GPS 数据来了解如何更好地规划道路，这将导致 GPS 数据的价值可以因客户不同而产生很大差异。因此，数据资产的价值会因用户不同而存在差异。

（4） 数据质量相同可能产生不同的价值。由于用户对数据的需求是不一样的，即使是相同质量的一份数据，有的使用者会视其为高价值数据，有的使用者会视其为低价值数据，数据的商业价值会由于衡量标准不同而不同。比如，来自证券交易所的分时行情数据与实时报价数据，对于短线操作股民具有更高价值，但对欺诈检测的价值却不显著。

（5） 数据资产权属分析比较复杂。由于数据资产属于无形资产，其权属属性与实物资产不同，需要关注的因素更多也更为复杂。数据资产权属可以分为所有、使用两种，即所有权、使用权可以分离，为不同的权利主体同时所用，从这个角度，数据资产既可以是所有权数据资产，也可以是只拥有使用权的数据资产。而两种权利的数据资产均可以成为交易、转让对象，也可以作为评估对象而进行估值。

二、 大数据资产估值

（一） 大数据资产估值方法

数据资产价值的评估方法包括成本法、收益法和市场法三种基本方法及其衍生方法。

（1） 成本法是根据形成数据资产的成本进行评估。尽管无形资产的成本和价值先天具有弱对应性且其成本具有不完整性，但一些数据资产应用成本法评估其价值存在一定的合理性。

（2） 收益法是通过预计数据资产带来的收益估计其价值。这种方法在实际中比较容易操作。该方法是目前对数据资产评估比较容易接受的一种方法。虽然目前使用数据资产直接取得收益的情况比较少，但根据数据交易中心提供的交易数据，还是能够对部分企业数据资产的收益进行了解的。

（3） 市场法是根据相同或者相似的数据资产的近期或者往期成交价格，通过对比分析，评估数据资产价值的方法。根据数据资产价值的影响因素，可以利用市场法对不同属性的数据资产的价值进行对比和分析调整，反映出被评估数据资产的价值。

执行数据资产评估业务，应当根据评估目的、评估对象、价值类型、资料收集等情况，分析上述三种基本方法的适用性，选择评估方法。数据资产评估方法的选择应当注意方法的适用性，不可机械地按某种模式或者某种顺序进行选择。

（二） Gartner 数据估值模型体系

关于数据价值的评估，目前业界已有多个数据资产评估模型落地。其中，影响力最大的是 Gartner 的数据估值模型体系。2016 年，全球最具权威的信息研究与顾问咨询公司 Gartner 与中关村数海数据资产评估中心，共同发布了全球首个数据资产评估模型——数据估值模型体系（Information Valuation Models），使数据价值得到客观、立体的评估成为可能。该评估模型体系涵盖了数据的内在价值、业务价值、绩效价值、成本价值、市场价值以及经济价值六个子模型，并针对不同信息资产特性和用户使用诉求，从数据的数量、范围、质量、粒度、关联性、时效、来源、稀缺性、行业性质、权益性质、交易性质、预期效益等维度，按不同的权重配比、不同的指标量级，合理配置不同维度的数据资产评估指标项，从而实现对数据资产的全方位、标准化评估。

（1） 数据资产的内在价值（Intrinsic Value）是指与其他数据相比，该数据资产的潜在可能价值。它主要衡量数据资产的准确性和完整性，以及其他组织获取该数据资产的可能性。质量更高、专用性或排他性更强的数据资产，其内在价值更高。

（2） 数据资产的业务价值（Business Value）是指数据资产应用于具体业务时产生的效用，它强调数据资产对业务的适用性和及时性。

（3） 数据资产的绩效价值（Performance Value）是指数据资产对业务绩效目标（如 KPI）的影响。绩效价值关注使用该项数据资产能在多大程度提升业务绩效。

（4） 数据资产的成本价值（Cost Value）是指用来评估数据资产在获取过程中的财务成本，也可用来评估数据资产损毁或丢失的财务风险，其作用类似于成本法下的数据资产评估。

（5） 数据资产的市场价值（Market Value）是指数据资产在公开交易市场上的财务价值，其作用类似于市场法下的数据资产评估。

（6） 数据资产的经济价值（Economic Value）是指收益法下的数据资产财务价值减去其使用周期中产生的费用。

综上所述，Gartner 数据估值模型体系偏向于数据资产评估的方法论，它将数据资产的三种评估方法融合在一起加以考虑。在此体系下，信息价值分成内在价值、业务价值、绩效价值、成本价值、市场价值、经济价值六种。前三者偏向于内部收益，以主观评分为主；后三者偏向于外部变现，注重货币计价。

Gartner 方法论的精髓不在于单一模型或公式，而是这几种方法针对不同场景的复合运用。也就是说，根据实现某种目标和某种应用维度混合运用上述不同的模型。例如，如果是投资场景评估数据价值的目的，可以用内在价值加上业务价值，最后推出经济价值，也可以有不同的展示和使用的方式。

三、 大数据资产交易模式

（一） 大数据交易方式

相同的数据资产，由于其应用领域、使用方法、获利方式不同，会造成其价值差异。因此对数据资产商业模式的关注，可以帮助资产评估专业人员了解数据资产活动。目前以数据资产为核心的商业模式主要有：

（1） 提供数据服务模式。该模式的企业主营业务为出售经广泛收集、精心过滤的时效性强的数据，为用户提供各种商业机会。

（2） 提供信息服务模式。该模式的企业聚焦某个行业，通过广泛收集相关数据、深度整合萃取信息，以庞大的数据中心加上专用的数据终端，形成数据采集、信息萃取、价值传递的完整链条，通过为用户提供信息服务的形式获利。

（3） 数字媒体模式。数字媒体公司通过多媒体服务，面向个体，广泛收集数据，发挥数据技术的预测能力，开展精准的自营业务和第三方推广营销业务。

（4） 数据资产服务模式。通过提供软件和硬件等技术开发服务，根据用户需求，从指导、安全认证、应用开发和数据表设计等方面提供全方位数据开发和运行保障服务，满足用户业务需求，提升客户营运能力。并通过评估数据集群运行状态优化运行方案，以充分发挥客户数据资产的使用价值，帮助客户将数据资产转化为实际的生产力。

（5） 数据空间运营模式。该模式的企业主要为第三方提供专业的数据存储服务业务。

（6） 数据资产技术服务模式。该模式的企业为第三方提供开发数据资产所需的应用技术和技术支持。例如，提供数据管理以及处理技术、多媒体编解码技术、语音语义识别技术、数据传输与控制技术等。

（二） 大数据产品分类

图 2-4 给出了数据产品的分类。由图可以看出，市场上交易的数据产品主要包括初级数据产品、中间数据产品和最终数据产品三种类型。

（1） 初级数据产品。初级数据产品是指收集者采集的未经处理或做简单处理的原始数据，这类数据产品包括原始数据集、API 接口等形式。提供初级产品的典型平台包括浙江省数据开放平台、北京市政务数据资源网等。例如，浙江省数据开放平台目前主要以 XLS、CSV、XML、JSON、RDF 等形式开放 808 个数据级，并针对教育厅、科技厅等政府不同部门数据开放了 839 个 API 接口，通过提供接口的申请规范和说明，方便使用者对原始数据的调用。初级产品数据具有低数据价值、高交易风险等特点。

（2） 中间数据产品。中间数据产品主要是指收集者经过脱敏和标准化处理且在理论上不可重标识的数据。在初级数据产品的基础上，企业需要通过脱敏、加密、归集、融合、

图 2-4
主流数据交易中心的数据产品分类

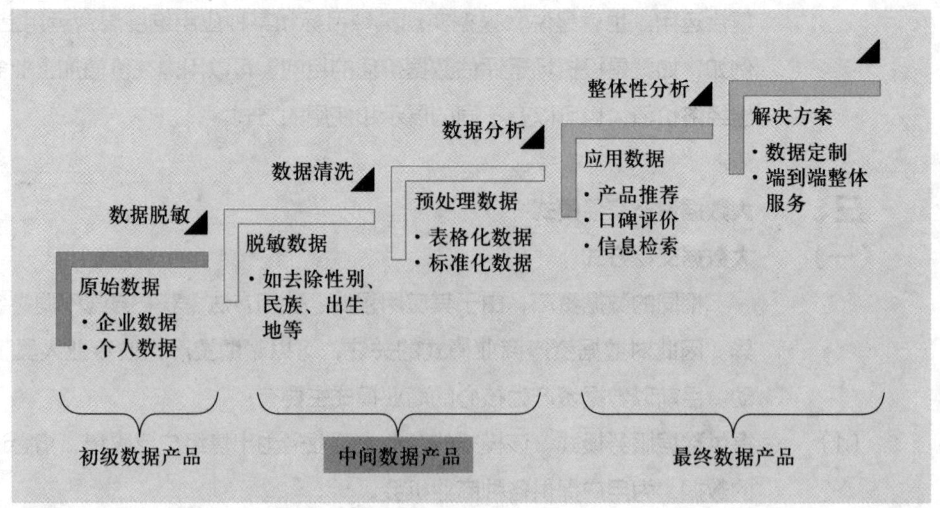

去噪、约简等操作，得到中间数据产品。

（3） 最终数据产品。最终数据产品主要是指收集者基于服务目标，经过数据分析、挖掘而形成的直接支持服务对象决策的知识、模型、模式或整体解决方案。这类数据产品包括人工智能产品、数据解决方案等形式。上海数据交易中心则面向精准营销、普惠金融等行业提供数据建模与决策支持服务，通过基于最终数据产品的增值服务获得盈利。最终数据产品具有高数据价值、低交易风险等特点。

（三） 我国数字资产交易平台

在《促进大数据发展行动纲要》等文件的引导下，我国政务大数据和行业大数据的开放、共享和交易得到了创新性发展。一方面，各级地方政府积极推动公共大数据的开放共享，建立了以北京市政务数据资源网、浙江省数据开放平台等为代表的公共数据开放共享平台。另一方面，政府和企业纷纷发起成立大数据交易中心（平台），推动了大数据的交易流通。2015 年 4 月 14 日，我国第一家提供数据交易服务的交易场所——贵阳大数据交易所正式挂牌运营，并完成首批大数据交易。随后，上海数据交易中心、京东万象等大数据交易中心（平台）相继成立，形成了各具特色的大数据交易中心布局。国内各大数据交易中心的运营模式和盈利模式等信息如表 2-11 所示。

表 2-11
国内大数据交易中心（平台）模式一览表

序号	交易中心（平台）	运营模式	盈利模式	数据领域
1	上海数据交易中心	综合服务模式	免费、数据增值服务费	金融、文娱、交通、商业
2	贵阳大数据交易所	综合服务模式	会员费、交易费、数据金融佣金、数据增值服务费	金融、教育、环境、法律、医疗、交通、商业、工业
3	东湖大数据交易中心	综合服务模式	销售收入、数据增值服务	金融、环境、法律、医疗、文娱、交通

续表

序号	交易中心（平台）	运营模式	盈利模式	数据领域
4	数据宝	综合服务模式	数据增值服务模式	金融、交通、商业、气象
5	浙江省数据开放平台	开放共享模式	免费	金融、财税、地理、法律、教育、气象、医疗、工业、农业、环境、就业等
6	北京市政务数据资源网	开放共享模式	免费	金融、财税、地理、教育、医疗、农业、环境、就业、文娱、商业等
7	京东万象	交易撮合模式	数据增值服务费	金融、文娱、交通、人工智能、商业
8	天元数据网	综合服务模式	免费、销售收入、数据增值服务费	金融、商业、生活服务、环境、交通
9	数据堂	综合服务模式	销售收入、数据增值服务费	环境、地理、文娱、交通、人工智能
10	阿凡达数据	综合服务模式	销售收入、数据增值服务	金融、生活服务、交通、文娱

第三节 大数据系统管理

我们知道，体量大、类型多、实时性是大数据的重要特征，这些特征使得大数据的管理不能采用单一的信息系统架构，需要采用分而治之的方式，为每种类型的数据设计特定的管理方法。另一方面，传统的数据分析架构无法适应大数据的上述特点，需要设计高效的分布式架构对数据进行分析计算。本节将对大数据系统的架构进行介绍，并介绍不同类型大数据的存储管理系统。

一、 大数据管理系统面临的挑战

从数据在信息系统中的生命周期看，大数据从数据源开始，经过分析、挖掘到最终获得价值一般需要经过多个主要环节，包括数据收集、数据存储、资源管理与服务协调、计算引擎、数据分析和数据可视化。每个环节都面临不同程度的技术挑战。

（1） 数据收集层。数据收集层由直接跟数据源对接的模块构成，负责将数据源中的数据近实时或实时收集到一起。数据源具有分布式、异构性、多样化及流式产生等特点。由于数据源具有以上特点，将分散的数据源中的数据收集到一起通常是一件十分困难的事情。

(2) 数据存储层。数据存储层主要负责海量结构化与非结构化数据的存储。传统的关系型数据库（比如 MySQL）和文件系统（比如 Linux 文件系统）因在存储容量、扩展性及容错性等方面的限制，很难适应大数据应用场景。在大数据时代，由于数据收集系统会将各类数据源源不断地发到中央化存储系统中，这对数据存储层的扩展性、容错性及存储模型等有较高要求。

(3) 资源管理与服务协调层。随着互联网高速发展，各类新型应用和服务不断出现。在一个公司内部，既存在运行时间较短的批处理作业，也存在运行时间很长的服务。为了协同不同的计算需求，目前的做法是将这些应用部署到一个公共的集群中，让它们共享集群的资源。共享计算资源可以带来资源利用率高、运维成本低、数据实现共享等好处。但是，同样会面临包括 Leader 选举、服务命名、分布式队列、分布式锁、发布订阅功能等在内的相关问题。

(4) 计算引擎层。在实际生产环境中，针对不同的应用场景，我们对数据处理的要求是不同的。例如，搜索引擎构建索引只需离线处理数据，实时性要求不高，但系统吞吐率要求高；广告系统及信用卡欺诈检测等场景则需要对数据进行实时分析，要求每条数据处理延迟尽可能低。不同场景下具有不同要求的计算任务对计算引擎构建提出了更高的要求。目前主流的做法是构建专业化的计算引擎，每种计算引擎只专注于解决某一类问题。如按照对时间性能的要求，将计算引擎分为批处理、交互式处理和实时处理等类型。

(5) 数据分析层。数据分析层直接跟用户应用程序对接，为其提供易用的数据处理工具。为了让用户分析数据更加容易，计算引擎会提供多样化的工具，包括应用程序 API、类 SQL 查询语言、数据挖掘 SDK 等。大数据的海量性和异构性等特征为数据分析带来了极大挑战。在实际应用过程中，我们通常需要将数据分割成小规模数据集，借助不同的数据分析工具和方法对异构数据进行分析，并对结果进行集成。

(6) 数据可视化层。数据可视化技术涉及计算机图形学、图像处理、计算机辅助设计、计算机视觉及人机交互技术等多个领域。数据可视化层是直接面向用户展示结果的一层，由于该层直接对接用户，是展示大数据价值的“门户”，因此数据可视化是极具意义的。考虑到大数据具有容量大、结构复杂和维度多等特点，对大数据进行可视化是极具挑战性的。

二、大数据管理系统架构

为了应对大数据管理的上述挑战，企业通常会依据自己的数据战略以及已经拥有的现成的数据基础架构等，来建设自己的大数据系统。Hadoop 给出了一个收集、存储和分析大数据的框架，目前很多大数据管理系统都是以该框架为基础进行构建的。

Hadoop 是由 Apache 基金会开发的大数据分布式系统基础架构，最初由 Yahoo 的工程师开发，后来被贡献给了 Apache 基金会，成为 Apache 基金会的开源项目。

（1） Hadoop 是一个数据管理系统，作为数据分析的核心，汇集了结构化和非结构化数据，这些数据分布在传统的企业数据栈的每一层。

（2） Hadoop 也是一个大规模并行处理框架，拥有超级计算能力，定位于推动企业级应用的执行。

（3） Hadoop 又是一个开源社区，主要为解决大数据的问题提供工具和软件。

虽然 Hadoop 提供了很多功能，但仍然应该被归类为由多个组件组成的 Hadoop 生态圈，这些组件包括数据存储、数据集成、数据处理和其他进行数据分析的专门工具。图 2–5 展示了 Hadoop 的生态系统，其主要由 HDFS、YARN、MapReduce、Spark、HBase、Zookeeper、Pig、Hive、Mahout 等核心组件构成，另外还包括 Sqoop、Flume 等框架，用来与其他企业系统融合。Hadoop 生态系统是一个不断壮大的开源工具体系，会有新的工具加入以提供更新功能。

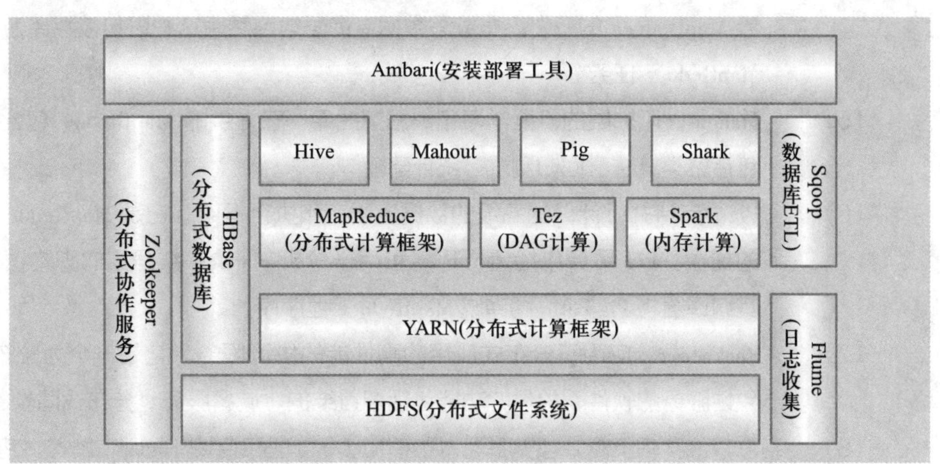

图 2–5
Hadoop 架构

在上述框架中，HDFS 和 YARN 是 Hadoop 生态系统中的核心组件，提供基本的大数据存储和处理能力。

（1） HDFS。HDFS（Hadoop Distirbuted File System）是 Hadoop 分布式文件系统。其设计理念主要是用来对 GB 甚至 TB 级别的大文件进行存储并能够高效访问，文件存储能够运行在普通的硬件上，即使硬件出现故障，也可以通过容错策略来保证数据的完整性。在 HDFS 中，大文件是被分割成多个 Block 进行存储的，每个 Block 会在多个 Datanode 上存储多份副本，默认是 3 份。HDFS 中的节点主要包括 Namenode、SeconaryNamenode 和 Datanode 等类型。其中，Namenode 节点的任务是存储元数据信息、管理数据块的映射、处理客户端的读写请求、配置副本策略、管理 HDFS 的名称空间等。SeconaryNamenode 是 Namenode 的备份，当 Namenode 节点发生故障时能够迅速启动接替 Namenode 的工作，通过合并元数据的镜像文件和元数据的操作日志与 Namenode 保持一致。Datanode 的任务是负责存储 Client 发来的数据块，并且执行数据块的读写操作。

（2） YARN。YARN（Yet Another Resource Negotiator）是 Hadoop2.0 中的资源管理系统，

它的基本设计思想是将第一代 MapReduce 中的 Jobtracker 拆分成全局的资源管理器 ResourceManager 和每个程序的应用管理器 ApplicationMaster，其中 ResourceManager 主要负责资源的调度和应用程序的管理，将系统中的资源分配给各个正在运行的应用程序，并负责管理所有 ApplicationMaster。ApplicationMaster 负责单个应用程序的管理，可以向 ResourceManager 请求资源，并监听任务的执行进度。

除了 HDFS、MapReduce、YARN，其他工具简要介绍如下。

（3） HBase。可扩展的分布式数据库，支持大表的结构化数据存储。它是一个建立在 HDFS 之上的，面向列的 NoSQL 数据库，用于快速读 / 写大量数据。

（4） Hive。建立在 Hadoop 上的数据仓库基础构架。它提供了一系列的工具；可以用来进行数据提取转化加载（ETL），这是一种可以存储、查询和分析存储在 Hadoop 中的大规模数据的机制。Hive 定义了简单的类 SQL 查询语言，称为 HQL，它允许不熟悉 MapReduce 的开发人员编写数据查询语句，然后这些语句被翻译为 Hadoop 上面的 MapReduce 任务。

（5） Mahout。可扩展的机器学习和数据挖掘库。它提供的 MapReduce 包含很多实现方法，包括聚类算法、回归测试、统计建模。

（6） Pig。支持并行计算的高级的数据流语言和执行框架。它是 MapReduce 编程的复杂性的抽象。Pig 平台包括运行环境和用于分析 Hadoop 数据集的脚本语言（Pig Latin）。其编译器将 Pig Latin 翻译成 MapReduce 程序序列。

（7） Zookeeper。应用于分布式应用的高性能的协调服务。它是一个为分布式应用提供一致性服务的软件，提供的功能包括配置维护、域名服务、分布式同步、组服务等。

（8） Ambari。基于 Web 的工具，用来供应、管理和监测 Hadoop 集群，包括支持 HDFS、MapReduce、Hive、HCatalog、HBase、Zookeeper、Oozie、Pig 和 Sqoop。Ambari 也提供了一个可视的仪表盘来查看集群的健康状态，并且能够使用户可视化地查看 MapReduce、Pig 和 Hive 应用来诊断其性能特征。

（9） Sqoop。连接工具，用于在关系数据库、数据仓库和 Hadoop 之间转移数据。Sqoop 利用数据库技术描述架构，进行数据的导入 / 导出；利用 MapReduce 实现并行化运行和容错技术。

（10） Flume。提供了分布式、可靠、高效的服务，用于收集、汇总大数据，并将单台计算机的大量数据转移到 HDFS。它基于一个简单而灵活的架构，并提供了数据流的流。它利用简单的可扩展的数据模型，将企业中多台计算机上的数据转移到 Hadoop。

图 2-6 给出了一个基于 Hadoop 框架搭建的大数据管理系统架构。该架构主要包括大数据获取系统、大数据存储系统与计算平台、大数据分析与计算工具、可视化以及服务接口等。

（1） 大数据获取系统。大数据主要包括企业内部的业务、生产、销售等数据，互联网上的社会媒体数据等。不同的数据会通过不同的处理进入大数据存储系统，其中互联网上

图 2-6
基于 Hadoop 框架的大数据管理系统

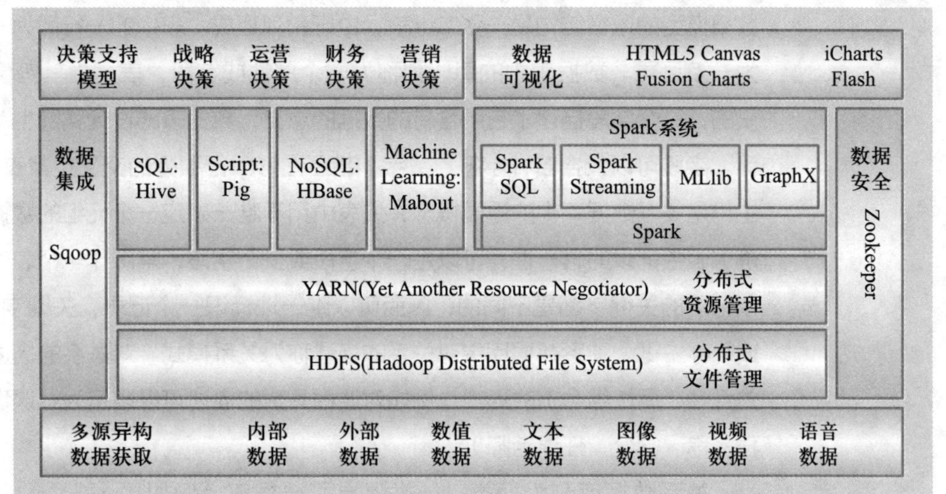

的社会媒体数据可以通过 Radian6、爬虫程序 Nutch 工具等获取，并与企业的已有数据一起通过 ETL 工具 Kettle 进入存储系统，实时流数据可以通过抽样进入存储系统或者通过分析将结果存入存储系统。

（2） 大数据存储系统与计算平台。大数据存储系统分为两种类型：一是分布式文件系统（如 HDFS）以及在其上的分布式数据库系统（如 HBase），并在此存储系统上部署适合分布式计算的计算框架，包括分布式计算框架（Hadoop）、内存计算框架（Spark）和流数据计算框架（Storm），分布式的锁服务将采用 Zookeeper。二是传统的关系型数据库系统，如 Oracle（可支持数据仓库）。HBase 与 Oracle 之间可以通过 Sqoop 实现数据转换。

（3） 大数据分析与计算工具。除了 Hadoop 基本的分布式计算框架外，为了构建良好的数据分析环境，该框架在分布式存储系统与计算平台上部署分布式数据仓库工具（Hive），并使用 Mahout、MLlib、GraphX 等工具集成经典的数据挖掘算法，以满足多样化的数据分析要求和算法实验环境，同时提供如 Java、Python 等高级编程语言环境。

（4） 可视化以及服务接口。可视化系统包括数据的可视化和大数据分析结果的可视化，主要开发工具可以包括 HTML5 Canvas、JavaScript、Flash，或者使用一些开源的 JS 包，如 iCharts、Fusion Charts Suit XT；采用 SOA 的架构为用户提供服务，包括原型系统的使用者或模型验证的研究者。

三、 大数据存储管理

大数据存储管理的任务主要通过各种类型的数据库来完成。下面对各种数据库进行简要介绍。

（一） 关系数据库

虽然近年来各种非关系数据库得到了开发和利用，关系数据库依然是目前大数据存储管理的主流工具。关系数据库是建立在关系数据模型基础上的数据库，一个关系数据模型的逻辑结构是一张二维表，由行和列组成。表中的一行即为一个元组，或称为一条记录。数据表中的每一列称为一个属性或字段，表是由其包含的各种字段定义的，每个字段描述了它所含有的数据的意义，数据表的设计实际上就是对字段的设计。字段可以包含各种字符、数字，甚至图形。行和列的交叉位置表示某个属性值。主码是关系数据库中的重要概念，是表中用于唯一确定一个元组的数据。关键字用来确保表中记录的唯一性，可以是一个字段或多个字段，常用作一个表的索引字段。每条记录的关键字都是不同的，因而可以唯一地标识一个记录，关键字也称主关键字，或简称主键。关系数据库中对关系的描述称为关系模式。对关系的描述，一般表示为关系名（属性组合）的形式。例如对课程关系的描述可以表示为：课程（课程号、课程名称、学分、任课老师）。

关系数据库分为两类：一类是桌面数据库，例如 Access、FoxPro 和 dBase 等；另一类是客户 / 服务器数据库，例如 SQL Server、Oracle 和 Sybase 等。桌面数据库通常用于小型的、单机的应用程序，它不需要网络和服务器，实现起来比较方便，但它只提供数据的存取功能。客户 / 服务器数据库主要适用于大型的、多用户的数据库管理系统，应用程序包括两部分：一部分驻留在客户机上，用于向用户显示信息及实现与用户的交互；另一部分驻留在服务器中，主要用来实现对数据库的操作和对数据的计算处理。

（二） 键值数据库

键值数据库是一种非关系数据库，它使用简单的键值方法来存储数据。键值数据库将数据存储为键值对集合，其中键作为唯一标识符。键和值都可以是从简单对象到复杂复合对象的任何内容。键值数据库是高度可分区的，并且允许以其他类型的数据库无法实现的规模进行水平扩展。

Amazon DynamoDB 是一种非关系数据库，可在任何规模提供可靠的性能。它是一种完全托管的多区域、多主表数据库，可实现不到 10 毫秒的一致延迟，并提供内置的安全性、备份和还原以及内存中的缓存。在 DynamoDB 中，项目包括一个主键或复合键，以及数量不限的属性。与单个项目相关联的属性数量没有明确限制，但项目的总大小（包括所有属性名称和属性值）不得超过 400 KB。表是数据项的集合，就好比关系数据库中的表是行的集合。每个表具有无限数量的数据项。

（三） 列族数据库

列族数据库将数据存储在列族中，而列族里的行则把许多列数据与本行的“行键”关联起来。列族数据库是一种能快速执行跨集群写入操作并易于对此扩展的数据库。集群中没有主节点，其中每个节点均可处理读、写。列族数据库的基本存储单元叫作“列”。列由一个“名值对”组成，其中的名字也充当关键字。每个键值对都占据一列，并且都存有一个“时间戳”值。令数据过期、解决写入冲突、处理陈旧数据等操作都会用到时间戳。在列族数据库中，行是列的集合，由相似行构成的集合就是列族。列族数据库的各行不一定要具备完全相同的列，并且可以随意向其中某行加入一列。

HBase 是一个开源的非关系分布式数据库。它是 Apache 软件基金会的 Hadoop 项目的一部分，运行于 HDFS 文件系统之上，为 Hadoop 提供类似于 BigTable 规模的服务，可以容错地存储海量稀疏数据。HBase 具有诸多优点。例如，HBase 采用简单的数据模型，把数据存储为未经解释的字符串，在设计上就避免了复杂的表和表之间的关系，避免了复杂的多表连接。HBase 只通过行键进行索引，提高了数据访问的效率。HBase 能够通过在集群中增加或者减少硬件数量来实现性能的伸缩。

（四） 文档数据库

文档数据库是一类典型的非关系数据库。“文档”是文档数据库中的主要概念。此类数据库可存放并获取文档，其格式可以是 XML、JSON、BSON 等，这些文档具备可述性（Self-describing），呈现分层的树状结构（Hierarchical Tree Data Structure），可以包含映射表、集合和纯量值。数据库中的文档彼此相似，但不必完全相同。文档数据库所存放的文档，就相当于键值数据库所存放的“值”。文档数据库可视为其值可查的键值数据库。

MongoDB 是一个基于分布式文件存储的数据库。由 C++ 语言编写。旨在为 Web 应用提供可扩展的高性能数据存储解决方案。MongoDB 是一个介于关系数据库和非关系数据库之间的产品，是非关系数据库当中功能最丰富、最像关系数据库的。它支持的数据结构非常松散，是类似 JSON 的 BSON 格式，因此可以存储比较复杂的数据类型。MongoDB 最大的特点是它支持的查询语言非常强大，其语法有点类似于面向对象的查询语言，几乎可以实现类似关系数据库单表查询的绝大部分功能，而且支持对数据建立索引。

（五） 图数据库

图数据库以图论为基础，用图来表示一个对象集合，包括顶点及连接顶点的边。图数据库使用图作为数据模型来存储数据，可以高效地存储不同顶点之间的关系。图数据库是 NoSQL 数据库类型中最复杂的一个，旨在以高效的方式存储实体之间的关系。图数据库适用于高度相互关联的数据，可以高效地处理实体间的关系，尤其适合于社交网络、依赖分析、模式识别、推荐系统、路径寻找、科学论文引用，以及资本资产集群等场景。图数据库在处理实体间的关系时具有很好的性能，但是在其他应用领域，其性能不如其他 NoSQL 数据库。

Neo4j 是典型的图数据库，它将结构化数据存储在网络上而不是表中。它是一个嵌入式的、基于磁盘的、具备完全的事务特性的 Java 持久化引擎，但是它将结构化数据存储在网络（从数学角度叫作图）上而不是表中。Neo4j 也可以被看作一个高性能的图引擎，该引擎具有成熟数据库的所有特性。程序员工作在一个面向对象的、灵活的网络结构下而不是严格、静态的表中，但是他们可以享受到具备完全的事务特性、企业级的数据库的所有好处。Neo4j 因其嵌入式、高性能、轻量级等优势，越来越受到关注。

（六） 其他典型数据库介绍

（1） MySQL。是一种开放源代码的关系数据库管理系统，使用最常用的数据库语言 SQL 进行管理。MySQL 是当今最流行的关系数据库管理系统之一，由于其体积小、速度快、成本低，且开放源码，在中小型网站以及需求不高的个人用户当中十分受欢迎。MySQL 服务稳定，版本更新较快，支持多种操作系统，提供多种 API 接口，支持多种开发语言。缺点就是当数据量巨大的时候性能不足，不如 Oracle 等数据库。

（2） Oracle。即 Oracle Database，是甲骨文公司的一款关系数据库管理系统。同样很流行，也是采用标准的 SQL 结构化查询语言，支持多种数据类型，提供面向对象存储的数据支持，能在诸如 Unix、Windows NT、OS/2、Novell 等几乎所有主流平台上运行，并行处理能力强，性能好，适合数据处理量大、追求高效率的企业，缺点就是收费很高。

（3） Sybase。是一种基于 C/S 体系结构的数据库，由 Sybase 公司开发。Sybase 提供了一套应用程序编程接口和库，可以与非 Sybase 数据源及服务器集成，性能良好。一般的关系数据库都是基于主 / 从式模型的，而 Sybase 将应用分在多台机器上运行，具有较好的并行性，速度快，对巨量数据无明显影响。

（4） Informix。由 IBM 公司推出，采用单进程多线程的技术，性能较高，支持集群，实现高可用性，但是仅运行于 Unix 平台，伸缩性有限。适应于安全性要求极高的系统，比如银行、证券等系统的应用。Informix 维护起来比较方便，但管理工具的方便性上不如 Oracle。

（5） SQL Server。是一种典型的基于分布式 C/S 计算所设计的数据库管理系统，由微软公司开发。可扩展性好、性能高。为用户提供图形化的界面，管理数据库更加直观、简单。同时为用户提供了丰富的编程接口工具，实现了与 WindowsNT 的集成，利用了 WindowsNT 的许多功能，如发送和接收消息，管理登录安全性等。另外，其还提供了数据仓库功能，很少有数据库会提供该功能。但缺点是只能在 Windows 系统下运行，不能跨平台使用。

（6） Access。是一款由微软发布的关系数据库管理系统。它是把数据库引擎的图形用户界面和软件开发工具结合在一起的一个 DB。Access 作为 Office 套件的一部分，可以与 Office 实现无缝连接，可以方便地生成各种数据对象，利用存储的数据建立窗体和报表，可视性好。但其性能和安全性一般，可供个人管理或小型网站使用。

（7） Visual FoxPro。是微软公司在 FoxBase 数据库的基础上改进的一款数据库管理系统。其数据处理速度快，伸缩性良好。Visual FoxPro 概念性不强，开发成本低，无须明白诸如“类的重写”“类的隐藏”等概念，容易上手。缺点是编译系统的功能不如 C# 等 MS .NET 开发环境中的编译系统，且仅擅长数据库软件开发，在网络、多媒体、

Web 程序、OS 底层操作上没有优势。

（8） DB2。是 IBM 公司开发的一套关系数据库管理系统，是一种分布式数据库，适合大型应用系统，具有较好的可伸缩性。DB2 提供了高层次的数据利用性、完整性、安全性、可恢复性，以及小规模到大规模应用程序的执行能力。DB2 具有完备的查询优化器，支持多任务并行查询。同时还具有很好的网络支持能力，允许每个子系统连接十几万个分布式用户，可同时激活上千个活动线程，因此非常适合大型分布式应用系统。

（9） Cassandra。Cassandra 是一种面向列的非关系数据库。Cassandra 本质是一堆数据库节点共同构成的一个分布式网络服务，支持丰富的数据结构和功能强大的查询语言，支持分散的数据存储，可以实现容错以及无单点故障，适合对数据完整性要求较高的情景。

（10） Redis。是一个键值存储的数据库系统。其支持存储的 Value 类型很多，比如 string（字符串）、list（链表）、set（集合）和 zset（有序集合）。Redis 的应用广泛，支持数据持久化和数据恢复，允许单点故障，适用于对读写效率要求都很高的、数据处理业务复杂和对安全性要求较高的系统。

第四节 大数据项目管理

一、大数据项目的主要类型

大数据项目主要有 3 种类型，分别为：

（1） 数据管道和数据暂存类项目。这类项目可以理解为大数据的提取—转换—加载型项目。这类项目涉及对数据的收集、暂存、存储等，其目的是为后续数据处理和分析提供基础。

（2） 数据的处理和分析类项目。这类项目的目的是为企业提供有价值的决策支持，如生成报告、开发机器学习模型和算法等。

（3） 应用程序开发类项目。这类项目提供能够实时支持业务需求的数据框架，例如 Web 应用程序或移动应用程序的数据后端等。

二、大数据项目成功的关键特征

企业上马大数据项目的初衷通常是利用大数据更好地支撑企业的管理决策。因此，成功的大数据项目通常具有如下特征：

（1） 项目目标清晰。企业上马大数据项目有着清晰的目标，该目标与企业战略目标和运营模式相一致。企业内部不同层级员工对大数据项目要做什么、能做什么、如何使用等问题有着统一、清晰的认识。

（2）项目规划完善。在大数据项目实施之前，企业能够对项目功能进行清晰规划，对项目实施进程能够进行严格把控。

（3）所选技术符合大数据项目功能要求。根据企业大数据项目的功能规划，选择合适的技术完成相应的功能需求。需要注意的是，在大数据项目实施过程中，并非技术越先进越好。适合企业的技术才是最好的技术。

（4）企业员工具有大数据项目所需的专业知识技能。一方面要求企业加强技术储备，另一方面要求企业对不同层级员工进行大数据等新兴信息技术的持续培训，不断提高企业员工与大数据相关的专业知识技能。

（5）大数据项目取得示范性应用效果。大数据项目在企业内部发挥作用是一个逐步推进的过程。如果大数据项目在企业某些特定应用中取得显著效果，可以通过示范效应加快项目在企业其他方面的应用。

大数据项目失败的原因可能包括：

（1）大数据项目与企业战略脱节。企业大数据项目没有明确的目标，没有把大数据项目与企业战略和运营模式有机融合。

（2）大数据商业用例不明确。大数据项目要实现的功能不明确，需要为企业提供哪些决策支持、需要哪些数据、需要构建怎样的模型等问题不清晰。

（3）无法发掘出大数据特殊价值。在数据分析过程中无法充分发挥量大、多模态、多维关联等大数据特征带来的优势，无法从大数据中获取大价值。

（4）企业内部对大数据项目无共识。由于企业决策层、管理层和普通员工对大数据作用的认识不一致，大数据项目在前期使用过程中可能为员工带来更多的工作负荷，容易导致大数据项目拖延推进或无人应用等问题。

（5）缺乏项目所需的核心技术。大数据项目对企业员工的数据意识和技术能力提出了更高的要求。如果企业员工无法达到相应要求，即使大数据项目通过外包等方式部署应用，在后续使用过程中也往往无法达到预期目标。

三、大数据项目管理任务

（一）数据管道和数据暂存类项目

数据管道和数据暂存类项目是 3 个数据项目类型中范围最广的，因为它涉及从外部数据源到目标数据源的整个路径，并为构建数据解决方案的其余部分奠定基础。

对于这个项目类型，在设计解决方案时需要考虑以下因素：①针对目标数据将执行哪些类型的查询和处理；②企业的数据要求；③已收集数据的类型。

考虑到所收集的数据在后续处理和分析中的重要性，企业在建模和存储这些数据时要十分谨慎，为后续的数据访问提供便利。数据管道和数据暂存类项目的任务主要包括如下 7 个方面。①源数据收集方法的选择。②针对数据收集与存储的风险管理。③数据传递保证。④数据的管理和治理。⑤延迟和传递确认。⑥针对数据传递的风险管理。⑦目标数据的访问模式。

（二） 数据处理和分析类项目

数据处理和分析是指对数据管道和数据暂存类项目中的数据进行转换和分析，以提取有用的价值。跨行业数据挖掘标准流程（CRISP-DM 方法论）是由 SPSS 等在数据挖掘商业实践中经验丰富的商业公司所倡立 SIG（CRISP-DM Special Interest Group）组织于 1999 年开发提炼的数据挖掘标准流程，也是目前数据挖掘业界公认的有关数据挖掘项目实践的标准方法论。根据 CRISP-DM 流程，数据处理和分析类项目的任务包括如下 6 个方面。如图 2-7 所示。

图 2-7
CRISP-DM 流程

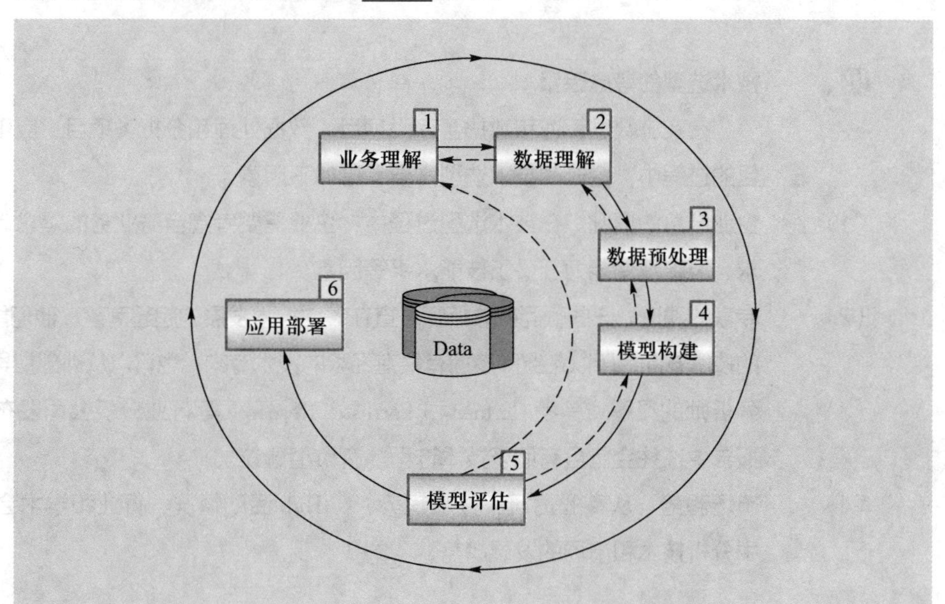

（1） 业务理解。即数据处理和分析类项目的起点是企业战略和业务需求。这一点与大数据项目成功和失败的特征是一致的。

（2） 数据理解。在对业务理解的基础上，企业要清楚地知道哪些数据可以用来支持相应的业务决策，以及这些数据在哪里、有何特征、哪些是关键数据等。

（3） 数据预处理。在实际应用过程中，数据往往是脏的、不完善的和不一致的。在数据分析之前，需要对这些原始数据进行预处理，以得到后续模型方法所需的高质量数据。

（4） 模型构建。针对分类、聚类、关联等数据分析任务，构建面向业务需求的决策支持模型。针对相同的数据分析任务，往往可以构建不同的决策模型。例如，针对分类任务，企业可以选择决策树、支持向量机、深度学习等方法构建相应模型。

（5） 模型评估。针对构建的决策支持模型，从精度、召回、收益等维度评估不同模型的效果，选择效果最好的模型部署应用。

（6） 应用部署。数据处理和分析类项目的起点是企业战略和业务需求，其重点也是通过应用部署，支持企业管理实践。

需要注意的是，数据处理和分析类项目在实施过程中几乎都不是一帆风顺的。上述过程通常都要经过推进、回溯等反复的过程。

（三） 应用程序开发类项目

前两类项目关注数据收集和数据学习，而应用程序开发与部署使用数据向内部或外部提供服务的应用程序有关。这类项目应关注的事项有：

（1） 延迟和吞吐量：执行一个操作需要多长时间，系统每秒可处理多少个操作？

（2） 局部状态和一致性：如果系统在多个地区可用，那么它是如何进行复制的？它是孤岛式的、最终一致性的还是强一致性的？

（3） 系统可用性：系统在发生故障和故障恢复方面有哪些特点？

四、 技术选型的考虑因素

在实施数据管道和数据暂存类项目、数据处理和分析类项目、应用程序开发类项目的过程中，企业的技术选型需要考虑如下因素。

（1） 企业自身的情况。在技术选型过程中，企业需要考虑自身业务的需求、内部团队的需求、风险承受能力、员工技能水平等因素。

（2） 专家的建议。一些顾问或分析师一直在关注技术发展的起起落落，他们能够提供更清晰的技术方向，所以企业即使拥有最有经验的技术专家，也可以从外部指导中有所收获。

（3） 分析师的见解。参考 Gartner 和 Forrester Research 等行业分析公司发布的报告，这些报告中往往会包含有助于技术选型的有价值建议。

（4） 市场趋势。从专业论坛、谷歌趋势、GitHub 活动情况、行业和学术会议报告等活动中分析技术和市场的发展趋势。

第五节 大数据管理能力成熟度评估

能力成熟度模型最早起源于 CMM，现在发展成大家熟知的 CMMI 模型（能力成熟度模型集成），它是一种对组织在软件定义、实施、度量、控制和改善其软件过程的实践中各个发展阶段的描述形成的标准。目前国际上得到较多应用的大数据管理能力成熟度模型主要由 CMMI 协会、Gartner、企业数据管理协会等提出，国内与大数据管理能力相关的评估模型主要是由全国信标委大数据标准工作组研发的数据管理能力成熟度评估模型。本节将对相关模型进行介绍。

一、 数据管理能力成熟度国际标准

（一） CMMI-DMM 数据管理能力成熟度评估模型

该模型由卡内基－梅隆大学旗下的 CMMI 协会开发，DMM 模型用 25 个过程域

（20 个数据管理过程域和 5 个支持过程域），描述了企业数据管理应建立的各项能力，帮助组织开展数据管理过程实践，提升其数据管理的成熟度。该模型是一个综合的数据管理实践框架，按管控维度不同分为数据管理战略、数据治理、数据质量、数据操作、平台与架构、支持流程 6 个关键类别。其框架和组织结构如图 2–8 所示。

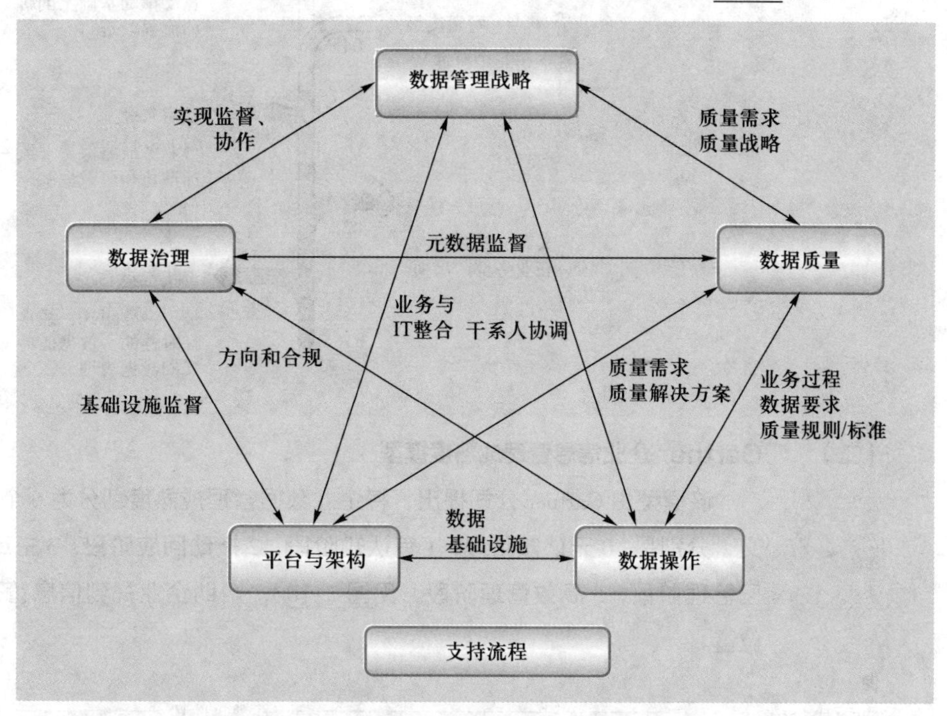

图 2–8
CMMI–DMM 组织结构图

其中，每个类别中的过程域的主要内容如表 2–12 所示。

表 2–12
关键类别与过程域

类别	过程域	类别	过程域
数据管理战略	• 数据管理战略 • 沟通 • 数据管理功能 • 业务案例 • 项目资助	数据治理	• 治理管理 • 业务词汇表 • 元数据管理
数据质量	• 数据质量战略 • 数据分析 • 数据质量评估 • 数据清洗	数据操作	• 数据需求定义 • 数据生命周期管理 • 供应商管理
平台与架构	• 架构方法 • 架构标准 • 数据管理平台 • 数据集成 • 历史数据、归档和保留	支持流程	• 度量与分析 • 过程管理 • 过程质量保证 • 风险管理 • 配置管理

根据 CMMI–DMM 数据管理能力成熟度评估模型，企业数据管理的能力主要分为五个层次，从低到高分别是可执行级、可管理级、已定义级、可量度级和优化管理

级，如图 2-9 所示。

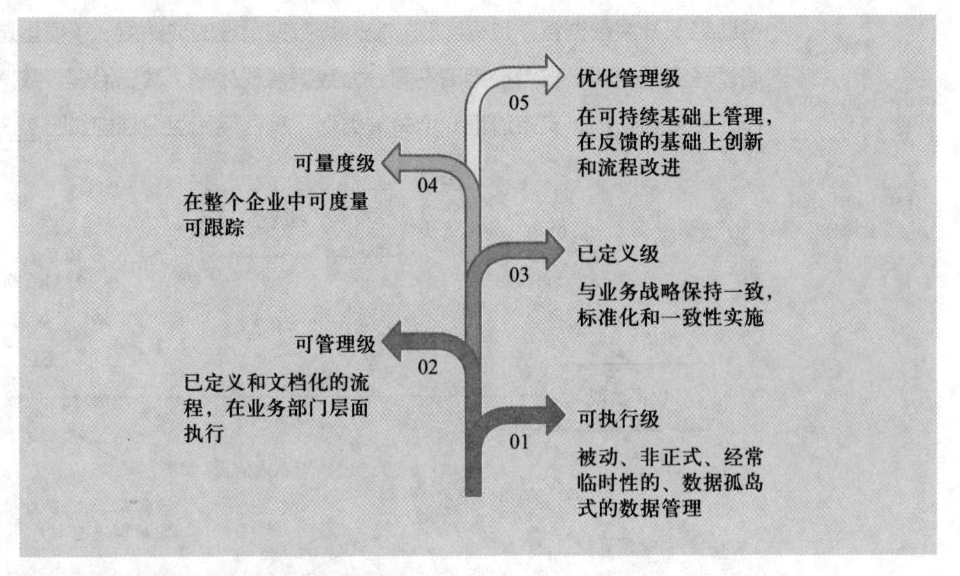

图 2-9
CMMI-DMM 数据管理能力层次

（二） Gartner 企业信息管理成熟度模型

该模型由 Gartner 公司提出，将企业数据管理成熟度划分为 6 个阶段来进行定义（分别是：0 无认知阶段，1 有认知阶段，2 被动回应阶段，3 主动回应阶段，4 已管理阶段，5 高效管理阶段。见图 2-10），帮助企业找到信息管理能力所处的位置。

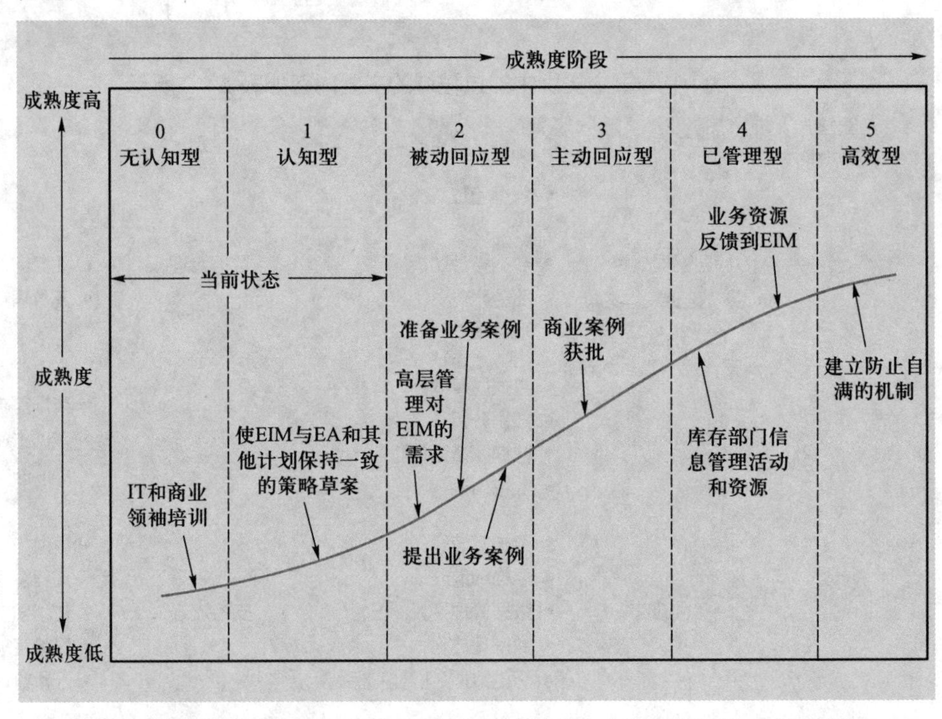

图 2-10
Gartner EIM 成熟度模型组织结构图

企业信息管理成熟度的六个级别对应的描述、特征以及具体措施如表 2-13 所示。

表 2-13
Gartner 企业信息管理成熟度级别

级别	描述
0 级：无认知型	处在 0 级中的企业，由于没有进行信息管理，面临巨大风险，诸如不合规、客户服务能力差，以及生产力低下
1 级：认知型	处在 1 级中的企业，已经具有一些关于信息管理的认知
2 级：被动回应型	处在 2 级中的企业，业务和 IT 管理者对于重要业务单元的一致性、准确性、更快捷的信息需求做出积极回应。这些企业管理者能够采取相应措施来解决迫在眉睫的需求
3 级：主动回应型	处在 3 级中的企业，把信息作为促进业务效能的必要条件，因此正在从项目级信息管理向企业信息管理过渡
4 级：管理型	处在 4 级中的企业，把信息作为业务推进至关重要的条件。在企业内已经实施了有效的企业信息管理，包括一个一致性信息架构
5 级：高效型	处在 5 级中的企业，能够跨整个信息供应链，基于服务层级协议利用信息

在各信息管理成熟度级别，企业的信息管理具有不同的特征。例如，处于 0 级无认知型级别的企业，其信息管理具有如下 6 方面特征：

（1） 业务管理者和 IT 人员没有意识到信息是一个问题。同时，用户也怀疑数据的真实性。

（2） 企业在做战略决策时，缺乏适当的信息支持。

（3） 没有建立正规的信息架构。该架构包含原则、需求和模型，用于指导团队进行企业信息共享。

（4） 信息是零散的，分布在众多不同的应用程序中，内容也不一致。每个部门都各自存储、管理数据和文档，并各自独立选择信息技术。没有人认识到数据质量问题，或者试图解决数据中存在的冲突。

（5） 对于重要的信息资产，没有信息管控、安全或责任机制。信息相关的职责由各个项目分别进行指派。信息存档和清除有助于维护系统性能或控制费用。没有人知道在信息方面的花费。

（6） IT 单元和商务单元都不清楚元数据的重要性。企业内缺乏通用分类、词汇和数据模型。文档管理、工作流和归档通过电子邮件进行处理。

与处于 0 级无认知型级别的企业形成对比的是，处于 5 级高效型的企业，其信息管理的特征主要体现在如下 6 方面：

（1） 高层管理者把信息视为竞争性优势，利用信息来创建价值、提高企业效率。

（2） IT 组织力图使信息管理工作向用户透明，业务级数据管理员发挥积极作用。企业信息管理参与到战略举措中，诸如业务过程改进等。

（3） 企业信息管理支持驱动生产力改进、合规管理以及降低风险。信息管控的监控和执行自动贯穿于企业内部。

（4） 企业内创建企业信息管理组，作为核心部门，或建立在一个矩阵式组织中。企业信息管理组协调所有信息管理工作，诸如主数据管理（MDM）、企业内容管理（ECM）、BI 和数据服务。

（5） 该企业已经实现了整合主数据域、无缝信息流、元数据管理和语义一致、IT 机制内的数据集成、统一的内容五大企业信息管理目标。

（6） 度量指标关注于外部因素，诸如资源、风险和利润率。复用指标呈现信息共享的积极成果。

（三） EDM-DCAM 数据管理能力成熟度模型

DCAM 模型是由企业数据管理协会（EDM）开发。最新版（DCAM2.0）模型中包含了 7 大组件，分别是数据管理战略与业务案例、数据管理流程和资金、业务和数据架构、数据和技术架构、数据质量管理、数据治理和数据控制环境。该模型的组件图如图 2-11 所示。

图 2-11

DCAM 模型组件图

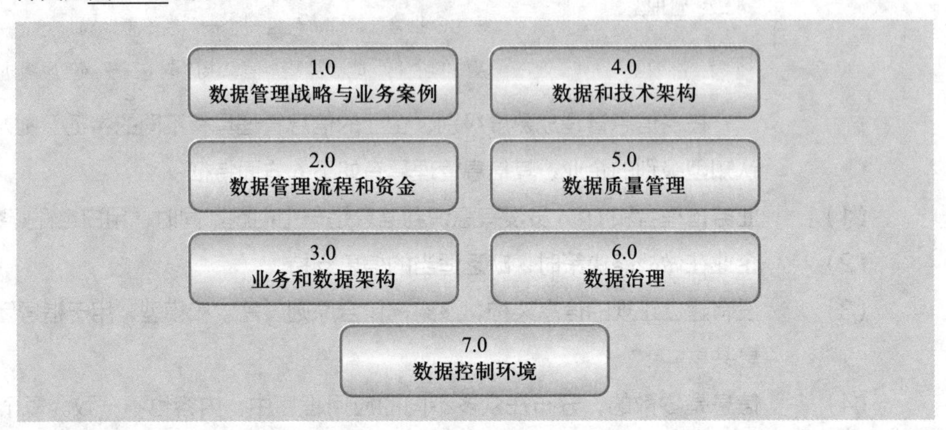

DCAM2.0 将企业数据管理的能力成熟度等级划分为 6 个层级，分别是未启动、概念性、发展性、已定义、已达成和增强型。每个层级的定义描述如表 2-14 所示。

表 2-14

DCAM2.0 数据管理能力成熟度层级

等级	名称	描述
1	未启动	临时数据管理。数据管理没有正式的目标，只是个人在管理
2	概念性	初步计划活动。数据管理的流程是临时的，在相关项目中执行
3	发展性	流程被定义和记录，对数据管理的利益相关者，以及角色、职责、标准和流程进行初步讨论
4	已定义	利益相关者建立和验证的数据管理功能。职责和责任结构，实施的政策和标准，建立的词汇表和标识符，可持续的资金支持
5	已达成	采用了数据管理功能并强制遵守法规。由执行管理层批准，协调活动，对遵守情况进行审计，提供战略资金支持
6	增强型	数据管理功能完全集成到运营中，持续提高数据管理能力

二、 数据管理能力成熟度国内标准

（一） DCMM 数据管理能力成熟度评估模型

数据管理能力成熟度评估模型（Data Management Capability Maturity Assessment Model，DCMM）是由全国信标委大数据标准工作组（国家工信部信软司主导，多家企业和研究机构共同组成）研发，并于 2018 年 3 月 15 日正式发布，是我国数据管理领域最佳实践的总结和提升。

DCMM 是一个整合了标准规范、管理方法论、评估模型等多方面内容的综合框架。它将组织内部数据能力划分为 8 个重要组成部分，描述了每个组成部分的定义、功能、目标和标准。该标准适用于组织在进行数据管理时的规划、设计和评估，也可以作为针对信息系统建设状况的指导、监督和检查的依据。

DCMM 按照组织、制度、流程、技术对数据管理能力进行了分析、总结，提炼出组织数据管理的八大能力域（见图 2–12），即数据战略、数据治理、数据架构、数据应用、数据安全、数据质量、数据标准和数据生命周期。

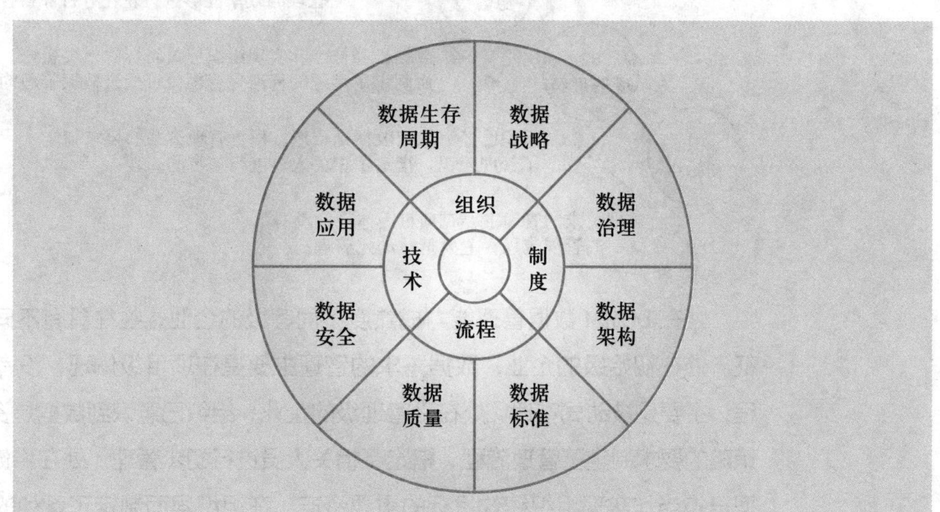

图 2–12 DCMM 的核心评价维度及能力域

上述 8 个过程域共包含 28 个能力项、441 项评价指标。各能力域和能力项见表 2–15。

表 2–15 DCMM 能力域和能力项

能力域	能力项	能力域	能力项
数据战略	• 数据战略规划 • 数据战略实施 • 数据战略评估	数据安全	• 数据安全策略 • 数据安全管理 • 数据安全审计
数据治理	• 数据治理组织 • 数据制度建设 • 数据治理沟通	数据质量	• 数据质量需求 • 数据质量检查 • 数据质量分析 • 数据质量提升
数据架构	• 数据模型 • 数据分布 • 数据集成与共享 • 元数据管理	数据标准	• 业务术语 • 参考数据和主数据 • 数据元 • 指标数据
数据应用	• 数据分析 • 数据开放共享 • 数据服务	数据生命周期	• 数据需求 • 数据设计和开发 • 数据运维 • 数据退役

（二） DCMM 数据管理能力成熟度等级

DCMM 将数据管理能力成熟度分为 5 级，从低到高分别是初始级、受管理级、稳健级、量化管理级和优化级，如图 2-13 所示。

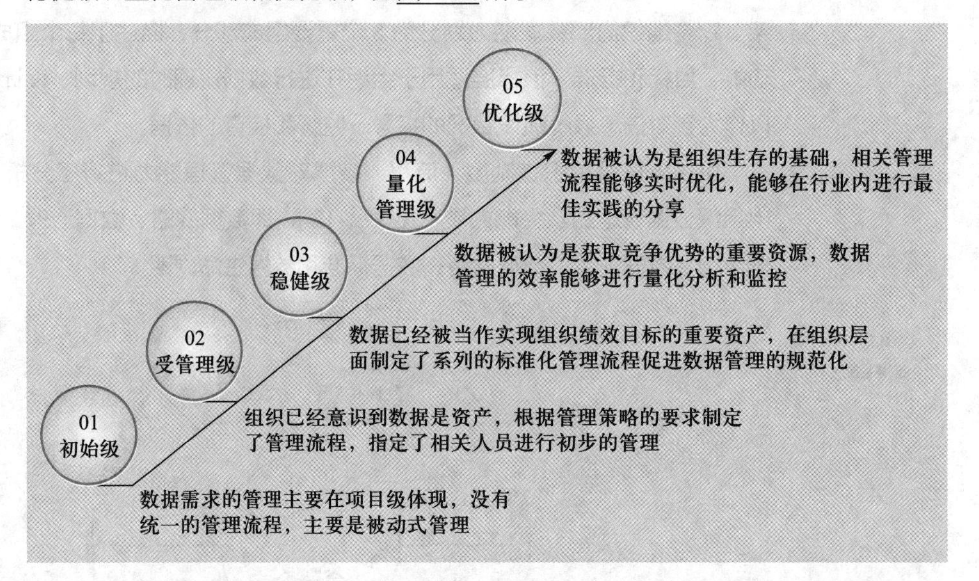

图 2-13 DCMM 数据管理能力成熟度等级

处在 DCMM 数据管理能力成熟度不同等级的企业，往往具有不同的数据管理特征。处在初始级的企业，数据需求的管理主要是在项目级体现，没有统一的管理流程，主要是被动式管理。处在受管理级的企业，组织已意识到数据是资产，根据管理策略的要求制定了管理流程，指定了相关人员进行初步管理。处在稳健级的企业，数据已被当作实现组织绩效目标的重要资产，在组织层面制定了系列的标准化管理流程，促进数据管理的规范化。处在量化管理级的企业，数据被认为是获取竞争优势的重要资源，数据管理的效率能量化分析和监控。处在优化级的企业，数据被认为是组织生存和发展的基础，相关管理流程能实时优化，能在行业内进行最佳实践分享。

（三） DCMM 数据管理能力成熟度评估与实施

DCMM 针对数据管理每个能力域的不同能力项，设计了详细的能力成熟度的评估与实施过程。

以“数据战略”能力域的“数据战略规划”能力项为例，数据战略规划是在所有利益相关者之间达成共识的结果。从宏观及微观两个层面确定开展数据管理及应用的动因，并综合反映数据提供方和消费方的需求。该能力项的评估过程包括：①识别利益相关者，明确利益相关者的需求；②数据战略需求评估，组织对业务和信息化现状进行评估，了解业务和信息化对数据的需求；③数据战略制定，包含愿景陈述、规划范围、所选择的数据管理模型和建设方法、当前数据管理存在的主要差距管理层及其责任，以及利益相关者名单、编制数据管理规划的管理方法、持续优化路线图；④数据战略发布，以文件、网站、邮件等方式正式发布审批后的数据战略；⑤数据战略修订，根据业务战略、信息化发展等方面的要求定期进行数据战略的修订。

评估过程的目标包括：①建立、维护数据管理战略；②针对所有业务领域，在整个数据治理过程中维护数据管理战略（目标、目的、优先权和范围）；③基于数据的业务价值和数据管理目标，识别利益相关者，分析各项数据管理工作的优先权；④制定、监控和评估后续计划，用于指导数据管理规划实施。

“数据战略规划”能力项的能力等级标准如下：

第 1 级初始级，在项目建设过程中反映了数据管理的目标和范围。

第 2 级受管理级。企业能够：①识别与数据战略相关的利益相关者；②数据战略的制定能遵循相关管理流程；③维护了数据战略和业务战略之间的关联关系。

第 3 级稳健级。企业能够：①制定能反映整个组织业务发展需求的数据战略；②制定数据战略的管理制度和流程，明确利益相关者的职责，规范数据战略的管理过程；③根据组织制定的数据战略提供资源保障；④将组织的数据管理战略形成文件并按组织定义的标准过程进行维护、审查和公告；⑤编制数据战略的优化路线图，指导数据工作的开展；⑥定期修订已发布的数据战略。

第 4 级量化管理级。企业能够：①对组织数据战略的管理过程进行量化分析并及时优化；②能量化分析数据战略路线图的落实情况并持续优化数据战略。

第 5 级优化级。企业能够：①凭借数据战略有效提升企业竞争力；②在业界分享最佳实践，成为行业标杆。

本章小结

本章首先给出了大数据管理的职能框架，介绍了对象视角的大数据管理职能和使能视角的大数据管理职能；其次，围绕大数据资产管理，介绍了大数据资产的概念、数据资产评估方法和数据资产交易模式；再次，围绕大数据系统管理，介绍了大数据管理系统的体系架构以及关系数据库和非关系数据库等大数据存储技术；再其次，从大数据管道和数据暂存类项目、数据处理和分析类项目、应用程序开发类项目等维度对大数据项目管理进行了介绍；最后，介绍了国内外主流的数据管理能力成熟度评估模型。

关键词

- 大数据管理（Big Data Management）
- 大数据管理系统（Big Data Management System）
- 国际数据管理协会（Data Management Association，DAMA）
- 大数据存储管理（Big Data Storage Management）
- 数据治理（Data Governance）

- HDFS（Hadoop Distirbuted File System）
- 数据开发（Data Exploration）
- YARN（Yet Another Resource Negotiator）
- 数据安全（Data Security）
- 大数据项目管理（Big Data Project Management）
- 数据资产（Data Asset）
- CMMI 数据管理能力成熟度（CMMI Data Management Maturity）
- 数据估值模型体系（Information Valuation Models）
- Gartner 企业信息管理成熟度（Gartner's Maturity Model for Enterprise Information Management）
- 大数据交易（Big Data Transaction）
- 数据管理能力成熟度评估模型（Data Management Capability Maturity Assessment Model）

思考题

1. 分析大数据管理与企业战略的关系。
2. 如果你是一个企业的首席数据官（Chief Data Officer），你会如何制定企业大数据管理与应用的解决方案？
3. 通过问卷或访谈等方式调研企业大数据管理与应用中面临的困难。
4. 论述管理对象视角和决策使能视角的数据管理职能的关系。
5. 哪些环境（技术、人、组织文化等）因素会对企业大数据管理和应用产生影响？企业应该如何协调这些因素的影响？
6. 查阅基于 Hadoop 生态系统的大数据管理系统架构，进一步了解 HDFS、MapReduce、Hive、Mahout、Spark、HBase、MLlib、GraphX 等的技术细节。
7. 查阅相关资料，了解 HDFS 和 MapReduce 的协同机制。
8. 查阅相关资料，分析各种非关系数据的适用情境及优缺点。
9. 大数据项目有何风险？企业应该如何降低这些风险？
10. 分析各种数据管理能力成熟度评估模型的异同点。试利用所学知识，针对某一典型企业评估其数据管理能力的成熟度等级。
11. 查阅《中华人民共和国数据安全法》，谈谈如何提升数据安全的保障能力和数字经济的治理能力。

即测即评

第三章

大数据驱动的管理变革

本章将介绍大数据时代的管理变革，从经验主义到数据主义、精英式管理到大众化管理、人工决策到智能决策等维度分析大数据时代的管理思维变革；从组织结构、产品研发、生产供应、产品营销、人力资源管理等方面，介绍大数据时代的管理模式变革；介绍大数据引起的决策范式转变，并与传统决策范式进行对比分析，介绍大数据时代的管理决策变革。

学习目标

（1） 理解大数据时代管理思维变革的背景，掌握大数据时代管理思维变革的维度。
（2） 掌握大数据时代组织结构变革的路径。
（3） 掌握大数据时代产品研发创新的基本流程。
（4） 掌握数据驱动的敏捷供应模式。
（5） 掌握数据驱动的个性化营销和人力资源管理模式。
（6） 了解传统管理决策范式，掌握大数据驱动的管理决策范式。

本章导学

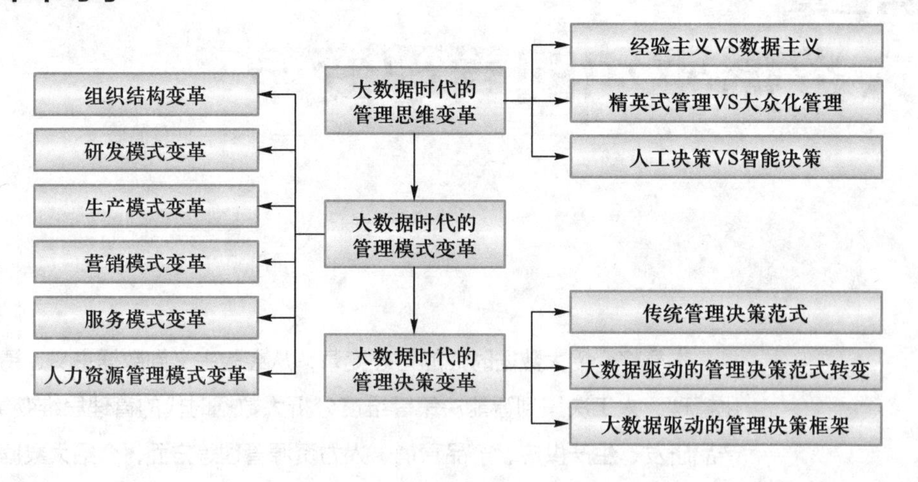

第一节 大数据时代的管理思维变革

随着大数据应用的广泛深入，大数据的价值不断凸显，对企业的计划、组织、指挥、控制和协调等管理职能均产生了显著影响。对企业而言，大数据最基础的影响是对管理思维的影响。在大数据时代，传统的基于经验主义、精英式管理、人工决策、封闭独立的管理思维受到了极大冲击，数据主义、大众化管理、智能决策、开放共享的思维在企业管理中发挥着越来越重要的作用。

一、经验主义 VS 数据主义

在企业管理中，经验主义学派认为管理学就是研究管理经验，认为通过对管理人员在个别情况下成功的和失败的经验教训的研究，会使人们懂得在将来相应的情况下如何运用有效的方法解决企业的实际管理问题。

在实际管理中，经验主义表现为管理者根据自己的主观经验进行管理决策，通俗说法便是通过“拍脑袋”进行决策。经验主义的通病是在处理管理问题时，不深入分析问题的具体情况，而喜欢照搬以前的经验。在一些重大事件的处理上，经验主义者往往只注重与历史经验一致的一面，而忽视问题发展或变化的一面，最后酿成重大的管理失误。

虽然管理者的主观经验在某种程度上是大量实践的总结和沉淀，但是，由于企业内部和外部环境一直处于动态变化之中，过分依赖主观经验往往无法有效解决当前的管理问题。美国管理学家哈罗德·孔茨（Harold Koontz）认为，没有人能否认对过去的管理经验或过去的管理工作“是怎样做的”进行分析的重要性。未来情况与过去完全相同是不可能的。确实，过多地依赖于过去的经验，依赖历史上已经解决的那些问题的原始素材，肯定是危险的。其理由很简单，一种在过去认为是“正确”的方法，可能远不适合于未来情况。

随着大数据应用和理念不断传播，数据的重要性得到了越来越广泛的认识。管理大师爱德华兹·戴明（W.Edwards Deming）“除非你是上帝，否则任何人都必须以数据说话”的名言，彼得·德鲁克（Peter Drucker）“不会量化就无法管理”的理念等，都从不同侧面说明了数据的重要性以及数据对管理的巨大影响。

与基于经验主义的管理不同，基于数据主义的管理在遇到问题时首先要问的不是经验告诉我们什么，而是数据告诉我们什么。在遇到管理问题时，基于对管理问题的理解，收集相关数据，通过对数据进行科学的分析，支持管理决策的制定。

当然，从经验主义到数据主义的转变并不是完全否定经验在管理中的作用，基于数据主义的管理也不是完全摒弃经验的指导。好的经验是非常有价值的，具有很强的决策指导作用。但是，一旦经验变成了“主义”，变成了“条条框框”，它就变成了雷同的程式，反而成为束缚管理者决策的教条。从经验主义到数据主义的转变也不是一件容易的事情，要求企业思考并应对很多问题。例如：

（1）决策文化。从经验主义转变为数据主义最难也是最为重要的是决策文化的转变。这要求企业的决策者理解数据的价值，乐意倾听数据给出的建议，并愿意接受与自己经验不符的数据分析结果。在实际应用中存在很多名不副实的数据驱动的决策。在这些决策中，决策者明明是基于经验在进行决策，却要求相关人员进行看似科学的数据分析，其目的不过是支撑决策者基于经验的决策结果。

（2）数据来源。大数据时代，虽然结构化数据在管理决策中依然具有重要作用，大量的信息蕴含在以文本、语音、视频和音频为代表的非结构化数据中。这要求企业能够意识到非结构化数据的重要性，并且具有收集非结构化数据的意识和分析非结构化数据的能力。另一方面，有价值的结构化数据和非结构化数据不仅存在于企业内部，企业外部也存在大量对管理决策有价值的数据，如社交媒体数据、搜索引擎数据、新闻报道数据等。对于决策者而言，知道企业需要哪些数据，并且掌握这些数据所在的位置非常重要。

（3）分析能力。大数据的概念不仅仅是数据本身，还包括分析大数据所需的技术方法。对于数据主义的决策者，仅有意识和数据是不够的，还必须掌握数据分析的技术方法，即拥有大数据分析的能力。我们常说，数据如果不能被分析，不能用来支持企业的决策，那么数据不是“知识宝藏”，而是“数据垃圾”。由于大数据应用的广泛深入和大数据技术的快速发展，具备数据分析能力不是一件容易的事情，需要长期的技术积累。

希捷《数据新视界》2020年的企业调研发现，成功的企业必须有强大的数据运营能力。数据价值的获取，与企业成功息息相关。然而，尽管数据具备价值，但这个价值在实际管理过程中却常常流失掉。很多组织的许多业务数据没有被使用或激活。

受访者估计，他们的企业仅采集了 56% 的可用数据，也就是说，几乎一半的数据流失掉了。而在这 56% 的所捕获数据中，企业也只是利用了其中的 57%。被获取的数据中，43% 没有得到利用。这意味着只有 32% 的企业数据被激活，而高达 68% 的企业数据没有得到利用。上述调研结果表明，虽然大数据对企业管理具有重要价值已经成为共识，经验主义到数据主义的道路任重道远。

二、精英式管理 VS 大众化管理

传统决策的核心都是精英式的企业管理层。随着大数据应用的深入，人人都是数据的创造者和使用者。借助互联网和社交网络等平台，信息传播的范围更广、效力更强，知识的共享和信息的交互更加广泛，使得人们可以更加便捷地拥有参与决策所需的信息。这种情况下，人们参与企业决策的意愿更加强烈，互联网、社交网络等平台也为人们参与企业决策提供了非常便捷的方式。因此，在企业的大量决策过程中，普通大众逐渐成为企业决策的中坚力量，企业决策主体也从“精英式”转向“大众化”。企业董事会成员、高管、普通主管、基层员工，以及企业的合作伙伴和用户等，都可以通过一定方式参与企业决策。

（1）让员工像 CEO 一样决策。结构扁平化是互联网和大数据时代企业组织结构演变的重要趋势。在扁平化的组织结构中，员工不仅是企业决策的执行者，也往往是企业管理的参与者。在此情况下，企业决策主体的范围得到扩大，董事会成员、高管、普通主管以及基层员工，都有权利和责任提供企业决策所需的智慧，并在一定程度上影响企业的经营决策甚至未来的发展战略。为了让员工更好地参与企业决策，企业需要设计有效的分工协作体系，赋予员工更大的决策权。在此基础上，通过构建面向全体员工而非仅限于决策者的大数据系统，帮助员工了解更多的经营状态，掌握更为全面的决策信息，从而充分释放员工的自主性和积极性，激发员工的创造性。此外，企业也可以通过内部社交网络平台，获取并分析员工关于企业经营和发展的相关建议，将员工的网络声音融入企业的管理决策。

（2）构建消费者的主动反馈机制。大数据时代，消费者的网络声音在企业决策中发挥着越来越重要的作用。大数据可以打通企业和消费者之间的信息主动反馈机制。社会大众意见的表达可以迅速转化为商业经营的决策依据，反向指导产品的设计和制造环节，实现生产与市场需求的有效对接。消费者在产品研发、定制生产、营销推广等过程中的参与度越来越高。随着社会化媒体应用的深入，消费者参与企业决策有了更多的便捷性和可能性，决策过程中价值多元的作用更加明显，传统自上而下的精英决策模型将会改变，并逐渐形成面向公众与满足用户个性化需求的决策模式。

（3）促进生态系统协同管理。大数据时代，供应链上企业的边界日趋模糊，为了应对更为激烈的市场竞争，企业纷纷构建基于大数据的企业生态系统。与单一企业经营模式相比，生态系统下企业经营模式发生了巨大变化。基于大数据资源构建以流程优化和客户订单为导向的协同运作模式成为企业生态系统的主要运营模式，企业生态系统的协同合作更为紧密和精确。生态系统中的企业越来越倾向于在设计、生产、库存和营销等过程中开展广泛而深入的协同，从而提高生态系统整体的竞争力。

三、人工决策 VS 智能决策

传统决策环境下，人在决策中一直处于主导地位。企业董事会成员、高管、普通主管、基层员工，以及企业的合作伙伴和用户等参与的决策，本质上是以人为主的决策。随着大数据和人工智能技术的广泛应用，大量原本由人来完成的决策任务转变为由机器承担。例如，电子商务中的产品推荐决策和动态定价决策、生产过程中的生产排产决策和流程优化决策等目前均依赖于智能算法来完成。伴随着人工智能迅速进化，这种以机器（算法）为主的智能决策如何与以人为主的决策协同，才能发挥最优的决策效果？在智能决策大量应用的今天，下列问题需要我们深入思考：

（1）智能机器决定论与智能机器工具论的挑战。智能机器决定论和智能机器工具论是智能决策研究中研究机器行为的两类典型视角。基于智能机器工具论，决策系统中智能机器行为是由人（机器的设计者、使用者和消费者等）塑造的，其行为取决于特定文化背景和为特定价值目标开发和使用它们的人的动机。例如，智能推荐系统的产品推荐行为是由算法工程师的算法选择行为和消费者的历史购买、浏览等反馈行为决定的。基于智能机器决定论，机器的行为将塑造人的行为，其特征和属性可以将人类的行为和文化引导至计划外和不可预见的方向。例如，智能推荐系统的产品推荐行为又会影响着消费者的价值目标和购买决策，并可能产生诸如茧房效应、回音壁效应等现象。因此，如何刻画、测度、评估决策系统中机器的智能决策行为，揭示并解释决策系统中的人机协同机制、行为演化规律、集群行为与智慧，需要深入探索。

（2）一元价值与多元价值的挑战。在现实决策中，大量决策的价值目标往往是多元的。从企业视角看，存在着社会价值与经济价值、长期价值与短期价值间的冲突与权衡；从平台视角看，平台、卖家、买家、服务商等不同参与者之间存在着价值冲突与权衡；从消费者视角看，存在着经济、体验和情感等价值之间的冲突与权衡。在智能决策系统中，智能机器的行为和输出受不同价值目标的影响，不同的价值目标，其算法设计思路不同。然而，现有智能机器设计和应用更加关注于一元的短期经济价值。例如，智能营销系统中的“大数据杀熟”，强调企业经济价值忽视消费者体验和情感价值，本质上是经济价值与社会价值的冲突。因此，如何确定决策系统中智能机器的价值准则，通过“价值对齐”来学习人类具有不确定性的价值目标，并能从中剥离“恶”的价值目标是混合智能环境下价值共创的巨大挑战。

（3）完全理性与有限理性的挑战。目前混合智能系统中的智能机器主要基于大数据分析和期望效用理论来设计相关算法，如最大化精确度的推荐算法、最大化收益的定价算法等，这些“完全理性”的算法与人类的有限理性之间有时互补，也可能存在冲突和不一致。在决策过程中，机器的“完全理性”决策和人的有限理性决策如何相互影响、相互协同？智能机器的“完全理性”决策是优化了人类的有限理性决策，还是恶化了人类的有限理性决策？例如，对于“剁手党”而言，个性化推荐会强化消费者的冲动性购买行为，还是会提升消费理性从而抑制冲动性购买行为？在人机协同决策中，融合机器“完全理性”和人类有限理性的决策特征，构建人机结合、以人为主的高效决策系统同样面临着巨大挑战。

第二节　大数据时代的管理模式变革

一、组织结构变革

科层制组织结构是工业文明时代的典型组织形态。这种组织结构通过自上而下的指挥命令链条，从高层、中层、执行层形成金字塔式形态，基于专业分工形成专业职能部门。其特点是分工明确，组织边界清晰，权力集中，指挥命令层层传递。其缺点是管理层级多，决策重心高，在应对外部环境变化、资源配置等方面缺乏足够的灵活性。大数据时代，产业创新趋势快速演进，企业经营外部环境不断变化，消费者需求瞬息万变。为了应对市场的上述特点，抓住互联网与知识经济的发展机遇，企业组织结构需要从科层制的垂直组织结构逐渐向扁平化、网络化的组织结构转型，使得组织能够对市场的变化进行快速响应。

大数据时代企业组织结构的变革主要体现在以下三个方面。

（1）企业内部结构的变革。大数据时代，扁平化、网络化组织结构使得企业高层决策者、中层管理者和基层员工均表现为组织中的一个个节点，这些节点之间通过数据传递建立实时连接。企业的生产组织方式也从集中化、规模化、标准化转向平台化下的分布式、小微化、创客化组织方式。在这种情况下，传统的科层制边界被打破，企业通过不断细分业绩单元，不断将经营责任落实到个人和小团队，汇报关系多元化，项目任务蜂窝化，形成新的扁平化和网络化的组织形态。

（2）企业生态结构的变革。大数据时代，超越行业界限、打破组织边界、组织无边界、跨界将成为组织的新常态，组织从过去的串联关系走向串联与并联交织在一起的网状结构组织，从过去封闭的企业价值链演变为现在的企业价值生态。在新的价值生态体系中，企业、供应商、分销商、零售商、为各类企业提供金融等服务的服务商，以及企业产品和服务的最终客户等，都是生态系统的重要单元。生态上企业间以客户为中心、以数据为纽带相互协同，在不断提升客户体验的同时，实现价值生态利益的最大化。

（3）企业员工类型的变革。近年来，随着人工智能技术的发展以及与传统行业经营模式和业务流程的深度融合，以智能算法和机器人实体为代表的人工智能员工正在成为企业新的员工类型。人工智能员工一方面在人的控制下参与企业生产运营流程，成为被管理的对象。另一方面，大数据时代的企业管理越来越多地依赖于人工智能，人工智能员工基于数据分析结果指挥人类的活动，成为企业的管理者。人工智能员工的加入从管理对象、管理属性、管理决策和管理伦理等方面对企业组织结构产生了深刻影响。

案例：　海尔的网络化平台型生态圈组织

海尔正在努力变身为网络化平台型生态圈组织，这一转型只是一个新的起点，海尔的目标是转型为创客孵化器，彻底告别旧的商业模式和传统管理方式。小微是海尔平台组织上的基本创新单元，也就是独立运营的创业团队。小微能够充分利用海尔平台上的资源快速变现价值。全流程生态圈小微和资源类小微是两种不同类型的小微。生态圈小微直接对用户的全流程最佳体验负责，直接创造用户价值。而资源类小微要抢单进入生态圈小微的团队，同一目标，从不同维度承接生态圈小微的单，通过交换价值挣酬。

当前海尔只有平台和小微，平台一方面为小微提供开放的资源支持，另一方面，通过开放地吸引资源，快速地聚散资源，使海尔平台生态更丰富，从而吸引更多的小微到平台创业、快速变现价值，使相关方利益最大化。平台上只有三类人：第一类是平台主，就是为小微提供创业资源支持的人。其价值体现在有多少成功的创业团队。第二类是小微主，是经营小微、直接创造全流程用户最佳体验，直接创造用户价值的人。第三类是创客。创客包括海尔员工和外部一流资源（在线员工）。平台主、小微主、创客是自组织，不构成任何上下级关系。

在海尔，人被视为拥有自由意志的个人，员工在海尔的平台上与用户交互，找到自己能够创造价值的空间、共同创造价值并与组织共享双赢的结果。“每个人在海尔都可以成为自己的CEO”这一理念体现在“人单合一”机制，即员工与用户绑在一起，意味着没有上级指派任务，而是采用创客小微自行注册和自我竞选的方式。这一强劲的内部驱动力，来源于员工能够在海尔的平台上通过为用户创造价值而实现自我价值。

小微还能利用其价值链上的所有资源，包括从上游供应商到参与流程早期的下游用户。小微与用户的互动注重粉丝和意见领袖也是一项明智之举。如雷神小微，充分发挥中国几乎所有社交媒体渠道的作用，目前管理超过500万在线粉丝，粉丝类型根据不同层次划分。现已逐步建立了雷神小微的生态圈，用开放的社会资源共建共赢的生态圈。除此之外，海尔还通过HOPE（海尔开放创新平台）等平台开放性地联合科研机构以吸引人才和获取创新解决方案。

二、 研发模式变革

在传统环境下，为了获得消费者需求信息，问卷、访谈等方式得到广泛使用。这些方式虽然可以一定程度上获得消费者需求，但是存在成本高、不可靠等问题。大数据环境下，购买点击记录、在线评论、社交互动等数据中蕴含着丰富的消费者需求信息。从上述数据中捕捉消费者需求及其变化规律，在此基础上指导产品和服务的研发设计，是大数据环境下产品研发设计的重要途径。大数据驱动的研发体现为如下两种模式：

（1） 从数据中获取用户需求。从数据中获取用户需求，进而指导产品研发设计，在实践中有着广泛应用。例如，通过跟踪京东、亚马逊、天猫等电子商务平台的服装销售数据，分析当季流行的服装款式特征，为企业服装设计提供依据，在服装行业中已经得到了广泛实践。在汽车行业，汽车研发工程师基于论坛口碑数据和客户投诉数据，对用户情感进行分析，为汽车研发和更新换代提供依据。在影视行业，基于观看记录分析观众感兴趣的影视主题或导演演员组合，从弹幕、评论中获取用户在观影过程中的感受，在此基础上，对影视题材和剧情设计进行优化，有助于提高影视作品受欢迎的程度。值得注意的是，虽然大数据中蕴含着丰富的需求信息，但是，由于蕴含消费者需求的数据往往具有数据类型多样性和数据价值稀疏性等特征，从大数据中进行消费者需求的抽取并不是一件容易的事情。基于大数据的用户需求获取需要借助有效的机器学习方法。

（2） 基于数据开展产品测试。与从数据中获取用户需求指导企业产品研发设计不同，基于数据开展产品测试的模式重心在于对产品进行不断测试，在测试中聆听消费者建议，基于消费者建议对产品进行持续优化，最终设计出消费者满意的产品。著名的设计心理学专家唐纳德·诺曼教授曾经在《无须设计师的设计》一文中讲到一个故事：有一位高级设计师离开谷歌，这位高级设计师在自己的博客上说道，谷歌对设计不感兴趣，也不想参透设计。似乎谷歌主要是依靠测试结果来进行设计决策，而不是依靠人的技能和判断。谷歌能全权掌控试验，快速地把多种样例发布给数以百万计的用户群体，让两种设计相互竞争，决定选取哪种设计的根据，是点击量、销售业绩等任何他们想要的客观衡量标准。什么样的蓝色最好？测试一下便知。怎么摆放元素最好？测试一下就行。页面如何布局？测试一下即可。亚马逊同样一直在依此进行实践。多年以前他们就不再陷入设计好坏的争论——他们只做测试，然后根据数据来决定。这正是以人为中心的迭代式设计思路：制作原型、测试、修订，如此循环迭代。

案例： **漫生快活数据驱动的产品研发模式**

漫生快活是木马工业设计有限公司的独立设计品牌，以传递中国智慧为创意出发点，致力于将传统技艺融入现代生活。

漫生快活在产品推向市场后，收集不同消费者的反馈信息，消费者的意见会被融入后续的产品设计和生产过程中。例如，漫生快活研发的“假山石”系列由于其对东方文化意蕴的再现，在投放市场后获得业界的好评，但好评并没有带来好的市场销量。通过收集消费者反馈信息发现，主要原因是该系列产品的使用情景具有很大的局限性，只适合在具有艺术氛围的环境中使用，目标群的小众化是该产品销量低的主要原因。为此，漫生快活在后期研发中结合设计师的经验和数据分析结果，调整产品研发思路，从而提高了产品销量。

漫生快活还曾开发过一款面向全球市场的机顶盒，当这款产品投放市场后，由于各个地域的审美习惯和喜好不同，其在不同区域的销售情况差异很大。在产品的功能和造型都一致的前提下，为何不同区域的消费者的反应差距如此之大？不同市场的消费者反馈信息表明，因为文化背景和使用习惯不同，不同区域消费者对美的标准也有很大差异。欧洲和日本地区的消费者喜欢极简线条，美洲、澳洲消费者喜爱硬朗的直线，亚洲、非洲则比较喜欢质朴、实用的产品风格。依据这些消费者的反馈信息，漫生快活对不同区域市场的产品设计进行调整，以适应各个区域市场的消费者的喜好。

三、生产模式变革

互联网与大数据技术与生产端的不断融合催生了生产模式的变革，数据作为一种新的生产要素，正在重塑企业的生产模式。大数据环境下生产模式的变革主要体现在如下四个方面：

（1）从推式生产到拉式生产。传统环境下的生产通常为推式生产模式。即企业根据市场需求分析制定生产计划，通过原材料采购、大批量标准化生产、分销零售等方式，将产品推销给消费者。互联网环境下，这种推式生产方式往往难以适应市场的快速变化和消费者的个性化需求，企业的生产模式逐渐转变为拉式生产模式。拉式生产模式基于互联网、大数据、人工智能等信息技术和个性化定制等商业模式，以消费者需求为起点拉动企业的生产过程。企业实时跟踪市场数据，通过构建需求动态预测、流行趋势分析、爆品预测等模型，反馈指导产品研发设计。企业也可以让消费者通过个性化定制、DIY 产品设计、监控产品生产状态等方式参与生产过程，基于消费者的个性化需求数据优化企业的生产过程。拉式生产模式要求企业能够对用户需求做出及时的响应，从而推动企业生产模式甚至商业模式的变革。

（2）从刚性生产到柔性生产。在刚性生产方式下，一条生产线一般只能生产一种规格的产品，工人连续不断地进行规模化、标准化生产。这种生产方式虽然大幅提高了生产效率，也使得这种生产过于刚性。互联网和大数据环境下，需求个性化、市场动态化、订单碎片化等特征越来越明显，这倒逼生产端必须变刚性生产方式为柔性生产方式，以快速响应市场的新需求和新变化。依托大数据和人工智能等信息技术，以数据驱动的柔性化生产、模块化生产模式，可以有效解决个性化需求和标准化生产的矛盾，实现个性化需求的规模化。

（3）从集中化生产到网络化生产。传统生产制造环节基本在企业内部独立完成，集中化生产使得员工只能在特定的地点、有限的地理空间中进行规模化生产。大数据技术推动的制造业协同冲击了这种较为封闭的生产模式，更多生产环节从生产链条中剥离出来，通过分包、众包等方式完成，包括工艺过程开发等核心环节都可以外包，并通过供应链管理、产品生命周期管理等软件系统进行管理，分散化的网络协同生产逐渐取代集中性的规模化生产。“协同”包括三个层面：制造企业内部各个部门或系统的协同；企业内各个工厂之间的协同制造；基于供应链的协同制造。通过建立统一的标准，打通分散于不同层级、环节、组织的“数据孤岛”，让数据在不同系统间自由流动，实现企业制造各层级（纵向）和产业链上各个环节（横向）的互联互通和协同化生产。通过纵向和横向数据打通，最终实现设备、车间、工厂、流程、物料、人员乃至产业链各个节点的全面互联。通过实时数据感知、传送、分析和处理，围绕用户需求和产品全生命周期进行资源动态配置和网络化协同，最终形成端到端生产制造全流程信息共享和融合，从而最大限度地实现个性化定制、快速响应市场需求。价值传递过程从传统制造单向链式转向并发式协同。

（4）从产品制造到产品服务。大数据环境下，消费者由过去对于产品功能的追求转变为基于产品的更为个性化的消费体验的追求。因此，企业生产制造的价值链不断向消费端延伸，注意力从以往以生产系统为核心，转向以满足用户需求为导向的产品与服务转移。一个产品的价值不再仅仅是产品这个实体的本身，而是以这个产品为载体的信息技术增值服务，由服务衍生出新的价值空间。产品服务化的业务模式将生产端和消费端衔接起来，颠覆了传统制造业的商业模式。产品服务化也使得传统的“制造”概念得到扩展，制造不仅仅关注产品的生产过程，产品的全生命周期都应被看作制造的过程，更注重客户使用周期的价值创造过程，产品制造模式延伸为产品服务化模式。产品远程运维服务是典型的产品服务化模式。企业利用数智技术，对正在使用的智能产品的设备状态、作业操作、环境情况等多维数据进行实时采集和回传。基于上述数据的分析结果，企业可以为用户提供产品的日常运行维护、预测性维护、故障预警、诊断和修复、远程升级等服务。

案例：　酷特智能的个性化定制生产模式

青岛酷特智能股份有限公司（简称酷特智能）主要从事个性化定制服装的生产与销售，包括男士、女士正装全系列各品类，并向国内相关传统制造企业提供数字化定制工厂的整体改造方案及技术咨询服务。公司自有品牌包括“CotteYolan”“红领”“瑞璞”。其中，“CotteYolan”“红领”的主要消费群体为有正装等系列产品需求的客户，“瑞璞”的主要消费群体为对婚庆礼服有需求的客户。从客户下订单开始，公司可以在 7 个工作日内完成个性化产品的生产制造，并且产品能够完全达到“一人一版、一衣一款、一件一流”的标准。

为保证产品能够紧跟流行趋势、符合目标顾客群体的风格与需求、提升消费者选购体验，酷特智能专门设立产品企划部门，整体负责产品企划、设计研发及商品视觉呈现等工作。设计人员由具有服装设计、服装工程、纺织工程等相关背景的专业人员组成，具有多年从业经验，专业基础扎实，能够使产品的设计感与实用性高度契合，保证公司产品的舒适性、时尚性和多样性。

酷特智能以“由订单驱动的大规模个性化定制”为核心经营模式。由订单驱动生产，是指企业先从客户处接受订单，再安排生产，以销定产；大规模个性化定制，即以客户需求为中心，借助互联网、大数据等技术手段，以工业化方式大规模地生产出满足客户不同诉求的个性化定制产品。由订单驱动的大规模个性化定制模式使产品的开发和生产周期大大缩短，提高了供应和响应效率。

为满足业务快速发展的需要，酷特智能还组织工业工程部门和数据系统部门的专业技术人员对智能设备及系统进行开发升级，对大数据的采集处理方法不断进行调整和改进。通过技术推动着力实现服装产品大规模个性化定制，公司应用了大量信息技术，建立了不同的运行系统，包括数据分析挖掘技术、互联网技术、3D 成像、CAD、自动制版、智能排产、个性化定制平台等。目前，在技术推动的促使下，酷特智能不断地将经验、信息、技术、物质转化为用户满意的产品，实现了以工业化的成本和效率制造满足消费者个性化需求服装的目标。

四、营销模式变革

以 4P 为代表的经典营销方式通常是点对面的。例如，邀请明星在电视台做广告，所有受众观看的是相同的广告。这种传统的广告模式由于不考虑受众的个性化需求，往往存在转化率低、成本高等问题。在互联网环境下，由于消费者需求的差异化越来越明显，以消费者为中心设计个性化的营销方式成为企业营销模式变革的主要方向。在个性化营销中，企业直接面向消费者，将营销目标细分到“个体”顾客，并按照顾客的独特需求制定个性化策略。

拥有消费者个体的行为数据是开展个性化营销的前提。大数据环境下，消费者丰富的网络行为数据（搜索、浏览、位置、收藏、购买、评论、社交等）使得企业能够准确理解消费者个性化需求，进而实施个性化营销策略。与 4P 营销方式类似，基于丰富的消费者个体行为数据，企业可以从产品策略、价格策略、渠道策略、促销策略等维度开展个性化营销实践。

（1）个性化产品策略。大数据环境下的个性化产品策略不仅需要关注数据驱动的个性化产品设计，更要关注如何帮助消费者从大量的产品中找到符合需求的产品。基于消费者个性化偏好的分析，企业可以构建有效的个性化推荐策略，推荐符合消费者个性化需求的产品和服务；设计个性化的产品展示策略，利用文本、图片、视频等不同形式进行产品展示；进行个性化搜索优化，在不同的消费者搜索相同关键词时，提供差异化的搜索结果；提供个性化的产品服务策略，通过针对性的售后服务提高消费者满意度和忠诚度。

（2） 个性化价格策略。价格策略是企业吸引消费者、建立竞争优势、增加利润的有效手段，在企业营销实践中得到了广泛应用。大数据环境为企业设计个性化价格策略提供了有利的条件：企业可以方便地获取竞争对手的价格、分析消费者的购买决策，进而提供实时、动态的个性化价格。基于消费者的历史购买记录，企业可以分析消费者的购买意愿，对相同的产品收取不同的价格；通过跟踪消费者的购买过程，企业可以制定更优的交叉销售计划，并对交叉销售的产品制定个性化价格；基于消费者的支付意愿，企业可以组织产品的在线拍卖活动，通过拍卖获取最大的销售利润。此外，企业可以更加灵活地更新销售价格、分发电子优惠券、提供定量折扣等价格策略，影响消费者的购买决策过程。

（3） 个性化渠道策略。与个性化产品策略和个性化价格策略类似，企业可以在行为数据挖掘的基础上，分析消费者的渠道偏好，进而采取个性化渠道策略为消费者提供优质服务。例如，企业可以选择企业官网、社交媒体、电子邮件等个性化的沟通渠道与消费者进行沟通；采取线上渠道、线下渠道或混合策略为消费者提供产品和服务；可以设计货到付款、全额退款、即时退货、柔性退货周期等个性化退货策略。

（4） 个性化促销策略。销售促进、网络广告、站点推广和关系营销是互联网环境下企业进行促销的主要策略，而个性化对提高上述策略的效果具有积极的作用。例如，基于消费者的需求和偏好分析，企业可以在旗帜广告、电子邮件广告、公告栏广告等网络广告中选择消费者最容易接受的形式进行促销宣传；利用消费者的在线社会性网络设计个性化的关系营销策略；在价格折扣、有奖销售、积分促销等销售促进策略中选择最适合的方式诱导消费者的购买行为。上述个性化促销策略的实施均离不开大数据及其分析方法的支撑。

案例： **亚马逊的个性化推荐实践**

作为电子商务的开山鼻祖，亚马逊创业初期将图书作为其主营业务。为了吸引消费者购买图书，亚马逊聘请了一个由 20 人组成的书评团队，他们写书评、推荐新书，在亚马逊的网页上推荐有意思的新书，对亚马逊书籍的销量大有帮助。《华尔街日报》曾热情地称他们是全美最有影响力的书评家。随着亚马逊的书越来越多，这样的人工操作自然越来越显得乏力低效。贝索斯决定尝试更有创造性的做法，根据用户习惯和行为数据来为其推荐商品，也就是我们现在熟悉的个性化推荐。

亚马逊网站上的许多页面，包括使用电子邮件页面、浏览页面、产品详细信息页面等，都会有一些推荐的内容，来尝试建立每个客户的个性化商店。当你登录亚马逊网站时，亚马逊会根据你先前的购买和浏览记录，推荐你可能感兴趣的产品，设计个性化的网站首页。当你点击某一产品时，亚马逊根据购买过该产品的用户，推荐你可能感兴趣的产品。美其名曰“Customers who bought this item also bought”。亚马逊也会通过捆绑销售等形式，为用户推荐相关的互补产品。当你将某一产品加入购物车时，亚马逊也会提供各种各样的推荐产品，极大提高了消费者购买的可能性。基于需求预测，如果消费者感兴趣的产品正在进行促销活动，亚马逊也会发送电子邮件给消费者，提醒消费者购买促销产品。

亚马逊是如何产生上述一系列推荐列表的？亚马逊在 1998 年推出了基于项目的协同过滤算法。该算法基于亚马逊海量的消费者行为数据，使得推荐系统能够以一种前所未见的规模处理数千万商品并为数亿顾客提供服务。2003 年，Linden 等将该算法称为 Item-to-Item 算法，发表在 *IEEE Internet Computing* 杂志上。该算法在网络上被广泛地使用在不同的产品中，包括 YouTube、Netflix 和很多其他产品。尽管其目录中有数千万种物品，亚马逊的推荐功能会根据您当前的资料和您以前的行为挑选您可能喜欢的一小部分产品进行推荐。首席科学家 Andreas Weigend 表示，亚马逊 20%~30% 的浏览来自个性化推荐。

五、服务模式变革

大数据改变了传统的服务模式。以物流配送服务为例，大数据作为推动传统物流配送模式向智慧物流转型升级的重要技术，通过赋能供应链与物流，使“大数据 + 供应链”成为物流管理和服务新常态。大数据打破了物流行业低层次、低效率、高成本的运输局面，使之逐渐演变成了数字化要求极高的行业。大数据在物流行业的应用，主要体现在运营管理、全程监控、预测预警及客户满意度 4 个方面，如表 3-1 所示。

表 3-1 大数据在物流行业的应用

	现存问题	大数据解决方案
运营管理	中小企业为主，多层次承包，个体户不报税	有效避免漏税、逃税等问题，为物流企业提供真实的数据凭证，便于它们向金融机构融资
	人工管理车辆，工作量大，空载率高	对海量数据进行分析计算，经过合理调度，降低车辆空载率
全程监控	驾驶员违规操作	司机违法行为（超速等）的及时预警
	遭遇突发情况，如路况拥堵、车辆缺油、司机身体不舒服等	通过车辆运行的大数据，可获取高速、国道、省道的实时路况；及时反映司机的求助，提供加油站、维修站、服务站等信息；监管司机健康状况等

续表

	现存问题	大数据解决方案
预测预警	路况拥堵，消费量突然变化等	根据大数据分析，预警运行路线通畅情况，提前绕行拥堵段；预判消费者购买需求，提前布局物流配送计划
客户满意度	物流速度慢，送货时间不确定，货件丢失等	大数据分析规划快递路线，及时准确地跟踪货物信息，分析客户习惯，在最佳时间内送货

传统物流模式以企业（供应商）为主导，经过进货、储存、拣货、配送、送货等环节将商品送至消费者手中，具备运输、仓储、包装、搬运装卸、流通加工、配送等物流功能。目前，传统物流模式主要存在效率低下、成本高昂等缺陷。传统物流模式的管理松散、各个环节的衔接不够流畅。此外，由于缺乏对天气、路况等的精准预测，商品运送过程易受到多种因素的干扰，进一步降低了运送效率，还容易引发商品破损等情况。传统物流模式下，企业无法对物流需求进行整合、难以形成规模效益，加之用户对物流速度和商品完好性要求不断提高，物流成本居高不下。新的形势下，传统物流管理模式已无法适应现代物流业的发展需要，进行改革和创新势在必行。

在大数据技术的支持下，智慧物流应运而生，实现了跨区域的资源有效整合，并通过统一调度管理扩大物流服务空间。智慧物流是指在传统物流模式的基础上，利用智能化的技术使物流系统在某种程度上拥有人类智慧，从而自主处理相关物流事件或突发状况。也可以认为，智慧物流就是依托大数据技术对物流信息进行整合共享、实时管理和强大分析的过程。智慧物流强调物流活动各个环节在有效感知和高效学习的基础上，物流过程数据智慧化、网络协同化和决策智慧化，支持企业降本增效和可持续发展目标的实现。它具有三个特征：互联互通，数据驱动；深度协同，高效执行；自主决策，学习提升。例如在配送运输方面，智慧物流通过与上下游企业的信息共享和对交通线路的合理分析，能够在短时间内完成配送作业，显著提升物流效率。

案例：　基于大数据的京东智慧物流系统

“青龙”是京东内部智慧物流系统的代号。青龙系统涵盖了京东智慧物流体系的分拣中心、运输干线、传板系统以及整个配送系统。京东物流相关负责人表示，京东智慧物流体系主要包括两个方面：一方面基于大数据预测分析技术实现智能化的调度和决策；另一方面，采用更加自动化和智能化的设备提升物流效率，最终提升客户的体验。

“青龙”智慧物流系统的基础是京东的高质量核心数据。这些数据包括基于京东自营和第三方平台上采集和积累的大量有关用户、商品和供应商的数据，还包括青龙系统积累的仓储、物流以及用户的地理位置和行为习惯数据。上述数据为构建精准的物流配送优化模型提供了可靠的数据基础。

在青龙系统中，大数据和物流的结合主要包括如下四个层面。

（1）数据展示。通过大数据与青龙系统的结合，管理人员可以清楚地看到京东物流的整体运行状况。以智能分拣中心为例，可以实时地看到每天几百万的包裹，什么时候在分拣中心、处理的单号以及核心节点之间的运营差异。基于上述信息，公司管理人员可以更加及时地掌握物流运营状况。

（2）时效评估。通过大数据，青龙系统能够评估整个运营系统以及每个片区和分拣中心的健康度，让管理者和执行者能够看到不同片区和分拣中心的差距，为仓储配送体系优化和不同层次机构的绩效评价提供依据。同时，青龙系统可以辅助配送员在规定时间内完成配送任务，保证了配送的时效性。

（3）预测功能。基于历史浏览和购买数据、产品仓储和物流配送数据，青龙系统对订单量进行预测，京东智能分拣中心能够提前知道未来一段时间内大约需要处理多少订单量，从而能够对分拣工作进行更好的统筹安排。预测功能的一个典型应用是针对手机产品的“未买先送”。通过预测某个区域对新款手机的需求量，根据预测结果在手机首发之前即提前配送，这样用户在下单后很短时间内可以拿到新款手机。

（4）支持决策。高效的物流配送依赖于合理的仓储和配送体系。通过大数据建模，进行订单量和传输距离的综合分析，大数据可以帮助京东选择合理的新建站点，可以在建站过程中更好地实现整个配送体系的优化，最终提升客户的体验。

六、人力资源管理模式变革

作为企业管理的重要组成部分，人力资源管理在企业发展中具有重要地位。人力资源管理根据企业发展战略的要求，有计划地对人力资源进行合理配置，通过招聘、培训、使用、考核、激励、调整等一系列过程，调动员工的积极性，发挥员工的潜能，为企业创造价值。企业人力资源规划、人才招聘与配置、员工培训与开发、绩效管理、薪酬管理、劳动关系管理等是企业人力资源管理的核心模块。大数据为企业人力资源管理的上述活动带来了深刻的变革。

基于大数据，企业一方面可以打通人力资源内部组织、招聘、人事、考勤、薪酬、培训、绩效等业务流程，实现上下游业务的管控与协同，实现不同模块之间的业务联动，例如招聘与人事的联动、人事与薪酬的联动等。另一方面，构建人力资源数字化平台，打通人力资源数据与其他人力资源管理业务流程，有助于企业全方位沉淀人力资源数据，借助深入的数据分析，为更加有效的人力资源管理提供依据。

基于大数据的人力资源六大模块如下。

（1）人力资源规划。企业的人力资源规划对满足企业总体发展战略、促进人力资源管理活动开展、协调人力资源管理的各项计划以及使组织和个人发展目标一致具有重要的作用。在人力资源规划中，人力资源的需求与供给的平衡问题是一个难题。对人力资源的需求和供给进行预测的方法很多，但都存在定性大于定量、预测不准确等问题。所以，需要在企业内建立人力资源信息库，对每个进入企业的员工的基本信息、行为表现、工作态度、绩效结果、管理能力等各方面进行记录，然后运用大数据思维对这些数据进行系统的分析、预测。

（2） 人才招聘与人岗匹配。人力资源招聘与配置要解决的事就是把合适的人放在合适的位置上。首先，我们要收集员工的各种相关信息和数据，然后运用这些数据分析其工作能力、行为特征、胜任力等，预测其可能适合的岗位；其次，要对要招聘的岗位的任职资格、任职要求相关数据进行分析；最后，将前两者分析的结果进行匹配，实现人岗匹配。

（3） 人力培训与开发。员工的培训与开发，首先要了解员工的培训需求。对员工工作过程中的相关数据进行分析，了解员工与岗位要求存在的差距；再对存在的差距进行分析，确定明确的培训方案。在此过程中需要对员工工作过程中的数据进行详细的梳理、分析，同时也要对培训管理部门在培训过程中的数据进行记录和考核，从而提高培训部门的培训能力。

（4） 绩效管理。绩效管理主要的目的就是对员工进行绩效考核。现阶段的绩效考核一直停留在找差距、纠正偏差、定薪酬、定等级的方面，没有对员工的考核数据进行连续的统计和整理。企业需要将这些考核的数据记录在案，以便在后期员工的考核过程中洞察员工的成长历程。

（5） 薪酬管理。薪酬管理的过程中要兼顾公平性、竞争性、激励性、经济性和合法性。在综合企业财务状况、人力资源规划、薪酬预算、市场薪酬水平等各方面的数据分析时，离不开大数据。最重要的是要用动态的眼光看待企业的薪酬，用数据来预测企业总体的薪酬趋势。

（6） 劳动关系管理。劳动关系看似与数据联系不大，但是劳动关系中蕴含着很多重要的数据，例如试用期、基本工资、薪酬的支付方式、员工与企业纠纷的次数、员工的劳动合同解除率等。对于劳动关系，要用数据的思维去看待。在企业与员工劳动关系存续期间内的任何数据都应该记录并进行分析。

案例： 谷歌利用大数据重新定义人力资源管理

当人们将谷歌公司的成就归功于领先的技术及商业模式的时候，谷歌公司却坚定地认为，他们的成功来源于成功地运用了“人事分析”的优秀人员管理实践。这是一个令 HRM（人力资源经理）兴奋的最佳实践！

谷歌的成功很大一部分取决于它是世界上仅有的运用数据导向来处理人力资源职能的企业。谷歌成功的商业经历应该能够使任何一个想要寻求企业高速发展的高管们相信，他们必须首先要考虑采用谷歌现在所用的基于数据分析的模型。

谷歌 HR 的职能与其他公司 HR 的职能有显著区别。首先，谷歌并没有把 HR 的职能部门称为“人力资源部”，而是称为“人力运营部”。谷歌副总裁与 HR 主管一致认识到每一个领域都需要基于数据的决策。

谷歌的人力资源管理决策是通过强大的“人事分析团队”来引导的，谷歌所有的人事决策都是基于数据和数据分析的。对于人力资源，谷歌不再采用 20 世纪主观决策的方式。尽管它仍旧称它的方法为“人事分析”，然而它的决策方式也可以称为“基于数据的决策”“基于数学的决策”，或者是“基于事实和证据的决策”。谷歌大数据驱动的人力资源管理应用包括：

（1）基于在职人员的绩效数据，预测应聘者是否具有最佳生产力。

（2）通过追踪分析员工在咖啡厅所花费的时间、员工互动、娱乐爱好、身体状况等，设计个性化的激励方式、饮食配给、工作环境。

（3）通过追踪分析卓越领导者的能力、优秀技术专家的行为差异、低绩效与离职员工的本质原因，实施人才开发、多样性管理以及员工保留等。

（4）谷歌人力资源分析团队成功的最后一项关键要素并不是发生在分析过程中，而是出现在给高管们和管理者的最终建议书上，即不仅给出解释和预测，还给出决策方案，基于大量的数据以及所呈现的行为来说服员工。

第三节 大数据时代的管理决策变革

大数据的出现，为管理决策提供了“数据”这一新视角。大数据环境下，管理决策新特征的出现，需要构建相应的决策分析模型和方法，驱动传统管理决策范式向“数据 + 模型 + 分析”转变，从而需要揭示数据的基础性作用，以及决策范式转变的基本规律。随着大数据的发展，以数据为中心、以计算为手段的管理决策新范式，正逐步取代原有管理决策范式，对管理学的发展和实践具有重要影响。

范式（Paradigm）的概念和理论由美国著名科学哲学家托马斯·库恩（Thomas Kuhn）最早提出，从本质上讲是一种理论体系、理论框架。在《科学革命结构》中，库恩认为范式是指“特定的科学共同体从事某一类科学活动所必须遵循的公认的‘模式’，包括共有的世界观、基本理论、方式、方法、手段、标准等与科学研究有关的东西”。范式的转变用来描述在科学范畴里一种在基本理论上根本性的改变。每一项科学研究的重大突破，几乎都是先打破道统，打破旧思维，而后才成功的。一个稳定的范式如果不能提供解决问题的适当方式，它就会变弱，从而发生范式的转变。

一、 传统管理决策范式

除了科学活动遵循一定的范式外，管理决策也遵循一定的范式，拥有共同的理论框架和研究纲领。从概念上讲，狭义上的决策要从若干可能的方案中，按某种标准或准则选择一个方案，而这种标准可以是：最优、满意、合理等；广义上的决策相当于决策分析，是人们为了达到某个目标，从一些可能的方案或途径中进行选择的分析过程，是对影响决策的诸因素作逻辑判断与权衡。决策科学是建立在现代自然科学和社会科学基础上的，研究决策原理、决策程序和决策方法的一门综合性学科。从这个角度上讲，管理决策范式可以理解为在决策过程中普遍认同并采用的理念和方法论。一般而言，管理决策范式中包含信息情境、决策主体、理念假设、方法流程等要素。

早期决策论的产生与赌博相关。16—17 世纪法国宫廷设有赌博顾问，即研究概率论、对策论的先驱，这是决策论形成的先导。在管理决策理论发展初期，学者们聚焦“经济人”假设，认为决策者是完全理性的，决策者在充分了解有关信息情报的情况下，是完全可以做出实现组织目标的最佳决策的。1670 年，Pascal 发展出一套经济效用理论（根植于经济学），根据“利益最大化而成本最小化”的原则理性做出决策。1738 年，伯努利（Bernoulli）同意“人们会理性决策”这一说法，认为人们会规避风险，并将“主观效用性”引入决策理论中，用于解释收益越高风险越大。1926 年，拉姆齐（Ramsay）借助部分信念提出了主观概率的思想，可以对个体的概率进行数值上的测度，并且把主观概率和伯努利的效用决策相结合，给出了一个主观期望效用决策的公理性轮廓。1944 年，冯・诺伊曼 – 摩根斯顿（Von Neumann-Morgenstern）建立了效用的公理体系。1954 年，Savage 由直觉的偏好关系推导出概率测度，从而得到一个由效用和主观概率来线性规范人们行为选择的主观期望效用理论（Subjective Expected Utility Model）。根据伯努利的观点，即使在一个不确定的环境中，决策者也会考虑所有可行的做法，计算每种做法的主观期望效用，并选择主观期望效用最高的一种，该决策具有确定性和预测性。这些研究成果均认为决策者是完全理性的，忽视了非经济因素在决策中的作用，不能正确指导实际的决策活动，从而逐渐被更为全面的行为决策理论代替。

2002 年前占主导地位的是以期望效用理论为基础的理性决策理论方法，随着理性决策悖论的研究和行为经济学的兴起，行为决策理论越来越引起人们的兴趣。学者们对决策者行为做了进一步的研究，发现影响决策的不仅有经济因素，还有决策者的心理与行为特征，如态度、情感、经验和动机等。行为决策理论研究发展从 20 世纪 70 年代中期开始，持续到 80 年代中后期。在这期间，行为决策理论的研究对象扩大到决策过程的所有阶段，即情报阶段、设计阶段（包含判断）、抉择阶段和实施阶段，对决策行为各个阶段中人们是如何具体地完成这一阶段进行了深入的探索，并取得了丰富的研究结果。行为决策理论在这个时期已经开始建立基于人们实际决策行为的描述行为决策模型。Daniel Kahneman 和 Amos Tversky 于 1979 年提出“前景理论”和描述性决策框架。结合这个框架，二人运用心理学对传统经济学进行大胆创新，修正了传统经济学的基本假设，开创了行为经济学研究的新领域。经过大量实验研究，总结出许多偏离传统最优行为的决策偏差，如确定性效应（Certainty Effect）、反射效应（Reflection Effect）、锚定效应（Anchoring Effect）、后悔理论、过度自信理论等，为行为决策理论的形成奠定了基础。西蒙（Simon）认为人的理性是完全理性和完全非理性之间的一种有限理性，提出了“有限理性”标准和“满意度”原则，就是在决策时确定一套标准，用来说明什么是令人满意的最低限度的替代方法。与此同时，学者们开始使用统计决策函数作为工具来研究序贯决策，强调个体需要不断地从环境中收集新的信息来做出一系列决策，从而形成了动态决策理论，如马尔可夫决策过程、贝叶斯学习过程等。此外，在动态决策过程中开始考虑个体的社会联系，分析个人偏好和集体选择之间的关系，形成了以群决策、博弈论、社会选择为核心的社会决策理论。前景理论决策框架和理性决策框架如图 3-1 和图 3-2 所示。

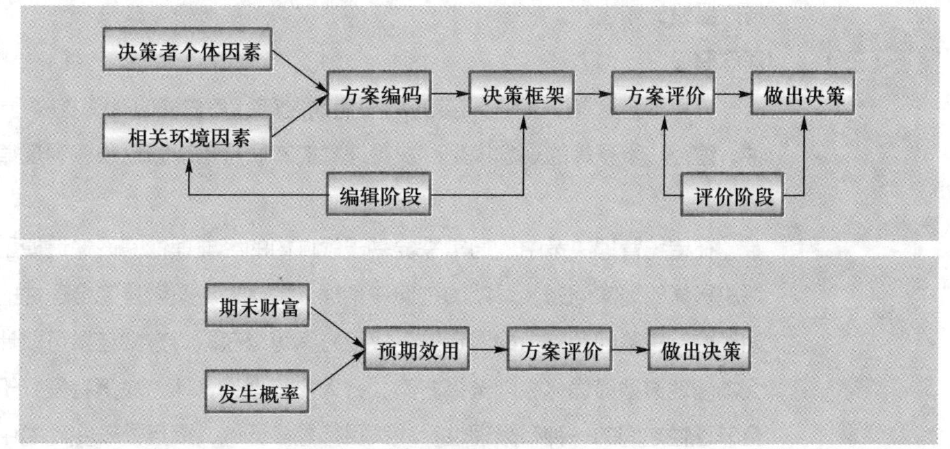

图 3-1
前景理论决策框架

图 3-2
理性决策框架

管理学研究一直以模型驱动为主，基于观察抽象和理论推演建立概念模型和关联假设，再借助解析手段（例如运筹学和博弈论等分析工具）对模型进行求解和优化，或利用相关数据（包括仿真数据、调研数据、观测数据、系统记录数据等）对假设进行统计检验。总体而言，管理决策范式经历了由完全理性决策到有限理性决策、由静态决策到动态决策的转变，并不断吸收统计学、运筹学、计算机科学和社会学等相关学科的知识，接下来从信息情境、决策主体、理念假设、方法流程四个方面分析传统管理决策的范式。

（一） 信息情境

情境论（Contextualism）认为行为由情境强烈控制着。在不同情境下，由于人们的风险知觉与决策行为存在着差异，决策者的决策过程具有非常强的情境依赖性。比如，概率确定与不确定的决策，个人和群体决策等，决策者的行为会受到不同程度的影响。

在决策理论的发展演变中，决策模型所考虑的信息和情境因素也越来越多样化。

在决策理论发展初期，早期的期望效用理论认为决策者是完全理性的，忽略了人的个体差异、心理和行为特征以及环境因素等非经济因素对决策的影响。随着理性决策的悖论和行为经济学的兴起，行为决策理论越来越受到人们的关注。

尽管现有的决策理论中信息和情境因素越来越丰富，但传统的决策理论仍关注直接相关的特定领域情境，忽略了领域外情境对决策的影响。

（二） 决策主体

决策主体是指参与决策的领导者、参谋者及决策的执行者。决策主体是决策系统的灵魂和核心。决策能否成功，取决于决策主体的特质、个性、背景和经验等。

传统决策理论发展至今，决策主体经历了由个人决策到组织决策、由个体决策到群体决策、由决策者独立决策到借助决策支持系统辅助决策的转变。但在现在大数据的决策背景下，多源数据的可得性使得不同的声音和更多的决策要素可以直接传达到决策层、体现在决策方案里，被决策者也已经转化为决策主体。例如，消费者可以参与产品设计和生产。

（三） 理念假设

决策理念是指人们在现实的决策活动之前，首先建立起来的关于决策的前提条件、途径、步骤等的观念模型。决策理念的本质是指能够反映客观规律和主体的现实需求。

在传统管理决策中，通常需要基于领域内的经典理论假设构造模型，进而提出并解决具体的现实问题。早期的古典决策理论，认为决策者是完全理性的，决策目标是明确的，决策问题是精确界定的，决策方案可以获取，方案结果可以计算比较，人们会本能地遵循最优化原则选择方案。行为决策理论，认为决策者是介于完全理性和完全非理性之间的一种有限理性，决策目标是多元的，而且处于变动之中乃至彼此矛盾状态，无法寻找到全部备选方案，也无法完全预测全部备选方案的后果，决策者受知识、经验和能力的限定，只能找到一个“满意的”决策方案。

管理决策理论中理性假设已经被有限理性假设取代。但总体而言，传统管理决策长期采取的是强假设范式，大部分决策分析模型都需要较强的理论假设作为依托。

（四） 方法流程

传统管理决策遵循提出问题、分析问题、解决问题的科学完整的动态过程，按照提出问题，确定目标；拟订具备实施条件、能保证决策目标实现的可行方案；分析评估，方案择优；慎重实施，反馈调节等步骤生成解决特定问题的决策结果。

关于决策过程各个阶段的第一个一般理论是伟大的启蒙哲学家孔多塞（Condorcet）（1743—1794 年）提出的。他将决策过程分为三个阶段。第一阶段“初步讨论”，讨论将作为一般性问题的决策基础。在此阶段，意见是个人化的，并且未尝试形成多数意见。第二阶段“深入讨论”，对问题进行澄清，观点趋近并相互结合。通过这种方式，决策可以简化为在一组可管理的备选方案之间进行选择。第三阶段

“解决问题”，意在对这些备选方案进行选择。

根据杜威（Dewey）的观点，解决问题包括五个连续的阶段：①感到困难。②定义该困难的特征。③提出可能的解决方案的建议。④对建议的评估。⑤进一步观察和实验导致对该建议的接受或拒绝。在此基础上，许多学者对决策过程模型进行了扩充和修正，西蒙修改了决策过程，使其适合组织决策，认为决策包括三个主要阶段：①寻找决策时机；寻找可能的行动方案；在行动方案中进行选择。②设计。③选择。Brim 等人提出了对决策过程的另一个有影响的细分，将决策过程分为以下五个步骤：①确定问题。②获得必要的信息。③产生可能的解决方案。④评估此类解决方案。⑤选择绩效策略。

威特（Witte）批评了决策过程可以以一般方式划分为连续阶段的观点，认为阶段是并行执行而不是顺序执行。一个更现实的模型应该允许决策过程的各个部分在不同的决策中以不同的顺序出现。明茨伯格（Mintzberg）等提出了满足这一标准的最有影响力的模型之一，他们认为决策过程包括不同的阶段，但是这些阶段没有简单的顺序关系。西蒙的情报阶段可以由两个例程组成，一个是决策识别，识别问题和机会，另一个是诊断利用现有的信息渠道并开放新的渠道以澄清和定义问题。西蒙的设计阶段，包含两个例程。搜索例程旨在查找现成的解决方案，而设计例程旨在开发新的解决方案或修改现成的解决方案。西蒙的最后一个阶段选择由三个例程组成。其中第一个是筛选，消除了次优的选择。第二个例程是评估选择例程，是备选方案之间的实际选择。最后一个是对所选解决方案的授权和批准。尽管在各个决策阶段的划分和名称上有所不同，这些模型都认为决策是线性、分阶段的过程，也一直在管理决策实践中被广泛应用。如图 3-3 所示。

图 3-3
传统决策理论中的决策阶段划分[①②]

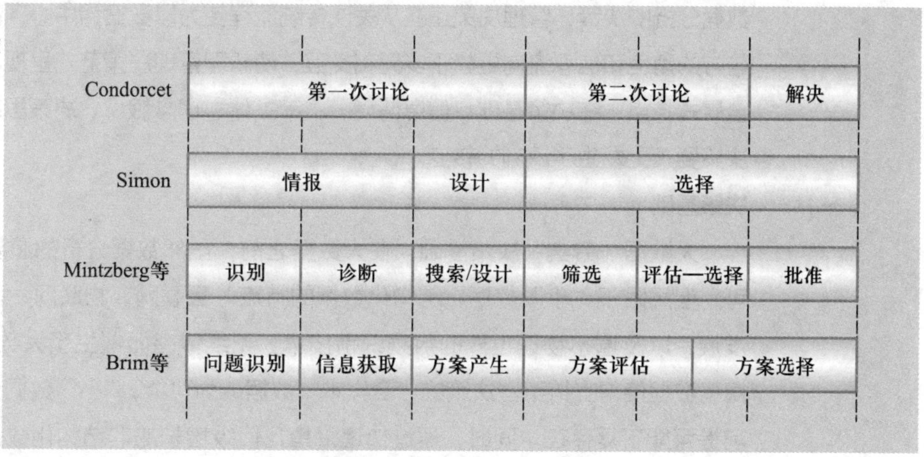

Condorcet	第一次讨论			第二次讨论		解决
Simon	情报		设计	选择		
Mintzberg等	识别	诊断	搜索/设计	筛选	评估—选择	批准
Brim等	问题识别	信息获取	方案产生	方案评估	方案选择	

① Hansson S O.Decision theory——A brief introduction. Stockholm，Sweden：Technical Report，Department of Philosophy and the History of Technology，Royal Institute of Technology（KTH），1994.

② 陈国青，曾大军，卫强，等 . 大数据环境下的决策范式转变与使能创新 . 管理世界, 2020, 36（2）: 95–105.

二、 大数据驱动的管理决策范式转变

大数据环境下，管理决策新特征的出现，需要构建相应的决策分析框架，驱动传统管理决策范式转变。陈国青等人给出了一个大数据驱动的决策范式框架（如图 3–4 所示）。[①] 该框架具有“数据驱动 + 模型驱动”、管理决策“关联 + 因果”等性质，包含外部嵌入、技术增强以及使能创新等角度。外部嵌入与技术增强主要涉及方法论层面，使能创新主要涉及价值创造层面。

图 3–4
大数据驱动的决策范式框架

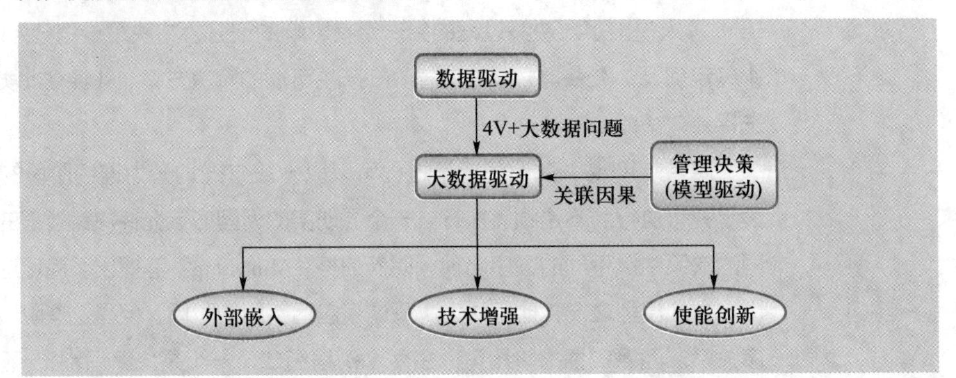

在上述框架中，外部嵌入是指外部视角引入，即将传统模型视角之外的一些重要变量引入模型中。通过外部嵌入而引入的变量多为富媒体、潜隐性、不可测或不可获，通常需要利用数据驱动方法和技术进行分析。技术增强旨在提升这样的能力与要素水平。大数据使能创新则是指大数据能力带来的价值创造。

在大数据背景下，传统的管理与决策正从以管理流程为主的线性范式逐渐向以数据为中心的扁平化范式转变，管理与决策中各参与方的角色和相关信息流向更趋于多元和交互。传统的管理变成或正在变成数据的管理，传统的决策变成或正在变成基于数据分析的决策，管理决策正在从关注传统流程变为以数据为中心，管理决策中各参与方的角色和信息流向更趋于多元和交互，使新型管理决策范式呈现出大数据驱动的全景式特点，在决策基础、信息情境、决策主体、理念假设、决策思维、方法流程等决策要素上发生了深刻的转变。

（一） 决策基础

大数据“夯实”决策基础。在大数据之前，虽然数据分析的重要性也被普遍认可，但局限于“小”数据、结构化数据的特点。互联网、物联网、移动通信的快速发展，以及遍布物理世界的射频识别技术、无线传感器催生了大数据时代的来临。海量数据使得支持某些决策的“全样本”数据成为可能，“小”数据分析依赖的假设前提可能不复存在。同时，通过快速采集几何级增长的非结构化数据、流数据，进行深入分析，从海量、多类别的数据中提取价值，可以形成有效的可作为决策依据的“洞察力”。在大数据时代，对于某些类型的问题，机器和信息化系统可以比人做

① 陈国青，吴刚，顾远东，等．管理决策情境下大数据驱动的研究和应用挑战——范式转变与研究方向．管理科学学报，2018，21（7）：1–10.

出更好的决策。

（二） 信息情境

传统管理决策中所含有的信息正从单一领域向多领域转变。决策所涵盖的信息范围从单一领域向跨域融合转变，管理决策过程中利用的信息从领域内延伸至领域外，即“跨域转变”。

在大数据环境下，许多管理决策问题从领域内部扩展至跨域环境，公众以及其他决策相关者的信息被纳入考量。这些跨域信息的补充使决策要素的测量更完善、可靠，进而提升管理决策的准确性。首先，领域外大数据与领域内传统信息的结合，使决策要素的测量更完善可靠，进而提升管理决策的准确性。其次，领域外大数据的引入，使得在经典模型中添加新的决策要素成为可能，对于不能完全用领域内信息刻画和解释的现实问题，大数据融合分析可以有效地突破领域边界，为管理决策提供大幅拓宽的视野。在管理活动的各个具体领域当中，面向各种实际问题，大数据环境下的决策研究与实践逐渐形成了立足于跨域信息环境的决策范式。支撑管理决策的信息，从单领域延伸至多领域交叉融合。

（三） 决策主体

决策者与受众的角色在交互融合，特别是决策形式从人运用机器向人机协同转变，从人作为决策主导、以计算机技术为辅助，逐渐向人与智能机器人或人工智能系统并重转变，即“主体转变”。“全部数据”成为真正的决策主体，并能更加准确地反映数据所隐藏的知识，反映数据的内部规律。此外，决策的数据信息依据，也已从结构化数据转向了非结构化数据、半结构化和结构化混合的数据。

伴随着人工智能技术迅速发展，智能系统越来越多地主动参与到决策过程之中。在某些领域，完全由智能系统和计算机算法直接做出决策已成为可能并且在实践中得到应用（如智能投顾系统、自动驾驶系统等）。决策主体不再是单一的组织或个人，而是人、组织与人工智能的结合。面向特定的管理决策问题，人与智能机器人 / 智能系统分工合作，共同对决策目标、方案和信息进行分析和判断，从而形成有效的决策。在这样的转变中，智能机器人 / 智能系统所扮演的不仅仅是决策支持者的角色，而是拥有部分直接决策权，甚至在某些情境下成为拥有完全直接决策权的主体决策者的角色。随着机器行为学研究的深入以及人机协同理论与应用的进一步发展，新型管理决策范式以人与智能机器人 / 智能系统共同作为决策主体，逐渐趋向于管理决策全过程的主体智能化。

（四） 理念假设

在理念假设方面，决策时的理念立足点从经典假设向宽假设，甚至无假设条件转变，支撑传统管理决策方法的诸多经典理论假设被放宽或取消。

在大数据环境下，管理决策对于理论假设的依赖大幅降低。首先，大数据所提供的新途径、新手段能够帮助我们识别经典假设与现实情况之间的差异。相较于仅依据经典假设来进行建模和问题求解，结合大数据分析结果的管理决策更加准确和有效。例如，通过大数据分析拟合出产品需求的真实复杂分布情况，可以有效取代那些借助经典分布的先验假设来动态制定生产计划的方法。其次，大数据有助于放宽或消除那些为了简化问题而设置的经典假设。传统管理决策中，人们已经意识到这些假设的局限。例如，西蒙在决策过程中引入个人的态度、情感等行为要素，即试图突破理性人假设对决策理论的制约，但由于观测手段和数据可得性的限制，传统决策理论仍然难以摆脱这类基础假设的限制。直到大数据环境的形成，更丰富信息的可测可获，才使得这些局限被打破、视角被放宽。

（五） 决策思维

当数据处理技术发生变化时，思维也要发生变革，要乐于接受数据的纷繁复杂，从探求难以捉摸的因果关系转为关注事物的相关关系，需要掌握用数据思考解决问题的新方法，最重要的是树立数据思维、互联网思维和计算思维的思维方式。

大数据思维突破了传统固有思维方式，决策主体不再依赖高管人员，而更倾向于由下而上、由内而外、网络化的基层群体；决策依据不再依靠结构化小样本数据，而更倾向于来源广泛、体量巨大、结构复杂的大数据。大数据改变了依靠观察、思考、推理、决策的传统逻辑思维过程，提供了一种基于数据力量解决问题的新型逻辑思维。其思想与舍恩伯格等的相关思维理论一致，即不过分探究事物间因果关系，而直接挖掘相关关系来寻求解决方法。

第一个思维变革：总体思维。利用所有的数据，而不再仅仅依靠部分数据，即不是随机样本，而是全体数据。技术条件的提高，扩展了收集数据、处理数据的能力，要意识到我们具有收集和处理大规模数据的能力。思维方式只有从样本思维转向总体思维，才能更加全面、系统地洞察事物或现实的总体状况。

第二个思维变革：容错思维。我们唯有接受不精确性，才有机会打开一扇新的世界之窗，即不是精确性，而是混杂性。接受纷杂的数据并从中获益，而不是以高昂的代价消除所有不确定性，重点是关注变化。容错思维会带来更多的价值。

第三个思维变革：相关思维。不是所有的事情都必须知道现象背后的原因，而是要让数据自己“发声”，即不是因果关系，而是相关关系。大数据最大的思维变革是不再竭力渴求因果关系，转而挖掘相关关系的价值，即关注“是什么”而不追究“为什么”。虽然事物之间没有因果关系，但透过相关关系，可能发现以往发现不到的更有价值的东西，可以从新视角去发现更多的价值。

（六） 方法流程

在方法流程方面，决策从线性、分阶段过程向非线性过程转变，线性模式转变为各管理决策环节和要素相互关联反馈的非线性模式，即“流程转变”。在大数据环境下，线性流程的适用性和有效性显著降低。首先，大数据及其融合分析方法使全局刻画成为可能，现实情境常具有多维交互、全要素参与的特征，且涉及的问题往往复杂多样，使实现多维整合并能针对不同决策环境进行情境映现和评估的非线性流程更为适用，如通过融合患者各方面健康信息为其在疾病前、中、后期制定不同的健康管理方案。其次，大数据“流”的特性支持对现实场景中各要素间动态交互的刻画，能发现非线性、非单向的状态变化并对管理决策进行相应的动态调整。因此，信息的实时捕捉和反馈令新型范式更及时有效，如根据灾害现场的实时信息监测和措施反馈动态生成应急疏散路线。为提升管理决策范式在新情境下的效力，出现了面向连续、实时、全局决策且允许信息反馈的非线性流程转变。

三、 大数据驱动的管理决策框架

为了对大数据环境下的管理决策范式进行统一刻画，陈国青等提出了大数据环境下管理决策的全景式 PAGE 框架（如图 3–5 所示）[①]。该框架具有大数据问题特征、PAGE 内核、领域情境三个要件。大数据问题特征涵盖粒度缩放、跨界关联和全局视图，并作为管理决策背景下的特征视角映射到研究内容方向上。PAGE 内核是指四个研究方向，即理论范式（Paradigm）、分析技术（Analytics）、资源治理（Governance）以及使能创新（Enabling）。领域情境是指管理决策的具体行业 / 领域，如商务、金融、医疗健康和公共管理等。

图 3–5
管理决策的 PAGE 框架

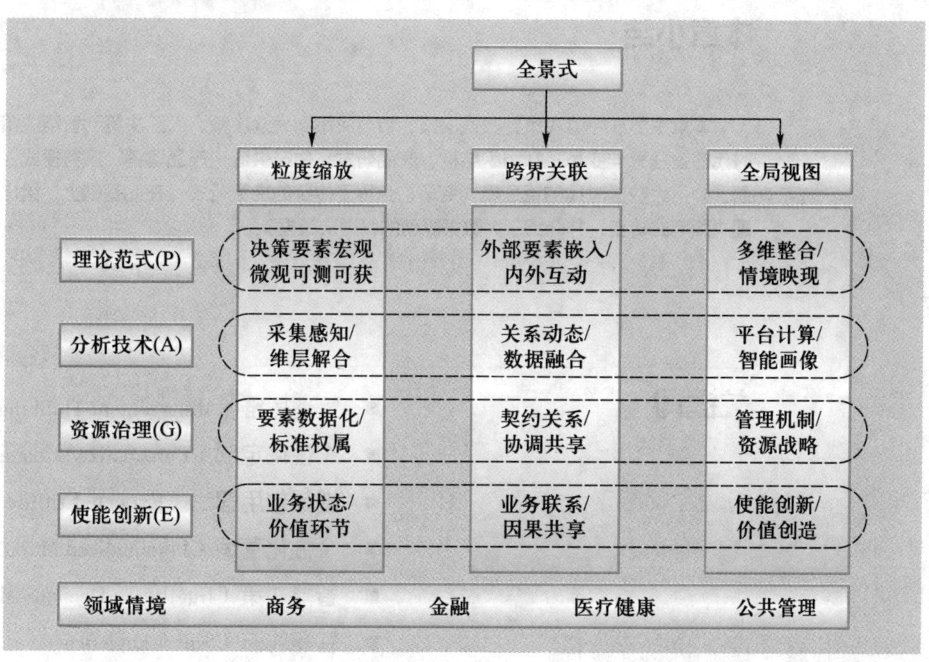

在理论范式（P）方向上，在粒度缩放方面，需要决策要素在宏观和微观层面可测可获；在跨界关联方面，需要引入外部要素并形成内外要素互动；在全局视图方面，需要多维整合并能够针对不同决策环境进行情境映现和评估。

① 陈国青，吴刚，顾远东，等 . 管理决策情境下大数据驱动的研究和应用挑战——范式转变与研究方向 . 管理科学学报，2018，21（7）：1–10.

在分析技术（A）方向上，重点关注管理决策问题导向的大数据分析方法和支撑技术。在粒度缩放方面，需要数据的感知与采集，并能够在不同维度和层次上进行分解与聚合；在跨界关联方面，需要捕捉数据关系及其动态变化，并能够进行针对多源异构的内外数据融合；在全局视图方面，需要体系构建和平台计算能力，并能够形成各类画像以及开展智能应用。

在资源治理（G）方向上，重点关注大数据资源治理机制设计与协同管理。在粒度缩放方面，需要进行资源要素的数据化，并明确数据标准和权属；在跨界关联方面，需要刻画资源流通的契约关系，并形成有效协调共享模式；在全局视图方面，需要建立资源管理机制，并制定组织的资源战略。

在使能创新（E）方向上，重点关注大数据使能的价值创造与模式创新。在粒度缩放方面，需要提升业务价值环节的像素，并把握业务状态；在跨界关联方面，需要梳理业务逻辑和联系，并辨识影响业务状态的因果关系；在全局视图方面，需要提升大数据使能创新能力，并促进组织发展与价值创造。

本章小结

本章主要从经验决策到数据决策、精英决策到大众决策、人工决策到智能决策等维度分析大数据时代的管理思维变革；从组织结构、产品研发、生产供应、产品营销、服务模式、人力资源管理等方面，介绍大数据时代的管理模式变革；介绍了传统的决策范式，在此基础上，给出了大数据引起的管理决策范式转变，并介绍了大数据驱动的管理决策框架。

关键词

- 管理思维（Management Thinking）
- 个性化定制（Personalized Customization）
- 期望效用理论（Expected Utility Model）
- 个性化营销（Personalized Marketing）
- 智能决策（Intelligent Decision Making）
- 智慧物流（Smart Logistics）
- 组织结构（Organization Structure）
- 人力资源运营（Human Resource Operation）
- 平台型生态（Platform Ecology）
- 决策范式（Decision Making Paradigm）
- 产品研发（Product Development）

思考题

1. 基于主观经验的管理决策与数据驱动的管理决策分别具有哪些优缺点？
2. 大数据时代如何才能让普通员工和客户更好地参与企业决策？
3. 人工智能技术的应用为企业的管理带来哪些挑战？如何应对这些挑战？
4. 从组织架构、研发、生产、营销、服务和人力资源管理等方面开展调研，分析大数据时代的管理模式有哪些创新性应用。
5. 大数据环境下为什么要进行管理变革？
6. 结合具体管理决策情境思考：围绕大数据带来的决策范式挑战，大数据环境下如何做决策？
7. 阅读 Iyad Rahwan 等学者 2019 年 4 月发表于 *Nature* 上的论文 *Machine behaviour*，分析随着智能机器的广泛应用，企业应该如何开展人机协同的管理决策。
8. 阅读《管理世界》上的论文《大数据环境下的决策范式转变与使能创新》（陈国青等），以及《管理科学学报》上的论文《管理决策情境下大数据驱动的研究和应用挑战——范式转变与研究方向》（陈国青等），讨论大数据环境下管理决策范式的转变。

即测即评

第二篇

基于大数据的管理决策方法

第四章

大数据获取方法

本章将介绍大数据获取方法，包括离线数据获取方法、实时数据获取方法、互联网数据获取方法和其他数据获取方法。首先介绍离线数据获取方法，包括离线数据获取方法概述、数据仓库的相关内容、ETL 过程和 ETL 工具。接着介绍实时数据获取方法，包括实时数据获取方法概述、实时数据采集的基本架构和实时数据采集工具。然后介绍互联网数据获取方法，包括互联网数据获取方法概述、网页相关知识、爬虫工作原理、爬虫工具软件和需注意的问题。最后介绍其他数据获取方法，包括涉及保密性和隐私问题的数据获取。

学习目标

（1） 掌握数据仓库的基本概念和主要特征。
（2） 掌握 ETL 过程中各个关键环节的含义。
（3） 了解常用的 ETL 工具。
（4） 掌握实时数据采集工具基本架构的原理。
（5） 了解常用实时数据采集工具的结构和特点。
（6） 掌握数据爬虫基础知识和流程。
（7） 了解反爬虫技术。
（8） 了解其他数据获取的基本内容和含义。

本章导学

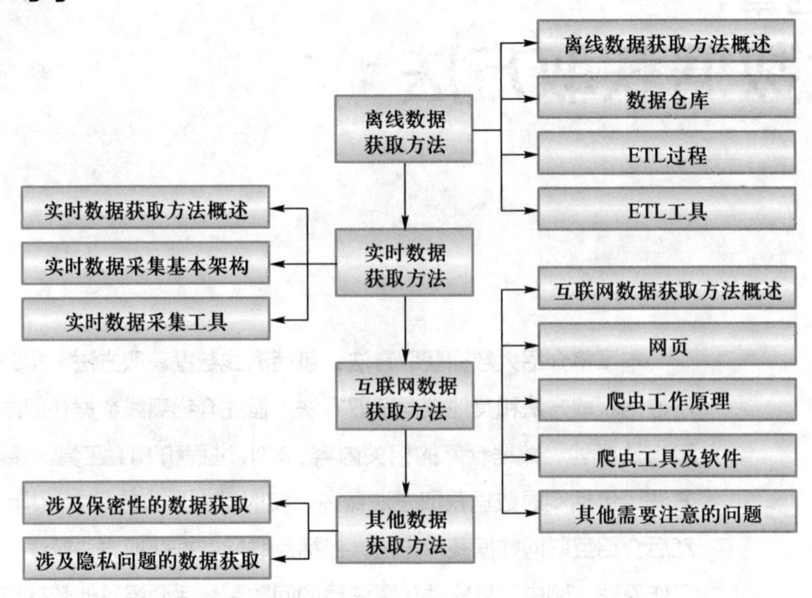

第一节 离线数据获取方法

一、离线数据获取方法概述

离线数据的来源通常包括企业的内部信息和外部信息。内部信息一般存放在企业操作型数据库中，主要是关系数据库管理系统（RDBMS）中存储的各种业务数据和办公自动化系统包含的各类文档数据，如很多企业使用传统的关系数据库 MySQL 和 Oracle 等来存储数据。外部信息包括各类法律法规、市场信息、各类文档、来自客户端如 Web、App 或者传感器等的数据，企业通常使用 Redis、MongoDB 和 HBase 等非关系数据库（NoSQL）存储这些数据。事实上，不断产生的企业业务数据通常会直接写入数据库，企业通过在数据采集端上部署大量数据库，并在这些数据库之间进行负载均衡和分片，就能完成大数据的采集获取工作。因此，离线数据获取方法的设计主要取决于数据源的特性。

在数据仓库的语境下，ETL 基本上就是离线数据获取的代表，是数据仓库的核心技术。ETL 包括数据的抽取（Extraction）、转换（Transformation）和加载（Load）。其中抽取表示抽取数据源中的数据，转换表示将数据转化为指定格式并进行数据清洗保证数据质量，加载表示将规范的、转换后的、满足指定格式的数据加载到数据仓库中。数据源是数据仓库系统的基础，在处理来源广泛、数据量庞大、数据类型繁杂的离线数据时，需要进行 ETL 过程的操作，实现 ETL 过程需要使用合适的 ETL 工具，如阿里巴巴公司的 DataX、Informatica 公司的 PowerCenter、开源 ETL 工具 Kettle

等。这些 ETL 工具可将异构数据源中的离线数据，如关系数据、平面数据文件等抽取到临时中间层后进行清洗、转换、集成，最后加载到数据仓库或数据集市中，成为联机分析处理、数据挖掘的基础。

二、数据仓库

（一）数据仓库介绍

在计算机系统中存在着两类不同的数据处理工作，分别是联机事务处理（On-Line Transaction Process，OLTP）和联机分析处理（On-Line Analysis Process，OLAP）。OLTP 指对数据库联机的日常操作，通常是对一个或一组记录的查询和修改，例如火车售票系统、银行通存通兑系统、税务征收管理系统等。这些系统要求快速响应用户请求，对数据的安全性与完整性、事务的一致性、事务吞吐量、数据的备份和恢复等要求很高。OLAP 指对数据的查询和分析操作，通常是对海量的历史数据进行查询和分析，例如金融风险预测预警系统、股市操盘监控系统、证券违规分析系统等。由于这些系统要访问的数据量非常大，所以需要做的查询和分析的操作也十分复杂。

OLTP 对应的是操作型数据处理，主要用于企业的日常事务处理工作。OLAP 对应的是分析型数据处理，主要用于企业的管理工作。这两种数据处理工作之间的差异，使得传统的数据库技术无法同时满足这两类数据的处理要求，因此数据仓库技术应运而生。

数据仓库是作为决策支持系统服务基础的分析数据库，用来存放大容量的只读数据，为制定决策提供所需的信息。数据仓库是一个面向主题的、集成的、稳定的、随时间变化的数据的集合，用于支持管理的决策过程。数据仓库有如下四个基本特征：

（1）面向主题的。主题是指用户使用数据仓库进行决策时所关心的重点领域，也就是在一个较高的管理层次上对信息系统的数据按照某一具体的管理对象进行综合、归类所形成的分析对象。数据仓库中的数据是按照一定的主题进行组织的。

（2）集成的。数据仓库中的数据是对原有分散的数据库数据在抽取、清理的基础上经过系统加工、汇总和整理得到的，消除了数据中的不一致性，保证数据仓库内数据的信息是一致的。

（3）相对稳定的。数据仓库中的数据主要用于决策分析，所涉及的数据操作主要是数据查询。数据进入数据仓库以后，基本会被长期保留。所以数据仓库中一般有大量的查询操作，但很少有修改和删除操作，通常只需要定期加载、刷新，因此相对稳定。

（4）随时间变化的。数据仓库大多关注的是历史数据，其中很多数据是批量载入的，即定期接收新的数据内容，这使得数据仓库中的数据总是拥有时间维度。

（二）数据仓库系统

数据仓库系统以数据仓库为核心，由数据源、集成工具、联机分析处理（OLAP）服务器、元数据、数据集市等组成，如图 4–1 所示。其体系结构分为数据源层、数据

图 4-1
数据仓库系统体系结构图

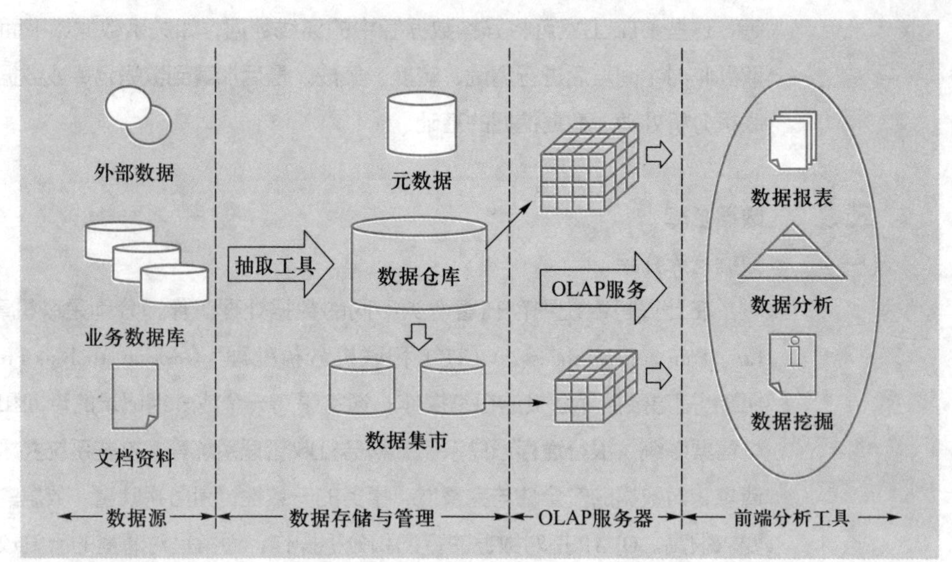

存储与管理层、OLAP 服务器层和前端分析工具层。

从图 4-1 中可以看出，在数据仓库系统中，数据从数据源到最终呈现给用户的分析结果，中间需要的一系列过程有：抽取数据源数据并对其进行转换、清洗、重构等加工；建立数据仓库；针对特定的分析主题建立专门的数据集市；针对特定的业务进行数据挖掘，前端展现应用。

需要注意的是，数据集市是从数据仓库中划分出来的，是针对某一方面的数据而设计的数据仓库，可以看作数据仓库的某个子集。如果说数据仓库收集的是企业范围商品、利润、资产等的全部信息，那么数据集市只对特定范围的信息进行收集，如只包含商品的信息。

数据仓库与数据集市的区别大致包括四个方面。一是数据仓库向各个数据集市提供数据。前者是企业级的，规模较大；后者是部门级的，规模较小。二是若干个部门的数据集市组成一个数据仓库。数据集市开发周期短、速度快，数据仓库开发周期长、速度慢。三是从数据结构看，数据仓库中数据结构采用规范化模式，数据集市中数据结构采用星形模式。四是数据仓库中的数据粒度通常比数据集市的粒度要细。

（三） 数据库连接技术

1. ODBC

ODBC 即开放式数据库互联（Open Database Connectivity），由微软公司推出。ODBC 的核心是 SQL 语句，是一种底层访问技术，因此客户可以使用 ODBC 从底层设置和访问数据库，这是许多高级数据库技术做不到的事情。ODBC 的缺点是无法应用于非关系数据库。

2. JDBC

JDBC 即 Java 数据库连接（Java Data Base Connectivity），由 Java Soft 公司开发，基于 Java 语言编写，可用于数据库连接和操作的类和接口。由 Java 应用程序、JDBC 驱动器、管理器和数据源组成。JDBC 的应用程序层接口用于调用数据库和取得结果，驱动程序层接口用于处理与具体数据库驱动程序的所有通信。JDBC 的 API 类似于 ODBC，支持不同类型的数据库，具有良好的可移植性。JDBC 的缺点是数据源比较难更改，因为其结构中包含了不同厂家的产品，而且使用 JDBC 访问数据记录受限。

3. OLE DB

OLE DB 即对象链接和嵌入数据库（Object Linking and Embedding DataBase）。OLE DB 由微软公司推出，是一种基于 COM 思想的、面向对象的技术标准，为用户访问各种数据源提供了一种统一的数据访问接口。OLE DB 能访问的数据不仅限于关系数据库中的数据，还有邮件数据、网页上的文本或图形、主机系统中的文件等数据。

OLE DB 标准的优势是可以使用同样的方法访问不同的数据，特别适用于兼顾多种数据类型的用户，把用户从烦琐的底层逻辑中解脱出来，无须考虑数据的具体存储地点、格式或类型。

4. ADO

ADO 即 ActiveX 数据对象（ActiveX Data Objects），由微软公司开发，是一种基于 COM 的数据库应用程序接口。ADO 是一种高级数据库技术，它是基于 OLE DB 之上的访问接口，继承了 OLE DB 的优点。因此，以访问 SQL Server 数据库为例，使用 ADO 访问数据库有两种途径：一种是需要通过 ODBC 的驱动程序，另一种是通过 SQL Server 专用的 OLE DB Provider 来访问。后者的访问效率更高。

5. DAO

DAO 即数据库访问对象（Data Access Object）。DAO 支持多种类型的数据访问。与 OLE DB 类似，借助 DAO 可以访问从文本文件到大型后台数据库等多种格式的数据。另外，DAO 最鲜明特点就是针对 Microsoft JET 数据库的操作非常方便，是操作 JET 数据库性能最好的技术接口之一。

6. Hibernate

Hibernate 即开放源代码的对象关系映射框架，是一种基于 JDBC 的开源的持久化框架。它对 JDBC 的封装程度很高，用户只要使用 HQL（Hibernate Query Language）语句就可以了，不需要写 SQL。Hibernate 的优势是消除了代码的映射规则。由于它对 JDBC 的封装程度很高，用户在配置了映射文件和数据库连接文件后，Hibernate 就可以借助 Session 操作，消除 JDBC 带来的大量代码，大大提高了编程的简易性和可读性。关闭资源时只需要关闭一个 Session 即可。缺点是由于 Hibernate 是全表映射，在更新时需要发送所有的字段。另外，虽然有 HQL，但是性能较差，大型互联网系统往往需要优化 SQL，Hibernate 无法根据不同的条件组装不同的 SQL。

（四） 数据库图形界面操作工具

1. DBeaver

DBeaver 免费且开源，虽然免费，但功能强大，基于 Java，采用 Eclipse 框架开发，可以连接诸如 MySQL、Oracle、HBase 等目前各种流行的数据库。界面操作较为方便，界面信息全面，且支持中文。缺点是其驱动程序需要手动添加。

2. Navicat Premium

Navicat Premium 易学易用，且界面设计简洁干净，符合直觉化的效果，用户体验良好，对新手友好。功能多样，满足各种开发人员的需求。支持通过 SSH 通道和 HTTP 通道连接数据库，支持各种格式的数据迁移。

3. SQLyog

SQLyog 快速简洁，基于 C++ 和 MySQL API 编程，操作界面类似于微软 SQL Server，支持代码输入自动填充，主要有收费版本，社区版本（Community Edition）和免费开源版本。SQLyog 支持表名过滤，快速找表，对于有许多表的情况下非常实用。但其支持的数据库不多。

4. MySQL Workbench

MySQL Workbench 是一个统一的可视化开发和管理平台，是 MySQL 官方提供的工具，功能强大，可跨平台操作，且开源免费。它包含了 ER 模型，可以用于创建复杂的数据建模。MySQL Workbench 可在 Windows、Linux 和 Mac 上使用。

5. phpMyAdmin

phpMyAdmin 基于 PHP，架构方式是 Web-Base，用户可以使用 Web 接口管理 MySQL 数据库，在处理大量资料的汇入及汇出上更为方便。phpMyAdmin 的一大优势是 phpMyAdmin 和其他 PHP 程式一样可以在网页服务器上执行，允许用户像使用 PHP 程式产生网页一样远端管理数据库。

6. MySQL-Front

MySQL-Front 小巧灵活，相容性高，其内部使用了很多 Windows API，确保兼容未来的 Windows 版本。直接访问数据库，而不使用 MySQL 的 DLL，以减少安装和连接问题。支持多种运行环境，有中文界面，可直接拖拽和复制粘贴，适合初学者。但客户端不能处理“创建存储过程 / 创建函数 / 创建视图 / 创建事件”，因为 MySQL-Front 不能实现客户端要使用的 Delimiter 语句。

（五） 数据仓库与数据库的区别

传统的数据库技术是以数据库为中心，进行 OLTP、批处理、决策分析等各种数据处理工作，主要划分为操作型处理和分析型处理两大类。操作型处理可存取瞬时可更新的数据，对事务型处理环境中得到的细节数据进行分析。而分析型处理经常要访问大量的历史数据，支持复杂的查询，对事务型处理环境中的数据做综合分析。

实际上，传统数据库系统是面向业务操作设计的，无论是查询统计还是生成报表，其处理方式都是对指定的数据进行简单的数字处理，侧重于企业的日常事务处理工作，难以满足数据分析多样化的要求。而数据仓库是为了建立分析处理环境而出现的一种数据存储和组织技术，能将分析型数据从事务处理环境中提取出来。此外，数据仓库的查询通常是复杂的，涉及大量数据的汇总计算，需要特殊的数据组织、存取方法和基于多维视图的实现方法。数据仓库与数据库的区别如表 4–1 所示。

表 4–1
数据仓库与数据库的区别

比较项目	传统数据库	数据仓库
总体特征	围绕高效的事务处理展开	以提供决策支持为目标
存储内容	以当前数据为主	主要是历史、存档、归纳的数据
面向用户	普通的业务处理人员	高级的决策管理人员
功能目标	面向业务操作，注重实时性	面向主题，注重分析功能
汇总情况	原始数据，不做汇总	多层次汇总，数据细节有损失
数据结构	数据结构化程度高，适合运算操作	数据结构化程度适中
视图情况	视图简单，内容详细	多维视图，概括性强
访问特征	读取、写入并重	以读取为主，较少写入
数据规模	数据规模较小	数据规模较大
数据访问量	每次事务处理访问数据较少	每次分析处理访问大量数据
响应要求	要求很高的实时性	对实时性要求不高

三、 ETL 过程

ETL 过程是指任何以数据为中心的项目的集成组件，负责完成数据源数据向数据仓库导入的过程，是实施数据仓库项目中最重要的步骤。在数据仓库项目中工作量最大的就是 ETL 过程，通常要占用整个项目 70% 的时间。ETL 过程可大致描述为：从一个或多个数据库中读取数据；将抽取后的数据由一种数据类型转换为另一种数据类型，以便存储在数据仓库或其他数据库中；将数据加载到数据仓库中。ETL 过程的目的是向数据仓库中加载集成和清洗后的数据。ETL 过程中使用的数据来自任意数据源，如 ERP 应用、CRM 工具、Excel 数据表、平面数据文件、消息队列等。ETL 过程如图 4–2 所示。

图 4–2
ETL 过程

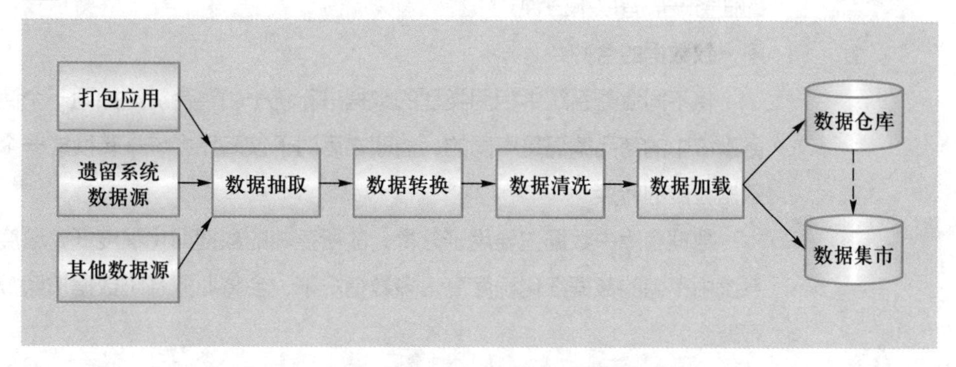

从图 4–2 中可以看出，ETL 过程中的关键环节为数据抽取、数据转换、数据清洗和数据加载。下面就这四个关键环节进行依次阐述。

（一） 数据抽取

数据抽取是从不同的数据源中采用不同的方法抽取数据的过程。根据数据来源和所抽取数据的结构类型不同，可划分为三类数据抽取情形，在不同数据抽取情形下又对应着不同的数据抽取方式。因此在抽取的过程中要挑选合适的抽取方法，以尽可能提高 ETL 的运行效率。

在抽取不同结构类型的数据时，可使用文件型数据抽取方式。比如在文件中抽取的数据是非结构化数据与半结构化数据，则可以利用数据库工具，以文件为基本单位，先将这些数据导入一个指定的数据库中，然后再从这个指定的文档数据库中完成抽取。

在抽取不同数据库系统的数据时，有同构同质和同构异质两种抽取方式。同构同质数据抽取是指同一类型的数据模型、同一型号的数据库系统，同构异质数据抽取是指同一类型的数据模型、不同型号的数据库系统。若数据源与目标数据库系统同构同质，那么数据源可以直接建立数据库连接，然后利用结构化查询语句访问，从而实现数据迁移。若数据源与目标数据库系统同构异质，那么数据源可以通过 ODBC 的方式建立数据库连接。

在实际应用中，数据源通常为传统关系数据库，此时从数据库中抽取数据的方式一般包括全量数据抽取和增量数据抽取。全量数据抽取是对整个数据库的所有数据进行抽取，类似于数据迁移或数据复制，可以将数据源中的表或视图的数据从数据库中抽取出来，并转换成抽取工具可以识别的格式。增量数据抽取是指只抽取自上次抽取后，数据库的数据表中有变化的数据，而没有发生变化的数据不再进行重复抽取。由于抽取的是新增数据而非历史数据，因此在提高抽取效率的同时可避免冗余数据的产生。在增量数据抽取的过程中常用的数据捕获方法有：时间戳、全表比对、日志比对等。

（二） 数据转换

由于从数据源中抽取得到的数据格式与目标数据格式可能存在不一致的情况，所以需要对抽取得到的数据进行转换，使本来异构的数据格式统一起来。转换过程涉及的任务一般有以下三种：

1. 不一致数据的合并

将不同业务系统中相同类型的数据进行统一和整合。比如同一个商品在不同的业务系统中的商品编码是不同的，抽取之后对于该商品会统一转换成一个编码。

2. 数据粒度的转换

数据仓库中数据主要用于分析，故所存储的数据细化程度低，粒度较大。而业务系统中存储的数据细化程度高。多数情况下，会将业务系统数据按照数据仓库粒度进行聚合。

3. 业务规则的计算

不同的业务系统有不同的数据指标，但这些数据指标并不能直接使用，需要在

ETL 中经过计算并存储到数据仓库之后，才能以业务规则的方式供分析和使用。

（三） 数据清洗

数据清洗是指数据在加载到数据仓库之前，其中可能掺杂一些问题数据，如不完整数据、错误数据、重复数据等，要进行清洗。数据清洗是一个必要且不断反复的过程。使用 ETL 工具实现数据清洗的三种主要方式如下：

（1） 实现数据表属性一致化。对于不同表的属性名，根据其含义重新定义其在数据库中的名字，并以转换规则的形式存放在数据库中。在数据集成的时候，系统会自动根据转换规则将其字段名转换成新定义的字段名。

（2） 数据缩减。如果数据量很大，处理就非常耗时。那么可以通过数据缩减，大幅度缩小数据量，以提高后续数据处理的效率。

（3） 可视化处理。通过预先设定数据处理的可视化功能节点，以可视化的方式快速有效地完成数据清洗和数据转换过程。

（四） 数据加载

数据加载是将经过转换和清洗后的数据加载到目标数据仓库中。当目标数据仓库为关系数据库时，主要有两种加载方式。一种是通过 SQL 语句直接进行插入（Insert）、删除（Delete）和更新（Update）操作；另一种是采用批量加载的方法。由于第一种方式做了日志记录，是可恢复的，故多数情况下使用第一种方式。但是，批量加载操作方便易于使用，尤其是在装入大量数据时效率较高。因此，具体使用哪种数据加载方式取决于所执行操作的类型和需要装入数据量的多少以及业务系统的需要。

四、 ETL 工具

ETL 工具是在获取并向数据仓库加载体量大、种类多的数据时，使用的专业的数据抽取、转换和加载工具的统称。ETL 工具必须能够对抽取到的数据进行灵活计算、合并、拆分等转换操作。而一个好的 ETL 工具也应具备如下功能：管理简单，采用元数据方法集中进行管理；接口、数据格式、传输有严格的规范；尽量不在外部数据源安装软件；数据抽取系统流程自动化，并有自动调度功能；抽取的数据及时、准确、完整；可以提供同各种数据系统的接口，系统适应性强；提供软件框架系统，当系统功能改变时，应用程序经很少改变便可适应变化；可扩展性强。

在实际操作中选用 ETL 工具时，可从这几个方面进行考虑：对平台的支持程度；对数据源的支持程度；抽取和加载的性能是不是较高，且对业务系统的性能影响大不大，倾入性高不高；数据转换和加工的功能强不强；是否具有管理和调度功能；是否具有良好的集成性和开放性。ETL 工具有很多种，下面阐述几个常用的 ETL 工具。

（一） DataX

1. DataX介绍

DataX 是阿里巴巴集团内广泛使用的离线数据同步工具，可以实现包括 MySQL、

SQL Server、Oracle、PostgreSQL、HDFS、Hive、HBase、OTS、ODPS 等各种异构数据源之间高效的数据同步功能。

DataX 作为离线数据同步工具，特别针对离线数据，尤其是当其数据量很大或表非常多时，适合使用 DataX 实现快速迁移。DataX 有较为全面的插件体系，主流的 RDBMS、NoSQL、大数据计算系统等都已接入。在阿里巴巴集团内，DataX 承担了几乎所有大数据的离线同步业务，且运行状态持续而稳定。目前 DataX 每天可完成同步 8 万多道作业，每日传输数据量超过 300 TB。

2. DataX的组成结构

DataX 将复杂的网状的同步链路变成了星型数据链路。DataX 作为中间传输载体负责连接各种数据源，这样就解决了异构数据源同步的问题。当需要接入一个新的数据源的时候，只需要将此数据源对接到 DataX，便能跟已有的数据源做到无缝数据同步。

DataX 采用框架 + 插件（Framework + Plugin）架构构建，将不同数据源的同步抽象为从源头数据源读取数据的 Reader 插件，以及向目标端写入数据的 Writer 插件，纳入整个同步框架中。即 Framework 负责处理缓冲、流控、并发、上下文加载等高速数据交换的技术问题，并提供可与插件交互的简单接口。而 Plugin 则仅需实现对数据系统的访问。在架构中 Reader 作为数据采集模块，负责采集数据源的数据，将数据发送给 Framework；Writer 作为数据写入模块，负责不断从 Framework 中取数据，并将数据写入到目的端；Framework 用于连接 Reader 和 Writer，作为两者的数据传输通道，处理缓冲、流控、并发及数据转换等核心技术问题。

DataX 的整体架构如图 4-3 所示，包括作业（Job）、任务（Task）、任务组（TaskGroup）和存储（Storage）四个模块。

图 4-3
DataX 架构模式

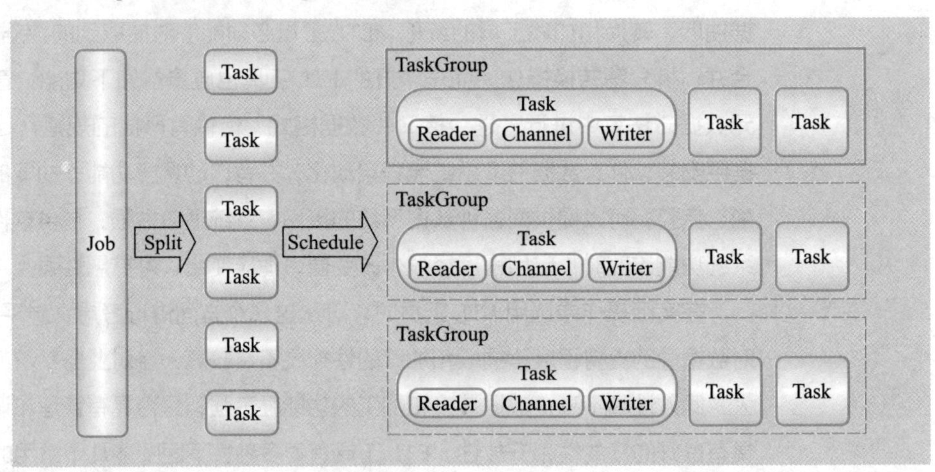

（1） Job 模块。DataX 完成单个数据同步的作业，称为 Job。DataX 接收一个 Job 之后，将启动一个进程来完成整个作业同步过程。而 Job 模块是单个作业的中枢管理节点，承担了数据清理、子任务切分、任务组管理等功能。

（2） Task 模块。Task 模块是 DataX 作业的最小单元。Job 模块将单个作业切分成多个小的 Task，以便于并发执行，每一个子 Task 都负责一部分数据的同步工作。

（3） TaskGroup 模块。切分成多个子 Task 之后，Job 模块将调用调度器（Scheduler），根据配置的并发数据量，将拆分成的 Task 进行重新组合，组装成为 TaskGroup 模块。

（4） Storage 模块。Reader 和 Writer 插件通过 Storage 模块交换数据。

（二） Informatica PowerCenter

1. Informatica PowerCenter介绍

Informatica PowerCenter 简称 Infa，是 Informatica 公司开发的企业数据集成平台，也是一个 ETL 工具，支持各种数据源之间的数据抽取、转换、加载等数据传输。Infa 能够使用户方便地从异构数据源中抽取数据，用来建立、部署、管理企业的数据仓库。企业则一般根据自己的业务数据构建数据仓库，然后通过 Infa 在业务数据和数据仓库间进行 ETL 操作。

2. Informatica PowerCenter的组成结构

Informatica PowerCenter 架构主要由客户端（Informatica）组件和服务端（PowerCenter）组件构成，如图 4–4 所示。

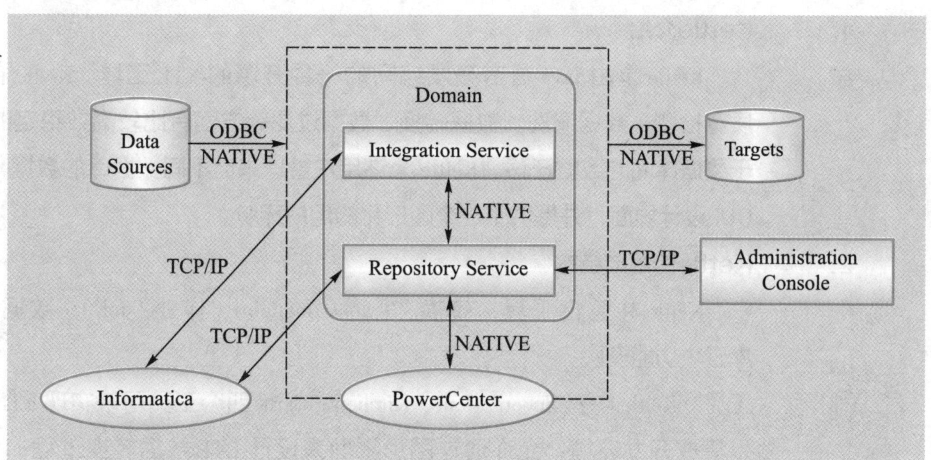

图 4–4 Informatica PowerCenter 架构

Informatica 包括五个组件。①设计者（Designer）：设计开发环境，定义源及目标数据结构，设计转换规则，生成 ETL 映射；②工作流管理员（Workflow Manager）：设计实现工作流（Workflow）、会话（Session）等 ETL 任务，同时提供对任务执行的调度和管理功能；③工作流监控者（Workflow Monitor）：监控 Workflow 和 Session 运行情况，生成日志和报告；④知识库管理员（Repository Manager）：用于元数据的维护管理，如元数据查找、权限管理、安全性管理等；⑤管理控制台（Administrator Console）：对知识库的相关操作，如知识库的建立、备份、维护等。

PowerCenter 包括三个组件：信息服务（Informatica Service）、集成服务（Integration Service）和知识库服务（Repository Service）。Informatica Service 是 PowerCenter 服务引擎；Integration Service 是数据抽取、转换、加载的服务引擎，即实际处理 ETL 任务的

后台服务；Repository Service 用来管理所有客户端以及 ETL 过程中产生的元数据，并且一个 Repository Service 对应一个知识库。

PowerCenter 的基本管理组件是域（Domain），由若干个节点（Node）和服务（Service）组成。一个 Node 是一台机器在 Domain 中的逻辑表示，Node 可以被设置为网关节点（Gateway Node）和工作节点（Worker Node），一个 Domain 中可以有多个 Node 被设置为 Gateway Node，但在运行过程中任意时刻，只能有一个 Gateway Node 起到网关作用，将该 Node 称为 Master Gateway Node，它也是该 Domain 的唯一入口。

Service 包括服务管理员（Service Manager）和应用服务（Application Services）。其中，Service Manager 可以完成 Domain 在对应 Node 上的操作，运行在 Informatica Service 里面，随着 Informatica Service 的启动而启动、关闭而关闭。而且一个 Node 对应一个 Informatica Service，一个 Informatica Service 对应一个 Service Manager。Application Services 包括 Repository Services 和 Integration Services 等，是 PowerCenter 完成具体任务的组件。

（三） Kettle

1. Kettle介绍

Kettle 是由 Java 语言开发编写的一种开源的 ETL 工具。Kettle 在做数据抽取、质量检测、数据清洗、数据转换、数据过滤等方面有比较高效稳定的表现，还可用于数据库间的数据迁移。Kettle 允许用户管理来自不同数据库的数据，支持图形化的 GUI 设计界面，并提供了一个图形化的用户环境。

2. Kettle的组成结构

Kettle 共包含工具、转换（Transformation）、作业（Job）、数据库连接、资源库五个功能模块。

（1） 工具。Kettle 中有 Spoon、Pan、Kitchen、Carte 四个工具用来实现 ETL。其中，Spoon 是集成开发环境，允许通过图形界面来设计 ETL 数据转换过程；Pan 是一个转换的命令行后台运行程序，允许批量运行由 Spoon 设计的 ETL 转换，可通过 Shell 脚本调用；Kitchen 是一个作业的命令行后台运行程序，和 Pan 一样也通过 Shell 脚本调用；Carte 是轻量级的 HTTP 服务器，在后台运行，通过监听 HTTP 请求来运行作业。

（2） 转换。Transformation 负责处理抽取、转换、加载各阶段对数据行的各种操作，以完成针对数据的基础转换。Transformation 包括步骤（Step）、跳（Hop）和注释（Note）。Step 可以有一个或多个，Step 间通过 Hop 来连接。Hop 定义的单向通道允许数据从一个 Step 向另一个 Step 流动，即 Kettle 中的数据流就是从一个 Step 到另一个 Step 的移动。Note 是一个小的文本框，能使 Transformation 文档化。

（3） 作业。Job 用于完成整个工作流的控制，控制过程中的各项操作需要按一定顺序完成。

一个 Job 包括一个或多个作业项。这些作业项的执行顺序由各作业项之间的 Job Hop 和每个作业项的执行结果来决定。

（4） 数据库连接。Transformation 和 Job 使用数据库连接来连接到关系数据库上。但这里说的数据库连接指的是建立连接需要的参数，并不是说要真正打开一个数据库的连接。

（5） 资源库。当 ETL 项目规模较大时，就会涉及不同种类的资源库。但是不同种类资源库的基本要素都相同，即这些资源库使用相同的用户界面，存储相同的元数据。Kettle 以插件的方式灵活定义不同种类的资源库。常见的三种资源库为：数据库资源库、Pentaho 资源库、文件资源库。

上述所有模块中，Transformation 和 Job 是 Kettle 的核心组成部分。用户可以根据 Transformation 和 Job 管理不同数据库的数据。

（四） 其他 ETL 工具

1. DataStage

DataStage 是 IBM 公司开发的对多种操作数据源的数据抽取、转换和维护过程能自动进行并将其输入目标数据库的集成工具。DataStage 使用了 Client-Server 架构，Server 端存储全部的项目和元数据，Client DataStage Designer 为整个 ETL 过程提供了一个图形化的开发环境，用所见即所得的方式设计数据的抽取、清洗、转换、整合和载入的过程。

2. Talend

Talend 是一家针对数据集成工具市场的 ETL 开源软件供应商。Talend 可运行于 Hadoop 集群之间，直接生成 MapReduce 代码供 Hadoop 运行，从而降低部署难度和成本，加快分析速度。Talend 采用用户友好型、综合性很强的开发环境来设计不同的流程，可执行数据仓库到数据库之间的数据同步，提供基于 Eclipse RCP 的图形操作界面。

3. Scriptella

Scriptella 是一个开源的 ETL 工具和一个脚本执行工具，采用 Java 开发。Scriptella 支持跨数据库的 ETL 脚本，并且可以在单个的 ETL 文件中与多个数据源运行。Scriptella 可与任何 JDBC/ODBC 兼容的驱动程序集成，并提供与非 JDBC 数据源和脚本语言的互操作性的接口。它还可以与 Java EE、Spring、JMX、JNDI 和 JavaMail 集成。

第二节 实时数据获取方法

一、实时数据获取方法概述

实时数据获取方法主要应用于处理流数据的业务场景中。所谓流数据，就是将数据源执行的各种操作活动记录成为文件，且这些文件必须按指定格式进行记录，比如Web服务器上的用户访问行为、Web用户的财产记录、网络监控的流量管理等。被视为流的数据本身具有持续到达、速度快、规模大的特点，数据的价值会随着时间流逝而不断降低，因此就格外强调“实时”，要求尽可能快地对最新的数据进行采集、分析并给出结果。不论是何种实时数据采集工具，其设计所遵循的基本框架及功能模块都大致相同。

在现实中很多大型的互联网企业的数据中心会安装多种服务器软件，这些服务器软件每天都会产生大量的日志文件。除此之外，许多金融行业、零售行业、医疗行业等都有自己的业务平台，这些平台上每天也会产生大量的系统日志文件。由于日志一般为流式数据，通过采集系统日志，就可以获得大量数据。因此在实际的流处理的业务场景中，实时数据采集一般就是指对日志文件信息的采集，实时数据采集工具也可称为日志采集工具。

为了有效快速地读取这些日志文件中的信息，并对其进行及时的处理和充分的分析，以满足各种应用的需求，一些比较有实力的公司就根据自身需求开发了相应的日志采集工具，如Facebook公司的Scribe、Apache公司的Chukwa、Cloudera公司的Flume等。这些工具均采用分布式架构，能满足每秒数百兆的日志采集和传输需求。企业通过使用这些日志实时数据采集工具采集数据，再对其进行保存和分析，就可以从日志数据中挖掘得到具有潜在价值的信息，为公司决策和公司后台服务器平台性能评估提供可靠的数据保证，从而获得更大的商业价值。

二、实时数据采集基本架构

（一）架构设计

一般来说，实时数据采集工具的主架构基本分为数据读取器（Reader）、数据解析器（Parser）和数据发送器（Sender）三部分，如图4-5所示。

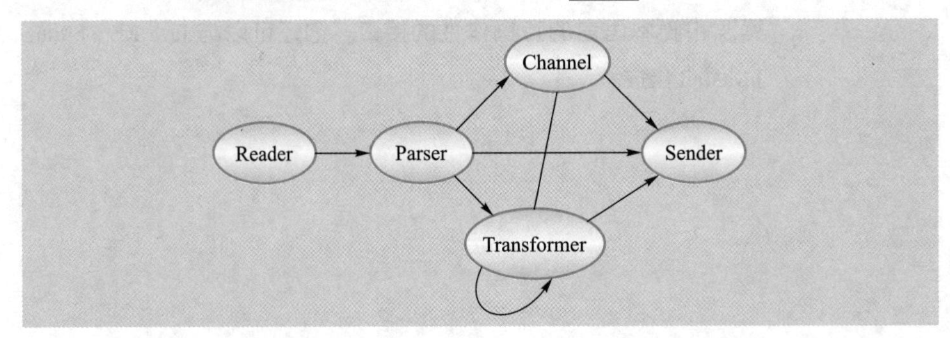

图4-5 实时数据采集架构设计

除了这三个日志采集常规组成部分，还应该包含若干可选模块，如基于解析后的数据转换（Filter/Transformer）模块以及数据暂存管道（Channel/Buffer）等。其中每个组成部分都应该是插件式的，以便编写不同类型插件，并能够进行自由灵活的组装，从而提高每个组成部分的复用率。此外，Channel/Buffer 部分也应该提供基于内存或者基于磁盘的选择。

由 Reader、Parser、Sender 等插件共同组装的业务数据采集单元称为一个运行单元（Runner），数据采集工具必须可以同时运行多个 Runner，且每个 Runner 可以支持更新。更新的实现方式大致有三类：第一类是常规手动更新配置然后重启；第二类的设计是支持热更新，即不需要重启，可以自动识别配置文件的变化；第三类是设计一个 Web 界面做配置的变更，可以降低用户操作的复杂性，方便使用。

（二） 模块组成

实时数据采集工具类软件系统按照功能分模块设计的模式，一般分为以下几个模块进行设计开发：

1. 读取模块

Reader 模块负责从不同数据源中读取数据。设计 Reader 模块时，需要支持插件式数据源接入，且接口的设计要足够简单，以方便程序员共享较多的读取数据源驱动。在自定义数据源时，只需实现最基本的 ReadLine（）string 和 SyncMeta（）error 两个方法即可。

数据读取根据数据来源不同，可大致分为三类。分别是从文件读取、从数据存储服务端读取和从消息队列中读取。每一类中的 Reader 均在发送成功后通过 SyncMeta（）函数记录读取的位置，来保证数据不会因为 Runner 的意外中断而丢失。

从文件读取数据是最为常见的数据读取方式。根据文件不同的 rotate（）方法，从文件读取数据主要有 file、dir 和 tailx 三种读取模式。从数据存储服务中读取数据，可以采用时间戳策略。例如在 MongoDB、MySQL 中记录的数据均包含一个时间戳字段，每次读取数据时都按这个时间戳字段进行排序，以获得新增的更新数据。在实际读取数据的过程中，还需要为用户设计一种类似定时器的策略，方便用户多次运行，不断同步收集服务器中的数据。从消息队列中读取数据，直接从消息队列中消费数据即可。但要注意记录读取的消费进度，防止数据丢失。

2. 解析模块

解析模块负责将数据源中读取的数据解析到对应的字段及类型。几种常见的开源解析器有 CSV Parser、JSON Parser、基于正则表达式（Grok）Parser、Raw Parser 和 Nginx/Apache Parser 等。此外，Parser 与 Reader 模块一样，用户也需实现自定义解析器的插件功能，不过在 Parser 中，只需实现最基本的 Parser 方法即可。而且每一种 Parser 都是插件式结构，可以复用以及任意选择。

在不考虑解析性能的情况下，上述几种解析器基本上可以满足所有数据解析的需求，将一行行数据解析为带有 Schema（具备字段名称及类型）的数据。但当要对某个字段做操作时，单有解析器并不能满足要求，于是数据采集工具还需补充提供 Transformer 的功能。

3. 数据转换模块

Transformer 是对 Parser 的补充，可以针对字段进行数据变化。比如对某个字段做字符串替换，在所有字段名称为"name"的数据中将值为"Tom"的数据改为"Tim"，经过添加一个字符串替换的 Transformer 后，就能对"name"这个字段做替换。再比如某字段中有个"IP"，可以通过添加一个 Transformer 做这个 IP 信息的转换，将这个 IP 解析成运营商、城市等信息。

4. 数据暂存模块

经过解析和变换后的数据会进入待发送队列，即 Channel 部分。Channel 是数据采集工具中最具技术含量的一环，影响着一个数据采集发送工具的性能及可靠程度。

数据采集工具就是将数据采集起来，再发送到指定位置。为了使其性能最优化，需要将采集和发送解耦。而负责数据暂存的 Channel 相当于一个缓冲带，有了 Channel，采集和发送就解耦了，就可以利用多核优势，多线程发送数据，提高数据吞吐量。

5. 数据发送模块

Sender 可以将队列中的数据发送至 Sender 支持的各类服务，设计上应保持尽可能让用户使用简单的原则。在实现一个发送端时，需要注意多线程发送、错误处理与限时等待、数据压缩发送、带宽限流、字段填充、字段别名、字段筛选、类型转换等问题。

三、 实时数据采集工具

（一） Flume 工具

1. Flume介绍

Flume 最初是 Cloudera 公司设计用于合并日志数据的系统，后来逐渐发展为用于考虑流处理业务场景、处理流数据事件的数据采集系统。Flume 于 2009 年成为 Apache 的项目，现在是 Apache 下的一款开源、分布式、高可靠和高可用的海量日志采集、聚合和传输系统，支持从多种数据源采集数据，依靠 Java 环境。

Flume 支持在系统中定制各类数据发送方，用于采集数据。同时，Flume 能对数据进行简单处理，并将其写入各种数据接收方（可定制）。Flume 直接支持 Hadoop 分布式文件系统（HDFS），提供了很多不必进行额外开发即可直接使用的采集器。Flume 还提供了从本地文件、实时日志、REST 消息、远程调用框架（Thrift-RPC）、Avro、Syslog（Syslog 日志系统）、Kafka、控制台（Console）等数据源采集数据的功能。

在容错性方面，Flume 提供了三种级别的可靠性保证，并采用了 Zookeeper 保存系统配置的数据，以保证配置数据的一致性和负载均衡。

Flume 可灵活调整架构、自定义插件，并为用户提供了以下功能：

（1） 从固定目录下采集日志信息到目的地存储；

（2） 实时采集日志信息到目的地存储；

（3） 支持级联，即多个 Agent 对接起来；

（4） 支持按照用户定制实现数据采集，可以使用 Flume 来对接多种类型数据源，包括但不限于网络流量数据、社交媒体生成数据、电子邮件消息以及其他数据源。

2. Flume的组成结构

Flume 传输数据的基本单位是事件（Event），每个 Event 代表一个数据流的最小完整单元，由外部数据源生成，流向最终目的地存储。Event 由 Header（报头）和 Body（主体）组成，其中 Header 是 Key-value 形式字符串对的无序集合，用于保存路由信息和该 Event 的属性信息。Body 是一个字节数组，包含日志数据。

Flume 运行的核心是代理（Agent），Flume 以 Agent 为最小的独立运行单位，一个 Agent 就是一个 Java 虚拟机（JVM）。Flume 被设计为一个分布式的管道架构，相当于一个管道式的日志数据处理系统，可看作在数据源和目的地存储之间有一个 Agent 的网络。Flume 在部署一个代理（Agent）角色时，可通过 Agent 直接采集数据，获取外部日志数据，再传输到目标存储 HDFS 中，如图 4-6 所示。单 Agent 架构主要用于采集群内数据。

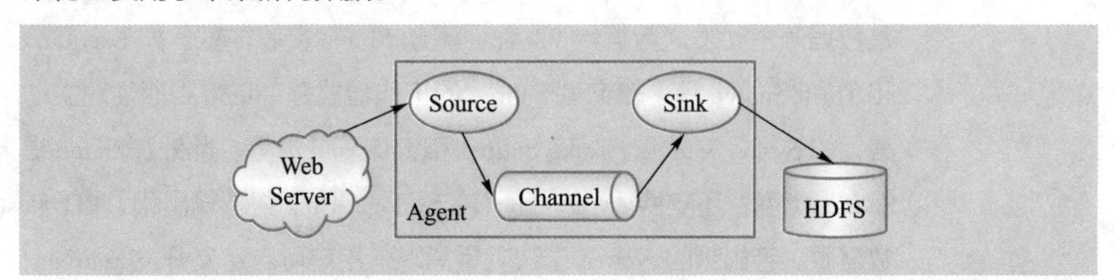

图 4-6
Flume 基础架构

同时，Flume 也支持多 Agent 架构，可以将多个 Agent 级联起来，如图 4-7 所示。此时 Flume 由多个 Agent 串行或并行组成，来完成不同日志数据的分析。Flume 从最初的数据源采集数据，经过两个 Agent 的传输，最终将数据存储到存储系统 HDFS 中。多 Agent 架构主要用于将集群外的数据导入到集群内，起复制、分流的作用。

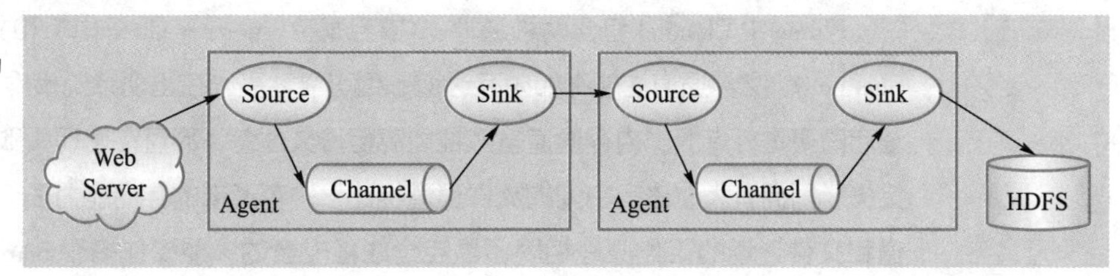

图 4-7
Flume 多 Agent 架构

每个 Agent 都是一个完整的数据采集工具，由源（Source）、管道（Channel）和接收器（Sink）3个模块组成，且一个Agent内可以包含多个Source、Channel或Sink。在整个数据的传输过程中，流动的是Event。Flume首先将Event封装，然后利用Agent对其进行解析，再传输到目的地存储中。也就是说Event从Source流向Channel，再由Channel流到Sink。其中，Flume通过Event中Header的信息决定将Event发送到哪个Channel，如图4-8所示。

图4-8
Flume工作流程图

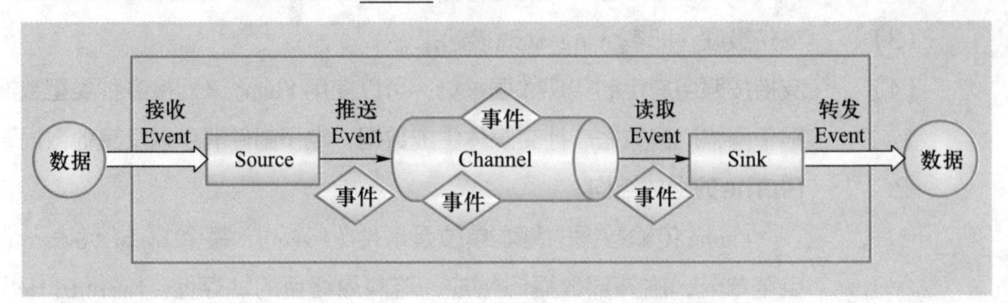

当使用Flume时，编写一个用户配置文件，在配置文件中需描述Source、Channel与Sink的具体实现。而后在运行一个Agent实例的过程中读取配置文件的内容，就可以采集到数据了。由于Flume提供了大量内置的Source、Channel和Sink类型，而不同类型的Source、Channel和Sink可以自由组合，因此多个Agent可以基于用户设置的配置文件，灵活地组合进行协同工作。

（1） Source。Source是数据的收集端，负责接收输入数据并将其以特定格式化封装到Event，或者通过特殊机制产生Event，然后将Event批量写入一个或多个Channel中。Source分为驱动型和轮询型两种，可以对接多种数据源。驱动型Source的工作模式是数据源主动发送数据给Flume，驱动Flume接收数据，如Exec Source、Avro Source和Thrift Source等。轮询型Source的工作模式是Flume周期性地主动从数据源获取数据，如Syslog Source、Kafka Source和JMS Source等。此外，Flume提供了很多内置的Source类型，还支持AvrO、Log4J、Syslog、Unix终端输出和HTTP Post等不同格式的数据源。若内置的Source无法满足需求，用户可自定义开发Source。

（2） Channel。Channel是连接Source和Sink之间的组件，用于临时缓存Agent中的Event，可看作从Source到Sink的中间数据缓冲区，其作用方式类似于队列。Channel可以和任意数量的Source和Sink进行连接，且在数据收发时具有一致性。一个Sink只能读取一个Channel传输来的数据，而多个Sink从同一个Channel读取数据。Channel既能将Event暂存到内存中，也能持久化存储到本地磁盘上，直至Sink处理完该Event。

Flume中Channel包含两种通道：内存通道（Memory Channel）和文件通道（File Channel）。文件通道性能不如内存通道，但可靠性高，在出现系统事件或Flume Agent重启时可进行恢复。内存通道虽然性能高但持久性差，而且在出现失败时会导致数据丢失。同拥有大量磁盘空间的文件通道相比，内存通道的存储能力要低很多。内存通道和文件通道的工作原理相同，是完全线程安全的，能操作多个Source和Sink。但无论选择哪种通道，如果从Source到Channel的数据存储率大于Sink所能写出的数据率，便会超出 Channel 的处理能力，并抛出异常。此外，不同的 Channel 类型提供的数据持久化水平是不一样的，其对应缓存的位置也不同。若内置的 Channel 类型无法满足要求，用户可对 Channel 进行自定义开发。

（3） Sink。Sink 负责将 Event 传输到下一跳或最终目的地存储，即从管道 Channel 中取出 Event，然后将数据发送给下一个 Agent 或者最终目的地。需要特别注意的是，Sink 必须在 Event 被存入一个确切的 Channel 后，或者 Event 已经被传输到下一个目的地存储后，才能把缓存的 Event 从当前 Channel 中移除。这里提及的不同目的地存储包括 HDFS、HBase、Hive、Kafka、Logger、本地文件系统、下一级 Flume Agent 等。通常在日志数据较少的情况下，可以将数据存储在文件系统中，并且设定一定的时间间隔定时保存数据。用户同样可以对 Sink 进行自定义开发。

从 Flume 架构的组成中，能总结出其主要具有以下四个特点：

① 压缩加密：Flume 级联节点之间的数据传输支持压缩加密，提升数据传输效率和安全性。

② 支持复杂流：Flume 支持扇入流和扇出流。扇入流即 Source 可以接收多个输入，扇出流即 Sink 可以将 Event 分流输出到多个目的地。

③ 传输可靠：Flume 使用事务性的方式保证传送事件整个过程的可靠性，意味着数据流里的 Event 无论是在一个 Agent 里还是在多个 Agent 之间流转，都能保证 Event 被成功存储起来。Flume 在传输数据过程中，支持 Channel 缓存、数据发送、故障转移，这样就保证了传输过程中数据不会丢失，增强了数据传输的可靠性。同时，缓存在 Channel 中的数据如果采用文件管道，即使进程或者 Agent 因故障重启，数据也不会丢失。如果下一跳的 Agent 发生故障或者数据接收异常，那么在冗余路径存在的情况下，Flume 可以自动切换到另外一路上继续传输。如果没有冗余路径，则将数据先写到本地，待数据接收方恢复后再继续发送。

④ 数据过滤：Flume 支持第三方过滤插件调用。Flume 在传输数据过程中，可以对数据简单过滤、清洗。如果需要对复杂的数据进行过滤，用户可根据自己的数据特殊性，开发过滤插件。

在流式数据处理的场景中，Flume 架构的 Source、Channel、Sink 分别负责从上游服务端获取数据、暂存数据以及解析数据并发送到下游服务端。得益于 Flume 灵活的扩展性和强大的容错处理能力，Flume 非常适合在大数据量的情况下进行数据解析、中转以及上下游适配的工作。另一方面，Flume 也暴露出一些缺陷和问题。如解析与发送都耦合在 Sink 模块，使得用户在编写 Sink 插件时无法复用一些常规的解析方式，只能再编写解析的逻辑，从而造成操作的复杂和不便。

（二） Kafka 工具

1. Kafka介绍

Kafka 最初由 Linkedin 公司开发，于 2012 年成为 Apache 的一个开源消息系统项目。Kafka 使用 Scala 和 Java 语言编写，在 JVM 环境上运行，是一个分布式的、支持分区的（Partition）、多副本的（Replica）、基于 Zookeeper 协调的分布式发布订阅消息系统，具有高水平扩展和高吞吐量。

Kafka 适用于日志收集、消息系统处理、用户活动跟踪、运营指标和流式处理等。Kafka 可以处理大规模网站中的所有动作流数据，尤其是消费者规模较大的网站中的所有动作流数据。这里的动作特指网页浏览、搜索和其他用户行动。

2. Kafka的组成结构

Kafka 由生产者（Producer）、服务代理（Broker）、消费者（Consumer）、分布式协调服务 Zookeeper 这几大构件组成，如图 4-9 所示。其中 Producer、Broker、Consumer 都可以有多个，而引入 Zookeeper 可以极大地提高其扩展性。

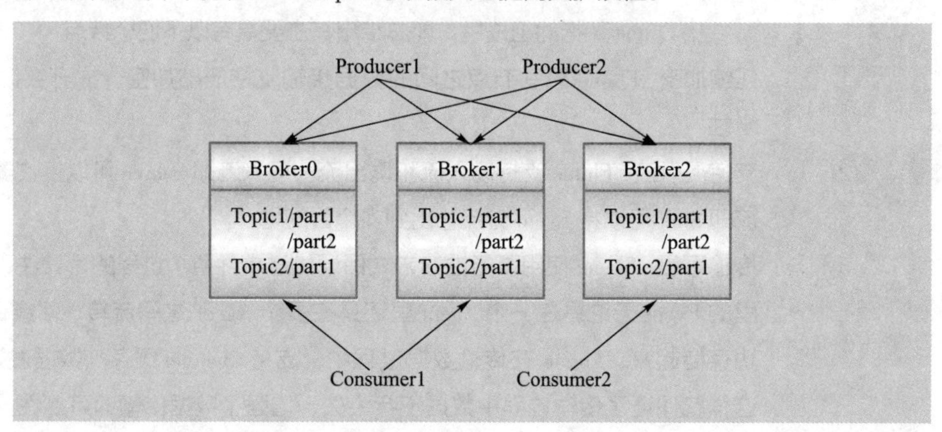

图 4-9
Kafka 架构图

（1） Broker。多个 Broker 组成了 Kafka 集群，能保持负载平衡和保存已发布的消息。Broker 是无状态的，所以使用 Zookeeper 来维护它们的集群状态。一个 Broker 实例可以每秒处理数十万次读取和写入，而不受性能影响。

（2） Topic。每条发布到由 Broker 组成的 Kafka 集群的消息都有一个类别，这个类别名被称为主题（Topic）。Broker 为每一个 Topic 都维护一个分区日志。每一个分区日志都是有序的消息序列，消息是连续追加到分区日志上，并且这些消息是不可更改的。分区中的每条消息都会被分配顺序 ID 号，也称偏移量（Offset），是其在该分区中的唯一序列标识。Broker 将保留所有发布的消息，不管消息有没有被消费，直到该消息过期。与此同时，Broker 可以设定消息的过期时间，这样只有过期的数据才会被自动清除以释放磁盘空间。

一个 Topic 可以有多个分区，这些分区日志被分配到 Kafka 集群中的多个服务器上进行处理，每个分区也会备份到 Kafka 集群的多个服务器上。这些分区作为并行处理单元，提高了 Kafka 对数据处理的效率。如图 4-10 所示。

Topic 消息被均匀地分布到各个分区日志中，由于每个 Partition 中的消息都是有序的，所以生产的消息被不断追加到 Partition 上，其中的每一个消息都被赋予了一个唯一的偏移值。其实物理上不同 Topic 的消息是被分开存储的，逻辑上一个 Topic 的

图 4-10
Topic 日志分区

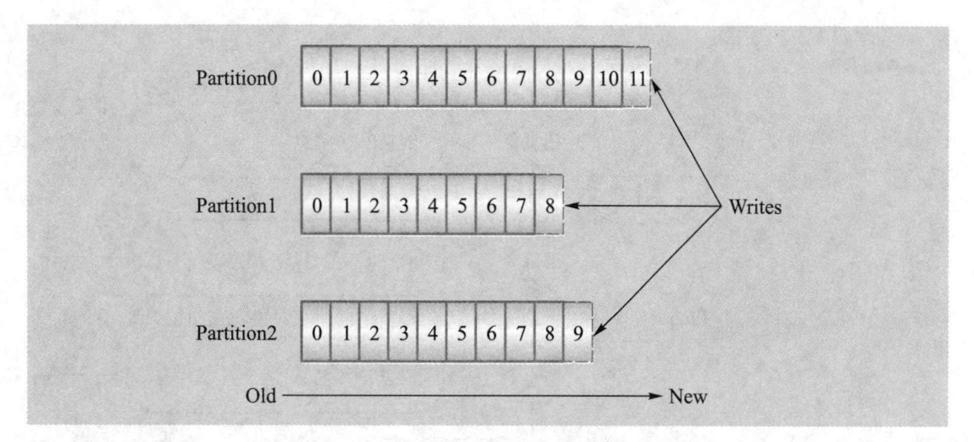

消息虽然保存于一个或多个 Broker 上，但用户只需指定消息的 Topic，即可生产或消费数据，完全不必关心数据究竟存储于何处。

（3） Partition。分区是物理上的概念，每个主题包含一个或多个分区。

（4） Producer。Producer 是向选择的一个或多个 Topic 发送消息的发布者，即向 Broker 发送数据。当 Producer 将消息发布给 Broker 时，Broker 只需将消息附加到最后一个文件。但实际上，该消息将被附加到 Partition。

Producer 还可以向选择的 Partition 发送消息。Producer 通过使用循环的方式或其他一些分区算法，来实现选择控制哪个 Topic 消息分配到哪个 Partition 上。其中包括使用随机分配的方式实现该分配过程。为此，Kafka 提供了两种接口供用户实现自定义的分区。一种是 Low Level 接口，使用这种接口会向特定的 Broker 的某个 Topic 下的某个 Partition 发送数据；另一种是 High Level 接口，这种接口支持同步或异步发送数据，是基于 Zookeeper 的 Broker 自动识别和负载均衡。

（5） Consumer。Consumer 订阅一个或多个 Topic，并通过接收 Broker 发送的数据来使用已发布的消息，并将日志信息加载到中央存储系统上。Kafka 还支持以组的形式消费 Topic，即每个 Consumer 属于特定的 Consumer Group。如果 Consumer 有同一个组名，那么 Kafka 就相当于一个队列消息服务，而各个 Consumer 的消费对应各个相应 Partition 中的数据。若 Consumer 有不同的组名，那么 Kafka 就相当于一个广播服务，把 Topic 中的所有消息广播到每个 Consumer。

Kafka 的基本工作流程就是 Producer 将消息发送给 Broker，并以 Topic 名称做分类。而 Broker 又服务于 Consumer，能将指定 Topic 分类的消息传递给 Consumer，如图 4-11 所示。Consumer 从 Broker 拉取到数据，并控制获取消息的 Offset。

Producer、Consumer 是实现 Kafka 注册的接口，数据从 Producer 发送到 Broker，Broker 承担一个中间缓存和分发的作用，相当于在活跃数据和离线处理系统之间的缓存，可将数据分发注册到系统中的 Consumer 中。Producer 按照指定的分区方法，将消息发布到指定主题的 Partition。Broker 接收到 Producer 发送过来的消息后，将其持久化到硬盘，保留消息并设定可保留的时长，而不关注消息是否被消费。

图 4–11
Kafka 工作流程

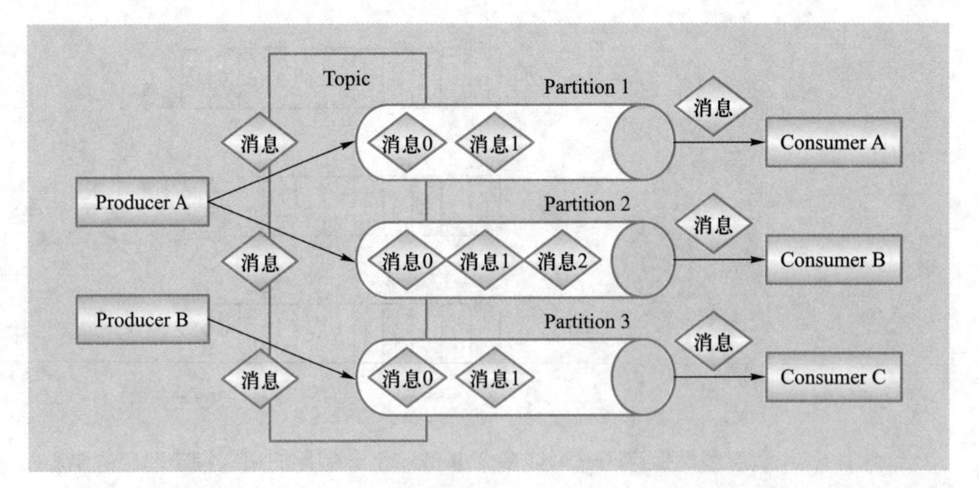

在 Kafka 工作的过程中，需要注意 Producer 到 Broker 的过程是 Push，也就是有数据就推送到 Broker。而 Consumer 到 Broker 的过程是 Pull，它是通过 Consumer 主动取数据的，而不是 Broker 把数据主动发送到 Consumer 端的。另外根据图 4–12 可知，通过 Zookeeper 管理协调请求和转发，多个 Broker 得以协同合作，Producer 和 Consumer 在各个业务逻辑中得以被频繁调用。Kafka 利用 Zookeeper 解决分布式应用中遇到的数据管理问题，从而实现了高性能的分布式消息发布订阅系统。

图 4–12
Zookeeper 的数据管理

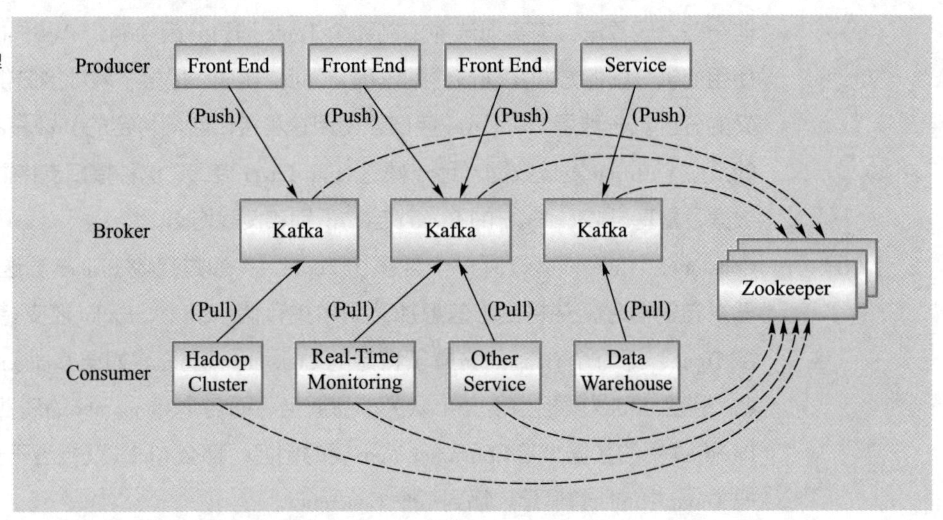

Kafka 的组成结构和运行机制体现出其具有以下几个特点：

① 高吞吐量、低延迟：Kafka 每秒可以处理几十万条消息，它的延迟最低只有几毫秒，每个 Topic 可以分多个 Partition，Consumer Group 对 Partition 进行 Consumer 操作。

② 可扩展性：Kafka 集群支持热扩展。

③ 持久性、可靠性：消息被持久存储到本地磁盘，并且支持数据备份防止数据丢失。

④ 容错性：允许集群中节点失败（若副本数量为 n，则允许 n–1 个节点失败）。

⑤ 高并发：支持数千个客户端同时读写。

（三） Chukwa 工具

1. Chukwa介绍

Chukwa 属于 Apache 的开源项目 Hadoop 系列下的一个产品。它是构建在 Hadoop 的 HDFS 和 MapReduce 框架之上的一个开源的大型分布式数据采集系统，支持 Hadoop，使用 Java 语言。

Chukwa 提供了一种对大数据量日志类数据的采集、存储、分析和展示的全套解决方案和框架。Chukwa 继承 Hadoop 的可伸缩性和鲁棒性，可以用于监控大规模（2 000 个以上节点，每天产生数据量在 TB 级别）Hadoop 集群的整体运行情况，并对它们的日志进行分析。

2. Chukwa的组成结构

Chukwa 旨在为分布式数据收集和大数据处理提供一个灵活、强大的平台，并能够与时俱进地利用更新的存储技术（如 HDFS、HBase 等）。为了保持这种灵活性，Chukwa 被设计成收集和处理层级的管道线，在各个层级之间有非常明确而狭窄的界面。Chukwa 从数据的产生、收集、存储、分析到展示的整个生命周期都提供了全面的支持。

Chukwa 结构由适配器（Adapter）、代理（Agent）、收集器（Collector）、多路分配器（Demux）、存储系统和数据展示（HICC）组成，如图 4–13 所示。

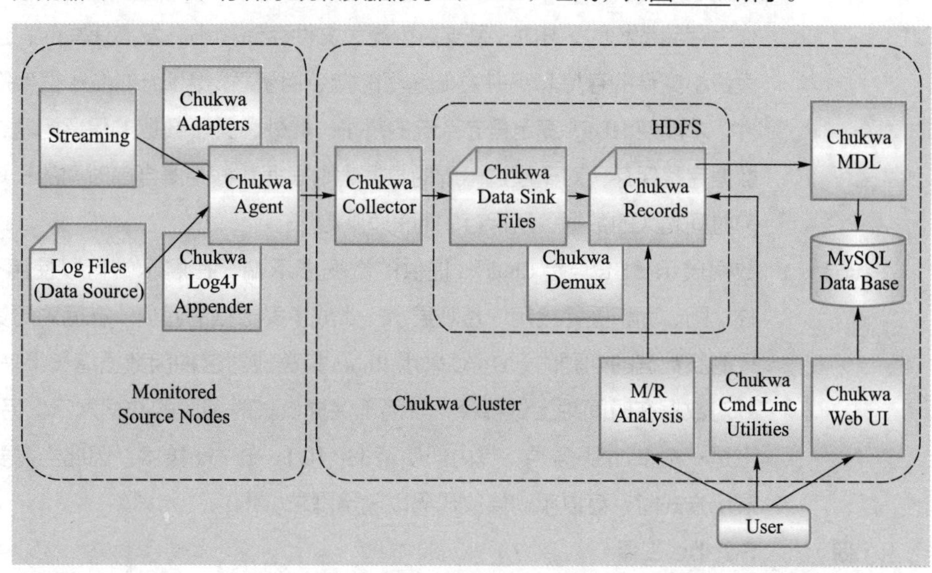

图 4–13 Chukwa 结构

（1） 适配器。Adapter 是直接采集数据的接口和工具。每种类型的数据通过对应一个 Adapter 来实现。数据的类型在相应的配置中指定，目前包括的数据类型有命令行输出、Log 文件和 HTTP Sender 等。除了内置的 Adapter 类型，用户也可以自定义实现一个 Adapter 来满足需求。

（2） 代理。Agent 负责采集最原始的数据以及为 Adapter 提供各种服务，包括启动和关闭 Adapter，将 Adapter 收集的数据通过 HTTP 传递给 Collector，并定期记录 Adapter 状态，以便 Adapter 出现故障后能迅速恢复。一个 Agent 可以管理多个 Adapter。Agent 采用了“Watchdog”机制，会自动重启终止的数据采集进程，防止原始数据的丢失。此外，对于重复采集的数据，Chukwa 在数据处理过程中，会自动对它们进行去重。Chukwa 可以对关键的数据在多台机器上部署相同的 Agent，从而实现容错的功能。

（3） 收集器。Collector 负责收集 Agent 发送来的数据，并定时写入集群。由于 Hadoop 集群擅长处理少量的大文件，因此在处理大量的小文件时，为防止大量小文件直接写入集群，需要 Collector 先将这些数据进行部分合并，再写入集群。

Chukwa 允许和鼓励设置多个 Collector，以防止 Collector 成为单点故障。因此，Agent 可随机地从 Collector 列表中选择一个 Collector 传输数据，如果一个 Collector 失败或繁忙，就换下一个 Collector，从而实现负载均衡。

（4） 多路分配器。Chukwa 架构中放在集群上的数据是通过 MapReduce 作业来实现数据分析的。而 Demux 可利用 MapReduce 对数据进行分类、排序和去重。Demux 在执行过程中通过数据类型和配置文件中指定的数据处理类，执行相应的数据分析工作，一般是把非结构化的数据结构化后，再抽取其中的数据属性。由于 Demux 的本质是一个 MapReduce 作业，且 Chukwa 提供的 Demux 接口用 Java 语言扩展也很方便，所以用户可以根据需求来制定自己的 Demux，以实现更复杂的逻辑分析。

（5） 存储系统。Agent 采集到的数据最终会存储到 Hadoop 集群上。当 Chukwa 使用 HDFS 作为存储系统时，HDFS 是支持少量大文件存储和小并发高速写的，这与日志系统的大量小文件的存储和高并发低速写的特点相矛盾。因此 Chukwa 框架需要使用多个部件，才能使 HDFS 满足日志系统的需求。此外，关于数据的保留问题，对于近一周的数据完整保存，对于超过一周的数据，则根据数据距离当前时间的长短做稀释。离当前时间越久的数据，所保存的时间间隔越长。

（6） 数据展示。HICC 是 Chukwa 提供的数据展示端。在展示端可以使用列表、曲线图、柱状图、面积图等给用户直观展示一类或多类数据的趋势。在面对历史数据和不断生成的新数据的问题时，HICC 采用 Robin 策略应对这种因数据增长带来的服务器压力，并对数据在时间轴上做稀释，从而确保提供长时间段的数据展示。另外，HICC 本质上是一个 Web 服务端，其内部使用 JSP 和 JavaScript 技术。因此当需要更复杂的数据展示方式时，可以手动修改代码以满足需求。

（四） Scribe 工具

1. Scribe介绍

Scribe 是 Facebook 开源的日志采集系统，使用 C/C++ 语言。Scribe 能够从各种日志源上收集日志，存储到一个中央存储系统上，以便于进行集中统计分析处理。Scribe 为日志的分布式收集、统一处理提供了一个可扩展的、高容错的方案。

2. Scribe的组成结构

Scribe 的架构由 Agent、Scribe 和中央存储系统组成，如图 4-14 所示。

图 4-14

Scribe 架构图

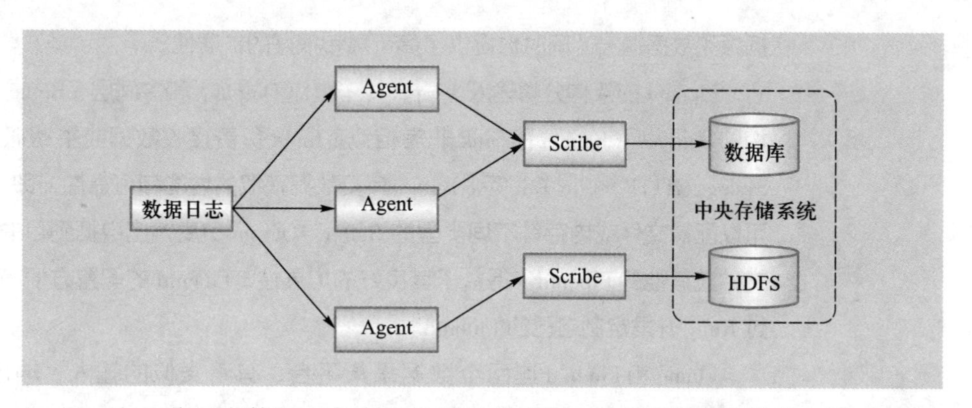

（1） Agent。Agent 实际上就是一个 Thrift（接口描述语言和二进制通信协议），负责传输日志数据，这是向 Scribe 发送数据的唯一方法。Agent 发送的每条数据记录包含一个种类（Category）和一个信息（Message）。Scribe 内部定义了一个 Thrift 接口，用户可使用该接口将数据发送给不同的对象。同时用户可以在 Scribe 配置中指定 Thrift 线程数。

（2） Scribe。Scribe 在接收到 Thrift 发送来的数据后，会将其放到一个共享队列中，然后推送到后端的中央存储系统上。当中央存储系统出现故障时，Scribe 会将数据暂时写到本地磁盘上，待中央存储系统恢复正常性能后，Scribe 再将日志重新加载到中央存储系统中。Scribe 在处理数据时根据配置文件将不同 Category 的数据存储到不同目录中，以便进行分别处理。

（3） 中央存储系统。中央存储系统实际上就是 Scribe 中用的存储器（Store），并且提供了很多的 Store 方式。大概包括以下几个类型。

① File。将日志写到文件或者网络文件系统（NFS）中。支持两种文件格式，即普通文本文件和 HDFS。

② Buffer。该 Store 是双层存储，其中包含两个子 Store。一个是主存储（PrimaryStore），另一个是备份存储（SecondaryStore），且日志会优先写到 PrimaryStore 中。若 PrimaryStore 出现故障，Scribe 会将日志暂存到 SecondaryStore 中，待 PrimaryStore 恢复性能后，再将 SecondaryStore 中的数据拷贝到 PrimaryStore 中。

③ Null。用户可以在配置文件中配置一种名为 Default 的 Category，如果数据所属的 Category 没有在配置文件中被设置相应的存储方式，则该数据会被当成 Default。因此当用户想忽略数据时，可以将其放入 Null 中。

④ Bucket。包含多个 Store，可通过 Hash 函数，将数据存到不同 Store 中。

⑤ Multi。能把数据同时存放到不同 Store 中。

（五） 其他实时数据采集工具

1. Fluentd工具

Fluentd 是数据采集任务的早期工具，也是一个开源的数据采集框架，使用 C/Ruby 实现，依赖 Ruby 环境。Fluentd 的可插拔架构支持各种不同种类和格式的数据源和数据输出，同时也提供了高可靠和很好的扩展性。

Fluentd 的架构分为输入（Input）、输出（Output）和中间层（Buffer），与 Flume 架构的 Source、Channel 和 Sink 非常相似。Input 负责接收数据或主动抓取数据，支持 Syslog、HTTP、File Tail 等。Buffer 负责数据获取的性能和可靠性，即实现数据暂存，可以配置文件或内存等不同类型的 Buffer。Output 负责输出数据到目的地存储，例如文件或其他的 Fluentd。得益于其良好的扩展性，Fluentd 的配置方便简单，用户可通过 Ruby 开发定制自己的 Fluentd。

Flume 和 Fluentd 这两个数据采集平台，有着类似的输入、输出和中间缓冲的架构，也都利用分布式的网络连接实现一定程度的扩展性和高可靠性。但相较于 Flume，Fluentd 还有两大特色。一是 Fluentd 采用 JSON 文件统一日志数据。二是 Fluentd 中间的处理层除了 Buffer 以外，还包含了一个路由（Routing）功能。Routing 功能使得 Fluentd 将所有的数据输入和输出管理起来，并按照需求将输入的数据路由到一个或多个输出端，从而实现了一个统一的日志管理中间层。

2. Logstash工具

Logstash 是著名的开源数据栈 ELK（ElasticSearch、Logstash、Kibana）中的一个数据采集工具，用于接收、处理、转发日志，常作为日志采集工具。Logstash 使用 JRuby 开发，运行时依赖 JVM 环境。

Logstash 的架构分为输入（Inputs）、过滤（Filters）和输出（Outputs）三部分。Inputs 是所有输入端的集合，包含了各类数据输入插件；Filters 是解析与数据转换两部分的插件集合，其中所包含的 Grok 解析方式，几乎可以解析所有类型的数据；Outputs 是输出端的集合。在使用 Elastic Stack 方案时，一般只选择 Logstash 进行数据采集。

3. Telegraf和cAdvisor工具

Telegraf 和 cAdvisor 均是用 Go 语言编写的、针对系统信息数据采集的开源工具。Telegraf 配合 Influxdb 可以让用户充分了解机器各个维度的信息，cAdvisor 搭配 Kubernetes 在处理容器资源信息时表现极佳。相较于通用日志的收集和处理，虽然它们在性能方面均表现优异，但无法针对一些通用数据采集进行日志收集，故其适用的功能面比较窄。

第三节 互联网数据获取方法

一、 互联网数据获取方法概述

互联网数据是指在网络空间交互过程中产生的大量数据，如抖音、微博等社交媒体产生的数据。互联网数据获取是利用互联网搜索引擎技术对数据进行针对性、精准性的抓取，并按照一定的规则和筛选标准将数据进行归类，形成数据文件的过程。

获取互联网数据的流程大致如图 4-15 所示。

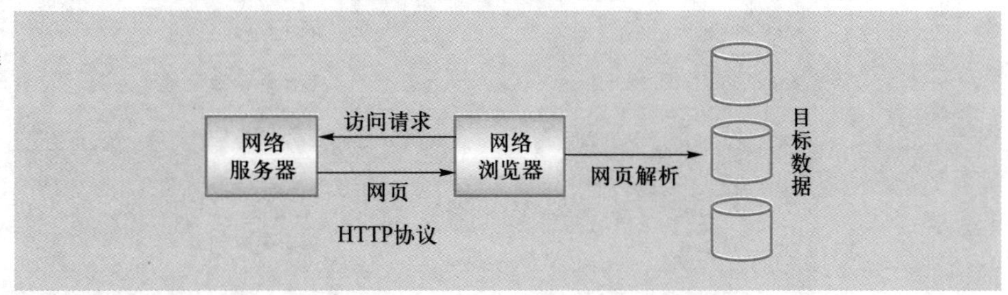

图 4-15
互联网数据获取流程

互联网数据的主要来源为网页，网页的组成涉及 HTML、CSS 和 JavaScript 三块知识。爬虫获取并拼接重组生成 URL 列表，再模拟浏览器对网络服务器发出访问请求，得到原始网页，再通过网页解析技术将藏在网页里的重要数据提取出来。

通常不同用户可能有不同的需求，这就需要不同类型的爬虫来解决，比如增量爬虫、分布式爬虫等。另外，很多网站会设置许多反爬虫策略，这就需要相应的应对手段来解决。

二、 网页

（一） 网页组成

网页是可以在互联网上进行信息查询的信息页，通过网页浏览器阅读。网页组成主要涉及三块知识：HTML、CSS 和 JavaScript。其中，HTML 是网页内容的载体，包含文字、图片、视频等。CSS 样式使得网页的外观更加丰富，可以改变字体的颜色、样式，加边框等。而 JavaScript 则是用来实现网页上的特效，如弹出下拉菜单、图片轮换等。

1. HTML

所有网页都由 HTML 组成。它基本上由包裹在标签周围的纯文本组成，标签让网络浏览器知道以什么样的方式呈现文本。这些标签见表 4-2。

表 4-2
HTML 标签

<html>...</html>	HTML 文档的开始和结束
<!DOCTYPEhtml>	HTML 文档的注释
<head>...</head>	包含有关文档的元信息
<body>...</body>	包含文档的正文
<title>...</title>	指明文档的标题
<h1>...</h1>	指明正文中的小标题
<div>...</div>	代码块，通常用于对一组元素进行分组
<p>...</p>	表示一个段落

续表

 	设置换行符
<table>...</table>	表示一个表格代码块
<tr>...<tr/>	表示一行
<td>...</td>	表示单个单元格
<img>	表示图像
<a>...</a>	表示超链接
<ul>...</ul>	表示无序列表
<ol>...</ol>	表示有序列表
<li>...</li>	表示每个列表项

HTML 有一些包含在上面介绍的标签中的公共属性，见表 4–3。

表 4–3
HTML 属性

href 属性	用于定义超链接和锚文本 eg：<a href=“https：//www.Lee.sina.cn”>Lee 的主页 </a>
src 属性	用于指定图像的文件名和位置 eg：<img src=“https：//www.Lee.sina.com/book.jpg”>
img 标签	图片标签，除了加 src 属性以外，还可以包含宽度、高度和替代文本属性 eg：<img src=“https：//www.Lee.sina.cn/book.jpg” width=“500” height=“600” alt=“Lee 的主页” title=“Lee”>
lang 属性	用于规定元素内容的语言 eg：<html lang=“en–US”>
style 属性	指定特定的字体颜色、大小等 eg：<p style=“color：green”> 正文 ...</p>
id 属性	表示文档中标签的唯一标识符 eg：<h1 id=“firstHeading”> 这是一个静态网站 </h1>
class 属性	用来注释文档中的多个元素 eg：<h1 class=“first Heading”> 这是一个静态网站 </h1>

2. CSS

CSS（层叠样式表）是另一项关键技术。在浏览器中查看网页源代码，经常有一些 HTML 属性存在于许多标签中。比如，“id”用于将页面唯一标识符附加到某个标签；“class”列出了一系列以空格分隔的 CSS 类名。“id”可以快速获取 HTML 页面中的目标信息，“class”则与 CSS 的概念相关。

CSS 和 HTML 的发展同步。最初，HTML 旨在定义网站的结构和格式。因此，在互联网早期，有许多用于定义内容外观的 HTML 标签。例如“<b>...</b>”用于粗体文本；“<i>...</i>”表示斜体文本；“<font>...</font>”更改字体系列、大小、颜色和其他字体属性。然而，文档的结构和格式基本上与两个不同的问题有关。以 Word 文档编辑为例，可以将格式直接应用于文档。编写网页更好的方法是使用样式来指示标题、列表、表格等，然后可以通过修改样式定义更改其格式。CSS 就是做这样的工作的。这样一来，HTML 仍然用于定义文档的一般结构和语义，而 CSS 则将控制文档的样式，两者各司其职、各尽所能。

CSS 的语法看起来与 HTML 有点不同。在 CSS 中，样式信息被写成以冒号分隔的基于键值的语句列表，每个语句本身用分号分隔，如下所示：

```
=====================================================================
color:'red';
background-color:#ccc;
font-size:14pt;
border:2px solid yellow;
=====================================================================
```

这些样式声明可以通过三种不同的方式包含在文档中：

（1）在常规 HTML “style” 属性中，例如，“<p style="color：'red'; ">...</p>”。

（2）在 HTML “<style>...</style>” 标签内，放置在页面的 “<head>” 标签内。

（3）在单独的文件中，然后通过页面 “<head>” 标签内的 “<link>” 标签引用该文件。这是最结构化的方式。加载网页时，您的浏览器将执行额外的 HTTP 请求以下载此 CSS 文件并将其定义的样式应用于文档。

如果样式声明被放置在 “style” 属性中，那么声明应该应用于 HTML 标签本身。在其他两种情况下，样式定义需要包含有关应用样式的 HTML 元素或元素的信息。这是通过将样式声明放在大括号内以将它们分组，并在每个组的开头放置一个 “CSS 选择器” 来完成的：

```
=====================================================================
h1{color:red;}
div.box{border:1px solid black;}
#intro-paragraph{font-weight:bold;}
=====================================================================
```

CSS 选择器定义了要设置样式的 HTML 元素的模式。CSS 有非常丰富的语法来实现各种效果。

在爬虫中，CSS 往往是一大阻碍，通常需要去掉 CSS 效果。CSS 选择器语法可用于帮助 Python 从 HTML 页面快速查找和检索元素。在 Chrome 开发者工具中的元素选项卡中右键单击一些 HTML 元素，然后按 “复制选择器”，就可以获得一个 CSS 选择器。

3. JavaScript

JavaScript 是一种脚本语言，可以在浏览器中直接运行，是一种在浏览器端实现网页与用户交互的技术。JavaScript 代码可以直接嵌套在 HTML 网页中，它响应一系列的事件，当一个 JavaScript 函数约定响应的动作发生时，浏览器就执行对应的 JavaScript 代码。

对于静态网页的爬取相对比较简单，因为 HTML 代码一旦生成，页面的内容和显示效果就基本上不会发生变化了，而动态加载的页面，其显示的内容可以随着时间、环境或者数据库操作的结果而发生改变。所以有的时候会发现爬下来的页面有许多空字段，有可能就是由于页面包含 JavaScript 动态加载的结果。

通常解决办法有两种：一是分析网页元素，找出该数据的原始网页，提交表单，获取不同的数据，用来达到爬取的目的；二是使用 Selenium 组件。

（二） 网页访问原理

用户上网时，浏览器就会启动一系列网络协议，在几秒钟内就与世界各地的计算机建立连接并检索数据。一旦导航到一个网站，例如“www.baidu.com”，网络浏览器就会执行下列这些步骤：

（1） 用户在网络浏览器中输入“www.baidu.com”，它需要找出该站点的 IP 地址。IP 全称“Internet Protocol”，它是互联网的核心协议。有了它，网络才能够在相互连接的计算机之间规划路径和重定向通信数据包。每个计算机都被赋予了 IP 地址。因此，要与百度的网络服务器通信，就需要首先知道其 IP 地址。由于 IP 地址基本上是一串毫无意义的数字，因此记住所有想要访问的网站的 IP 地址比较困难。为了解决这个问题，互联网就提供了一种将“www.baidu.com”等域名转换为 IP 地址的机制。

（2） 此时，浏览器找出“www.baidu.com”后面的正确的 IP 地址。为此，网络浏览器将使用另一种称为 DNS（域名系统）的协议，如下所示：首先，网络浏览器将检查自己的缓存以查看用户最近是否访问过这个网站。如果有，浏览器可以直接重用之前已经缓存的地址。如果没有，浏览器将询问底层操作系统（例如 Windows）是否知道“www.baidu.com”这个地址。

（3） 如果操作系统也不知道这个域名，浏览器将向计算机的路由器发送 DNS 请求，路由器就是将计算机连接到互联网并保留 DNS 缓存的机器。如果路由器也不知道正确的地址，网络浏览器将开始向已知的 DNS 服务器发送大量数据包。例如，发送到由互联网服务提供商（ISP）维护的 DNS 服务器，其 IP 地址是已知的并存储在路由器中。然后 DNS 服务器将回复一个响应，通常表明“www.baidu.com”已映射到 IP 地址“202.108.22.5”了。注意：当 ISP 的 DNS 服务器手头没有记录的时候，它就会去询问其他 DNS 服务器（位于 DNS 层次结构中的较高位置）。

（4） 以上只是为了找出“www.baidu.com”的 IP 地址。当拿到正确的 IP 地址后，浏览器就可以与百度的网络服务器“202.108.22.5”建立连接了。许多协议在这个阶段进行组合以构建复杂的消息。所谓协议就是一个讨论信息在沟通双方呈现一种具体状态的标准化的共识。在这个复杂的集合体的最外层是 IEEE802.3（以太网）协议，该协议用于与处于同一网络下的机器进行通信。而由于用户通常不在同一个网络下通信，因此使用 Internet 协议 IP 嵌入另一条消息，表明用户希望联系地址为“202.108.22.5”的服务器。此时，需要另一种称为 TCP（传输控制协议）的协议，它可以提供一种通用的、可靠的方式来传递网络消息，TCP 具有错误检查和将消息拆分成更小的包的功能，从而确保这些数据包被以正确的顺序传递。当数据包在传输中丢失时，TCP 也会重新发送数据包。最后，还需要另一个协议，即 HTTP 协议（超文本传输协议），这是用于请求和接收网页的协议。HTTP 消息就是网络浏览器向服务器发出获取目标网页索引页的请求。

（5） 百度的网络服务器在接收到消息后，会发回一个 HTTP 回复，其中包含了要访问的页面的内容。在大多数情况下，这些文本内容是使用 HTML 格式化的，HTML 是一种标记语言。借助 HTML，网络浏览器可以将复杂混乱的文本按照 HTML 内容的指示整齐地显示在屏幕上。注意，网页通常会包含网络浏览器在幕后发起的新 HTTP 请求的内容片段，也就是说一个网页里包含了不止一个 HTTP 请求获得的内容。例如，如果接收到的页面命令浏览器显示图像，浏览器将触发另一个 HTTP 请求以获取图像的内容（对于图像数据的获取，浏览器取到的并非 HTML 格式的文本，而是原始的二进制数据，但最终会以图片的形式展示在页面上）。因此，仅呈现一个网页就可能涉及大量 HTTP 请求。现代网页浏览器通常很智能，一旦信息进入就会开始渲染页面，在检索到图像和其他视觉效果时显示它们。此外，如果可能，浏览器也会尝试并行发送多个请求，以加快此过程。所以浏览网页时，看到的是网页在逐步加载出来。

（三） 搜索引擎工作原理

搜索引擎是在网络文档中搜索指定关键字的程序，并返回在万维网中找到的包含关键字的所有网络文档的列表。网络搜索引擎是一种特殊的网站，旨在帮助人们在这数百万个页面中找到需要的相关信息。

搜索引擎在检索目标网页时的步骤为以下五步：

（1） 爬取。爬虫是在搜索引擎上浏览网页文档的程序。它从一个设定的种子链接（SeedURLs）开始，访问队列中的所有网址，并下载网页文档。如果在下载的文档中提取不到任何 URL，则将新 URL 放入队列中。重复这个过程。

（2） 资源库管理。资源库管理和存储着大量的网络文档。搜索引擎收集每个网页文档并将网页文档的完整 HTML 压缩且存储在资源库中。

（3） 索引。索引中包含了每一个网站或网络文档。这为互联网搜索引擎提供了更有效的检索方式。

（4） 查询。查询操作将会根据用户的搜索请求，在海量的资源库中接收相关的网页文档。

（5） 排名。搜索引擎在收集到数据后，往往有大量符合要求或者结果相关的网页，而用户的信息接收能力是有限的，所以搜索引擎需要向用户展示最合适的结果。排名就是根据用户的需要自定义检索结果的顺序。

网络爬虫是搜索引擎的核心构件。网络爬虫旨在从互联网上检索网页文档，并将检索到的网页文档添加到资源库中作为临时存储。网络爬虫的主要目标是生成所有访问过的网络文档的副本并临时存储在资源库中，如果用户想通过搜索引擎进一步检索网络文档，那么搜索引擎就会从资源库中提取相关网页。

三、爬虫工作原理

（一）获取链接

URL 是统一资源定位符，用来定位互联网上标准资源的地址。而互联网上的每个文件都有唯一的一个 URL，它包含的信息用于指出文件的位置以及浏览器应该怎么处理它。爬虫需要知道 URL，才能自动访问相应的页面并进行爬取。

URL 基本格式一般为：protocol://hostname［:port］/path/［;parameters］［?query］#fragment。

其中，protocol 为传输协议，最常见的就是 HTTP。hostname 为主机名，是指存放资源的服务器的域名系统（DNS）主机名或 IP 地址。port 为端口号，各种传输协议都有默认的端口号，如 HTTP 的默认端口为 80，如果输入时省略，则使用默认端口号。path 为路径，由零或多个“/”符号隔开的字符串，一般用来表示主机上的一个目录或文件地址。parameters 为参数，这是用于指定特殊参数的可选项。query 表示查询，用于给动态网页传递参数，可有多个参数。fragment 为信息片段，用于指定网络资源中的片段。例如，一个网页中有多个名词解释，可使用 fragment 直接定位到某一名词解释。

对于网络爬虫，需要关注的是“［?query］”部分。

观察下面的 URL：

http://www.webscrapingfordatascience.com/paramhttp/?query=test

会发现后面带有“?query=test”，这就是“［?query］”部分，它旨在包含不适合 URL 正常分层路径结构的数据。网络服务器是智能软件，当服务器收到对此类 URL 的 HTTP 请求时，它可能运行一个程序，该程序使用包含在查询字符串中的参数来呈现不同的内容。例如，将 http://www.webscrapingfordatascience.com/paramhttp/?query=test 与 http://www.webscrapingfordatascience.com/paramhttp/?query=anothertest 进行比较。

URL 中的查询字符串应遵循以下约定：

（1）查询字符串位于 URL 的末尾，以单个问号“?”开头。

（2）参数以键值对的形式出现，并以“&”分隔。

（3）键和值使用等号“=”分隔。

（4）由于某些字符不能成为 URL 的一部分或具有特殊含义（例如字符“/”“?”“&”和

“=”)，因此需要正确格式化此类在 URL 中使用它们时的字符。比如，http：//www.webscrapingfordatascience.com/paramhttp/?query=another%20test%3F%26。

（5） 其他确切语义未标准化。通常，网络服务器不会指定 URL 参数的顺序。许多网络服务器还可以处理和使用带有没有值的 URL 参数的页面，例如 http：//www.example.com/?noparam=&anotherparam。由于完整的 URL 包含在 HTTP 请求的请求行中，因此网络服务器可以决定如何解析和处理这些内容。

大多数 Web 框架允许定义简洁的格式化的 URL，只在 URL 的路径中包含参数，例如，“/product/302/”而不是“products.html?p=302”。前者使得 URL 看起来更友好，搜索引擎也更喜欢此类 URL。理论上，在服务器端，可以随意解析任何传入的 URL，从中取出部分并重写它。

再观察下面的 URL：

https：//club.autohome.com.cn/bbs/forum-c-771-1.html#pvareaid=3454448

https：//club.autohome.com.cn/bbs/forum-c-771-2.html#pvareaid=3454448

这两个页面为汽车之家某款车的论坛 URL，此类页面就把参数包含在了路径中。第一个页面为论坛第一页的 URL，第二个页面为论坛第二页的 URL，通过对比发现，不同页面之间变化的部分仅仅是 1 和 2，说明这里的数字 1 和 2 代表页面的序号，不难推测 771 表示车型的代号，对于这种包含许多页面数据的网页爬取，通常会先获取到一些 URL，通过分析搞清楚各部分 Path 的含义，手动拼接页面就可以实现不同车型、不同页面之间的跳转。

（二） 访问网页

1. HTTP

前面已经介绍了网络浏览器如何与万维网上的服务器进行通信。消息交换的核心组件包括发送到网络服务器的 HTTP（超文本传输协议）请求消息，然后是可由浏览器呈现的 HTTP 响应（通常也称 HTTP 回复）。事实上，HTTP 是一种相当简单的网络协议。它是基于文本的，这至少使得其消息与根本没有文本结构的原始二进制消息相比，对最终用户具有可读性，并遵循简单的基于请求—回复的通信方案。从网络浏览器联系网络服务器并接收到回复的整个过程只涉及两条 HTTP 消息：请求和回复。如果浏览器想要下载或获取额外的资源（例如图像），只需要发送额外的请求—回复消息给服务器即可。

网络浏览器和网络服务器通过发送纯文本消息进行通信。客户端向服务器发送请求，服务器发送响应或回复。

请求消息包括以下内容：

（1） 请求行；

（2） 请求标头，每个标头都在自己的行上；

（3） 空行；

（4） 可选的消息正文，也可以占用多行。

HTTP 消息中的每一行都必须以 <CR><LF>（ASCII 字符 0D 和 0A）结尾。空行只是 <CR><LF> 没有其他额外的空格。

以下代码片段显示了由网络浏览器执行的完整 HTTP 请求消息：

```
===========================================================================
GET/HTTP/1.1
Host：example.com
Connection：keep-alive
Cache-Control：max-age=0
Upgrade-Insecure-Requests：1
User-Agent：Mozilla/5.0 (WindowsNT10.0;Win64;x64)AppleWebKit/537.36
(KHTML,likeGecko)Chrome/60.0.3112.90Safari/537.36
Accept：text/html,application/xhtml+xml,application/xml;q=0.9,*/*;q=0.8
Referer：https：//www.google.com/
Accept-Encoding：gzip,deflate
Accept-Language：en-US,en;q=0.8,nl;q=0.6
<CR><LF>
===========================================================================
```

在以上片段中，“GET/HTTP/1.1” 是请求行。它包含了浏览器需要执行的 HTTP“动词”或“方法”（上例中的“GET”）、需要检索的 URL（“/”）以及 HTTP 版本（“HTTP/1.1”）。不要太担心“GET”动词，HTTP 有许多动词。现在，重要的是要知道“GET”的意思：“获取 URL 的内容。”当用户每次在浏览器的地址栏中输入 URL 并按 Enter 键时，浏览器都会执行 GET 请求。

接下来是请求标头，每个标头都在自己的行上。每个标头都包含一个名称（例如“Host”），后跟一个冒号（“：”）和标头的实际值（“example.com”）。浏览器通常在标题中包含内容。

HTTP 标准包括一些标准化的标头，这些标头将被适当的网络浏览器使用，当然用户也可以自由地包含其他标头。例如，“Host”是 HTTP1.1 及更高版本中的标准化和强制性标头。如果将“GET/HTTP/1.1”发送到负责“example.com”的网络服务器，服务器就知道要获取和返回哪个页面。随着技术的更新，人们实现了在同一台服务器上为多个网站提供相同的 IP 地址。例如，负责“example.com”的同一服务器也可能是属于“example.org”的服务页面。但是，需要一种方法来告诉服务器用户希望从中检索页面的域名。在请求行本身中包含域名，例如“GETexample.org/HTTP/1.1”可能是一个可靠的想法，尽管这会破坏早期网络服务器的向后兼容性。然后以强制性“主机”标头的形式提供解决方案，指示服务器应从哪个域名检索页面。

除了强制性的“Host”标头之外，这里还出现了许多其他标头，它们形成了一组“标准化请求标头”，不过这些标头不是强制要有的。

尽管如此，所有现代网络浏览器都包含了“标准化请求标头”。例如，“Connection：keep-alive”可以向服务器发出信号，为后续请求保持连接状态。“User-Agent”包含一个大文本值，浏览器通过它通知服务器它是什么（Chrome），以及它正在运行的版本。

“Accept”告诉服务器浏览器更喜欢返回哪种形式的内容，以及“Accept-Encoding”告诉服务器浏览器能够取回压缩形式的内容。“Referer”标头告诉服务器浏览器来自哪个页面（在这种情况下，点击“google.com”上的链接浏览器将跳转到“example.com”）。

最后，请求消息以空白的<CR><LF>行结束，并且没有任何消息正文。这些不包含在GET请求中，但稍后会看到HTTP消息，该消息正文将在何处发挥作用。

如果一切顺利，网络服务器将处理请求并发回HTTP回复。

HTTP回复类似于HTTP请求并且包含：

（1） 状态代码和状态消息的状态行；

（2） 响应头，同样都在同一行上；

（3） 空行；

（4） 可选的消息正文。

因此，根据上述请求，会得到以下格式的响应：

```
==========================================================
HTTP/1.1200OK
Connection: keep-alive
Content-Encoding: gzip
Content-Type: text/html;charset=utf-8
Date: Mon,28Aug201710: 57: 42GMT
Server: Apachev1.3
Vary: Accept-Encoding
Transfer-Encoding: chunked
<CR><LF>
<html>
<body>Hello World</body>
</html>
==========================================================
```

在一个HTTP回复中，第一行表示请求的状态结果。它列出了服务器认可的HTTP版本（“HTTP/1.1”），然后是状态代码（“200”）和状态消息（“OK”）。状态为

200 表示连接顺利。实际上有许多约定好的 HTTP 状态代码，其中很常见的 404 状态消息，其含义是无法检索到请求中的 URL。

接下来是一些其他标头，只不过现在它们来自服务器。就像网络浏览器一样，服务器在提供的内容方面功能也很丰富，并且可以包含任意数量的标头。在这里的片段中，服务器在其标头中包含了当前日期和版本（“Apachev1.3”）。这里的另一个重要标头是“Content-Type”，因为它将为浏览器提供有关回复中包含的内容的信息。在这里，它是 HTML 文本，但也可能是二进制图像数据、电影数据等。

标题后面是一个空白的 <CR><LF> 行和一个可选的消息正文，其中包含回复的实际内容。在这里，内容是一堆 HTML 文本，其中包含“你好，世界”。正是这些 HTML 内容将被网页浏览器解析并显示在屏幕上。同样，消息正文是可选的，但由于用户希望大多数请求实际上返回一些有用的内容，所以一般来说正文部分会包含一些内容。

2. 常用库requests

在了解 HTTP 的基础上，我们可以对网页内容进行访问。本书以 Python 语言为例，介绍一个便捷获取到网页的第三方库——requests。

使用 requests 库来处理 HTTP 的原因很简单：虽然 Python 中原本是“urllib”提供了可靠的 HTTP 功能（尤其是与 Python2 中的情况相比），但使用它通常涉及大量样板代码，这使得模块使用起来不太方便，阅读起来也不太优雅。与“urllib”相比，“urllib3”（注意这不是标准 Python 模块的一部分）通过一些高级功能扩展了有关 HTTP 的 Python 生态系统，但它也没有真正关注优雅或简洁。requests 建立在“urllib3”之上，但它允许用户用简短、漂亮且易于使用的代码处理大多数 HTTP 用例。

requests 使用起来非常简单，首先在环境中导入 requests 包，然后根据浏览器发出的请求类型是 get（）还是 post（），调用 requests 对应的 get（）或 post（）方法即可，调用 post（）方法需要带上查询参数，得到的就是浏览器返回的页面信息，之后再进行下一步处理。

（三） 网页解析

1. 正则表达式

当网页成功获取到以后，还需要进行下一步处理，因为得到的网页中存在着大量的无结构文本，而最终目标并不是爬下来的网页，而是藏在网页中的有用的数据信息，尤其是用户想要使用定量方法分析数据的时候。从数据堆中找到和研究问题相关的信息大致分为以下几步：第一，采集无结构文本；第二，总结信息背后的重复规律；第三，把规律运用到无结构文本中，进行信息提取。

前面介绍的 HTML 网页原则上只不过是文本的集合。用户的目标永远是识别并提取网页中包含相关信息的那些部分。一般来说，提取无规律文本使用 XPath 就可以完成，不过有时关键信息会散布在 HTML 网页的各部分，XPath 比较适合在网页结构上找数据。相比于XPath，正则表达式的查找更加灵活，功能更加强大。正则表达式提供了在文本中系统化分析规律的一套语法。比如在一段文本中包含了三个人的电话号码，这段文本并没有什么文本结构，使用XPath就很难进行查找，这时正则表达式就派上了用场。

正则表达式已经在很多软件中得到广泛的应用，包括PHP、C#、Java、Python等开发环境。正则表达式是由普通字符（例如字符a到z）以及特殊字符（称为元字符）组成的文字模式。模式描述在搜索文本时要匹配的一个或多个字符串。正则表达式作为一个模板，将某个字符模式与所搜索的字符串进行匹配。

（1）普通字符。普通字符包括没有显式指定为元字符的所有可打印和不可打印字符。这包括所有大写A—Z和小写字母a—z、所有数字0—9、所有标点符号和一些其他符号。

（2）非打印字符。非打印字符也可以是正则表达式的组成部分，比如常用的“\n”会匹配到一个换行符，“\s”会匹配到一个空白字符，“\t”会匹配到一个制表符。

（3）特殊字符。特殊字符顾名思义，就是一些有特殊含义的字符。比如“( )”就标记了一个子表达式的开始和结束。“*”就代表匹配前面的子表达式零次或多次，而“+”就代表匹配前面的子表达式一次或多次。这些字符的使用也是容易让正则表达式看起来和天书一样的原因。

（4）限定符。限定符用来指定正则表达式的一个给定组件必须要出现多少次才能满足匹配。

（5）定位符。定位符能够将正则表达式固定到某一个位置，比如行首或行尾，比如出现在一个单词内、在一个单词的开头或者结尾。

2. 常用库Beautiful Soup

这里基于Python为例，介绍一个Python库——Beautiful Soup。它主要用于解析和提取HTML字符串中的信息。带有各种HTML解析器，甚至可以从格式错误的HTML中提取信息。使用requests获取到HTML页面，之后就可以开始使用Beautiful Soup来提取有用的信息。

使用Beautiful Soup需要先创建一个Beautiful Soup对象，Beautiful Soup对象有很多带有一长串名称的非常直观的可用方法，例如findParent（ ）、findParents（ ）、findPreviousSibling（ ）和findPreviousSiblings（ ）等，这些都是用于遍历HTML标记，这些标记可以帮助在HTML树中导航。由于篇幅有限，在这里不展示所有的方法。如果同学们感兴趣，可以自行了解。总之，借助Beautiful Soup，可以快捷地在HTML页面中定位到有用信息。

3. XPath

XPath源于XSLT标准，代表XML路径语言。它的语法允许识别HTML和XML文档的路径和节点。通常几乎不需要从头开始编写自己的XPath。

找到XPath的最常见方法是借助Google Chrome中的开发人员工具。例如，如果希望 XPath 是某站点上一本书的价格，右键单击页面上的任意位置并单击检查。在那里点击想要的 XPath 的元素，然后复制并选择特定对象的缩写 XPath 或完整 XPath；这样就得到了 XPath，使用相应的方法即可借助得到的 XPath 轻松获取到想要的元素。

（四） 网络爬虫的分类

1. 聚焦爬虫

聚焦爬虫，又称主题网络爬虫，类似于通用爬虫，但它从互联网返回给定主题的相关网页。重点抓取分析它感兴趣的主题，以找到可能与抓取最相关的网络文档的 URL，避免获取万维网中的无关文档。这种方式极大地节省了硬件和网络资源，保存的页面也由于数量少而更新快，还可以很好地满足一些特定人群对特定领域信息的需求。

2. 增量爬虫

增量爬虫先爬取页面获得本地集合，之后只更新新产生或者已经发生变化的页面，而不是每次都从头开始爬取并从互联网上检索更新的网络文档。增量爬虫判断更新网页的方法有两种：一是发送请求前通过 URL 判断是否已经爬取；二是爬取下来后通过页面解析结果判断内容是否已经爬取过。

3. 分布式爬虫

分布式爬虫经常在任务量巨大的情况下，或者网站反爬虫策略很严格的情况下，把任务分配给多台机器进行爬取。通过科学合理地进行任务分配，各台机器之间互不影响，快速地完成爬取任务。

4. 并行爬虫

并行爬虫就是并行运行多个爬虫。从给定的主机一次获取多个网页。并行爬虫提高了从万维网下载 Web 文档的速度，其应用也很广泛。

四、 爬虫工具及软件

（一） 常用爬虫工具

1. C#网络爬虫工具

（1） Spider Net。Spider Net 是一个支持 Windows 操作系统，基于递归树模型的网络爬虫框架，支持多线程爬取，可以自行设置爬取深度和最大下载字节数限制。

（2） NWebCrawler。NWebCrawler 也是一款基于 Windows 操作系统的开源网络爬虫框架，其功能丰富，支持多线程，可设置优先级的 MIME 类型，而且执行过程可视化。

（3） Sinawler。原名“新浪微博爬虫”，基于 .NET2.0 框架，提供了针对 SQL Server 的数据库脚本文件。该框架顾名思义，主要针对新浪微博的数据进行爬取。

2. Java网络爬虫工具

（1） Crawler4j。Crawler4j 是一款基于 Java 的轻量级单机开源爬虫框架，支持多线程爬取，具备基于 Berkeley DB 的 URL 过滤机制，但该框架不支持动态网页的爬取，对于采取 JavaScript 的网页束手无策，同时也不能进行分布式数据采集。

（2） Web Magic。Web Magic 简单灵活，高效快捷，但缺点是不能对动态页面进行有效的爬取。

（3） Web Collector。Web Collector 是一个无须配置、便于二次开发的 Java 爬虫框架。它支持断点重爬，而且支持代理。该框架基于文本密度对网页正文自动抽取，但不支持分布式爬取，且没有 URL 优先级调度。

3. Python网络爬虫工具

Scrapy 是一个基于 Twisted 实现的异步处理爬虫框架，Scrap 是碎片的意思，代表它可以适应任何人根据自己的需求进行修改，定制化服务。Scrapy 提供了种类丰富的基类，比如 Base Spider、Sitemap 等。而且，Scrapy 可支持 Linux、Mac、Windows 等各种主流平台。正是由于其诸多特性，Scrapy 应用十分广泛，可用于数据采集、网络监测，以及自动化测试等多种场景。

（二） 常用爬虫软件

1. 八爪鱼

八爪鱼采集器是一款可视化采集器，支持各种网页数据采集。简单易用，新手容易上手，内置数百个网站数据源，提供多种网页采集策略及配套资源，功能较为丰富，同时提供云采集操作，不过需要收费，支持多格式导出，而且该软件只支持 Windows 操作系统。

2. 集搜客

集搜客同时支持 Windows 版和 Mac 版，全图形化操作界面，对新手友好，无须具备编程基础，可以设置周期性自动采集，实现持续的增量数据采集，有利于舆情监控、商品比价和大数据挖掘。爬虫不仅可以抓取 PC 网站上的数据，还可以抓取手机网站上的数据。不过仅限于能在网页上打开的网站，不包括手机 App 的内容。对于较复杂的业务，该软件可以定制服务，不过费用较昂贵。

3. Web Scraper

Web Scraper 是一个 Chrome 的插件，用户可以直接上 Chrome 网上应用商店安装，也可以下载插件安装包手动安装。Web Scraper 非常轻量，对新手也较为友好，支持绝大多数网页的爬取，但需要充钱才能不限爬取速度。其缺点也很明显，只支持文本数据爬取，对于图片、视频等数据无法爬取，且不支持动态网页爬取，而且默认爬取全部内容，无法定量爬取某部分数据。Web Scraper 对于爬虫需求不多、偶尔爬取简单数据的用户来说比较合适。

4. Any Papa

Any Papa 与 Web Scraper 类似，也是一款轻量级插件。不过，它可以应用于 Chrome、360、QQ、搜狗等多款 Chromium 内核的浏览器，内置通用的 URL 打开器，可辅助自动爬数，可爬取多种数据格式，支持多种数据源。

5. 火车头

火车头是一款国内老牌的网络数据采集器。功能强大，接口齐全，支持接口和插件多种扩展延伸，比如 PHP 和 C# 的插件扩展。支持各种数据格式输出，采用分布式高速采集系统，可以灵活迅速地抓取网页上散乱分布的数据信息，还兼有数据分析、挖掘的能力。但只支持 Windows 系统，且免费的功能限制很多。

6. 爬山虎

爬山虎同样采用可视化界面，不需要编程基础，静态网页、动态网页都可以采集，而且支持手机 App 爬取，支持多种格式文件和数据库的导出，同时内置多款网站采集模板，但价格相对昂贵，适合大量长期的数据需求者。

五、其他需要注意的问题

（一）反爬虫及应对策略

1. 信息校验型反爬虫

浏览器发出请求时，客户端会把“信息”包含在请求头和请求正文中，反爬虫主要从这里入手，对发出的信息进行校验，包括对信息的正确性、完整性或唯一性进行验证或判断，从而区分正常用户和爬虫程序的行为。

（1）User-Agent 反爬虫。User-Agent 通常被客户端用来标识身份，网络服务器可以借助该值来判断客户端的类型。由于 requests 库中允许自定义 User-Agent，因此可以很轻松地把爬虫程序伪装成浏览器。

（2）Cookie 反爬虫。Cookie 信息也是包含在请求头中，服务器端可以通过校验 Cookie 值来区分正常用户和爬虫程序。破解方法与 User-Agent 类似，填充 Cookie 信息伪装成浏览器。

（3）签名验证反爬虫。签名验证主要用于防止恶意连接和数据被篡改，用于签名验证的信息通常被放在请求正文中发送到服务器端。大部分签名验证反爬虫的请求，其正文信息计算是使用 JavaScript 进行的，可以通过搜索的方式快速定位对应的代码。

（4）WebSocket 握手验证反爬虫。服务器端创建 Socket 服务后监听客户端发送的消息。对服务器端发送的握手请求进行验证，如果验证通过，则返回状态码为 101 的响应头。客户端按照 WebSocket 规范生成握手信息并向服务器端发送握手请求，然后读取服务器端推送的消息，最后验证握手结果。

2. 动态渲染型反爬虫

通过 JavaScript 改变 HTMLDOM 导致页面内容发生变化的现象称为动态渲染。克服的方法通常有分析网页元素，找出该数据的原始网页或者采用 Selenium 套件。

3. 文本混淆型反爬虫

文本混淆型反爬虫主要用于混淆网页中的字体数据，限制爬虫获取文字信息。

（1） 图片伪装反爬虫。图片伪装反爬虫就是把一些文字用带有文字的图片代替，在网页上看并不会有差别，但爬虫爬下来的数据就会有所缺失。这种方式使用 Selenium 套件并不能有效解决，而且使用视觉字符识别技术也未必有效。

（2） CSS 偏移反爬虫。CSS 偏移反爬虫就是利用 CSS 可以设置文字位置的特性，把原本乱序的文本调整成正常次序后呈现在网页前，视觉上看没有问题，但爬虫爬下来的是调整顺序前的乱序文本，以此达到反爬虫的效果。

（3） SVG 映射反爬虫。SVG 映射反爬虫就是利用矢量图形代替原本文字。但这种技术有一个缺点就是只能一一对应地代替文字，因此它具有固定的映射关系。

（4） 字体反爬虫。字体反爬虫就是网站将一些文字使用自建的字体库进行替换的反爬虫技术，即使使用 Selenium 获得的也仅仅是一堆乱码。

4. 特征识别型反爬虫

特征识别型反爬虫是指通过客户端的特征、属性或用户行为特点来区分正常用户和爬虫程序的反爬虫技术。

（1） WebDriver 识别。反爬虫人员根据客户端是否包含浏览器驱动这一特征来区分正常用户和爬虫程序。

（2） 浏览器特征。原理与 WebDriver 识别相同，开发者还可以借助客户端的操作系统信息和硬件信息等区分正常用户和爬虫程序。不过，这些属性的值可以通过 JavaScript 进行更改。

（3） 爬虫特征。反爬虫人员还可以借助爬虫具有的鲜明特征判断程序为爬虫程序，比如一般而言，爬虫访问服务器的速度远快于普通用户，而且时间间隔固定。

（4） 隐藏链接反爬虫。该方法就是将一些只有爬虫能获取到的链接放在网页中，一旦链接被访问，就可以判定是爬虫。这种方法尤其适用于列表数据中，利用爬虫人员粗心的心理进行反爬虫。

5. 验证码反爬虫

验证码反爬虫就是利用用户的主观意识，必须按要求进行一些操作才能通过的自动化程序。

（1） 字符验证码。字符验证码是最常见的一种验证码反爬虫，一般形式就是把图片中的数字、字母或者汉字填充到相应位置完成验证。

（2） 计算型验证码。这种类型就是在字符验证码的基础上还加入了简单的数学运算，要求识别数组后进行简单运算并把运算结果填入相应位置的反爬虫策略。

（3） 滑动验证码。滑动验证码需要鼠标按住滑动按钮不动，滑动一定距离后解锁。

（4） 滑动拼图验证码。这种反爬虫策略与滑动验证码的唯一区别就是滑动距离变了，需要滑动到缺口处。

（5） 文字点选验证码。文字点选验证码就是要求用户点击指定的文字通过验证的策略。

（二） 带宽管理技术

带宽管理技术是企业为了查看流量情况而对网络带宽进行检测的一种技术。常见的应用场景就是企业用来查看 DDOS 攻击情况。

1. DPI

DPI 全称 Deep Packet Inspection，也就是深度包检测，是一种基于应用层的流量检测和控制技术。

它是一种细粒度的检测方法，通过解析协议的包头和有效载荷，识别网络数据包的应用层内容的指纹，进而识别各类型应用。它非常适合未加密的流量和已知协议的数据。具体来讲就是，当 IP 数据包、UDP 数据流经过带宽管理系统时，该系统基于 DPI 技术通过深入读取 IP 包载荷的内容来对 OSI 协议中的应用层信息进行重组，从而得到整个应用程序的内容，然后按照系统定义的管理策略对流量进行整形操作。

针对不同的协议类型，DPI 识别技术可划分为以下三类：特征字的识别技术、应用层网关识别技术、行为模式识别技术。

2. DFI

DFI 全称 Deep/Dynamic Flow Inspection，也就是深度 / 动态流检测。DFI 是一种针对宏观流量行为的粗粒度方法，通过统计或 AI 分析，对于加密流量和未知协议的数据非常有效。因为不同的应用类型在会话连接或数据流上的状态有所不同，DFI 通过对流量行为的检测识别不同的应用类型。

3. DPI和DFI的对比

（1） 处理速度方面，DFI 相对于 DPI 要占优势。因为 DPI 的原理决定了 DPI 需要逐个拆包进行对比匹配，而 DFI 仅需将流量特征与后台流量模型比较即可。

（2） 成本维护方面，DFI 也更占优势，因为 DPI 分析包头的前提是已知协议，因此只有当协议变动了，DPI 才可以跟着变动，一旦协议变动，DPI 就需要进行维护，否则就不能有效识别。而 DFI 对于未知协议的数据非常有效，即使应用类型发生变化，其流量特征的变动也不会太大，因此不需要频繁升级，其维护成本就相对较小。

（3） 识别准确率方面，对于加密流量传输，DFI 显然能够有效克服，而 DPI 就无法进行有效的识别。但是对于未加密的流量且需要对应用进行细致分类时，由于 DPI 采用的是逐包分析的方式，能够实现较精准的识别，DFI 则只能就某一应用类型进行粗略的划分。

第四节 其他数据获取方法

一、涉及保密性的数据获取

在大数据获取过程中，对于有保密性要求的数据，需要通过与数据所有者进行合作并拿到授权，使用特定系统的应用程序接口（API）的方式进行采集。此方式必须先经过协调多方工程师进场、了解所有系统业务流程以及数据库相关的表结构设计、确定可行性方案和进行采集工具的编码以及测试调试之后，才能正式开始进行采集任务。

在使用应用程序接口方式时，需要协调的各方人员较多，接口开发费用高，前期投入大，扩展性小。尤其是当业务系统开发出新的业务模块时，此模块和相对应的大数据平台之间的接口也都要做出变动和修改，甚至可能推翻以前使用的所有数据接口编码，重新进行设计编写，这使得整体工作量变大，耗时变长。但是，应用程序接口方式与业务系统有着良好的对接，其数据的可靠性与价值较高，一般不存在数据重复的情况，且数据通过接口实时传输，可以满足数据实时性的要求，安全性更高。因此，虽然使用 API 方式有上述这样那样诸多的缺点，但鉴于其能很好地保证数据采集过程中的安全性和可靠性，就使得 API 成为采集保密性数据的主要方式。事实上，在采集保密性数据时，确保采集过程中数据的安全性，防止数据泄露和流失永远是最重要的。在实际获取涉及保密性数据时，一般针对的数据来源有政府数据、企业生产经营数据和科学研究数据。

二、涉及隐私问题的数据获取

大数据隐私问题的数据源主要指的是涉及个人隐私或有可能导致个人隐私泄露的数据，如个人手机号码、用户密码、身份证号码、银行卡密码等重要信息，以及个人网络浏览的偏好、上传的文字和照片等以数字化的形式存储在网络中的信息，还有摄像头和传感器所记录的个人行为和位置信息等。如果这些信息运用得当，会给企业和社会创造更大的经济和社会价值；反之，如果被泄露或被不法分子窃取，随之而来的就是个人信息或财产的安全问题。

从数据获取的角度来说，人们“不愿、不敢”的顾虑，使得想要开放和采集这类数据变得非常困难。也就是说，尽管大数据技术层面的应用很广，但能够真正应用于商业、服务于人们的数据仍然远小于理论上大数据能够采集和处理的数据。此外，大数据时代数据的更新变化速度加快，而传统的数据隐私保护技术都是针对静态数据的保护，这就给隐私保护带来了新的挑战。如何在复杂变化的条件下实现数据隐私安全的保护，将是未来大数据研究的重点方向之一。

当前获取涉及隐私问题的数据，除了在技术方面使用更好的防止隐私泄露的获取方法，如差分隐私方法的 Airavat 系统，还一定要严格遵守相关的法律法规，必须保证此类数据获取的合法性。我国此前出台的《个人信息保护法》现已施行。

其中，总则第 4 条第 1 款界定了个人信息的范围："个人信息是以电子或者其他方式记录的与已识别或者可识别的自然人有关的各种信息，不包括匿名化处理后的信息。"

"匿名化"和"去标识化"是保护个人隐私安全的重要技术防护手段。第 73 条第 3 项、第 4 项分别对"去标识化"与"匿名化"进行了定义："去标识化，是指个人信息经过处理，使其在不借助额外信息的情况下无法识别特定自然人的过程。""匿名化，是指个人信息经过处理无法识别特定自然人且不能复原的过程。"也就是说，去标识化后的信息在一定条件下仍可进行复原。而匿名化后的信息在任何情况下都无法识别到特定自然人，且无法复原。

根据第 13 条第 1 款的规定，个人信息处理者处理个人信息需要满足的前提条件为："（一）取得个人的同意；（二）为订立、履行个人作为一方当事人的合同所必需，或者按照依法制定的劳动规章制度和依法签订的集体合同实施人力资源管理所必需；（三）为履行法定职责或者法定义务所必需；（四）为应对突发公共卫生事件，或者紧急情况下为保护自然人的生命健康和财产安全所必需；（五）为公共利益实施新闻报道、舆论监督等行为，在合理的范围内处理个人信息；（六）依照本法规定在合理的范围内处理个人自行公开或者其他已经合法公开的个人信息；（七）法律、行政法规规定的其他情形。"

个人信息处理的基本原则有：①合法、正当、必要、诚信原则。第 5 条规定："处理个人信息应当遵循合法、正当、必要和诚信原则，不得通过误导、欺诈、胁迫等方式处理个人信息。"②目的明确和最小必要原则。第 6 条规定："处理个人信息应当具有明确、合理的目的，并应当与处理目的直接相关，采取对个人权益影响最小的方式。收集个人信息，应当限于实现处理目的的最小范围，不得过度收集个人信息。"当前大量 App 存在收集过量信息的行为，需要引起注意。③公开透明原则。第 7 条规定："处理个人信息应当遵循公开、透明原则，公开个人信息处理规则，明示处理的目的、方式和范围。"④质量及安全保障原则。第 8 条、第 9 条规定："处理个人信息应当保证个人信息的质量，避免因个人信息不准确、不完整对个人权益造成不利影响。""个人信息处理者应当对其个人信息处理活动负责，并采取必要措施保障所处理的个人信息的安全。"

对于个人在个人信息处理活动中的权利，第 44 条规定："个人对其个人信息的处理享有知情权、决定权，有权限制或者拒绝他人对其个人信息进行处理……"根据第 47 条的规定，个人有权在处理目的已实现等特定情况下要求信息处理者删除其个人信息。

对于采用自动化决策情形下的处理规则，根据第 24 条后两款的规定，向个人进行信息推送、商业营销的同时，应当提供不针对其个人特征的选项供个人选择，或者向个人提供便捷的拒绝方式。另外，当自动化决策有损个人权益时，个人有权拒绝信息处理者仅通过自动化决策的方式做出决定。

对于公共场所监控设备的使用规则，根据第 26 条规定，在公共场所安装图像采集、个人身份识别设备，应当设置显著的提示标识。所收集的个人图像、身份识别信息只能用于维护公共安全的目的，不得用于其他目的。

因此，要解决数据获取和隐私保护的矛盾，获取一些涉及隐私问题的数据，需要从技术手段和法律法规等方面进行综合考虑。今后如果能进一步解决大数据的隐私问题，就会减少相关数据采集过程中的壁垒，进而使数据被更好地分析和利用。

本章小结

本章首先介绍了离线数据获取的相关内容、数据仓库和 ETL 过程的内容，介绍了不同的 ETL 工具及其结构组成；接着介绍了实时数据获取方法，实时数据采集工具的基本架构，包括架构设计和功能模块，基于此架构还介绍了几个不同的实时数据采集工具；之后又介绍了网页的基础知识和网页数据爬取的基本流程和常用技术方法；最后介绍了其他数据获取，包括涉及保密性的数据和涉及隐私问题的数据。

关键词

- 非关系数据库（Non-Relational Database）
- 数据仓库（Data Warehouse）
- 联机事务处理（On-Line Transaction Process）
- 联机分析处理（On-Line Analysis Process）
- ETL（Extraction-Transformation-Load）
- 代理（Agent）
- 关系数据库（Relational Database）
- 数据库连接（Database Connection）
- 网页（Web Page）
- 搜索引擎（Search Engines）
- 网络爬虫（Web Crawler）
- 网页解析（Web Page Resolution）

思考题

1. 数据仓库与数据集市相比有什么区别和联系？
2. 在 ETL 过程中的数据增量抽取环节，除了时间戳还有什么捕获数据的方法？
3. 将 ETL 工具 DataX、Kettle 和 Informatica PowerCenter 做比较，分析它们之间的异同。
4. 将 Chukwa、Kafka 和 Flume 数据采集工具做比较，分析它们之间的异同。
5. 查阅资料学习现在流行的网络爬虫框架。
6. 以某一电子商务网站或论坛为对象，编写网络爬虫程序获取你感兴趣的数据。
7. 请查阅相关文献，说说为了解决大数据时代的数据隐私问题，学术界和工业界都提出过哪些解决办法。

即测即评

第五章

大数据质量管理方法

本章将介绍大数据质量管理方法。首先介绍数据质量的概念和数据质量管理的必要性。其次详细介绍数据质量管理体系，包括数据质量管理框架、数据质量维度和数据质量管理方法。再次介绍数据质量的评估方法，主要是基于定性、定量和综合性方法进行评估。最后介绍数据质量的提升方法，包括事前数据质量提升、事中数据质量提升和事后数据质量提升的方法。

学习目标

（1） 掌握数据质量的管理体系、评估方法和提升方法。

（2） 了解数据质量的概念、数据质量管理的必要性、影响数据质量的因素和大数据质量管理的挑战。

（3） 了解主要的数据质量管理体系的构成，掌握数据质量测量的主要维度及其不同维度的计算方法。了解现有的数据质量管理标准。

（4） 了解从不同角度评估数据质量的方法，并掌握各个数据质量评估方法带来的影响、应用价值和风险挑战等。

（5） 了解针对数据质量问题在不同的生命周期对数据质量进行提升的方法。

本章导学

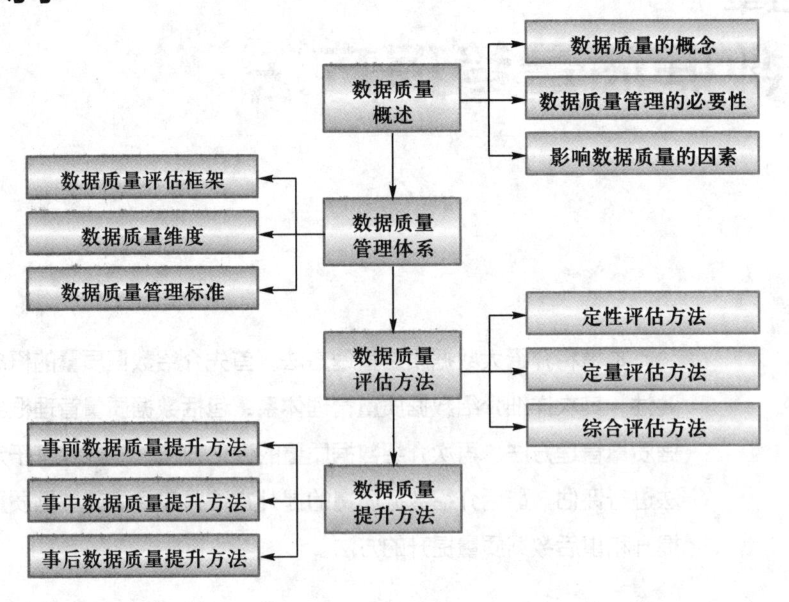

第一节 数据质量概述

一、数据质量的概念

数据质量是数据有效利用的基础和前提，伴随着移动互联网、物联网、云计算快速发展和普及，数据规模呈爆发式增长，数据使用模式也日益复杂化，数据分析和应用的高度需求引起了对数据质量的强烈关注。至今学者在数据质量的定义上尚未达成共识，但数据质量领域已有大量研究，目前对于数据质量内容与内涵的阐释也越来越丰富和深入。

对数据质量的研究始于 20 世纪，国外许多学者对数据质量提出了不同的定义。如有国外学者 Tayi 等将“数据质量”定义为“数据适于使用的程度”，并提出数据质量判断取决于数据消费者，即数据质量是数据为满足业务需求和数据消费者使用目的所具备的适合度或适用性。目前研究对于数据质量的定义越来越强调数据质量的可变性，即数据质量与特定环境、特定目标和特定的初始条件密切相关，同时数据质量贯穿整个数据生命周期，因此数据质量也与数据生命周期的阶段或过程高度耦合，而大数据具有多源、多种类型、多种结构等特点，这决定了大数据质量的动态性和情境化，因此对数据质量具体内涵的阐释不能独立于具体的任务和过程情境。为了确保数据质量，则需要在业务过程中对数据进行管理，数据质量管理就是对数据从计划、获取、存储、共享、维护、应用到消亡全生命周期的每个阶段里可能引发的各类数据质量问题进行识别、度量、监控、预警等一系列管理活动，并通过改善和提高组织的管理水平使得数据质量获得进一步提高。

二、 数据质量管理的必要性

数据是每个组织在竞争时代赖以生存的基础，是处理各种业务功能的应用程序和系统的基础。数据不再是一个组织的 IT 系统和应用程序的副产品，而是一个组织最有价值的资产和资源，并且具有真实的、可衡量的价值。数据的价值不仅在于数据本身，还在于从数据及其使用中产生的一系列操作。高质量的数据对于提供优质的客户服务、运营效率、符合法规要求、有效的决策和有效的战略业务规划至关重要，因此需要对其进行有效的管理，以产生回报，实现其价值。数据质量在组织中起着至关重要的作用：

（1） 数据质量决定了数据作为一种资产所具备的价值。

（2） 高质量的数据可以尽可能满足用户需求，从而很大程度上提升客户的满意度。

（3） 高质量的数据可以显著提高组织收入和利润（或带来更多其他形式的回报，如数据质量对科学研究结果造成直接影响）。

（4） 数据质量是组织形成战略性竞争优势中必不可少的要素。

三、 影响数据质量的因素

要对数据质量进行有效管理，首先要识别影响数据质量的因素。数据质量问题贯穿数据生命周期的每个阶段，从最初的数据创建和收集开始，再经数据处理、传输、存储、归档和清除等各个步骤。

数据质量在数据生命周期的过程类似于“传话游戏”，即一个队伍中从第一个玩家开始，依次将一个消息传给后一个玩家，直到传给最后一个玩家。当消息从一个玩家传递到另一个玩家时，就产生了不准确性，并且不准确性通常会随着每次传递而增长，所以最后一个玩家宣布的消息往往偏离于第一个玩家传入的消息。在这个过程中有以下操作可能影响数据质量。

1. 手动数据输入

手动数据输入可能导致数据问题，因为人工操作容易出现错误。比如人们在输入数据时可能提供错误的、不完整的信息，在列表中选择错误的选项或在错误的文本框中输入正确的信息。“烂进废出”（garbage in，garbage out）的计算原理也适用于数据输入。尽管如今数据体系结构实现了相当程度的自动化，但人工手动输入数据的情况依旧存在。

2. 数据捕获过程中的验证不足

实现数据捕获的事务系统并不能保证严谨的校验过程。例如，在字段类型级别，数字字段不应接受其他字符，如电话号码的输入。而在表单级别，可能需要在后端使用另一个表进行验证，如果输入客户名称，是否可以找到并让该人员验证名称和地址，并确定电话号码是否匹配，然后再输入其余数据，缺少验证检查会导致错误数据进入系统。在通过在线表单和屏幕自动输入数据的情况下，不充分的数据验证过程可能无法捕获错误的数据输入。

3. **数据衰减或数据老化**

数据衰减或数据老化是指数据随着时间的推移而退化，从而导致数据质量下降。虽然数据库中存储的数据的值可能曾经是正确的，但随着时间的推移，大多数数据可能因此变得陈旧和不准确。这是因为某些数据元素，如婚姻状况、电话号码、地址、头衔、工作职能、身份、护照号码或国籍可能随时间而改变。令人棘手的是，每个数据元素都有不同的过期日期。例如，虽然类似国籍或护照的信息变更不太频繁，但电话号码或地址这类信息变更则非常频繁。还有数据库间的数据退化速度不一致的问题。这些都导致了数据质量降低的风险。

4. **业务流程管理与设计**

在业务流程管理与设计过程中缺乏统一的标准来解决业务需求和实现业务流程改进，设计和实施不当的业务流程会导致在这个过程中人员培训、人员指导、沟通、奖惩的管理缺失，从而使得流程或子流程所有权、角色与责任的定义不明确，也就导致了数据缺失、数据重复等数据质量问题。

5. **数据迁移**

数据迁移或转换过程可能导致数据问题。数据迁移通常指将数据从现有数据源传输到新数据库或同一数据库的新模式下。由于大部分数据都不在新数据库中，因此一些数据可能在新数据库或同一数据库的新模式下发生很大变化。

6. **数据集成**

数据集成是企业信息管理的核心。数据集成过程将来自众多异构源系统的数据汇集在一起，并将其组合到一个新的技术应用程序中。数据从一个或多个应用程序移动到另一个应用程序。数据集成过程涉及通过使用解决冲突的业务规则来消除数据差异，从而组合冲突数据。目标数据的质量取决于数据映射规范和解决冲突的业务规则的健壮性，以及这些规则覆盖所有业务场景和数据差异场景的程度；错误的数据映射规范和错误的解决冲突的规则可能将数据质量问题引入目标数据系统。

7. **数据清理程序**

数据清理是纠正错误数据元素的过程。数据清理程序在解决旧的数据质量问题的同时，可能引入新的数据质量问题。在过去，数据集相对较小，清理是手动进行的。然而，随着数据量爆发式增长、大数据蓬勃发展，手动清理已不再是可行的选择。新的方法和工具使用自动数据清理规则来进行大规模更正。自动数据清理算法由计算机程序实现，但还是不可避免地会出现错误。这些错误往往是十分危险的，很容易牵一发而动全身。

8. **组织变更**

组织变更，如企业并购、全球化、重组或外部变化，都有可能增加数据质量问题。比如公司并购后的数据合并可能导致大量的数据重复和不一致。

9. **系统升级**

系统升级会带来数据质量问题。通常假设数据符合理论预期。然而，在现实中，数据是不准确的，并且可能被篡改成以前版本可以接受的形式，而系统升级会暴露这些数据不准确。升级后的系统是根据预期数据而不是实际数据进行设计和测试的。一旦升级实施，将会带来数据问题。

10. **数据清除**

数据清除是从存储空间或数据库中永久擦除和删除旧数据以为新数据腾出空间的过程。一旦达到旧数据的保留限制，并且数据已过时，就可以执行此操作。但是，数据清除可能意外地影响错误的数据，或清除一些相关数据，或清除的数据超过或少于预期，这些都会导致数据质量问题。当数据库中存在错误数据时，风险会增加，导致数据在不应清除的情况下被清除。

11. **数据的多重使用和共享理解的缺乏**

数据质量取决于使用数据的上下文。通常，数据被捕获、生成、处理并存储在数据库中，以满足组织中某个部门或运营团队的特定业务需求。生成这些数据的过程或应用程序是为特定目的而设计的，并且数据足够好时，可以满足这些业务需求。然而，随着时间的推移，其他部门或小组需要将这些数据用于不同的目的，但不了解最初产生数据的主要工作流程。当他们发现数据不符合他们的要求时，便会认为数据质量不好。例如，缺少客户地址数据不会对销售报告产生任何影响，但肯定会对账单产生不利影响。

12. **专业知识缺失**

数据密集型项目通常至少涉及一名了解应用程序、流程以及源数据和目标数据的专业人员。这些专家也知道数据中的所有异常情况以及处理这些异常情况的方法。对于以不当方式存储和使用数据的遗留系统来说，这一点非常重要。当缺少专家知识时，数据可能无法得到正确使用。

13. **缺乏通用的数据标准、数据字典和元数据**

不同业务部门和元数据之间缺乏通用的数据标准，这会导致数据质量问题。元数据对业务非常有价值，因为它们有助于理解数据。此外，跨企业环境的业务定义不一致的问题通常归因于缺乏企业范围的数据字典。例如，一个部门使用术语“客户”，而另一个部门使用术语“顾客”。

14. **业务数据所有权和治理问题**

重要的数据资产可能有多个提供者或生产者和众多消费者，他们通常彼此不相识，数据质量往往不符合数据提供者的直接利益。没有明确定义的所有权、管理权、透明度和问责制，职能部门和业务部门的治理有限或不一致，都会导致数据质量差。

15. **黑客破坏**

黑客破坏会极大地损害数据质量。黑客不仅可以破坏数据，而且会窃取或删除数据。

第二节 数据质量管理体系

一、数据质量评估框架

数据质量评估框架是组织用来评估数据质量的工具，有定义提出，“数据质量评估框架是一种手段，是一个组织可以用来定义它的数据环境的模型，明确有关数据质量的属性，在当前的环境下分析数据质量的属性，提供保证数据质量提高的手段”。也有定义提出对于数据质量应该不仅仅是评估，还要提供一个分析、解决数据质量问题的方案。

数据质量管理研究已趋于体系化、框架化，更加具体全面，目前也有越来越多的数据质量评估框架被提出，这些评估框架在评估对象、阶段步骤、采用的策略和技术、维度指标、花费成本、信息系统等方面存在差别。表 5–1 列出了一些具有代表性的数据质量评估框架，其中部分框架将信息质量和数据质量等同。

表 5–1 数据质量评估框架列表

框架名称（全称）	主要内容
TDQM（Total Data Quality Management）	TDQM 基于过程管理，将信息看作一种产品，包括定义信息产品与质量、信息产品质量度量、分析信息产品质量、提升信息产品质量全过程
DWQ（The Datawarehouse Quality Methodology）	通过数据仓库中语义丰富的质量管理模型来评估数据仓库质量，从评估对象、质量目标、质量查询、质量维度、质量评估、度量单位、质量领域、质量范围几个方面定义数据仓库数据质量并建立模型。该模型可以直接集成到元数据库系统概念库中
TIQM（Total Information Quality Management）	该框架将信息质量视作一种管理工具，从固有与实用两方面对信息质量进行定义。将产品质量原则用于信息，提出信息质量评估的方法与维度，以及信息产品改进的方法步骤
AMIQ（A Methodology for Information Quality Assessment）	从内在信息质量、上下文信息质量、代表性信息质量和可访问性信息四个方面定义数据质量。该框架包括信息质量维度、一个信息质量模型，以及解释信息质量的分析技术
CIHI（Canadian Institute for Health Information Methodology）	从质量评估方法、信息质量与公司数据处理、信息质量与组织几方面建立框架
DQA（Data Quality Assessment）	该框架开发了客观数据质量度量的三种功能形式，提出了一种结合主观和客观数据质量评估的方法

续表

框架名称（全称）	主要内容
DQAF （Data Quality Assessment Framework）	该框架整体结构呈级联式展开，第一阶层提出质量的先决条件以及衡量数据质量的五个维度，第一阶层的每个维度分别在第二阶层的评估要素和第三阶层的评估指标中具体化
IQM （Information Quality Measurement）	该框架分析和比较并整理了不同评测信息质量工具的功能，用于以系统和有计划的方式测量特定的 IQ 标准，并归纳为一种系统的评估方法

上表中，TDQM 是第一个数据质量评估框架，由麻省理工学院的研究人员提出。随后研究人员又在该框架基础上提出 AIMQ 框架和 DQA 框架，这两个框架已被一些政府和企业使用。此外，IMF 提出的 DQAF 框架用于通用性的数据质量评估，可广泛用于各成员国的统计数据质量的评价和改善。

接下来详细介绍上述提及的 TDQM、AIMQ、DQA、DQAF 框架。

（一） TDQM 框架

基于过程管理的 TDQM（Total Data Quality Management）方法由 Richard Y. Wang 首先提出。运用 TDQM 方法的前提是将信息（或数据）视为产品，将信息生产过程看作一个信息处理系统对源数据加工处理后生产出信息产品的过程，于是引入工程管理中的全面质量管理方法进行改进，并提出了全面数据质量管理（TDQM）方法。这种将信息作为产品管理的思想开创了一种崭新的方法论，即全面数据质量管理。

TDQM 主要包括信息产品定义、信息产品度量、信息产品分析和信息产品提升四部分内容，见图 5-1。

图 5-1
TDQM 方法图

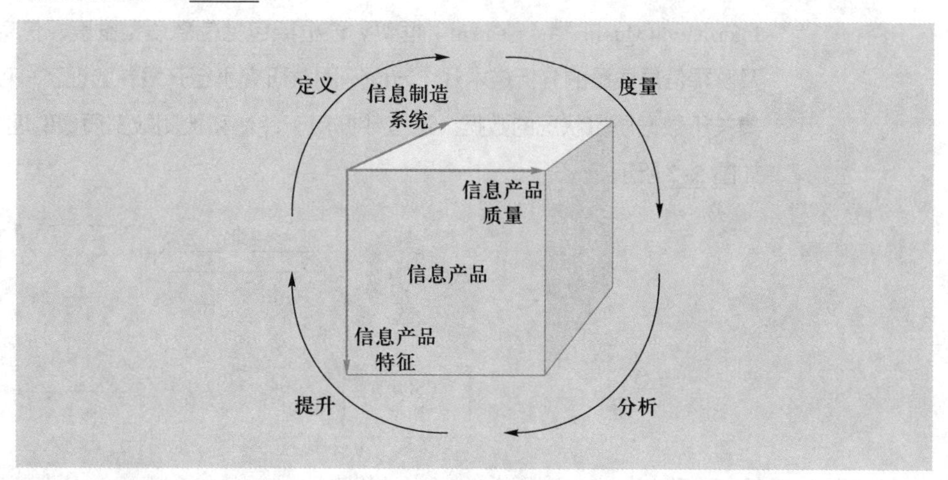

1. 信息产品定义

在应用此 TDQM 方法时，必须首先定义信息产品的特征，评估信息产品的质量要求，并确定信息产品的信息制造系统。信息产品定义包括三个方面：定义信息产品特征、定义信息产品质量要求、定义信息制造系统。信息产品定义阶段产生两个关键结果：①定义信息产品及其质量要求的质量实体关系模型；②描述信息产品如何产生以及信息供应商、制造商、消费者和信息产品管理者之间交互作用的信息制造系统。

2. 信息产品度量

信息产品度量的关键是信息质量指标。这些信息质量指标可以是基本的指标，如数据准确性、及时性、完整性和有效性等。在客户端账户数据库中，信息质量指标可以被设计用于跟踪数据错误、用于数据库营销和监管目的的及时性、完整性、有效性等。还有一些面向信息制造的数据质量指标，例如，信息产品团队可能需要跟踪哪个部门负责上一周系统中的大部分更新、数据安全性、可信度等。有了信息质量指标，可以沿着各种信息质量维度获得信息质量测量值进行分析。

3. 信息产品分析

这一步骤需要分析信息产品和导致信息质量问题的根本原因。执行此任务的方法和工具可以是简单的，也可以是复杂的。在客户账户数据库中，可以将虚拟账户引入信息制造系统，以识别导致信息质量问题的根源。其他分析方法包括统计过程控制（SPC）、模式识别和帕累托图分析等，用于随时间变化的信息质量维度。

4. 信息产品提升

一旦分析阶段完成，信息产品提升阶段就开始了。信息产品团队需要确定需要改进的关键领域，例如，使信息流和工作流与相应的信息制造系统保持一致，使信息产品的关键特征与业务需求保持一致。

（二） AMIQ 框架

在 TDQM 框架的基础上，麻省理工学院研究小组又提出 AMIQ（A Methodology for Information Quality Assessment）框架。该框架包括信息质量维度、信息质量模型，以及解释信息质量的分析技术几个方面。同时研究小组开发并验证了一种问卷，用其收集关于数据质量状况的数据。这些数据用于评估和检测数据质量的四个象限的模型。如图 5-2 所示。

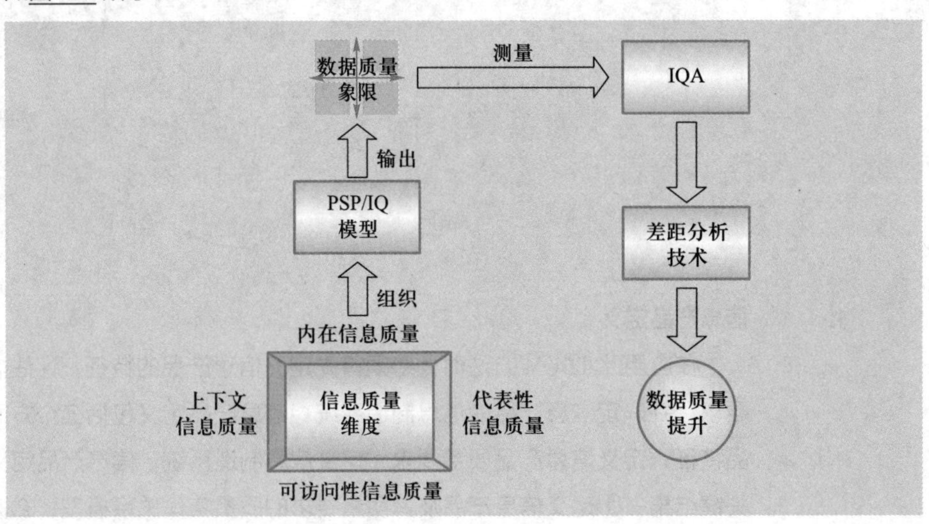

图 5-2
AMIQ 框架图

1. 信息质量维度

信息质量维度分为四个类别，即内在信息质量、上下文信息质量、代表性信息质量和可访问性信息质量。内在信息质量是信息本身的质量。上下文信息质量强调必须在当前任务的上下文中考虑信息质量要求。它必须是相关的、及时的、完整的，并且在数量上是适当的。代表性和可访问性信息质量强调存储和提供信息访问的计算机系统的重要性。也就是说，系统必须以可解释、易于理解、易于操作的方式呈现信息，并以简洁一致的方式呈现信息。此外，系统必须可访问且安全。

2. PSP/IQ模型

PSP/IQ 模型组织了关键的信息质量维度，以便可以合理做出关于提高信息质量的决策。这些维度是从信息缺点的角度出发并发展的。PSP/IQ 模型将维度整合为四个象限：正确、可靠、有用和可用的信息。这四个象限代表与信息质量改善决策相关的信息质量的各个方面。由后文提到的 IQA 工具测量每个信息质量维度，将这些度量值平均，形成四个象限的度量值。信息质量差距分析技术评估四个象限中每个象限的组织信息质量。这些差距评估是信息质量提高工作的基础。

信息质量四个类别有助于更全面覆盖信息质量的概念。然而，这四个类别仅仅对信息质量进行了定义，未对如何提高信息质量进行解释。而 PSP/IQ 模型侧重于产品或服务的交付，给出了通过规范或客户期望评估信息质量的方法，有助于做出提高信息质量的决策。

3. IQA工具的开发与管理

IQA 工具支持 PSP/IQ 模型和差距分析的测量。它会收集数据以评估关键信息质量维度的信息质量状态。有效的信息质量测量对于信息质量的进一步研究进展至关重要。从 IQA 收集的数据是 PSP/IQ 建模和差距分析的先决条件。IQA 工具的开发遵循了问卷开发和测试的标准方法。

4. 信息质量差距分析

差距分析技术提供了一种工具，通过这种工具，组织可以了解与其他组织和一个组织内的不同利益相关者相比其信息质量的缺陷。使用这些分析技术，组织可以对其信息质量进行基准测试，并确定适当的领域来集中改进工作。信息质量角色差距比较了不同组织角色、信息系统专业人员和信息消费者的受访者信息质量评估。有助于识别信息质量问题，为信息质量的提高奠定基础。

（三） DQA 框架

2002 年，MIT 的三位研究员又提出 DQA（Data Quality Assessment）框架。该框架侧重于对数据质量的评估，提出了一种结合主观和客观数据质量评估的方法，并开发了客观数据质量度量的三种功能形式。该框架认为数据质量是一个多维概念。公司必须同时兼顾个人对数据的主观感知以及相关数据集的客观测量。

DQA 框架的数据质量评估总体过程见图 5-3。总体来说，使用主观和客观指标

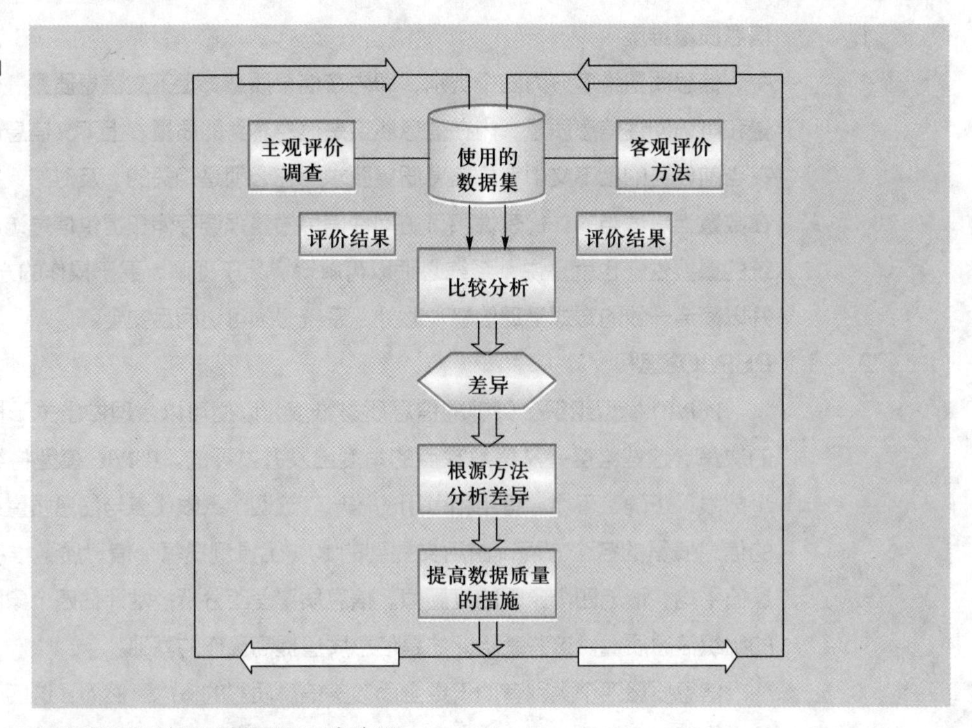

图 5-3
DQA 评估过程图

来提高组织数据质量需要三个步骤：

（1） 进行主观和客观数据质量评估；

（2） 比较评估结果，确定差异，并找到差异的根本原因；

（3） 确定并采取必要的改进措施。

主观数据质量评估反映了利益相关者（数据产品的收集者、保管者和消费者）的需求和经验。如果利益相关者得到较差的数据质量评估结果，他们的行为将受到该评估的影响。可以使用调查问卷来测量利益相关者对数据质量维度的看法。客观评估可以独立于任务，也可以依赖于任务。与任务无关的度量反映了数据的状态，而不需要应用程序的上下文知识，并且可以应用于任何数据集，而不管当前任务是什么。任务相关指标，包括组织的业务规则、公司和政府法规以及数据库管理员提供的约束，是在特定的应用程序上下文中开发的。

在进行客观评估时，公司应遵循一套原则，以制定符合其需求的指标。有三种普遍的函数形式：简单比率、最小 / 最大值以及加权平均。其中，简单比率衡量期望结果与总结果的比率；最小 / 最大值即从各个数据质量指标的标准化值中计算最小值（或最大值）；对于多变量的情况可以使用加权平均数，例如，如果一家公司很好地理解了每个变量对维度整体评估的重要性，那么使用变量的加权平均值是合适的。同时这些函数形式的细化，例如增加灵敏度参数，可以很容易地实现。通常，精确地定义一个维度或与公司特定应用程序相关的维度是最困难的。

（四） DQAF 框架

自 1997 年以来，IMF 的统计部门致力于如何评估数据质量，研发一种框架，这种框架基于五种被大部分使用者认为与数据质量评估有关的领域。在这些前期工作下，IMF 统计部门将 DQAF 逐渐发展起来。DQAF 是评估数据质量的方法，它融合了包括“联合国官方统计基本准则”和“SDDS/GDDS”在内的最好实践经验以及国际公认的统计概念、定义。

该框架整体结构呈级联式展开，在第一阶层首先提出了质量的先决条件以及衡量数据质量的五个维度，然后将第一阶层的每个维度分别在第二阶层的评估要素和第三阶层的评估指标中具体化，DQAF 框架前两级质量指标及各指标包括的要素如图 5-4 所示。其具体构成如下：

图 5-4

DQAF 框架

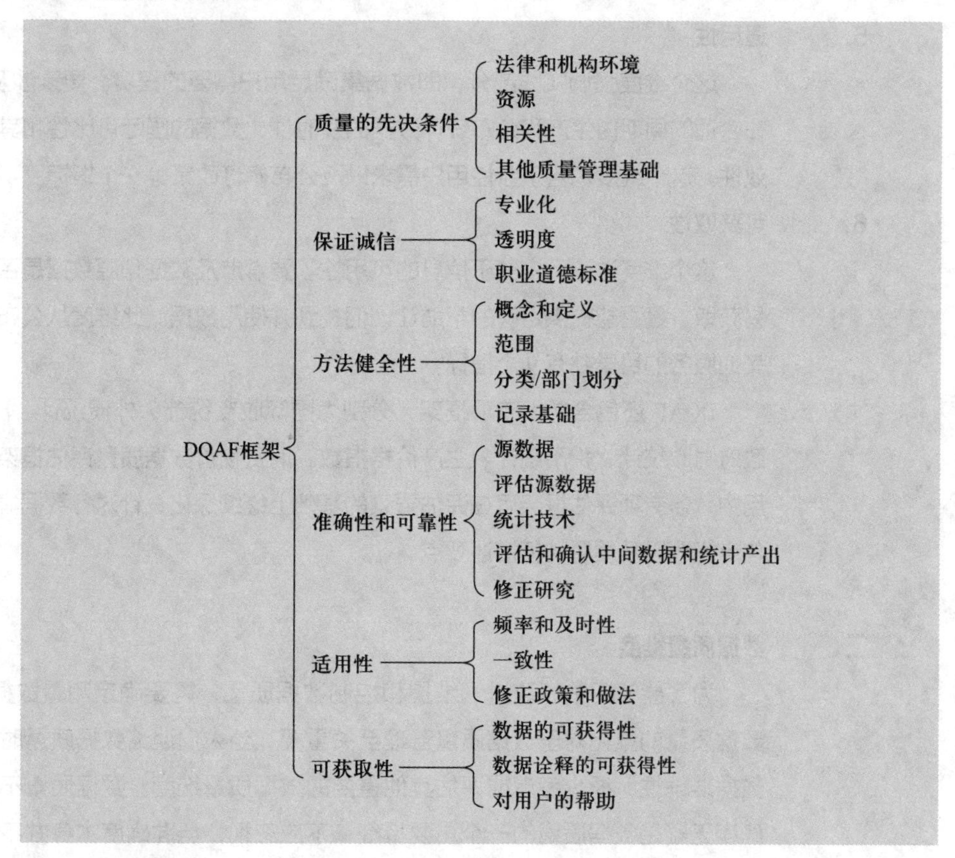

1. 质量的先决条件

这个维度对数据质量有重要影响，负责统计生产的机构规定了一系列的条件。其中的要素涉及法律法规、机构环境、资源和对于质量的定义。另外还有 9 个质量指标，清楚地划定了从统计数据收集到如何处理质量方面的程序。

2. 保证诚信

这个维度主要是为了维持用户的信任度，因此明确规定了必须遵从统计数据的收集、编制以及公布过程中的客观性。要素涉及专业化、指导政策和实践的道德准则，它们都需要通过提高透明度来加强。总共有 8 个具体指标来描绘这个维度，指标包含了从统计数据的收集过程中的公正性到统计人员的行为准则的各方面。

3. 方法健全性

此维度涉及国际准则纲要、公认实践的应用。这些具体数据集的应用准则反映了数据的完整性，使其具有国际可比性。要素包含概念、定义、范围、分类、功能分区以及记录根据等组成部分。这层维度包含了从整体结构到具体评估和其他记录程序等6个相关指标。

4. 准确性和可靠性

这个维度明确了有助于描述真实性的目标。要素涉及源数据、统计技术、支持评估和确认。此维度包含从源数据到执行数据公布的修正研究等总计10个指标。

5. 适用性

这个维度强调实践部分，即数据集满足用户需要的程度。要素涉及数据相关性、在合适的周期内生产和公布统计数据的及时性、数据的国际可比性和其他数据集的有效性。这个维度包含了监控用户需求以及公布修订政策等9个指标。

6. 可获取性

这个维度讨论用户关于信息的可用性。要素涉及数据和源数据是否清晰易懂并容易获取，是否能提供足够的帮助让他们找到并使用数据。此维度从公布数据的形式到其他服务的目录共有9个指标。

DQAF还包含7大专项框架，分别为国际收支统计、外债统计、国民账户统计、政府财政统计、货币统计、生产价格指数、消费物价数据质量评估框架。在具体的应用中，各专项评估框架可在评估要素的基础上继续深化，针对各数据集提出其特有的焦点问题以及质量特征描述要点。

二、数据质量维度

为了能够评估、改进、维护和控制数据质量，需要确定测量数据质量的维度。数据质量的量化对于数据质量管理至关重要。当人们谈论数据质量时，通常只考虑数据准确性，很少考虑或评估其他重要的数据质量维度。数据质量不是一维的，准确度无疑是数据质量的一个重要特征，不应忽视，但准确度本身并不能完全表征数据质量。数据质量是多维且复杂的，还有其他维度，如完整性、有效性、通用性、及时性等，它们对于全面说明数据质量至关重要，这是一个多维的概念。因此，要测量数据质量，需要测量数据质量的多个维度，这取决于数据要用于的上下文、情况和任务。简言之，数据质量维度能够帮助测量数据质量，而目前国内外在数据质量维度领域有着丰富的研究，如前文梳理的各数据质量管理框架都各自对数据质量评估维度进行了明确的定义。除了前文所提及的国际货币基金组织所提出的数据质量评估维度之外，其他国际机构和国家政府部门也提出过相应的数据质量维度，见表5-2。

表 5-2 国际机构和国家政府部门数据质量维度

国际机构或者国家政府部门	数据质量维度
欧盟统计局	相关性、准确性、可比性、连贯性、及时性和准时、可访问性和清晰
联合国粮食及农业组织	相关性、准确性、及时性、准时性、可访问性和明确性、可比性、一致性和完整性、源数据的完备性
美联邦政府（公众传播）	实用性、客观性（准确、可靠、清晰、完整、无歧义）、安全性
美国商务部	可比性、准确性、适用性
美国国防部	准确性、完整性、一致性、适用性、唯一性及有效性
加拿大统计局	准确性、及时性、适用性、可访问性、衔接性、可解释性
澳大利亚国际收支统计局	准确性、及时性、适用性、可访问性、方法科学性

根据上表，并结合 TIQM 框架，将数据质量维度划分为数据固有维度和数据使用维度。

（一） 数据固有维度

数据固有维度即与数据自身属性相关的数据质量维度，包括完整性、唯一性、有效性、准确性、一致性、波动性和数据覆盖范围。

1. 完整性

数据质量维度的完整性即衡量数据是否完整的指标。为了度量数据完整性，有必要定义缺失数据的含义以及缺失值的含义（例如，Null、空格或隐藏空格、未知数据或不适用数据等）。完整性可以从三个层面进行衡量：数据元素、数据记录和数据集。完整性通常以百分比来衡量，是存储的数据与 100% 完成的可能性之间的比例。

（1） 数据元素完整性。在确定数据元素完整性时，需确定数据元素属性和缺失值在数据集中的表示方式。对于强制性属性，可以使用以下公式计算完整性百分比：

数据元素完整性 =（应为数据元素填充的数据值总数 – 空值总数 – 空白或空格值总数 – 隐藏空格总数）/ 应为数据元素填充的数据值总数 ×100%

对于不适用的属性，完整性可以使用以下百分比公式计算：

数据元素完整性 =（应为数据元素填充的数据值总数 – 无效空值总数 – 无效空白或空格值总数 – 无效隐藏空格总数）/ 应为数据元素填充的数据值总数 ×100%

（2） 数据记录完整性。数据记录完整性可以通过计算所有关键数据元素填充的非空白值且这些非空白值不是隐藏空白的记录的百分比来衡量。

记录完整性 =（数据集中所有关键数据元素均填充有非空白值且无隐藏空白的记录数 / 数据集中应包含关键数据元素值的记录数）×100%

或者：

记录完整性 =（数据集中应具有关键数据元素值的记录数 – 数据集中不具有关键数据元素值的记录数）/ 数据集中应包含关键数据元素值的记录数 ×100%

（3） 数据集完整性。数据集完整性可以通过计算数据集中存在的记录与数据集中应该存在的记录总数的比例来衡量。在数据集层面衡量完整性时，通常需要一个被视为此类数据权威来源的参考数据集。如果参考数据集不可用，则至少应提供数据集中应存在的记录数，以确定数据集的完整性。

数据集完整性 = 数据集中存在的记录数 / 参考数据集中的记录数 ×100%

2. 唯一性

唯一性即在同一数据集或表中，不应为同一实体或事件捕获重复记录。唯一性与重复评估相反。唯一性通常以百分比来衡量，是真实世界中评估的实体、对象、事件或其属性的数量与数据集中实体、对象或属性的记录数量的比例。唯一性可以从数据元素、数据记录两个层面衡量。

（1） 数据元素唯一性。数据元素唯一性通常针对具有高基数的数据元素进行度量，即具有高度唯一性的属性，例如社会保险号和护照号。具有中等或较低基数的数据元素必然会有一定程度的重复，因此度量这些元素的唯一性没有商业价值。计算唯一性的公式如下：

唯一性 =（数据集中数据元素的唯一值的数量，不包括缺失值的显示）/（数据集中数据元素值的数量，不包括缺失值的显示）×100%

（2） 数据记录唯一性。为了在数据记录级别衡量唯一性，需要定义业务规则或逻辑，以概述什么构成唯一记录以及什么构成重复记录，以确定是否有多个记录表示相同的事实。这些规则的定义要求准确理解数据集中捕获的实体和特征，以及数据集中的数据代表什么。

记录唯一性 = 数据集中数据记录的唯一值数 / 数据集中记录总数 ×100%

3. 有效性

有效性是衡量数据是否符合一组内部 / 外部标准或指南 / 标准数据定义（包括元数据定义）的一种方法。因此，为了衡量数据的有效性，有必要存在一套数据元素需要遵守的内部或外部标准、指南、标准数据定义，包括元数据定义、范围、格式和语法。

计算数据元素有效性的公式如下：

有效性 =（数据集中数据元素的有效值数，不包括缺失值的显示）/（数据集中数据元素的值数，不包括缺失值的显示）×100%

或者：

有效性 =（数据集中数据元素的值数，不包括缺失值的显示 – 数据集中数据元素的无效值数，不包括缺失值的显示）/（数据集中数据元素的值数，不包括缺失值的显示）×100%

无效 =（数据集中数据元素的无效值数量，不包括缺失值的显示）/（数据集中数据元素的值数，不包括缺失值的显示）×100%

4. **准确性**

准确性是指数据正确表示所描述的真实世界对象、实体、情况、现象或事件的程度。它是对数据内容正确性的度量（需要确定和提供权威的参考来源）。数据的准确性通过以下方式实现：

（1） 根据数据所代表的真实实体、事件或现象评估数据。

（2） 根据权威参考数据集对数据进行评估，该数据集是真实世界实体、事件或现象的替代品，并且已经过准确性验证。权威数据集可以是第三方参考数据，这些数据来源被认为是可信的，并且具有相同的年代。比如验证地址准确性的方法通常是将地址和各自国家的邮政数据库进行比较。准确性可以从数据元素、数据记录两个级别进行测量。

① 数据元素准确性。通过将数据元素与参考数据集中相同数据元素的可用值域进行比较来测量数据元素的准确性。计算数据元素精度的公式如下：

准确性 =（数据集中数据元素的准确值数量，不包括缺失值的显示）/（数据集中数据元素的值数，不包括缺失值的显示）× 100%

或者：

准确性 =（数据集中数据元素的值数，不包括缺失值的显示 – 数据集中数据元素的不准确值数，不包括缺失值的显示）/（数据集中数据元素的值数，不包括缺失值的显示）× 100%

或者：

不准确性 =（数据集中数据元素不准确值的数量，不包括缺失值的显示）/（数据集中数据元素的值的数量，不包括缺失值的显示）× 100%

② 数据记录准确性。通过将记录中的所有关键数据元素与参考数据集中的相应记录元素进行比较，可以测量数据记录的准确性。如果特定数据集记录的所有关键数据元素值与参考数据集中匹配记录中的相应数据元素值一一匹配，则认为该记录是准确的。

计算数据记录准确性的公式如下：

准确性 = 数据集中准确记录数 / 数据集中记录数 × 100%

或者：

准确性 =（数据集中记录的数量 – 数据集中不准确记录的数量）/ 数据集中记录的数量 × 100%

不准确性 = 数据集中不准确记录的数量 / 数据集中记录的数量 × 100%

5. **一致性**

一致性意味着应用程序的所有实例的数据值都是相同的，组织中的数据应该彼此同步。一致性可以从记录一致性、跨记录一致性和数据集一致性三个层面进行衡量。请注意，如果值一致，并不一定意味着值是准确的。但是，如果值不一致，则明确表示至少有一个值（如果不是全部）不准确或无效。一致性通常以百分比衡量，是存储数据与100%一致性潜力的比例。

（1） 记录一致性。记录一致性是指一个数据集中同一记录中的相关数据元素之间的一致性，可以在两个级别进行度量：

① 数据元素组合，其中数据元素相互关联。计算数据元素组合一致性的公式如下：

一致性＝数据集中一致的数据元素组合值个数/数据集中数据元素组合值个数×100%

或者：

一致性＝（数据集中数据元素组合值的数量－数据集中不一致数据元素组合值的数量）/数据集中数据元素组合值的数量×100%

不一致性＝数据集中不一致的数据元素组合值个数/数据集中数据元素组合值个数×100%

② 记录级别如果一个或多个数据元素组合不一致，则记录不一致。计算记录一致性的公式如下：

一致性＝数据集中的一致记录数/数据集中的记录数×100%

或者：

一致性＝（数据集中记录数－数据集中不一致记录数）/数据集中记录数×100%

不一致性＝数据集中不一致记录数/数据集中记录数×100%

（2） 跨记录一致性。跨记录一致性是指不同数据集的记录之间的一致性。计算跨记录一致性的公式如下：

一致性＝数据集中一致记录数/（数据集中一致记录数＋数据集中不一致记录数）×100%

或者：

一致性＝（数据集中记录数－数据集中不一致记录数）/（数据集中一致记录数＋数据集中不一致记录数）×100%

不一致性＝数据集中不一致记录数/（数据集中一致记录数＋数据集中不一致记录数）×100%

（3） 数据集一致性。数据集一致性通常在源系统和目标系统之间进行度量，例如，数据从源系统流向数据仓库中的表。发生数据集不一致的原因可能是加载失败，表仅部分加载，或者从最后一个检查点没有重新加载，从而导致目标系统中的数据与源系统中的数据不一致。

6. 波动性

波动性是衡量数据值随时间变化的频率。波动性基本上是在单个数据元素或一组数据元素的数据元素级别进行测量的。由于数据元素表示真实世界实体、现象或事件的属性，因此必须了解其性质，以及属性值是否随时间以固定的间隔变化，或者该变化是由特定事件或不同事件触发，还是属性值从不变化。如果属性值从不变化，则该数据元素被视为非波动性。此类比如个人的出生日期、出生地点和性别，这些属性值一旦正确捕获，就永远不会更改。而年薪和年龄等会随时间间隔发生变化。

7. 数据覆盖范围

数据覆盖率可以定义为数据的全面性程度，与总体数据范围进行比较。为了测量数据覆盖率，需要确定数据的范围。需要记录已知的覆盖范围来源。这包括存在与目标总体相对应的数据的来源、在目标总体中不存在数据的来源（覆盖范围不足）以及存在数据但不对应于目标总体（覆盖范围过大）的来源。数据覆盖率可以用百分比来衡量，它是存储目标数据与潜在的总数据范围的比例。

（二） 数据使用维度

数据使用维度即从用户角度定义，与数据使用相关的数据质量维度。包括数据及时性、时效性、相关性、安全性、可追溯性、可访问性、可靠性、易操作性、简洁性、可解释性、可信度和声誉。

1. 及时性

及时性衡量数据属性值是否是最新的。为了确定数据集中的关键数据属性值是否为当前值，需要将数据属性值与引用数据集进行比较，两个数据集都具有日期参数，以指示数据记录的创建或更新时间。及时性度量很好地指示了数据属性是否为当前属性。例如，如果地址数据及时性的估计值为 6 个月，并且客户地址在（比如）两年内没有任何变化，则最好将地址与参考数据集进行比较，以确定地址数据值是否仍然是最新的。

2. 时效性

时效性即向业务用户发送数据或向业务用户提供数据的速度，是对数据存在到数据交付给用户之间的时间间隔的度量。时效性可用以下公式衡量：

时效性 =（数据交付时间 – 数据提供时间）+（数据提供时间 – 发生时间）

3. 相关性

相关性即数据内容和覆盖范围与使用目的相关的程度，以及满足当前和潜在未来需求的程度。衡量相关性需要测量数据覆盖率，前文已述。此外，需要确定的是预期用途所需的属性，将这些属性映射到相关数据集，然后检查存储在数据元素中的值是否实际代表正在测量的值。预期目的可能是报告需求，或者预测分析可能需要数据，或者任何其他业务需求。

4. 安全性

安全性是指为防止未经授权的访问而对数据访问进行适当限制和管理的程度。数据安全要求取决于数据的敏感程度，以及数据的隐私和保密要求。例如，个人识别信息（PII）数据、患者数据和客户财务数据都是高度机密的，因此需要对它们进行良好的保护。公开供公众使用的数据的安全要求不那么严格。可以设计数据 / 数据系统相关调查问卷，问卷题目应尽可能客观和反映事实，然后对结果进行评分。

5. 可追溯性

可追溯性是将数据追溯到其起源的能力。它本质上是目标数据源和系统之间的链接。数据可追溯性可以通过确定是否存在将数据（数据元素和数据记录）追溯回其源所需的信息来衡量。可以采用问卷调查方式进行。

6. 可访问性

可访问性是指确定数据和元数据（关于数据的数据）存在的难易程度，以及能够快速、方便地访问和检索数据的形式或媒介的适用性。由于可访问性不是对数据内容或表示质量的度量，因此不能以与其他数据质量维度（如准确性、完整性、有效性、一致性、唯一性等）相同的方式对其进行量化。为了评估数据可访问性，需要定义不同的指标，并组织对目标受众的调查。调查问卷应包含主观和客观问题。

7. 可靠性

数据可靠性是指数据集在预期用途下的完整性、相关性、准确性、唯一性和一致性，以及将数据追踪到可靠来源的能力。测量数据可靠性的最终目的是确定数据是否可用于预期目的。在评估数据可靠性时，有必要了解数据的用途，以及预期用途的准确性、完整性、相关性、唯一性和一致性方面的质量要求，然后在此基础上采取主客观相结合方法进行测度。

8. 易操作性

易操作性是指数据在不同任务中易于操作的程度，如修改、排序、重新格式化、分类和聚合、数据集或表中数据元素的自定义以及与其他数据元素的连接。数据集的易操作性可以通过主观评估来衡量。比如可以通过调查来进行，调查中要求用户在 0 到 1 的范围内对数据操作的难易程度进行评分，其中 0 表示最低分数，表示数据很难操作，1 表示数据极易操作。零值 0.5 表示操作的容易程度中等。接近 1 的零值表示操作更容易，接近 0 的零值表示操作不同任务的数据比较困难。总体易操作性评级是所有用户的平均评级。

9. 简洁性

简洁性是指数据被紧凑表示的程度（表示简短，但完整且切中要害）。简洁性可以通过主观评估来衡量，如对数据用户进行问卷调查，评估用户对于数据简洁性的判断，或请专家进行评议等。

10. 可解释性

可解释性可以定义为用户能够轻松理解、正确使用和分析数据的程度。

11. 可信度

可信度包括用户认为数据可信的程度、数据提供者或数据源的诚信程度，以确保数据实际代表了数据应该代表的内容，并且没有意图歪曲数据应该代表的内容以及数据来源可靠的程度。可以采用主客观相结合的方式进行度量。如在数据源层面采取客观方式测度数据的正确性、一致性等指标，再在此基础上采取主客观方式测度数据提供者的诚信程度。

12. **声誉**

声誉是指数据在来源或内容方面受到高度重视的程度，可通过获取数据提供商在一段时间内的跟踪记录进行评估。评估数据源声誉的一种方法是在社区中进行调查，或询问可以帮助确定数据源声誉的其他成员，或询问发布数据集的人员。

三、数据质量管理标准

（一）ISO 8000 数据质量标准

ISO 8000 数据质量标准是针对数据质量制定的国际标准化组织标准。它是由 ISO 工业自动化系统与集成技术委员会（TC 184）SC4 小组委员会开发的。ISO TC 184/SC4 是负责工业数据的国际标准化组织，这一标准以一系列文件的形式发布，每个文件被 ISO 称为“部分”。该组织开发和维护 ISO 标准，在产品的整个生命周期中描述和管理工业产品数据。它在自动化系统领域制定标准，并在相关的设计、采购、制造和交付、支持、维护和处置产品及其相关集成服务方面进行标准的制定。标准化领域包括信息系统、用于工业和特定非工业环境中的固定和移动机器人技术、自动化和控制软件以及集成技术。

ISO 8000 数据质量标准由一般原则、主数据质量、交易数据质量、产品数据质量 4 个部分组成。其中一般原则部分包括 ISO 8000-1 简介、ISO 8000-2 术语部分，主数据质量包括主数据的语法、语义编码、符合数据规范、数据来源、准确性、完整性、质量管理框架几部分。每个部分独立发布，该标准是受版权保护的，不可免费使用。以下将介绍 ISO 8000 几个重要部分。

1. ISO 8000-110主数据的语法、语义和数据规范

（1）语法。ISO 8000 标准要求必须有一种语法，语法必须在数据中引用，而且引用必须可解析为语法。语法可以是所有种类的，例如，EDI（ISO 9735）、ebXML、SWIFTMT、SWIFT MX、ISO 20022、eOTD-r-xml（ISO 22745）都是可接受的语法。

（2）语义编码。所有元数据必须在外部开源字典中显式定义，或者定义必须包含在数据中。任何定义的元数据都是可以接受的，这包括以电子形式、电子表格或数据库表格显式定义的字段、标题或属性。例如，ISO 22745 通过使用符合 ISO 22745 的开放技术词典（例如 ECCMA 开放技术字典（eOTD））标记数据来创建便携式数据。eOTD 就可用于语义编码，它是来自多源术语的注册表，其中每个概念被分配唯一和永久的公共域标识符，概念标识符可以彼此映射并根据它们的使用量来排列。ISO 22745-30 是用于说明 XML 中的数据需求以及用于交换便携式数据的首选标准。

（3）数据规范。语法和语义编码需要支持业务功能，允许访问计算机、网站或软件程序，用所需的数据来提供正确的产品或服务。只要数据满足需求，就认为是高质量数据。ISO 22745 可用于以简单的 XML 格式生成和交换数据请求，发送方和接收方可以自动

创建一个集成的数据交换系统。

2. ISO 8000-120主数据的数据来源

数据来源（Provenance）对属性值对和数据集的来源信息在表示和交换方面进行了规范和要求，包括数据来源的背景、捕获和交换数据来源信息的要求以及用于数据源信息的概念数据模型。它允许接收者跟踪已经交换的主数据，并追溯其源头，帮助接收者评估数据的可信性，并且帮助接收者在收到同一属性的不同值时做出值的选择。

3. ISO 8000-130主数据的准确性

该标准提出的是数据捕获和数据交换精度方面的需求，并提出了以声明和担保的形式确保数据准确性的概念模型。数据准确性对属性值对、记录和数据集的准确性信息在表示和交换方面进行了规范和要求，这涉及主数据准确性的情况、捕获和交换主数据准确性信息的要求、主数据准确性信息的概念数据模型。

4. ISO 8000-140主数据的完整性

数据完整性对属性值对、记录和数据集的完整性信息在表示和交换方面进行了规范和要求。它包括主数据完整性的情况、捕获和交换主数据完整性信息的要求以及主数据完整性信息的概念数据模型。

5. ISO 8000-150主数据质量管理框架

该框架规定了主数据质量管理的基本原则以及对ISO 8000标准的实施、数据交换和出处的要求。它还包含了一个信息框架，用于确定和识别数据质量管理的过程。该框架可以与质量管理系统标准（如ISO 9001）结合或独立使用。

（二） ISO 22745：2010标准

ISO 22745：2010标准是一个关于开放技术字典和主数据应用的国际标准。该标准给出了表示、处理和交换主数据的描述技术，通过与ISO 8000配合使用来描述数据需求。其提供了工具，使得企业能够保证输入和输出的主数据足够优质，改进内部数据的质量；在整个供应链上进行富有语义的、数据粒度级的信息交换，实现直接、正确、有效的协同。其核心内容及标识如下：

1. 开放的技术字典

ISO 22745的核心是开放的技术字典（the Open Technical Dictionary，OTD）。它是一组词条的集合，每一个词条描述一个概念/元数据，包含概念/元数据的标识符、术语和定义文本、注释、样例、图像、超链接到源标准。一个概念可以与任何数目的术语、定义、缩略语和图像关联。一个概念可以与同一个语言中的几个术语关联。这些术语都是同义词。这些元数据用来描述企业中统称为物件（Item）的主数据（个人、组织、位置、商品、服务、规则章程），提供统一的、与语言无关的对主数据编码的方法。OTD的概念跨越整个供应链，从供应商、客户、材料、存储到服务；概念包含整个数据生命周期，从设计（CAD/CAM/CAE/PDM）、设备、制造到生产；概念包括整个 ERP 的主数据。概念的类型包括：类、特征、测量单位、测量约束、特征类型、货币名称和语言标识符。各类型定义如表 5-3 所示。

表 5-3
OTD 标识符类型及定义

类型	概念与举例
类	一组具有相同特性的实体的集合。OTD 不包含类的层次结构，它是一个扁平的概念集。这是因为 OTD 中的类可以来源于多个数据源（供应商）抽取的类，其中每一个类可以链接到一个或者更多的外部的类层次（它们可能属于不同的领域、学科）。例如，“服装”“计算机”“车床”
特征	指物件的属性、例如，螺纹级别、直径、材质、强度等
测量单位	包括测量单位的国际系统和英制系统
测量约束	如极小值、极大值、正常值
特征类型	指物件特征的类型，可以是枚举类型。例如一周有七天，螺纹的方向有两种
货币名称	例如，美元、欧元等
语言标识符	是指对不同的语言给定标识符，以便对与语言相关的术语、缩略语和定义进行语义识别

可以根据 OTD 术语的来源把 OTD 分成两组：

（1）内容创建 OTD。OTD 中的术语是由“数据维护组织”（Dictionary Maintenance Organization，DMO）标准化的，OTD 是该术语的源。

（2）内容收集 OTD。OTD 中的术语是 OTD 之外标准化的术语信息的复制。任何人都可以请求把已经标准化了的术语添加到 OTD 中。OTD 中的每个术语项都有链接指向源文件。用户可以跟随链接获取更多的信息。

2. 主数据

ISO 8000-110 定义了“主数据是企业中的数据，它们用来描述那些企业自身的、独立的、基础的实体，而且在执行事务处理时会用到它们”。任何一条主数据记录描述的都是“物件”（Item），它可以是各种现实中具体的物体（如某车辆，标识号为“XYZ66089”），也可以是同样物体的集合（如东芝 Portege 3300M909，现实世界中有很多这样的计算机）。主数据记录主要包含一个或多个特征值。每个特征值表示描述物件的一个特性。例如，“特征项—值”为“螺纹直径—1.0 英寸”“材料—铝”和“直径—1.5 厘米”等。ISO 22745 表示主数据的原则是“语义编码”（Semantic Coding），也就是用机器可读的标识符代替人可读的文本。主数据中类的标识符是一个指针，指向 OTD 中的概念；主数据中的特征、测量单位、测量的限定、控制值等的标识符也是一个指针，指向 OTD 中的概念。

采用机器可读的标识符的好处是：

（1）使得主数据的语言中性，主数据可以解码（译码）成任何 OTD 支持的语言；

（2）使得编码唯一，降低了单一物件可能的冗余的主数据。

3. 标识模式

标识模式如图 5-5 所示。

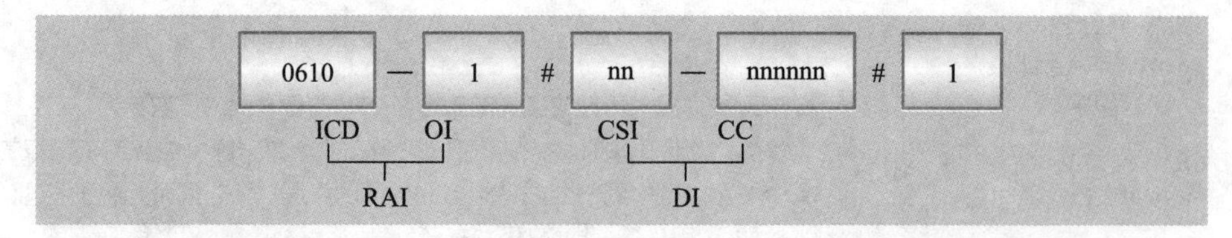

图 5-5
标识模式

其中：

（1） RAI，注册权威标识符（Registration Authority Identifier）。

（2） ICD，国际码标识符（International Code Designator）。

（3） OI，组织标识符（Organization Identifier）。

（4） DI，数据标识符（Data Identifier）。

（5） CSI，码空间标识符（Code Space Identifier）。

（6） CC，概念码（Concept Code）。

（7） VI，版本标识符（Version Identifier）。

4. 标识指南

ISO 22745 为了支持对主数据的编码，还提供了一个标识指南 IG（Identification Guide）eOTD-i-xml（参考 ISO 22745-35）。IG 是基于 OTD 中的概念、提供给买家用来描述主数据的一个母模板、一组基本规则。按照 IG 来描述物件，可以提高数据质量，减少所需的时间。

（三） GDDS（一般数据发布标准）和 SDDS（特别数据发布标准）

自 1995 年以来，国际货币基金组织出台了一套数据发布标准，其目的是推动各国统计数据来源的透明度，规范各国统计制度方法，改进各国统计数据质量，增强统计数据的国际可比性，为制定宏观经济决策和加强国际金融资本市场管理提供可靠依据。同时，这一套统计数据发布制度，也是检查和评价各国统计数据质量好坏的标准。国际货币基金组织数据发布标准分为两种：一般数据发布制度（General Data Dissemination System，GDDS）和特别数据发布标准（Special Data Dissemination Standard，SDDS）。其共同目标是指导各国按统一标准，提供综合、及时、可靠的经济和财政金融统计数据，但这两种数据发布标准也有很大的不同。

1. 数据的范围、频率和及时性

（1） GDDS。

① 统计范围。GDDS 将国民经济活动划分为 5 大经济部门：实际部门、财政部门、金融部门、对外部门和社会人口部门。对每一部门各选定一组能够反映其活动实绩和政策以及可以帮助理解经济发展和结构变化的最为重要的数据类别。系统提出了 5 大部门综合框架和相关的数据类别和指标编制、公布的目标，鼓励以适当的、反映成员国需要和能力的频率和及时性来开发和公布指标。选定的数据类别和指标分为规定性和鼓

励性两类。

规定性数据类别包括：

A. 来自综合框架中的核心部分，如实际部门的国民账户总量、财政部门的中央政府预算总量、金融部门的广义货币和信贷总量、对外部门的国际收支总量。

B. 追踪分析统计类目，如实际部门的各种生产指数、财政部门的中央政府财政收支和债务统计、金融部门的中央银行分析账户、对外部门的国际储备和商品贸易统计。

C. 与该部门相关的统计指标，如实际部门的劳动市场和价格指数统计。

D. 社会人口数据，包括人口、保健、教育、卫生等方面统计。

GDDS 将选定的数据类别分为规定性和鼓励性两类，目的是给予成员国公布统计数据一定的灵活性。鼓励性一类是要成员国争取发布的，条件不具备的可以暂不发布。数据类别下构成要素，有些后面注明“视具体情况”，即成员国认为该项统计不符合本国实际的，可以不编制发布。

② 公布频率。公布频率是指统计数据编制发布的时间间隔。某项统计数据的公布频率需要根据调查、编制的工作难度和使用者的需要来决定。系统鼓励改进数据的公布频率。GDDS 对列出的数据类别的公布频率作了统一规定。例如，GDDS 要求国民账户体系、国际收支平衡表按年公布，广义货币概览按月公布，汇率则每日公布。

③ 公布及时性。公布及时性是指统计数据公布的速度。统计数据公布的及时性受多种因素制约，如资料整理和计算手续的繁简、数据公布的形式等。GDDS 规定了间隔的最长时限。如按季度统计的 GDP 数据规定在下一季度内发布，按月度统计的生产指数规定在 6 周至 3 个月内公布。

（2） SDDS。SDDS 的统计范围、公布的频率和及时性见表 5–4。

表 5–4 SDDS 统计范围、公布的频率和及时性

统计数据的范围			频率	及时性
必需的种类或分项		鼓励的种类或分项		
数据种类	分项			
实际部门				
国民账户：名义、实际和相关价格	按主要支出种类和生产部门计算的 GDP	储蓄，国内总收入	季	季
生产指数	工业、初级产品，或部门（视相关程度）		月（或视相关程度）	6 个星期（鼓励按月或视相关程度）
劳动力市场	就业、失业和工资 / 收入（视相关程度）		季	季
物价指数	消费物价和生产者或批发价格		月	月

续表

统计数据的范围			频率	及时性
必需的种类或分项		鼓励的种类或分项		
数据种类	分项			
财政部门				
广义政府或公共部门的运作（视相关程度）	收入、支出、余额和国内（银行及非银行）及国外融资度	利息支付	年	2个季度
中央政府的运作	预算账户：收入、支出、余额和国内（银行及非银行）及国外融资	利息支付	月	月
中央政府债务	国内和国外债务（分币种）（包括保值公债）（视相关程度）；分期限（视相关程度）；分是否有中央政府担保（视相关程度）	债务偿还的预测；对中长期债务的利息和分期偿还（最近4个季度是按季预测的，然后是按年）及对短期债务分期偿还的预测	季	季
金融部门				
银行部门的分析账户	货币总量、公共和私人部门的国内信贷、对外头寸		月	月
中央银行的分析账户	储备货币、公共和私人部门的国内债权、对外头寸		月（鼓励按星期）	2个星期（鼓励按星期）
利率	短期和长期政府债券利率、政策性可变利率	代表性存贷款利率	天	不严格要求
股票市场	股票价格指数（视相关程度）		天	不严格要求
对外部门				
国际收支	商品和服务、净收入流动、净经常转移、主要资本（或资本和金融）账户项目（包括储备）	外国直接投资和有价证券投资	季	季
国际储备	官方总储备（黄金、外汇、特别提款权和在国际货币基金组织的头寸）和美元官方负债	与储备有关的负债（视相关程度）	月（鼓励按星期）	周
商品贸易	出口和进口	较长时间间隔的主要商品细分	月	8周（鼓励按4~6周）
国际投资头寸	直接投资、有价证券投资（包括股本和债务）、其他投资及储备	根据发行债券的货币种类和最初期限（如短、中、长期）进行细分	年	2个季度（鼓励按季）
汇率	现期和3至6个月的远期市场汇率（视相关程度）		天	不严格要求

2. 公布数据的质量

统计质量是个难以界定、不易评估的概念。为了便于检查，GDDS、SDDS 选定两条规则作为评估统计数据质量的标准。一是成员国提供数据编制方法和数据来源方面的资料。资料可以采取多种形式，包括公布数据时所附的概括性说明、单独出版物和可从编制者得到的文件。同时也鼓励成员国准备并公布重要的关于数据质量特征的说明（例如，数据可能存在的误差类型、不同时期数据之所以不可比的原因、数据调查的范围或调查数据的样本误差等）。二是提供统计类目核心指标的细项内容及与其相关的统计数据的核对方法，以及支持数据交叉复核并保证合理性的统计框架。为了支持和鼓励使用者对数据进行核对和检验，规定在统计框架内公布有关总量数据的分项，公布有关数据的比较和核对。统计框架包括会计等式和统计关系。比较核对主要针对那些跨越不同框架的数据，例如，作为国民账户一部分的进出口和作为国际收支一部分的进出口的交叉核对。

3. 公布数据的完整性

为了实现向公众提供信息的目的，官方统计数据必须得到用户的信赖。同时，统计使用者对官方统计的信任感归根到底是对官方统计数据编制机构的客观性和专业性的信任。而统计机构的工作实践和程序的透明度是产生这种信任的关键因素。因此，为了监督统计数据的完整性，GDDS、SDDS 规定了 4 条检查规则：一是成员国必须公布编制统计数据的条件和规定，特别是为信息提供人保密的规定。统计机构进行统计所依据的条件和规定可以有多种形式，例如统计法、章程和行为规则，其中所包含的条件和规定可以针对统计单位与上级部门之间的关系，收集数据的法律权限，向公众发布所收集数据的要求等。为信息提供人保密是形成使用者对官方统计客观性信任的关键所在，GDDS、SDDS 建议在国家的统计立法和统计主管官员权限中反映出来，或者明文规定官方必须为个人调查答卷保密。二是关于数据公布前政府机构从内部获取数据的说明。GDDS 要求开列数据编制机构以外的、可以在数据发布前获得数据信息的政府人员名单及职位。三是政府部门在数据公布时的评述。列出数据发布后哪些政府部门有资格进行评论，因为政府部门的评述不一定像官方统计编制机构那样具有很高程度的客观性，政府部门对数据的评论往往带有政治偏见。这种做法的目的是使公众了解这些评述的出处。四是必须提供数据修正方面的信息并提前通知统计方法的重大修改。为了增加统计数据编制机构做法的透明度，本项规范要求提供关于过去所做的修正以及今后可能修正的主要原因的信息。关于统计修正的主要原因的信息包括进行修正所遵循的原则和以往修正数据的幅度；在公布修正原则和修正后的数据之前，应先制定修正原则，然后再相应地修改数据。在建立统计制度过程中，统计方法会发生变化。事先通知可采取多种形式，至少应该在最后一次公布未修改数据时做简短说明，这种说明应指出将要做出何种修改以及从哪里可以获得更详细的信息。

4. 公众获取

GDDS、SDDS 对此制定了两项规划：一是成员国要预先公布各项统计的发布日程表。预先公布统计发布日程表既可方便使用者安排利用数据，又可显示统计工作管理完善和表明数据编制的透明度。GDDS 鼓励成员国向公众公布发布最新信息的机构或个人的名称或地址。二是统计发布必须同时发送所有有关各方。官方统计数据的公布是统计数据作为一项公共产品的基本特征之一，及时和机会均等地获得统计数据是公众的基本要求。因此 GDDS、SDDS 规定应向所有有关方同时发布统计数据，以体现公平的原则。发布时可先提供概括性数据，然后再提供详细的数据，当局应至少提供一个公众知道并可以进入的地方，数据一经发布，公众就可以公平地获得。

第三节 数据质量评估方法

一、定性评估方法

定性评估方法一般基于一定的评价准则与要求，根据评价的目的和用户对象的需求，从定性的角度来对基础科学数据资源进行描述与评价。

定性评估标准因专业领域、学术水平和研究任务等差别而存在差异。采用定性评估方法进行评价时，一般依据一定的准则与要求，确定相关评价标准或指标体系，建立评价标准及各赋值标准，再通过评价者、专家和用户打分或评定，最后统计出各数据库的评价结果。定性评估方法的缺陷有：评价指标体系本身的合理性、评价的滞后性、评价结果的适用性和问卷调查评价结果的可信性存在问题。定性评估方法主要从用户反馈法、专家评议法和第三方评测法来介绍。

（一）用户反馈法

用户反馈法主要是由评价用户提供相关的评价指标体系和方法，由用户根据其特定的信息需求从中选择符合其需要的评价指标和方法来评价信息资源。在这种方法中，评价机构仅将其所选择的指标体系和评价指南告知用户，帮助或指导用户进行数据质量评价，而不是代替用户评价。

此法一定程度上会增加用户的负担；用户不是专业机构却承担资源发现和评价职责，在一定程度上影响了对数据质量的深入、准确认识，容易产生偏差。

统计数据用户反馈法包括以下主要步骤：

（1）以一般的顾客满意度模型为基础构建相应的统计数据用户反馈模型；

（2）围绕所构建的用户反馈模型设计统计数据用户满意度测评指标 / 项目体系，即为模型中的每个潜变量设计一些测评指标 / 项目；

（3） 开展统计数据用户反馈调查以获取满意度测评的原始数据；

（4） 按照一定的方法对原始数据进行分析、处理，形成统计数据用户满意度指数，并对用户满意度的影响因素、影响路径展开具体分析，以对统计数据质量进行改进。

用户反馈法从数据用户角度出发，以用户对统计数据质量的满意度评价作为数据质量的评估结果，这与统计数据质量的定义十分吻合。而且，它能够形成一个综合的统计数据质量指数即数据用户满意度指数，分析用户满意度的影响因素和影响路径等，这对统计数据质量的改进有一定的指导意义。但是，该方法的局限性亦十分明显，主要体现在它需要开展专门的统计调查，这就会出现一系列与调查相关的问题，比如样本的代表性问题、调查对象回答问题的主观性问题、调查费用高昂问题等。

（二） 专家评议法

通常是由给定科学领域的若干专家组成的评判委员会来评价科学活动或其结果的一个过程。

专家评议的优势是，专家替代了科学外行，拥有了对学术问题的决策权。专家评议是科学研究管理中一项非常重要的制度安排。专家评议应该贯彻的原则是：公开性、公正性、可靠性、效用性和经济性。

采用专家评议法应遵循以下主要步骤：

（1） 明确具体分析、预测的问题；

（2） 组成专家评议分析、预测小组，小组成员应由预测专家、专业领域的专家、推断思维能力强的演绎专家等组成；

（3） 举行专家会议，对提出的问题进行分析、讨论和预测；

（4） 分析、归纳专家会议的结果。

专家评议法简单易行，比较客观，所邀请的专家在专业理论上造诣较深、实践经验丰富，而且由于有专业、安全、评价、逻辑方面的专家参加，将专家的意见运用逻辑推理的方法进行综合、归纳，这样所得出的结论一般是比较全面、正确的。特别是专家质疑通过正反两方面的讨论，问题更深入、更全面和透彻，所形成的结论性意见更科学、合理。但是，由于要求参加评价的专家有较高的水平，所以并不是所有的工程项目都适用本方法。

（三） 第三方评测法

第三方主要是相对于管理方、建库单位以及信息用户而言。第三方评测法是指由第三方根据特定的信息需求，建立符合特定信息需求的数据质量评价指标体系，按照一定的评价程序或步骤，得出数据质量评价结论。第三方评测法目前一般采用特定评价方法，其核心在于选择合理和科学的评价指标体系，这决定了定性评估的客观性、公正性、合理性和科学性。

第三方评测法有以下主要步骤：

（1） 确定所需求的信息数据，寻找能够获取所需数据的渠道来采集数据；

（2） 采用 NLP（Natural Language Processing）分析方法对需求数据进行分词和标注；

（3） 采用基于机器学习的文本聚类和自动分类方法分别对需求数据进行清洗和分类，形成数据池；

（4） 采用共词网络和相关度分析方法，分析计算数据池之间的关系以及数据池的支撑程度；

（5） 根据数据模型量化计算各个指标，形成数据质量评价分析报告。

二、 定量评估方法

定量评估方法是指按照数量分析方法，从客观量化角度对基础科学数据资源进行的优选与评价。定量评估方法为人们提供了一个系统、客观的数量分析方法，结果更加直观、具体，是评估基础科学数据资源的发展方向。但目前对科学数据资源进行定量评估的实例较少，一般局限于访问次数、登录、链接和被链接等情况的探讨。

定量评估方法主要缺陷有：量化的标准过于简单和表面化，往往无法对信息进行深层次的剖析和考察；统计方法本身存在技术上的缺陷；对学术性的科学数据价值高的数据共享平台不完全适用。定量评估方法主要是从访问量统计、基于信息熵的评估、关联关系度量来进行介绍的。

（一） 访问量统计

基于网络用户对数据库的登录、访问情况，依据网络流量对数据库进行评价，这类似于对传统印刷性出版物发行量的统计。比如定期统计每个数据库的访问量、用户 IP 地址分布及下载量等，并依此对数据库优劣进行排序。

访问量统计的出发点是认为在一段时间内用户访问数据库的数量可间接反映数据库中共享信息的重要性。当然这种方法也存在其局限性，访问量对数据质量的体现并不是完全准确的。而且根据以往的经验，访问量统计更加适用于一些规模、类型相似的面向大众的网络资源，如门户网站等，而对于专业性很强的学术类科学资源往往不容易得到很好的效果。可以通过以下指标来进行评估：

（1） 下载量。指的是下载数据的数量。

（2） 注册量。指的是通过下载安装的用户中，存在注册行为的用户数。

（3） 启动次数。指的是在某一个统计时间段的用户打开 App 的次数。一般有日启动次数、周启动次数、月启动次数，还有对应周期的人均启动次数。

（4） 访问页数量。指的是在某个统计周期内用户访问产品的页面数。比如访问 1~2 页活跃用户数、访问 3~5 页活跃用户数等，根据不同的统计周期来判断访问页面数的等级。通过访问页面数的差异，来判断页面质量和用户体验质量。

（二） 基于信息熵的评估

熵的概念起源于热力学。熵是反映自然界热变化过程方向性的一个物理量。

Shannon 将熵引入信息科学领域中，用以度量事件的不确定性。信息熵能够全方位度量信息而辅助信息决策优化分析，能够检验数据质量。实际上，信息熵是表征信息量的重要参数，而信息量在一定程度上决定了事物的不确定程度，进而影响信息质量。在其他条件相同的情况下，信息量直接决定着信息作为生产要素的投入量和所创造的价值量。通过以下主要步骤来评估。

假设某事件可能有 n 种不同状态：$S_1,S_2,\cdots,S_n$，每种状态出现的概率分别是：P_1，$P_2,\cdots,P_n$，则该事件的信息量即信息熵可表示为：

$$H = H(P_1,P_2,\cdots,P_n) = -k\sum_{i=1}^{n} P_i \ln P_i \tag{5-1}$$

式中：信息熵 H 是度量事件不确定性和无知状态的尺度；

k 是一个取决于度量单位的正的常数，$k=1/\ln n, 0\leqslant P_i \leqslant 1$（$i=1,2,\cdots,n$），$\sum_{i=1}^{n} P_i=1$。

信息熵越大，事件发生的不确定性就越大；信息熵越小，不确定性越小。事件不确定性的减小与信息熵呈同方向变化，而不确定性的减少和消除正是信息价值和效用的体现，因此信息熵的减少量可作为信息的效用和价值的评估标准。当某事件各种状态发生的概率相同时，$P_1=P_2=\cdots=P_n=-1/n$ 时，信息熵取得最大值 $H_{max}=k\ln n$，那么，在其他情况下信息熵的减少量应为：

$$V = H_{max} - H = k\ln n - k\sum_{i=1}^{n} P_i \ln\frac{1}{P_i} \tag{5-2}$$

式 5-2 就是该事件所传递的信息效用大小的表达式。

信息熵方法从消除不确定性的角度来表达和描述信息的质量，能够客观地测度信息量。其优点在于不受评估主体的影响，客观性强；缺点是该方法并没有考虑信息的语义，仅仅是从语法层次上统计信息量，这也成为广泛应用该方法的障碍。

（三） 关联关系度量

关联数据是一类应用了某些原则来连接的大型的、独立的 Web 数据集。关联数据之间展示了信息的关联与整合。其遵循以下 4 个原则：①使用统一资源标识符（URI）作为事务的名称；②使用 HTIPURI，使人们能够查找这些名称；③在有人查找一个 URI 时，可以使用标准（RDF*、SPARQL）来提供有用的信息；④包含其他 URI 的链接，以便他们可以发现更多的信息。数据关联关系可通过具体的数学方法进行比算，如基于 PRE 原理的关系度量、基于独立校验的关联关系度量可由以下主要步骤进行度量。

1. 基于PRE原理的关系度量

若将随机向量 X 和 Y 看作两个变量簇，可通过比较两个点簇间协方差结构的相似性确定两个随机向量的关联系数。因此，RV 系数提供了一个变量对样本关联系数的全局度量。

设随机向量 $X=(X_1, X_2, \cdots, X_P)'$ 的样本矩阵为 X_{nxp}，当样本为非一维数据集时，需要对样本矩阵进行中心化处理，如式 5-3 所示。

$$H=I-\frac{11^T}{N} \tag{5-3}$$

其中，$I\in R^{n\times n}$ 是单位矩阵，11 是取值为 1 的向量，则 RV 系数为：

$$RV(X,Y)=\frac{<HXX'H,HYY'H>}{\|HXX'H\|\ \|HYY'H\|}=\frac{tr[(HXX'H)(HYY'H)]}{\sqrt{tr[HXX'H]}\sqrt{tr[(HYY'H)^2]}} \tag{5-4}$$

RV 系数越接近 1，则 X、Y 之间的线性相关度就越高。

2. 基于独立校验的关联关系度量

基于独立校验的关联关系度量可通过概率分布函数计算关联性。若有两个随机向量 X 与 Y 边际概率分配函数分别为：

$$P(X\leqslant x)\equiv F_X(x) \tag{5-5}$$

$$P(Y\leqslant y)\equiv F_Y(y) \tag{5-6}$$

则其累积概率分配函数定义为：

$$P(X\leqslant x,Y\leqslant y)\equiv F(x,y) \tag{5-7}$$

由于边际概率分配函数是多对一函数，故定义一般化边际概率分配函数的反函数为：

$$F^{-1}(u)=\inf\{s:F(s)\geqslant t,0<t<1\} \tag{5-8}$$

三、综合评估方法

综合评估方法主要是将定性和定量两种方法有机地结合起来，从两个角度对科学数据资源质量进行评价。常用的综合评估方法有：层次分析法（Analytic Hierarchy Process，AHP）、模糊综合评估法（Fuzzy Comprehensive Evaluation，FCE）、云模型评估法（Cloud Model，CM）、缺陷扣分法（Defection Subtraction Score，DSS）和模糊层次分析法（Fuzzy Analytic Hierarchy Process，FAHP）。

表 5-5 从使用的难易程度、使用模型、应用场景和适用范围 4 个方面对上述 5 种评估方法进行了对比。

表 5-5 评估方法比较

评估类别	难易程度	使用模型	应用场景	适用范围
AHP	较简单	层次结构模型	质量指标权重确定	无限制
FCE	复杂	隶属函数	模糊性的质量问题	无限制
CM	复杂	正态云模型	模糊性与随机性共存的质量问题	无限制
DSS	简单	无	产品质量	专业领域
FAHP	复杂	隶属函数 + 层次结构模型	影响因素较多较为复杂的质量问题	无限制

下面主要介绍层次分析法、模糊综合评估法和模糊层次分析法。

（一）层次分析法

层次分析法是美国运筹学家 T.L.Saaty 在 1977 年提出的一种定性与定量相结合的

决策分析方法。这种方法能够将复杂的系统分解，把多目标、多准则而又难以量化处理的决策问题化为多层次单目标问题，适用于多层次、多目标规划决策问题。层次分析法是将人们对信息资源质量的主观判断用数量形式表达出来并进行科学计算，其核心问题是：定性问题—定量化—相对重要性排序。层次分析法主要步骤如下：

（1） 建立层次结构模型。将决策的目标、考虑的因素（决策准则）和决策对象按它们之间的相互关系分为最高层、中间层和最低层，绘出层次结构图。最高层是指决策的目的、要解决的问题。最低层是指决策时的备选方案。中间层是指考虑的因素、决策的准则。对于相邻的两层，称高层为目标层，低层为因素层。

（2） 构造判断（成对比较）矩阵。在确定各层次各因素之间的权重时，常使用一致矩阵法，即不把所有因素放在一起比较，而是两两相互比较，尽可能减少性质不同的诸因素相互比较的困难，以提高准确度。如对某一准则，对其下各方案进行两两对比，并按其重要性程度评定等级。设 a_{ij} 为要素 i 与要素 j 重要性比较结果。按两两比较结果构成的矩阵称作判断矩阵。判断矩阵具有如下性质：

$$a_{ij}=\frac{1}{a_{ji}} \tag{5-9}$$

判断矩阵元素 a_{ij} 的标度方法如表 5-6 所示。

表 5-6
比例标度表

因素 i 比因素 j	量化值	因素 i 比因素 j	量化值
同等重要	1	强烈重要	7
稍微重要	3	极端重要	9
较强重要	5	两相邻判断的中间值	2，4，6，8

（3） 层次单排序及其一致性检验。对应于判断矩阵最大特征根 λ_{max} 的特征向量，经归一化（使向量中各元素之和为 1）后记为 W。W 的元素为同一层次因素对于上一层因素某因素相对重要性的排序权值，这一过程称为层次单排序。

定义一致性指标 $CI=\frac{\lambda-n}{n-1}$（n 为矩阵阶数）：

$CI=0$，有完全的一致性；

CI 接近于 0，有满意的一致性；

CI 越大，不一致性越严重。

为了衡量 CI 的大小，引入随机一致性指标 RI，平均随机一致性指标 RI 标准值如表 5-7 所示。

表 5-7
平均随机一致性指标 RI 标准值

矩阵阶数	1	2	3	4	5	6	7	8	9	10
RI	0	0	0.58	0.90	1.12	1.24	1.32	1.41	1.45	1.49

定义一致性比率：$CR=\frac{CI}{RI}$，一般认为一致性比率 $CR<0.1$ 时，A 的不一致程度在

容许范围之内，有满意的一致性，通过一致性检验。可用其归一化特征向量作为权向量，否则要重新构造成对比较矩阵 A，对 a_{ij} 加以调整。

（4） 层次总排序及其一致性检验。计算某一层次所有因素对于最高层（总目标）相对重要性的权值，称为层次总排序。这一过程是从最高层次到最低层次依次进行的。

（二） 模糊综合评估法

模糊综合评估法是一种基于模糊数学的评价方法，以隶属度理论为基础，将定性评估转化为定量评估。数据质量具有主观性、不确定性，其影响因素也具有模糊性，因此本书在构建评估指标体系的基础上，对数据质量进行模糊综合评估。模糊综合评估的主要步骤包括：

（1） 确定评价对象的因素论域。因素论域由描述评价对象的 m 种因素构成，表示为 $U=\{U_1, U_2, \cdots, U_m\}$，也就是说有 m 个评价指标，表明对评价对象从哪些方面来进行评判描述。

（2） 确定评价对象的评语等级论域。评语集是评价者对评价对象可能做出的各种总的评价结果组成的集合，用 V 表示：$V=\{V_1, V_2, \cdots, V_n\}$，实际上就是对评价对象变化区间的一个划分。其中 V_i 代表第 i 个评价结果，n 为总的评价结果数。具体等级可以依据评价内容用适当的语言进行描述，比如评估数据质量可用{好、较好、一般、较差、差}。

（3） 进行单因素评价，建立模糊关系矩阵 R。单独从一个因素出发进行评价，以确定评价对象对评价集合 V 的隶属程度，称为单因素模糊评价。在构造了等级模糊子集后，就要逐个对评价对象从每个因素 U_i（$i=1, 2, \cdots, m$）进行量化，也就是确定从单因素来看评价对象对各等级模糊子集的隶属度，进而得到模糊关系矩阵：

$$R=\begin{pmatrix} r_{11} & r_{12} & \cdots & r_{1n} \\ r_{21} & r_{22} & \cdots & r_{2n} \\ \vdots & \vdots & \ddots & \vdots \\ r_{m1} & r_{m2} & \cdots & r_{mn} \end{pmatrix} \tag{5-10}$$

其中 r_{ij}（$i=1, 2, \cdots, m; j=1, 2, \cdots, n$）表示某个评价对象从因素 U_i 来看对 V_j 等级模糊子集的隶属度。一个评价对象在某个因素 U_i 方面的表现是通过模糊向量 $r_i=(r_{i1}, r_{i2}, \cdots, r_{im})$ 来刻画的（在其他评价方法中多是由一个指标实际值来刻画，因此从这个角度讲，模糊综合评价要求更多的信息），r_i 称为单因素评价矩阵，可以看作是因素集 U 和评价集 V 之间的一种模糊关系，即影响因素与评价对象之间的“合理关系”。

在确定隶属度时，通常是由专家或与评价问题相关的专业人员依据评判等级对评价对象进行打分，统计打分结果，然后可以根据绝对值减数法求得，即：

$$r_{ij}=\begin{cases} 1, & (i=j) \\ 1-c\sum\limits_{k=1} |x_{ik}-x_{jk}|, & (i \neq j) \end{cases} \tag{5-11}$$

其中，c 可以适当选取，使得 $0 \leqslant r_{ij} \leqslant 1$。

（4） 确定评价因素的模糊权向量。为了反映各因素的重要程度，对各因素应分配一个相应的权数 a_i（$i=1,2,\cdots,m$），通常要求 a_i 满足 $a_i \geqslant 0$；$\sum a_i=1$，即表示第 i 个因素的权重，再由各权重组成的一个模糊集合 A 就是权重集。

在进行模糊综合评估时，权重对最终的评价结果会产生很大的影响，不同的权重有时会得到完全不同的结论。确定权重的方法有：层次分析法、Delphi 法、加权平均法和专家估计法。

（5） 多因素模糊评价。利用合适的合成算子将模糊权向量 A 与模糊关系矩阵 R 合成得到各评价对象的模糊综合评估结果向量 B。

R 中不同的行反映了某个评价对象从不同的单因素来看对各等级模糊子集的隶属程度。用模糊权向量 A 将不同的行进行综合就可以得到该评价对象从总体上来看对各等级模糊子集的隶属程度，即模糊综合评估结果向量 B。

模糊综合评估的模型为：

$$B=A\cdot R=(a_1,a_2,\cdots,a_m)\begin{pmatrix} r_{11} & r_{12} & \cdots & r_{1n} \\ r_{12} & r_{22} & \cdots & r_{2n} \\ \vdots & \vdots & \ddots & \vdots \\ r_{m1} & r_{m2} & \cdots & r_{mn} \end{pmatrix}=(b_1,b_2,\cdots,b_n) \tag{5-12}$$

其中 b_j（$j=1,2,\cdots,n$）是由 A 与 R 的第 j 列运算得到的，表示被评价对象从整体上看对 V_j 等级模糊子集的隶属程度。

常用的模糊合成算子有以下四种：

$M(\wedge,\ \vee)$,

$$b_j=\mathop{\vee}\limits_{i=1}^{m}(a_i \wedge r_{ij})=\max_{1\leqslant i\leqslant m}\{\min(a_i,r_{ij})\},\ j=1,2,\cdots,n$$

$M(\cdot,\ \vee)$

$$b_j=\mathop{\vee}\limits_{i=1}^{m}(a_i,\ r_{ij})=\max_{1\leqslant i\leqslant m}\{a_i,r_{ij}\},\ j=1,2,\cdots,n$$

$M(\wedge,\ \oplus)$

$$b_j=\min\left\{1,\ \sum_{i=1}^{m}\min(a_i,r_{ij})\right\},\ j=1,2,\cdots,n$$

$M(\cdot,\ \oplus)$

$$b_j=\min\left(1,\ \sum_{i=1}^{m}a_i r_{ij}\right),\ j=1,2,\cdots,n$$

（6） 对模糊综合评估结果进行分析。模糊综合评估的结果是评价对象对各等级模糊子集的隶属度，它一般是一个模糊向量，而不是一个点值，因而它能提供的信息比其他方法更丰富。对多个评价对象进行比较并排序，就需要进一步处理每个评价对象的综合分值，按大小排序，按序择优。将综合评估结果 B 转换为综合分值，就可按其大小进行排序，从而挑选出最优者。

（三）　模糊层次分析法

模糊层次分析法是层次分析法结合模糊数学的研究成果，充分考虑到了主观判断的模糊性，是求指标权重最常用的方法之一。它是以模糊变换理论为基础、以模糊推理为主的定性和定量相结合、精确与非精确相统一的分析评判方法，适用于较为复杂的评判系统，评判级别包含 2 个及以上。主要是从最底层（第 k 层）开始，向上逐层运算，直至得到最后的评语集 B。第 k 层评判结果就是第 k-1 层因素的隶属度。模糊层次分析模型不仅可以反映评判因素的不同层次，而且避免了由于因素过多而难于分配权重的问题。

为了能更加合理与全面地评估数据质量，本书系统地对单一目标、群组目标以及整体目标所产生的评判结果进行融合，建立综合评判模型。其主要步骤包括：

（1）　由评价指标构成的集合：$U=\{U_1,U_2,\cdots,U_m\}$。

（2）　由评价等级构成的集合：$V=\{V_1,V_2,\cdots,V_n\}$={ 优,良,中,一般,差 }。

（3）　选取隶属度函数。选择合适的隶属度函数是研究模糊现象的基础。本书选用模糊统计法确定隶属度：各指标取值归一化处理，采用等间隔的方式从最小值到 100% 等分为 5 个等间隔区间，以此将评语集依次划分为 5 个等级“优、良、中、一般、差”，即 $V=(V_1,V_2,V_3,V_4,V_5)$，分别对每个基础指标按其取值进行评定，将其隶属度归纳到“优、良、中、一般、差”对应等级中。

（4）　由评价指标与评价等级构成的模糊评价矩阵：

$$R=\begin{pmatrix} r_{11} & r_{12} & \cdots & r_{1n} \\ r_{21} & r_{22} & \cdots & r_{2n} \\ \vdots & \vdots & \ddots & \vdots \\ r_{m1} & r_{m2} & \cdots & r_{mn} \end{pmatrix} \tag{5-13}$$

式中：$0\leqslant r_{ij}\leqslant 1$，$i=1,2,\cdots,m,j=1,2,\cdots,n$，$r_{ij}$ 表示第 i 个因素对第 j 种评语的隶属度，由隶属度函数计算得出。

（5）　评价指标赋权。三层评价指标包括单一、群组和整体目标，每一指标又包括不同的评价内容，各评价因素的权值不同。数据集的单一目标与群组目标同等重要，因此赋予二者同等的权重 W_i；由于只有基础指标才有采样值，因此二级指标的权重 W_j 无法进行客观赋权，此处采用主观的层次分析法得出；对于基础指标，为兼顾对属性的偏好，同时又力争减少主观随意性，使对属性的赋权达到主观与客观的统一，引入基于离差平方和的、层次分析法（AHP）与熵权法相结合的主客观综合赋权方法，求出基础指标的组合赋权系数 W_k，从而使求解多属性决策问题更客观、准确、有效。

AHP 法的主观权重如式 5-14 所示。

$$X=(X_1,X_2,\cdots,X_m) \tag{5-14}$$

利用熵权法确定的客观权重如式 5–15 所示。

$$Y=(Y_1,Y_2,\cdots,Y_n) \tag{5-15}$$

根据线性加权法，由组合赋权系数向量 $W=(X,Y)^T$ 计算而得的第 i 个决策方案 S_i 的多属性综合评价值可表示为：

$$D_i=\sum_{j=1}^{n} b_{ij}W_j, i=1,2,\cdots,m \tag{5-16}$$

式中：b_i 为样本值。一般而言，D_i 总是越大越好，D_i 越大表示决策方案越优。根据前述基本思想，应该使 m 个决策方案总的离差平方和达到最大。于是可构造如下目标函数：

$$J(W_k)=\sum_{i=1}^{m}\sum_{i_1=1}^{m}\left[\sum_{j=1}^{n}(b_{ij}-b_{i_1j})W_j\right]^2=\sum_{j_1}^{n}\sum_{j_2}^{n}\left[\left(\sum_{i=1}^{m}\sum_{i_1=1}^{m}(b_{ij_1}-b_{i_1j_1})(b_{ij_2}-b_{i_1j_2})\right)\right]W_{j_1}W_{j_2} \tag{5-17}$$

令 $B_1=\sum^{m}\sum^{m}(b_{ij_1}-b_{i_1j_1})(b_{ij_2}-b_{i_1j_2})$，显然 B_1 为 n 阶对称方阵，于是基于 m 个决策方案总的离差平方和的最优组合赋权方法即为如式 5–18 所示的最优化问题。

$$\max F(\theta)=\theta^T X^T B_1 Y\theta/\theta^T\theta \tag{5-18}$$

设 $\lambda_{\max}$ 为矩阵 X^TB_1Y 的最大特征根，θ^* 为最大特征根所对应的单位化特征向量，则 $F(\theta)$的最大值为 $\lambda_{\max}$，求出 θ^* 后，把它代入式 5–18 即得基础指标的最优组合赋权系数。

$$W_k=W\theta^* \tag{5-19}$$

式中：$W=(X,Y)^T$；

W_k 为基础指标的权重系数。

由模糊矩阵与权值得到的模糊综合评判结果即模糊集。式 5–17 是模糊层次分析评价模型的计算公式，由最外层基础指标层的隶属度 R_{111}、R_{211}、R_{221} 等与其权重 W_k 之积得出完整性 R_{11}、空间关系 B_{21}、几何特征 B_{22} 和语义特征 B_{23} 等二级指标的评语集。然后根据第二层评语集，并结合二级指标的权重 W_j 得出一级指标的评语集 B_1、B_2。根据最大隶属度原则，即可确定数据的最终质量等级评语集 B。

$$B=W_i^*\begin{vmatrix}B_1\\B_2\end{vmatrix} \tag{5-20}$$

第四节 数据质量提升方法

一、事前数据质量提升方法

（一）预防措施

预防措施主要是通过防止低质量数据进入组织，防止已知的错误发生从而影响数据的质量。预防方法包括：

1. 建立数据输入控制

创建数据输入规则，防止无效或不准确的数据进入系统。

2. 培训数据生产者

确保上游系统的员工了解数据对下游用户的影响，对数据的准确性和完整性进行激励或基础评估，不仅要追求速度更重要的是质量。

3. 定义和执行规则

创建一个“数据防火墙”，一个包含用于检查数据质量是否良好的所有业务数据质量规则的表，然后用于应用程序（如数据仓库）中。数据防火墙可以检查应用程序处理数据的质量级别，如果质量级别低于可接受的级别，分析人员将得到通知。

4. 要求数据供应商提供高质量数据

检查外部数据供应商的流程，以检查其结构、定义、数据源和数据出处。这样做可以评估其数据的集成程度，并有助于防止使用未经授权的数据，或者未得到所有者许可而获取的数据。

5. 实施数据治理和管理制度

确保定义并执行以下内容的角色和责任：参与规则、决策权和有效管理数据和信息资产的责任。 与数据管理专员合作，修改数据生成、发送和接收的流程和机制。

6. 制定正式的变更控制

确保在实施之前对存储数据的所有变更进行定义和测试。通过建立把关过程，防止在正常处理流程之外直接更改数据。

（二） 建立数据质量管理规范、制度和系统

数据质量管理是企业数据管理的重要组成部分。根据国内外同业实践经验，数据质量管理框架体系主要包括：科学的组织保障体系、清晰的管理流程、明确的管理制度和有效的技术支撑平台。其中，流程、组织和技术始终是数据质量解决方案的核心组件，相辅相成，构成完整的数据质量管理体系。

1. 制定明确的质量管控规范

要加快建立从事统计数据的质量评估的独立社会中介机构，保证统计数据的质量评估具有公正性、独立性。制定完备的统计数据质量考核、评价标准，明确各项统计数据误差范围，使统计数据质量的考核与评价有明确的参照标准。目前最大的问题就是各方人员对数据治理的认识还处于盲区，他们并没有意识到数据治理的重要性，因此数据治理首先要从上到下全面提高思想认识，保证在系统建设、系统运行、系统维护各个环节都能重视数据治理。

2. 建立科学的统计制度

要进一步完善并改进各项普查制度，建立健全相关法律法规，对各项普查的项目、顺序、时间和周期都进行合理安排，确保各项普查之间及普查和年报之间能够很

好地衔接。要适应市场的多元化需求，结合多种形式的调查手段，取长补短，互相验证，为统计数据准确性提供保证。

3. **应用统计数据质量管控系统**

统计数据的质量是通过数据采集、分析、加工、评估等过程得到保证的，所以，应当改变统计数据事后检验的方法，加强数据采集、分析、加工、评估过程的质量控制，实行全过程控制。

（三） **建立数据质量闭环管理流程**

数据质量闭环管理流程包含方案制定、质量评估、问题管理、提升优化、跟踪控制五大步骤。这五大步骤以循环的形式存在，从而持续有效地对数据质量进行行之有效的管理。

1. **方案制定**

设计数据质量提升方案，明确数据质量提升范围，确定工作计划和步骤。

2. **质量评估**

梳理重要业务条线和应用系统，确定数据质量检核范围，多维度地整理、设计、确认检核规则并执行规则，实现数据质量问题的动态监测。

3. **问题管理**

对数据管理系统检核出的数据质量问题，进行原因和影响性分析，定期发布数据质量报告。若数据质量检核出的问题真实存在，必须通过相关关联方确认。

4. **提升优化**

基于问题分析结果提出整改建议，形成数据质量提升方案和实施计划，协调推动业务条线、分支机构及相关系统负责人开展数据质量问题整改工作。

5. **跟踪控制**

利用数据质量管理系统持续跟踪数据质量问题整改情况，并将整改实施情况纳入企业级绩效考核中，推动各级部门提升数据质量管理水平。

（四） **成立数据治理组织**

健全的数据治理组织是全面开展数据治理工作的基础。数据治理组织应包括管理人员、业务人员和技术人员，缺一不可。数据治理组织可以设置三种角色，即数据治理委员会、数据治理业务组、数据治理技术组。

1. **数据治理委员会**

由校领导、IT 部负责人和业务部门负责人组成，负责制定数据治理的目标、制度、规范、流程、标准等，沟通协调，解决相关人员责、权、利问题，推行数据治理文化。

2. **数据治理业务组**

由业务部门业务专家、业务部门系统管理员组成，负责业务系统参数、基础数据维护，保证系统正常使用；负责审核、检查、整改业务数据，在数据产生源头提高数据质量。

3. 数据治理技术组

由IT部的相关技术人员组成，包括系统开发人员、数据治理人员、数据库管理员。系统开发人员负责系统数据录入功能符合数据校验标准和数据治理标准；数据治理人员负责开发数据质量检测规则、监控数据质量、批量修改数据等工作；数据库管理员负责系统数据的备份、恢复、安全、审计等工作。

二、事中数据质量提升方法

（一）缺失数据质量提升

缺失数据的类型很多，依据缺失的原因也分为很多，目前较为成熟的缺失数据质量提升只考虑完全随机性缺失数据，其他原因的缺失数据没有统一的方法，只能对具体的问题提出相应的提升方法。下面简单介绍一下完全随机缺失数据的质量提升方法。

首先假设数据是完全随机缺失的，假设存在一个数据集 Y，Y 中的缺失数据完全与 Y 无关，同时存在一个控制变量数据集 X，那么 X 与 Y 存在如下的关系：

$$Pr(Y\text{缺失}|X,Y)=Pr(Y\text{缺失}|X)$$

这个表达式说明 X 集合中的数据与 Y 集合中的数据存在某种对应关系，那么 Y 中的缺失数据可以依据 X 与 Y 的对应关系来补充。例如比较常见的是线性回归，线性回归中存在 $Y=aX+b$，那么缺失的 Y 可以通过这个关系，用对应的 X 进行计算获得来填补。这个填补值是否可以代表真实值，还需要经过各种各样的假设检验。

（二）错误数据质量提升

错误数据是数据质量中最难处理的，首先不方便检测，其次不容易纠正。很多的错误数据只能根据人工检测进行检测，而这样的检测带有很大的主观因素，往往不太准确且不能让人信服。目前较为常见的自动检测和纠正的方法是回归方法。回归分析已经广泛应用到各种数值型数据中，首先假设集合数据 X 与集合数据 Y 存在一定的相关关系，并且假设这种错误数据产生的原因完全是随机的，而且 Y 集合中的错误数据与 Y 集合中其他数据无关，其数学表达式如下：

$$Pr(Y\text{错误}|X,Y)=Pr(Y\text{错误}|X)$$

只要能够找到集合 X 与集合 Y 的对应关系以及对应的数学表达式，那么就能发现 Y 中的错误值，并通过这样的数学表达式，用 Y 中的错误值对应的 X 中的数值进行计算并替代，这样就可以纠正 Y 中的错误值。当然这样的检验和替代是否合理，还需要通过相关的方法进行检验，比如统计学中的各类假设检验。

（三）非标准化数据质量提升

非标准化数据一般出现在文本型数据中。面对这样的数据，只能具体问题具体分析。下面介绍分析问题和解决问题的一般过程。

1. 定义标准化数据

不同的人对标准化数据的定义是不太一样的，例如在通信地址数据库中，有些人认为只要包括地址所在的行政省或直辖市就是标准化的地址数据，另一些人认为还应包括所在的行政市或地区才算标准化的地址数据。之所以存在这样的差异，是因为数据使用者不同，在定义标准化数据时，必须由数据使用的目的来决定。

2. 筛选非标准化数据

把不满足结构要求的数据提取出来，这样的过程一般涉及文本挖掘中的文本提取，将这些非标准化数据依据非标准化程度进行分类，分类后的数据可以采用相应的方法进行标准化。

3. 非标准化数据的标准化

数值型数据在格式上很容易采用四舍五入的方法进行标准化，而文本型数据则须采用词匹配的方法，首先应该对近义词、同义词合并，然后对每一部分的数据结构建立相应的词库，通过匹配就能标准化。

三、事后数据质量提升方法

（一）纠正措施

问题发生并被检测到之后，实施纠正措施。数据质量问题应该系统地从根本上解决，最大限度地降低纠正措施的成本和风险。“就地解决问题”是数据质量管理中的最佳实践，这通常意味着纠正措施应包括防止产生质量问题的原因再次发生。执行数据修正一般有三种方法：

1. 自动修正

自动修正技术包括基于规则的标准化、规范化和更正。修改后的值是在没有人干预的情况下获取或生成和提交的。例如，地址自动更正，它将投递地址提交给地址标准化程序，该标准化程序使用规则、解析、标准化和引用表来核对和更正投递地址。自动修正需要一个环境：具有定义良好的标准、被普遍接受的规则和已知的错误模式等。如果这个环境得到很好的管理，并且纠正的数据能够与上游系统共享，那么自动修正的数量可以随着时间的推移面减少。

2. 人工检查修正

使用自动工具矫正和纠正数据，并在纠正提交到持久存储之前进行人工检查。自动应用名称和地址修正、身份解析和基于模式的修正，并使用一些评分机制来提出修正的置信水平。分数高于特定置信水平的更正可以不经审核而提交，但分数低于置信水平的更正将提交给管理专员进行审核和批准。提交所有批准的更正，并审查未批准的更正，以了解是否调整应用的基本规则。在某些环境下，敏感数据集需要人工监督（如主数据管理是一个可能适用于人工检查的典型场景）。

3. **人工修正**

在缺乏工具、自动化程度不足或者确定通过人工监督能更好地处理变更的情况下，人工修正是唯一的选择。手动更正最好通过带有控制和编辑的界面来完成，该界面为更改提供了审计跟踪。在生产环境中直接进行更正和提交更新的记录方法非常危险，应避免使用此方法。

（二） 建立数据质量评分与考核机制

在企业整体绩效考核方案的指导下，依托体系化的考核机制，分解和细化数据质量相关指标，建立数据质量评分与考核机制。数据管理部门对分支机构开展数据质量专项考核，重要数据质量检核规则被量化设计为考核指标，通过质量规则核查各系统内数据质量情况，推动数据清理与整改，并对整改情况进行评分。

1. **日常检核**

数据质量管理系统根据设置的检核规则将有问题的数据检核出来，并在数据管理系统中展示，各分支机构使用各自的账户每日登录数据质量管理系统查询，并在当月内完成整改或举证。

2. **月底统计**

数据质量管理部门对各分支机构未及时整改或举证的数据质量问题进行记录扣分，通报到考核评价部门，并按月发布分支机构数据质量考核检测情况通报。

3. **季末报送**

对考核的结果进行汇总，上报考核评价部门，除监管报送要求变化或业务发展需要外，原则上不对考核规则进行调整。

4. **年终总结**

数据质量管理部门对各月的考核结果进行汇总统计，并计算出各分支机构的最终得分，上报考核评价部门，并发布年度数据质量提升情况报告。

（三） 定期检查和清洗数据

定期开展数据质量的检查和清洗工作应作为企业数据质量治理的常态工作来抓。

（1） 设置数据质量规则。基于数据的元模型配置数据质量规则，即针对不同的数据对象，配置相应的数据质量指标，不限于数据唯一性、数据准确性、数据完整性、数据一致性、数据关联性、数据及时性等。

（2） 设置数据检查任务。设置成手动执行或定期自动执行的系统任务，通过执行检查任务对存量数据进行检查，形成数据质量问题清单。

（3） 出具数据质量问题报告。根据数据质量问题清单汇总形成数据质量报告，数据质量报告支持查询、下载等操作。

（4） 制定和实施数据质量改进方案，进行数据质量问题的处理。

（5） 评估与考核。通过定期对系统开展全面的数据质量状况评估，从问题率、解决率、解决时效等方面建立评价指标进行整改评估，根据整改优化结果，进行适当的绩效考核。

本章小结

本章首先介绍了数据质量的相关概念，阐述了数据质量管理的必要性和影响数据质量的因素；其次从数据质量评估框架、数据质量维度以及数据质量管理标准三个方面对数据质量管理体系进行详细介绍，其中重点介绍了 TDMQ、AMIQ、DQA 和 DQAF 框架，将数据质量维度分为数据固有维度和数据使用维度并展开介绍，还介绍了 ISO 8000、ISO 22745、SDDS 和 GDDS 数据质量标准；再次介绍了数据质量的评估方法，大体可分为定性、定量和综合法三类；最后分别总结了事前、事中、事后三个阶段的数据质量提升方法。

关键词

- 数据质量（Data Quality）
- 数据质量框架（Data Quality Framework）
- 大数据（Big Data）
- 数据质量评估（Data Quality Assessment）
- 数据质量测量（Data Quality Measurement）
- 数据质量方法（Data Quality Methodology）
- 数据质量维度（Data Quality Dimension）
- 数据质量指标（Data Quality Index）
- 数据质量标准（Data Quality Standard）
- 数据质量管理（Data Quality Management）
- 数据质量提升（Data Quality Improvement）
- 数据质量分析（Data Quality Analysis）
- 数据质量问题（Data Quality Issues）
- 数据错误（Data Error）
- 数据缺失（Data Missing）
- 数据质量检查（Data Quality Check）

思考题

1. 为什么要进行数据质量管理？有哪些因素可能导致数据质量问题？如何进行大数据质量管理？
2. 试比较 TDMQ、AIMQ、DQA 及 DQAF 框架在内容上的异同。
3. 哪些数据质量维度可以用客观方法来测度？它们有什么共同特点？
4. 试设计评估数据质量可访问性的调查问卷和具体的测度方法。
5. 利用现有技术，探讨数据质量评估除了本书所述三种方法还有哪些比较好的评估方法。
6. 考虑到大数据时代数据质量评估的价值和意义，分析数据质量评估应该注意哪些问题。
7. 数据质量提升方法（事前、事中、事后）是否会因为数据的不同类型而造成质量提升的顺序不同？不同的数据应该如何选择质量提升的顺序？

即测即评

第六章
大数据驱动的管理决策

本章将介绍基于大数据的管理决策。首先，分别从传统角度和大数据角度介绍管理决策问题特征；其次，介绍大数据管理决策框架，包括传统管理决策框架、基于大数据处理的决策支持系统框架和智能决策支持系统框架；最后介绍大数据分析基础和主流的大数据管理决策方法。

学习目标

（1） 掌握传统管理决策和基于大数据的管理决策的基本特征。
（2） 了解传统管理决策与基于大数据的管理决策的区别和联系。
（3） 掌握大数据管理决策流程。
（4） 了解管理决策范式的转变趋势。
（5） 了解常见的大数据管理决策框架，掌握各个框架的技术特点及其内在联系。
（6） 了解大数据分析的目的，掌握常见大数据的分析与处理技术。
（7） 能够利用已有的大数据分析处理技术，为特定的管理问题设计大数据驱动的管理决策解决方案。

本章导学

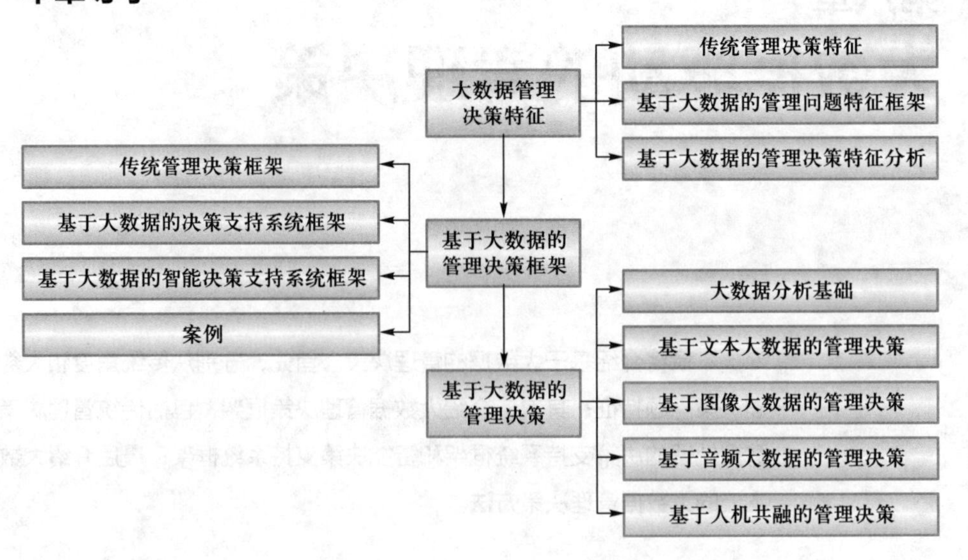

第一节 大数据管理决策特征

自20世纪70年代起，计算机科学技术的发展促进了科学决策理论的产生和应用。与传统决策理论相比，基于计算机的科学决策理论更加有效准确。计算机辅助决策对于决策问题的数学模型要求不高，可以解决大规模决策优化问题。

随着互联网技术、物联网技术、云技术以及移动客户端的发展和普及，全球数据量呈现爆炸增长的模式，大数据的潜在价值逐渐被人们重视。大数据与管理决策相结合能够把数据优势转变为决策优势。面向大数据的管理决策有助于理清数据交互连接产生的复杂性，掌握数据冗余与缺失双重特征引起的不确定性，驾驭数据的高速增长与交叉互联引起的涌现性，进而能够根据实际需求从网络数据中挖掘出其所蕴含的信息、知识和智慧，最终达到充分利用网络数据价值的目的。

一、传统管理决策特征

（一）目标性

任何决策都包含着确定的目标。目标体现的是组织想要获得的结果。目标明确以后，方案的拟订、比较、选择、实施及实施效果的检查就有了标准与依据。

（二）选择性

决策的关键是选择。没有选择就没有决策。而要能有所选择，就必须提供可以相互替代的多种方案。事实上，为了实现同样的目标，组织总是可以从事多种不同的活动。这些活动在资源要求、可能结果及风险程度等方面存在着或多或少的差异。因此，不仅有选择的可能，而且有选择的必要。

（三） 可行性

方案的实施需要利用一定的资源。缺乏必要的人力、物力、财力，理论上十分完善的方案也只能是空中楼阁。因此，在决策过程中，决策者不仅要考虑采取某种行动的必要性，而且要注意实施条件的限制。

（四） 满意性

决策的原则是“满意”，而不是“最优”。对决策者来说，要想使决策达到最优，必须满足：①获得与决策有关的全部信息；②了解全部信息的价值所在，并据此制定所有可能的方案；③准确预测每个方案在未来的执行结果。

但是在现实生活中，这些条件往往得不到满足。具体如下：

（1） 组织内外存在的一切信息，对组织的现在和未来都会直接或间接地产生某种程度的影响，但决策者很难收集到反映这一切情况的信息。

（2） 对于收集到的有限信息，决策者的利用能力也是有限的，从而决策者只能制定数量有限的方案。

（3） 任何方案都要在未来实施，而人们对未来的认识是不全面的，对未来的影响也是有限的，从而决策时所预测的未来状况可能与实际的未来状况有出入。

（五） 过程性

组织中的决策并不是单项决策，而是一系列决策的综合。这是因为组织中的决策牵涉方方面面。当令人满意的行动方案被选出后，决策者还要就其他一些问题（如资金筹集、结构调整和人员安排等）做出决策，以保证该方案顺利实施。只有当配套的决策都做出后，才能认为组织的决策已经完成。

在这一系列决策中，每个决策本身就是一个过程。为了方便理论分析，决策的过程可以划分为：①诊断问题，识别机会；②识别目标；③拟订备选方案；④评估备选方案；⑤做出决定等。但在实际工作中，这些阶段往往是相互联系、交错重叠的，难以截然分开。

（六） 动态性

决策的动态性与过程性有关。决策不仅是一个过程，而且是一个不断循环的过程。作为过程，决策是动态的，没有真正的起点，也没有真正的终点。组织的外部环境处在不断变化中。这要求决策者密切监视并研究外部环境及其变化，从中发现问题或找到机会，及时调整组织的活动，以实现组织与环境的动态平衡。

二、 基于大数据的管理问题特征框架

大数据作为数据仓库、数据挖掘、商业智能等概念的延伸和发展，是现代信息技术发展到一定阶段的必然结果。大数据赋予了人类对数据认知的创新能力，也进一步打开了人类在数据利用方面的想象空间。物联网、传感器、社交网络、移动应用和智

能终端的发展为人类社会提供了全面、完整和精确的数据。“就像望远镜让我们感受宇宙，显微镜让我们能够观测微生物一样”，大数据正在改变我们的生活以及理解世界的方式，成为新发明和新服务的源泉，而更多的改变正蓄势待发。未来数据将会像土地、石油和资本一样，成为经济运行中的根本性资源。在大数据发展的时代背景下，如何利用现代信息技术有效应对和解决不断变化、日益复杂的经济社会问题，是当代管理者面临的难题。

传统的管理决策是以数学模型为基础，而现代科学的管理决策是以数据为基础，这样的转变正适应了当代社会复杂多变的时代特征。在大数据时代，决策需要从传统的依靠直觉判断和主观经验的模式向大数据驱动决策模式转变，提高决策科学化水平。在各类研究和应用问题中，有一类问题可以归为大数据问题。大数据问题应至少具有以下三个特点：粒度缩放、跨界关联和全局视图。首先，粒度缩放是指问题要素的数据化，并能够在不同粒度层级间进行缩放。这需要通过数据感知、连接和采集获得足够细的粒度性，同时对于不同层级间的粒度转换具有分解和聚合能力。其次，跨界关联是指问题的要素空间外拓。这需要扩展惯常的要素约束和领域视角，强调“外部性”和“跨界”，在问题要素空间中通过引入外部视角与传统视角联动，将内部数据（如个体自身、企业组织和行业等内部数据）与外部数据（如社会媒体内容等）予以关联。最后，全局视图是指问题定义与求解的全局性，强调对相关情境的整体画像及其动态演化的把控和诠释。这需要基于数据分析和平台集成的全景式“成像”能力。

一般而言，管理者在业务活动中有三个关注：发生了什么（What），为什么发生（Why），将发生什么（Will）。在大数据问题特征的情境下，这三个关注可以从业务层面、数据层面和决策层面进行刻画，进而形成管理决策大数据问题的特征框架，如图 6–1 所示。

图 6–1
管理决策大数据问题的特征框架

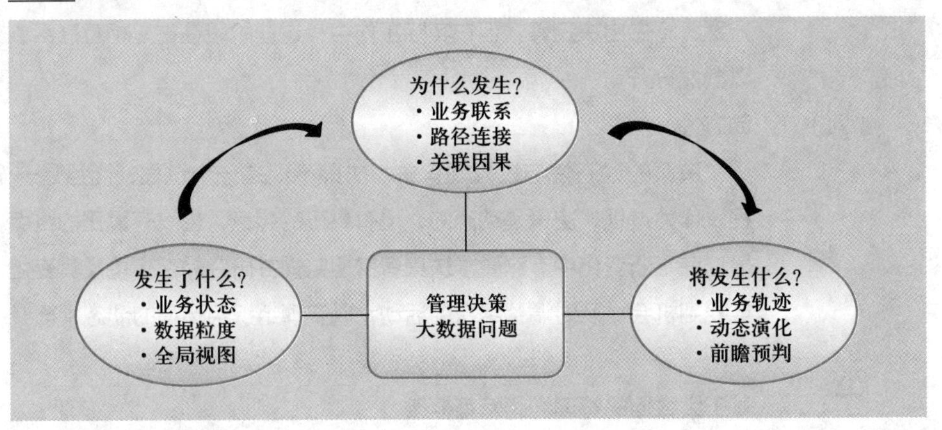

首先，对于发生了什么（What）的关注，业务层面需要反映业务状态，即已经发生或者正在发生的事件和活动；数据层面需要体现业务环节的数据粒度，即现有的数据能否足够支撑管理者对不同粒度层级的业务状态进行了解和把握（如感知、采

集、解析、融合等）；决策层面需要构建问题的全局视角，即定期整合汇总以及随需展现（如按时统计报表、实时信息查询等）。

大数据环境下的管理决策，会结合发生了什么的问题，进行业务层面的关注和思考，同时，探究当前经济社会发展过程中的业务状态、数据粒度、全局视角等，并且将业务状态从业务层面反映出来，对正在发生的活动和事件进行合理有效的管理分析与数据分析。而且在对不同业务状态进行分析和把握的过程中，也能够利用大数据技术，对管理决策中的相关业务状态进行感知、融合、解析等。不断从全局视角解决目前所存在的问题，突出决策层面对于各项工作的统计与整合力度，还会结合工作实际情况，实时信息查询、按时统计报表等工作，突出管理决策的有效工作意义。

接着，对于为什么会发生（Why）的关注，业务层面需要反映业务及其要素之间的联系，即业务特定状态的发生与哪些环节和要素有关联；数据层面需要体现不同业务数据路径的连接，即不同粒度层级和跨界关联的业务数据是否有效融通，并能够支持对数据的分析处理（如多维、切分、回溯等）；决策层面需要发现关联业务或要素之间的因果关系，即理清业务逻辑和状态转换机理。在此，需要特别注意的是，在很多情形下，尤其在管理决策领域，大数据需要既讲关联也讲因果。对于许多管理问题而言，如果决策者对事件之间的因果关系没有准确的分析与判断，则难以做出有效的决策，当管理者面临重大决策时更是如此（如投融资、进入新市场、业务转型、结构重组等）。

在大数据环境下，管理决策工作会对为什么会发生进行关注。通过数据分析的方式，不断明确业务及其要素之间的联系，探究相关业务在哪些状态下，会与所需要的要素之间产生关联，并且了解不同业务之间的数据连接情况和路径，从而有效分析出决策层面的相关业务与要素之间的因果关系，合理理清相关业务和工作在发展过程中的状态转换机理和业务逻辑等，最大限度地突出管理决策工作时效性。而且在大数据环境下，大数据也需要探究关联和因果，通过大数据技术对相关管理问题进行因果关系的分析与判断，有利于决策者更好地做出重大决策，提升各项决策工作的质量。比如，在进入新市场、业务转型、投融资等方面的重大决策。

进而，对于将发生什么（Will）的关注，业务层面需要反映业务发展轨迹，即勾勒出由决策或变化导致的业务走向；数据层面需要体现数据的动态演化情况，即对于相关事件进行不确定性动态建模并能够支持智能学习和推断（如模拟、预测、人工智能等）；决策层面需要提升前瞻性和风险洞见，即获得决策情境映现和趋势预判能力。

在管理决策工作推进的过程中，还会对将要发生什么的问题进行关注，不断了解当前业务层面发展过程中相关业务发展的轨迹，在数据层面，分析业务发展过程中的动态演化情况和业务走向，从而明确各项工作之间的风险问题和不足。让管理决策层面在工作中，能够利用大数据技术提前进行风险预测和观察，提升管理决策方面工作的决策情境映现和趋势预判能力，最大限度地发挥大数据的优势和作用。

三、 基于大数据的管理决策特征分析

在大数据时代下，随着大数据价值的凸显，大数据的应用也逐渐深入，各行各业都离不开大数据，大数据的决策、应用与开发，对社会的发展产生了深刻影响。依据大数据进行决策，从数据中获取价值，让数据主导决策，是一种前所未有的决策方式。随着大数据分析和预测性分析对管理决策影响力逐渐加大，依靠直觉做决定的状况将会被改变。面向大数据的管理决策研究将有助于理清数据交互连接产生的复杂性，掌握数据冗余与缺失双重特征引起的不确定性，驾驭数据的高速增长与交叉互联引起的涌现性，进而能够根据实际需求从网络数据中挖掘出其所蕴含的信息、知识和智慧。在此背景下，传统的管理正在向数据的管理转变，传统的决策正在向基于数据分析的决策转变。①

在大数据的背景下，宏观管理、产业政策、教育、商业、金融、运作等管理活动大都呈现出高频实时、深度定制化、全周期沉浸式交互、跨组织数据整合、多主体决策等特性。这些新特性的出现，要求设计和构建相应的管理决策分析模型和方法，有效地将信息科学和商业应用结合，从而也赋予了大数据环境下管理和决策相关研究与应用的一些新特征：在经济与社会层面上，大数据的发展使得经济与社会系统的运行、政策评估等日益依赖于数据在社会主体之间的流动和利用；在行业层面上，行业内外部大数据的融合对众多行业均造成了巨大的冲击，甚至重构，特别是互联网大数据使得商务、金融等领域的新型模式不断涌现；在人和组织等个体层面上，大数据的发展使得线上与线下的行为日益走向全面融合、广泛联系和高频互动；在信息技术层面上，面向管理决策的大数据呈现出规模巨大、分布广泛、动态演变、模态多样、关联复杂、真伪难辨等一系列特性；在计算理论层面上，面向管理决策的大数据呈现出不规则、非随机获取、具有异化结构等特点。

在大数据时代背景下，以互联网为基础所产生的数据信息呈现快速增长的趋势。由于有信息覆盖面更广、更全的数据集作为支撑，能够寻找到影响决策的不同变量之间的相关性，从而得出某种或某几种结论，决策过程也更加趋向于透明、准确以及民主。利用大数据分析，能够总结经验、发现规律、预测趋势，这些都可以为辅助决策服务。也就是说，大数据的存在会对管理决策环境产生直接影响。因此，与传统管理决策模式相比，大数据管理决策的基本特征也独具特色，实现对信息技术的充分运用，从而对数据信息予以系统分析，制定出更具有科学性的管理决策。

（一） 决策依据全面化

大数据本身是客观存在的大规模数据资源，其直接功用是有限的。通过分析、挖掘和发现其中蕴藏的知识，可以为各种实际应用提供其他资源难以提供的决策支持。大数据之所以对决策产生作用，是由于大数据自身具有的数据量大、数据类型多、数

① 徐宗本，冯芷艳，郭迅华，等．大数据驱动的管理与决策前沿课题．管理世界，2014（11）：158–163.

据处理速度快和真实性等特点。大数据使得获取充分的信息成为可能，其关联性分析提高了决策的针对性。大数据本身在不加以应用的前提下并没有实际性意义，但是通过可视化途径，能够直观、便捷地了解决策产生的依据。结构化数据有助于解决常规问题，而非结构化数据往往有助于思维拓展和创新。在大数据环境下，决策依据已从结构化数据转向非结构化数据、半结构化数据和结构化混合的数据。

大数据分析着重追求全样本、接纳混乱性和多样性。全样本数据收集，放弃对数据精确性的绝对追求，注重数据之间的相互关联。大数据兴起之后，面对不断出现的新情况，允许不精确不仅不是缺点，反而成了新的认知重点。由于容错的标准放宽了，掌握的数据日益增多，由此而做更多的事情，从而改变了认知的方向。大数据改变了传统研究对于精确性的认知，要求重新审视精确性的优点和缺点。精确性是过去的模拟时代和信息缺乏时代坚持的标准，由于信息取得的量有限，任何一个数据点所采集的结果都显得重要，所以需要确保数据的精确性。如今，在信息充裕的数字时代，能够掌握的数据库日益全面、丰富，可以获得巨量的甚至是全部的数据，因而不再担心某个数据点的精确性对总体分析结果的影响。这是哲学上对质量关系的一种新的认知。一般认为，一定量变的积累可以达到新的质变，而某方面的质变可以开始新的量变过程。过去传统认知因为信息数量上的缺陷，对于单个数据的质的要求甚高，如今大数据用庞大的全面的数据弥补数据质上的缺陷，取得更全面多样的认识，需要做的就是接受并受益于多样的数据。“全部数据”成为真正的决策主体，并能更加准确地反映数据所隐藏的知识，反映数据的内部规律。

（二） 决策科学性

西蒙认为以往的决策过程中，“决策者是有限理性的，他们不能进行完全的理性判断和抉择”，有限理性阻碍了决策科学化的实现。造成有限理性的原因主要是信息缺失、信息量不足，而大数据很大程度上改善了决策者的有限理性状况。随着大数据时代的到来，物联网、传感器、社交网络、智能终端的爆炸性增长，为决策带来了容量巨大、规模完整的数据，可获取的数据资源领域和范围也变得更广、更深，这些数据为决策提供了全面的信息。总之，大数据明确了决策目标，为决策提供了科学的依据，提高了决策效率和水平，并将产生巨大的经济效益和社会价值。

大数据管理决策以客观数据为依据，基于科学的数据收集、数据分析和数据关联性研究而进行。数据收集过程中，决策系统从决策环境各个方面全面收集结构化、半结构化和非结构化的数据，为数据分析奠定基础。在数据分析阶段，决策系统对收集的系统化数据实时提取信息和价值。在数据关联性分析阶段，决策系统将分析后有价值的实时数据与历史存储的数据（包括历史事件名称、发生地点、影响因素等）进行关联对比研究。将实时收集到的数据与历史事件进行关联性研究是指将现实数据与历史事件和环境进行对比，在对比中发现规律和模式，从而为现实问题的解决提供科学的、有现实依据的支撑。

不同于过去，决策主体在制定决策的过程中，更多地受到了理性因素的影响，倾向于采用科学方法完成数据背后关系的分析。以大数据为前提开展管理决策，与传统的主观经验决策具有本质差异，凡事不问原因，只看数据呈现出的结果，能够确保最终结果的客观性和科学性，有效弥补决策主体思维、能力等方面的不足。为此，决策者必须实现对传统思维模式的调整、创新，在根本上认识到大数据技术的作用价值，从而提高决策结果的有效性。

（三） 决策主体多元性

传统决策中通常是由特定决策者凭借自身知识水平、经验、能力乃至主观判断提出管理决策，因此决策结果存在较强的主观性。但大数据技术的出现，要求决策主体完成数据的精准分析，并根据分析结果和管理经验提出更加准确的决策。在这一背景下，决策主体不仅直接参与管理决策的制定，还要参与决策数据的分析。相比之下，以大数据为基础开展决策工作，能够实现对数据资源的充分运用，转变以往依赖个人理论、思维、经验的单一决策方式，有效地提高了管理决策结果的客观水平。在大数据环境中，需要关注问题的本身，实现对数据的充分运用。在此过程中，可以构建全面参与、多决策主体的管理决策氛围。此外，大数据技术出现，也使管理决策主体发生了思维的转变。

随着市场经济的发展，社会主体利益呈现个别化、多元化，通过建立新型决策对话平台，建立利益协调机制，协调各方利益，显得日益重要。大数据管理决策的数据来源、决策服务能力、决策资源、决策过程及决策本身都将嵌入在网络和大数据环境中，且所有大数据都来自大数据用户，促使决策主体呈现多元化的趋势。也就是说决策者来源越来越广泛，并且相互之间的关系变得愈来愈复杂，导致“全员决策”的形式出现。

就企业而言，要想运用大数据获取更具科学性的管理决策，应该扩大管理决策主体范围，采用更具广泛性特点的决策主体形式，避免最终的结果存在主观性。在此前提下，高级管理者应该发挥引导作用，鼓励基层员工参与到管理决策的环节中，使其能够获取更好的体验，实现对民主理念的落实。运用这种方式，不仅能够充分发挥职工、客户以及社会大众的作用，还可以在根本上避免管理决策存在的主观性问题，确保最终的管理决策符合企业的发展需求。

（四） 决策相关性

大数据的意义在于从海量的数据里寻找出一定的相关性，然后推演出行为方式的可能性。在大数据时代，随着存储和计算能力不断提高，能够被数据化的东西也越来越多，所以利用统计学研究各种数据之间的相关关系，研究非相关数据之间的相关性就是相关性分析。这将成为决策依据，提升决策者处理事情的能力。

凡事不问原因，只看数据所呈现出来的结果，也就是说只要知道“是什么”，而不要知道“为什么”。无须什么都清楚了原因才能做决策，决策者通过大数据的相关分析，可以直接明了地得出结论，直接做出判断和决策。由于大数据更多的是依赖于数据的相关性分析，而不是因果分析，常常关注的是数据敏感性分析，因此，决策者甚至可以在对决策问题完全陌生的情况下，借助大数据分析，直接发现“是什么”，从而做出正确决策。

（五） 决策技术性

大部分的数据价值是潜在的，需要通过创新性的分析释放。大数据技术是大数据实现其价值的基础，因此技术在大数据与管理决策中起重要影响作用。处理各种容量大、速率快、变化大的大数据的工具始终是大数据战略的必要组成部分。大数据分析与其他学科是息息相关的，其关键技术来源于统计学和计算机科学等多个学科。Douglas W. Hubbard 在其著作《数据化决策》中指出管理决策往往依赖于一些看起来难以量化或不可量化的因素，但“任何事情都是可以量化的”，并提供了一套量化决策方法。因此对于决策而言，大数据技术是必不可少的一部分。

大数据对管理决策技术产生的影响呈现出多样化的特点，尤其表现在传统的数据处理和分析进程当中。传统的数据分析和数据管理更多依靠人为操作，不仅工作效率较低，且出现错误的可能性比较高，大幅度影响了管理决策水平。在大数据的技术支持下，管理决策过程更加高效，能够有效突出数据中蕴含的知识展开合理的分析管理。例如，可视化技术，通过对原本抽象数据信息的加工使其转变为图文形式，可以加深对信息的理解和掌握。数据多以数据流的形态呈现，需要运用知识挖掘技术来探寻数据碎片间的潜在关联，并获得真正的价值信息。

（六） 决策前瞻性

大数据智能分析能够有效地补充传统单一来源数据分析手段的缺陷，通过数据清洗和处理技术，加之合理的建模，充分挖掘和掌握运行规律，具备较强的前瞻性。全球复杂网络专家巴拉巴西认为：93% 的人类行为是可以预测的。当我们将生活数字化、公式化以及模型化的时候，我们会发现其实大家都非常相似。人类行为看上去很随意、很偶然，但其实却极其容易被预测。大数据可以使管理者的决策思维超越眼前的事实。

前瞻性是指决策者通过数据的关联性分析处理，挖掘数据特征并预测发展趋势，将不确定因素予以趋势化处理，通过结构化的系统性感知网络，借助人机交互的数据可视化与决策自动化过程，做出更富有信息价值的回溯型数据决策、预测型数据决策和预置型数据决策。回溯型数据决策是指利用历史数据和定量分析技术来理解数据中隐藏的模式和结果，从而推断未来发展趋势；预测型数据决策是指在历史数据的基础上建立仿真模型，形成多样化方案来更好地评估未来发展趋势，且预知未来发展结果；预置型数据决策是指通过对海量数据进行实时分析，在相应预置条件被触发时自动为决策者提供即时决策方案，甚至由决策系统或机器人自主决策、开展行动。

以往的决策由于信息不全面、渠道不畅通，往往具有滞后性。大数据管理决策将改变传统的决策流程，大大加强决策的前瞻性、谋划性、可操作性。随着信息技术的发展，大数据分析能力和数据之间的关联识别效率将成为基于大数据管理决策的追求。大数据管理决策将通过已有的数据信息，合理预测、系统决策；通过数据的及时更新，对决策进行实时评估、修正和补充，以不断调整管理思路，推动决策过程的科学化。

（七） 决策流程精细化

在大数据时代，决策过程已经不仅仅是传统管理决策的粗放型决策流程。想要提升决策的精细化程度，就得引入数据度量和数据分析，数据分析天生是为科学管理服务的。有了数据的支持，能够做出大量精细化管理。最经典的就是 PDCA 理论，它将决策过程分为四个阶段，即 Plan（计划）、Do（执行）、Check（检查）和 Act（处理），通过循环迭代，确保目标落地，逐步提升决策质量。大数据技术的创新（OMS 系统、CRP 系统、App、小程序、CDP 工具等）驱动形成了更精细的数据驱动决策流程。实现驱动效果，需要的是在决策过程每个环节，配置合适的数据工具，分别发挥作用。有了技术支持，管理决策细节也更加丰富，如表 6-1 所示。

表 6-1
大数据决策流程

决策前 感知问题、 制定目标	现状事实认知	定性地描述问题，如市场潜力不足、行业不景气、成本飙升
	数据指标体系	用数据指标定量地描述问题，如预计市场空间 6 000 亿元，目前已发展 5 000 亿元
	数据判断标准	建立数据判断标准，定量判断问题是否严重，是否该被考虑
	数据综合评估	对应考虑的若干问题进行评估，选出重点问题，或者定义先后顺序
	数据量化目标	对重点问题建立量化考核指标，下达任务目标给各部门
决策中 感知问题、 制定目标	目标分解	分解整体目标，具体到眼前可落实的行动
	备选方案设计	设计备选方案，将方案量化成可评估的数据指标
	数据评估方案	多方案对比评估，选出预期效果 / 成本满意的方案
	细化执行计划	针对已选出的方案，制定落地执行计划
决策后 保障执行、 复盘经验	阶段性小目标	分解执行目标，具体到每天要监督的动作 / 结果
	监控指标体系	监控执行过程与执行动作，保证落实到位，发现执行问题
	问题发现归因	针对执行中的问题，判断问题严重程度，选出需改善的点
	优化手段测试	利用测试 / 经验，选出合适的优化方案，观察改善效果
	数据复盘	分解整体目标，具体到眼前、可落实的行动

第二节 基于大数据的管理决策框架

目前，大数据分析还主要停留在相关计算机技术和软件开发上，大数据管理决策研究刚刚兴起，主要集中于大数据管理决策的框架建立。大数据管理决策的应用没有得到很好的推广与普及，主要是一些大公司掌握着大数据的资源，来进行管理决策应用，一些中小型企业并没有融入大数据管理决策的浪潮中。想要充分利用大数据进行管理决策，就要进一步发展大数据分析技术，建立跨学科的大数据管理决策理论，储备大数据分析人才以及跨学科管理人才。最终，大数据管理决策将向着大数据自动管理决策方向发展。

一、传统管理决策框架

（一）传统管理决策问题要素

在传统管理决策问题中，需要若干要素来全面表述一个决策问题。

（1）行动集，也叫作方案集，记作 $A=\{a_1,a_2,\cdots,a_m\}$。用来表示决策人可能采用的所有行动的集合，在有观测值时亦称策略集或策略空间，记做 Δ 或 D。例如，某人在天气未知的情况下，就出门是否带伞问题作出决策，在该决策问题中，$A=\{a_1,a_2\}$，其中，a_1 表示出门带伞，a_2 表示出门不带伞。

（2）自然状态集，也叫作状态空间、参数空间，用来表示所有可能的自然状态，记作 $\Theta=\{\theta_1,\theta_2,\cdots,\theta_n\}$。例如，在上述出门带伞问题中，$\Theta=\{\theta_1,\theta_2\}$，其中 θ_1 表示下雨，θ_2 表示不下雨。

（3）后果集 $C=\{c_{ij}\}$，决策问题的各种可能的后果 c_{ij}（$i=1,\cdots,m,j=1,\cdots,n$）的集合，$c_{ij}$ 用来表示决策人采取行动 a_i、真实的自然状态为 θ_j 时的后果，即 $c_{ij}=c(a_i,\theta_j)$。在上述出门带伞问题中，c_{11} 表示出门带伞且下雨的后果。

（4）信息集 X，也叫作样本空间（或观测空间、测度空间）。在决策时为了获取与自然状态 θ 有关的信息以减少其不确定性，往往需要进行调查研究，调查所得的结果是随机变量，记作 x，信息集 $X=\{x_1,x_2,\cdots,x_p\}$。

（二）典型传统管理决策框架[①]

1. 诊断问题（识别机会）

决策者必须知道哪里需要行动，因此决策过程的第一步是诊断问题或识别机会。管理者通常密切关注处在其责任范围内的相关数据与信息。实际状况与所预期状况的差异提醒管理者潜在机会或问题的存在。评估机会和问题的精确程度有赖于信息的精确程度，所以管理者要尽力获取精确的、可信赖的信息。

2. 明确目标

目标体现的是组织想要获得的结果。所想要获得的结果的数量和质量都要明确下来，因为这两个方面都最终指导决策者选择合适的行动路线。根据时间的长短，可把目标分为长期目标、中期目标和短期目标。长期目标通常用来指导组织的战术决策，短期目标通常用来指导组织的业务决策。无论时间的长短，目标总是指导着随后的决

① 周三多 . 管理学 . 5 版 . 北京：高等教育出版社，2018.

策过程。

3. 拟订方案

一旦机会或问题被正确地识别出来，管理者就要提出达到目标和解决问题的各种方案。在提出备选方案时，管理者必须把试图达到的目标铭记在心，而且要提出尽量多的方案。管理者常常借助其个人经验、经历和对有关情况的把握来提出方案。为了提出更多、更好的方案，需要从多种角度审视问题，这意味着管理者要善于征询他人的意见。

4. 筛选方案

决策过程的第四步是确定所要拟订的各种方案的价值或恰当性，并确定最满意的方案。为此，管理者起码要具备评价每种方案的价值或相对优势 / 劣势的能力。在评估过程中，要使用预定的决策标准（如预期的质量）并仔细考虑每种方案的预期成本、收益、不确定性和风险，最后对各种方案进行排序。最好的选择通常建立在仔细判断的基础上，管理者必须仔细考察所掌握的全部事实，并确信自己已获得足够的信息。

5. 执行方案

选定方案之后，紧接着的步骤就是执行方案。管理者要明白，方案的有效执行需要足够数量和种类的资源作保障。如果组织内部恰好存在方案执行所需要的资源，那么管理者应设法将这些资源调动起来，并注意不同种类资源的互相搭配，以保证方案顺利执行。如果组织内部缺乏相应的资源，则要考虑从外部获取资源的可能性与经济性。

6. 评估效果

对方案执行效果的评估是指将方案实际的执行效果与管理者当初所设立的目标进行比较，看是否出现偏差。如果存在偏差，则要找出偏差产生的原因，并采取相应的措施。具体来说，如果发现偏差的出现是由于当初考虑问题不周到，对未来把握不准确，或者所拟订的方案过于粗略，那么管理者就应该重新回到前面四个步骤，对方案进行适应性调整，以使调整后的方案更加符合组织的实际和变化的环境。从这个意义上说，决策不是一次性的静态过程，而是一个循环往复的动态过程。如果发现偏差是由方案执行过程中某种人为或非人为的因素造成的，那么管理者就应该加强对方案执行的监控并采取切实有效的措施，确保已经出现的偏差不扩大甚至有所缩小，从而使方案取得预期的成果。

二、基于大数据的决策支持系统框架

构建基于大数据的决策支持系统框架是构建大数据管理决策框架的基础。基于大数据的决策支持系统（Big Data Decision Support System，BDDSS）是一个自学习、自计算、自执行、自评价的决策支持系统，决策问题可以通过两种方式获得：一种是传统的方式，直接由决策用户提出来；另一种则是通过大数据强大的数据分析功能，决策系统自己发现决策问题。每次决策执行后根据评价指标自我更新知识库、方法库和模型库，为之后更优质的决策支持提供坚实保障。

基于大数据的决策支持系统框架包括三层结构模型：数据采集与存储层，数据预处理层，决策支持层。[①] ①数据采集与存储层：将企业生产现场数据、服务数据、业务流程数据等方面各种结构的数据收集存储在大数据存储平台里。现在大数据典型的存储架构有 Hadoop、Spark 等。相较之下，Spark 越来越成熟，慢慢变成大数据存储的主流架构。②数据预处理层：从大数据存储平台里对数据进行抽取、清洗、格式转换，进而将处理过的数据放在数据仓库以备后续决策分析使用。③决策支持层：对数据处理层准备好的数据进行决策分析，数据挖掘，再结合动态更新的知识库、模型库和方法库导出决策方案。如图 6-2 所示。

图 6-2
基于大数据的决策支持系统框架

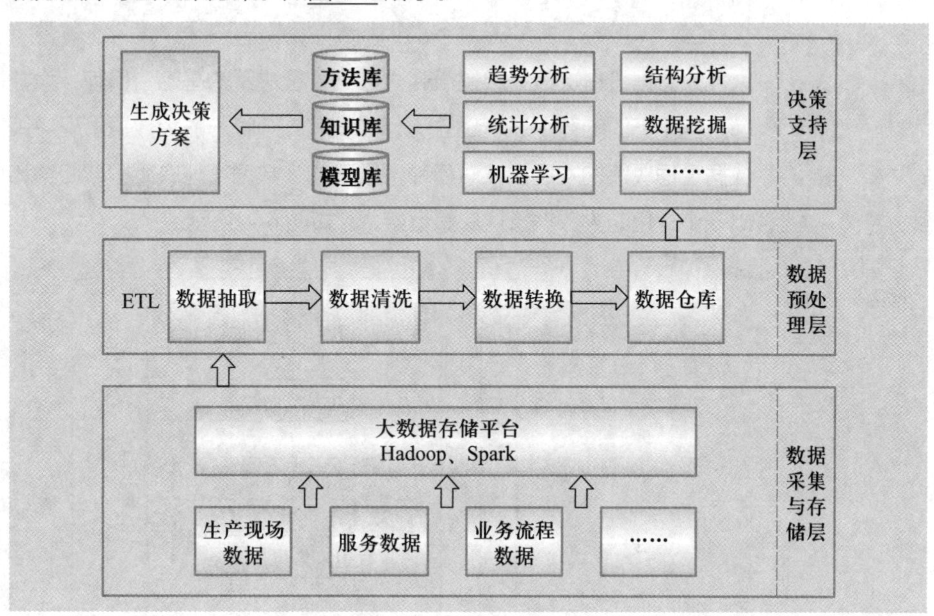

三、基于大数据的智能决策支持系统框架

基于大数据的智能决策支持系统（Big Data Based Intelligent Decision Support System，B-IDSS）框架包括三层结构模型：①底层是数据存储层，包括原始大数据、经过挖掘处理的压缩信息以及系统所做决策的中间结果和最终结果构成的数据库。②中间层是引擎层，包含数据挖掘、建模和优化算法等实现技术。数据挖掘包括文本挖掘、Web 挖掘和多媒体（视频 / 音频）挖掘。数据挖掘对原始数据进行处理，以产生更简洁、更有用的数据集。③顶层是用户应用界面（Application Interface，API），为用户提供描述问题、目的、需求和其他规范的平台。如图 6-3 所示。

① 王传启，张陈斌，陈宗海．基于大数据的决策支持系统展望 // 系统仿真技术及其应用（第 16 卷），2015：456–460.

图 6-3
基于大数据的智能决策支持系统框架

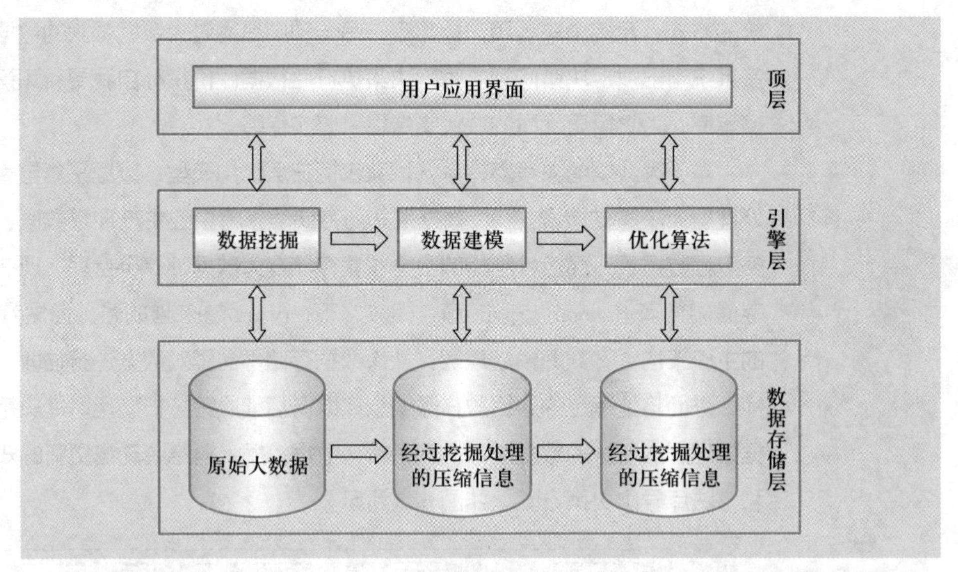

大数据管理决策框架是研究大数据管理决策的基础。目前，大数据管理决策框架都是基于不同的背景环境建立的，并没有一个统一的大数据管理决策框架，不利于大数据管理决策的发展。在对各种背景下的大数据管理决策框架归纳和总结基础上，提出一个通用的大数据管理决策框架①，如图 6-4 所示。

图 6-4
大数据管理决策框架

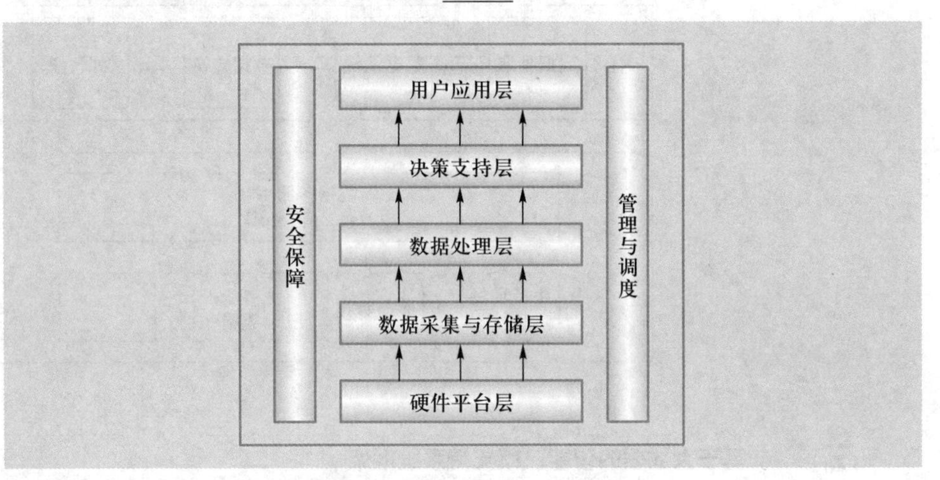

（1）最底层是硬件平台层，由服务器、网络等基础设施资源组成。

（2）第二层是数据采集与存储层。数据采集主要是通过智能仪表和设备传感器收集实时和历史数据。为了能够适应数据快速变化的特点，通常需要采用自动数据收集系统。数据存储主要是将所需的数据存储起来以便后续数据分析使用，存储的数据包括采集到的原始数据、经过预处理的数据以及管理决策过程的中间数据和结果数据。

（3）第三层是数据处理层。由于采集到的数据一般是多源异构的，必须经过预处理才能够用于分析。数据预处理主要包括数据提取、转换和加载（Extract Transform Load，

① 崔美姬，李莉 . 大数据环境下的管理决策研究 . 控制工程，2019，26（10）：1882–1891.

ETL），将原始数据按照设计好的规则转化清洗，处理一些属性难以统一规范的数据、冗余数据、错误数据或者异常数据，为接下来的决策支持提供高质量的数据。

（4） 第四层是决策支持层。决策支持层也是整个大数据管理决策框架的引擎层，包括大数据的一些使能技术以及相关知识库、模型库和方法库。决策支持层就是根据数据挖掘结果，结合知识库、模型库和方法库，选择最能代表真实情境的模型以及选定模型最好的算法，最终实现决策支持功能。

（5） 第五层是用户应用层。用户应用层提供人机交互环境，使得用户能够描述问题，获知决策。用户应用层便于用户快速地应用大数据管理决策系统。

另外，安全保障与管理调度贯穿整个大数据管理决策过程。安全保障包括网络安全和存储安全等；管理方面则包括基础设施用户应用操作与维护等。

四、 案例

根据上述大数据管理决策框架的相关知识，结合制造业企业特点，为某复杂电子装备企业构建大数据管理决策框架。

（一） “1+1+1”大数据管理决策框架的构建思路

从 1 套分析展示方法、1 个应用平台、1 个业务组织三个方面，给出制造业企业大数据管理决策框架的构建思路。如图 6–5 所示。

图 6–5
“1+1+1”大数据管理决策框架构建思路

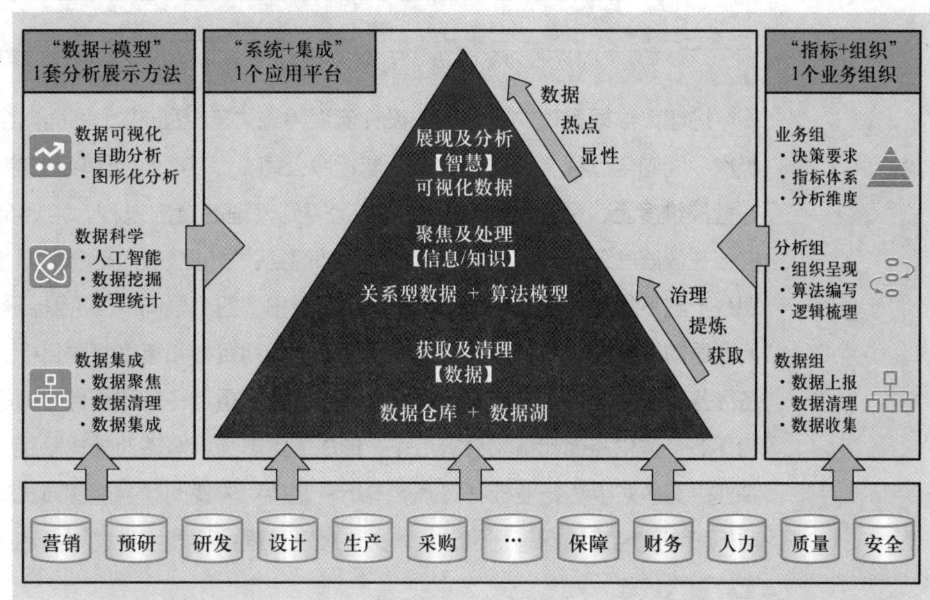

1 套分析展示方法：建设适应制造业决策支持所需的各类分析展示组件，满足产品研发、制造、保障等多决策场景所需。

1 个应用平台：建设覆盖数据获取、数据湖存储、数据模型管理、可视化展示分析等决策全过程的自主可控的信息化应用系统。

1 个业务组织：梳理并建立适应企业决策支持所需的业务指标体系，形成企业决策所需的组织架构。

（二） 大数据管理决策框架的设计流程

根据建设策略，结合上述“1+1+1”大数据管理决策框架构建思路，给出了如图 6–6 所示的大数据管理决策框架的设计流程，从行业应用、数据服务、数据采集与模型管理等多个层次出发，构建企业大数据管理决策框架，满足企业决策支持体系的建设需要。

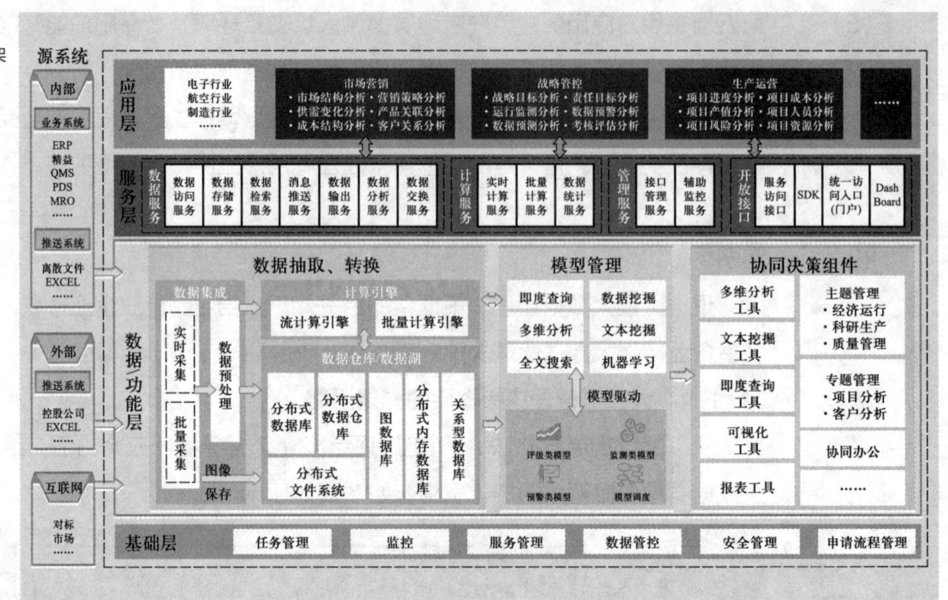

图 6–6 大数据管理决策框架的设计流程

构建大数据管理决策框架的设计流程围绕“三个面向”，即面向全业态、面向全级次、面向全过程，覆盖企业各下属控股公司，以实现对所有业态的经营管控要求；在管控维度上，覆盖从科研、生产、保障到管理的全部过程，实现全流程的信息掌控；在数据层级上，需要实现从基层、部门到领导的全级次信息汇聚和贯通，也能实现从上到下的逐层穿透。同时，设计思路紧扣“四个导向”，即目标导向、管控导向、问题导向、风控导向，围绕企业规划目标、任期目标和年度经营目标，层层分解形成各级各类指标体系。聚焦重点目标、重点单位、重点任务和重点能力等关键管控对象和环节，强化监视测量和分析工作，形成各类态势；坚持对外找差距，能够对比优秀企业、竞争对手、行业标杆等开展分析；坚持对内找问题，能够对比规划目标、任期目标和年度经营目标等开展分析；关注经营过程中可能出现的财务、市场、质量、安全等重大风险。

构建大数据管理决策框架，可使得企业具备全领域的数据采集能力、全级次决策模型管理能力、全流程多场景应用能力。

（三） 大数据管理决策框架的构建

某复杂电子装备企业，依据上述“1+1+1”大数据管理决策框架构建思路和大数据管理决策框架的设计流程，构建了大数据管理决策框架，建成统分结合、上下一体的智慧经营管控与决策支持系统，实现基于大数据和模型的经营管控可视化展示、自动化预警、决策支持和智能决策功能，有力提升企业智能管理水平，高效保障战略闭环管控，实现对经营管控的实时监控，及时防范经营风险，提升集团化管控能力，有效推进智慧子集团建设。该企业大数据管理决策框架如图 6-7 所示。

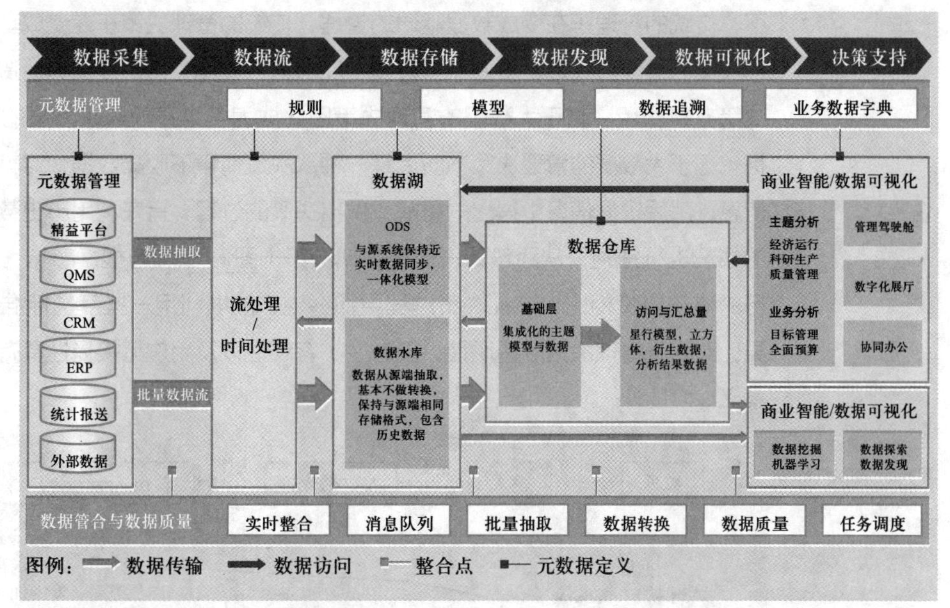

图 6-7
某企业大数据管理决策框架

通过建设，形成覆盖科研生产、质量、财务等 8 个集团化经营管控业务领域的决策支持能力，实现了经营管控、产品研发、产品制造、产品保障等各类数据的可视化呈现、预警展示、问题穿透、决策提醒及闭环等功能，满足高层决策支持要求。

在产品研发领域，形成了满足产品研发管控所需的数字样机展示、研发计划管理、计划超期预警等研发大数据管控的各种功能，形成产品研发智能管控能力。在产品制造领域，实现了自顶向下的层层穿透，支持企业分层分级的决策所需。企业领导可通过系统可视化查看生产现场的重要产品、重要设备的生产信息，实现工厂透明化管理。在产品保障领域，实现企业全球化产品分布追溯、产品运行状态的实时监控，及时预警故障装备，实现企业产品预测性保障，大大降低了企业产品保障成本，提升了产品使用效能。在企业管理领域，通过建设，实现企业全流程、全领域、全级次的管理，极大降低了企业经营风险，提升了企业管理效率。通过建设，该复杂电子装备企业实现了以大数据为核心，经营管控实现由单点分析向聚合分析转变，基于大数据挖掘和各类标准化模型，极大提升经营管控和决策支持的全局性、准确性、时效性和前瞻性。

大数据时代，企业应勇于探索，提出适应时代发展要求、适应企业自身发展需求的大数据管理决策框架，并积极应用于企业的实际运营管理过程中，以助于进一步提升企业决策能力，降低企业的决策风险。

第三节 基于大数据的管理决策

由于蕴含着巨大的科学研究价值、公共管理与服务价值以及商业经济价值，大数据已经被各个国家看作提升自身竞争优势的战略性基础资源和关键因素。在此背景下，传统的管理正在变成数据驱动的管理，传统的管理决策正在变成基于大数据的管理决策。通过对大数据资源进行开发，能够为各种实际情形提供其他资源难以替代的决策支持作用。基于大数据的管理决策因此成为各个行业未来发展的主要方向和目标。基于大数据的管理决策本质上是一种从决策情境下收集数据，对其进行分析得到信息，然后根据信息中得出的见解，做出决策的过程，旨在利用历史数据对未来发生的情况进行预判，从而帮助人们更好地决策（图6-8）。与根据感觉、直觉或理论进行的传统决策相比，这种决策过程更加客观，能够利用一些度量标准来评估决策效果，对提升管理决策的透明性、及时性、客观性以及用户可接受性具有重要的价值和意义。

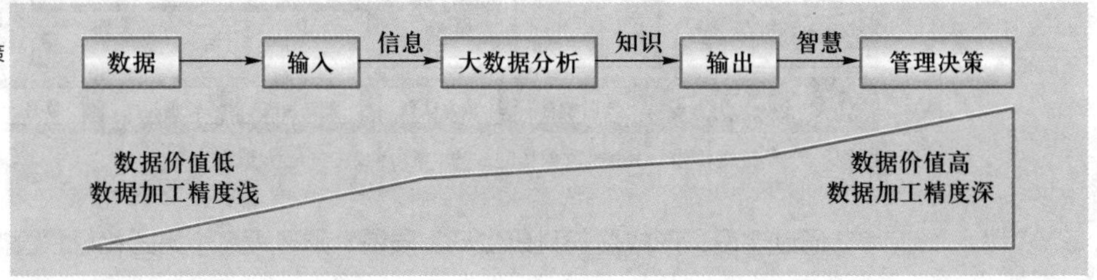

图6-8
基于大数据的管理决策

一、 大数据分析基础

（一） 大数据分析基本概念

大数据分析（Big Data Analytics）是大数据技术的核心，是指对海量、多类型、增长快速且内容真实的数据进行分析，从中找出可以辅助决策的隐藏模式、未知关联关系以及其他有用信息的过程。大数据分析的目的在于从一大批杂乱无章的数据中提取有用信息，发现研究对象的内在规律，挖掘新的模式与关系，以为各类管理决策问题提供有力的数据支撑与参考。

在进行传统数据分析任务时，数据主要来自对某一现象的观察、测量、调查、实验得到的结果。这类数据通常具有较高的结构化水平，仅利用适当的统计数学模型或者计算机分析工具便能最大化地开发数据效能。但是在大数据时代，电子邮件、访问日志、即时消息、视频、照片、语音等半结构化和非结构化数据才是数据的常见形态。这些数据虽然能够从不同视角反映人物、事件或活动的相关信息，但是由于它们在类型、结构、语义、组织、粒度、可访问性等方面是异构的，为全面分析数据特点和发现内在规律带来了巨大挑战。

传统数据分析方法都是通过对原始数据集进行抽样或者过滤，然后通过局部样本进行统计推断，从而了解样本总体特征和规律，因此尤其注重分析数据的完整性、精确性以及一致性。而在大数据时代，随着数据来源渠道增多，在获得关于反映总体精确数据信息的同时，不可避免地也会获得不精确数据。大数据分析认为这种不精确性不仅不会破坏总体信息，反而还有利于了解总体。因此，大数据分析方法则更加强调对全体数据的分析，关注如何使用高效的算法和模式，提升数据分析效率。大数据分析的最终目的是发现数据之间有价值的相关性，而不是导致现象的原因。例如，沃尔玛超市通过销售数据中的同购买现象，发现了蛋挞和飓风的关系等。在飓风来临之前，超市会将库存的蛋挞和飓风用品摆放在一起，方便顾客购买。大数据的相关分析将人们推向了比探讨因果分析更有前景的领域。表 6–2 总结了传统数据分析和大数据分析之间的差异。

表 6–2
传统数据分析和大数据分析的差异

方法	数据规模	数据要求	分析目的
传统数据分析	抽样得到的小样本数据	数据要满足完整性、精确性、可比性、一致性等性质	探求事物之间的因果关系
大数据分析	全体数据	接受纷繁芜杂的各类数据，允许数据不精确性	发现事物之间的相关关系

（二） 大数据分析方法

目前，大数据分析方法主要包括一些传统的统计学方法以及最新的机器学习方法。由于篇幅的限制，本节将主要介绍以下一些常见方法。

1. 聚类分析

聚类分析是一种按照数据相似性对数据进行分类的无监督学习方法，其目的在于辨别数据在某些特征上的相似性，然后按照这些特征相似性将数据划分成不同类别，从而保证同一类别内部的数据具有较高的同质性，而不同类别的数据具有高度的异质性。聚类分析既能够作为一个单独过程，用于确定数据内在的分布，也可以作为分类等其他数据分析任务的一个步骤。常见的聚类分析方法包括：K–Means 聚类、Self-Organizing Map 聚类、Fuzzy C–Means 聚类和 Affinity Propagation 聚类等。

2. 因素分析

因素分析，又称因子分析，是指利用统计指数体系分析现象总变动中各个因素影响程度的一种统计分析方法。该方法是一种从变量群中提取共性因素的统计技术，目的在于通过对具有相同本质的变量进行归纳整理，找出隐藏但具有代表性的因子，从而达到利用较少变量来描述数据集大部分信息的目的。常见的因素分析方法包括：连环替代法、差额分析法、指标分解法等。

3. 关联规则挖掘

关联规则挖掘是指从多条数据中，发现出现频率较高的组合，并查找出不同元素之间的相依性，探寻每一个元素的出现规律。关联规则挖掘过程主要包括两个阶段。第一阶段负责从资料集合中找出所有的高频项目集（Frequent Itemsets），第二阶段则负责从找到的高频项目集中产生关联规则（Association Rules）。常见的关联规则算法包括：Apriori 算法、Generalized Rule Induction 算法和 Carma 算法等。一般会将发现的每个规则定义为形如 X → Y 的蕴含式，而 X 和 Y 分别被称为该关联规则的先导（Antecedent）和后继（Consequent）。

4. 回归分析

回归分析（Regression Analysis）指的是确定两种或两种以上变量间相互依赖关系的一种定量统计分析方法。通常情况下，结果变量叫作因变量（Dependent Variable），因为它的结果依赖于其他变量。这些其他变量被称为自变量（Independent Variable）或者输入变量（Input Variable）。按照自变量的多少，回归分析分为一元回归和多元回归。而按照自变量和因变量之间的关系类型，回归分析又可分为线性回归分析和非线性回归分析。在大数据分析中，回归分析是一种预测性的建模技术，它研究的是因变量（目标）和自变量（预测器）之间的关系，通常用于预测分析。常见的回归分析方法包括：线性回归、逻辑回归、Ridge 回归和 Lasso 回归等。

5. 分类

分类是指从一组类别已知的训练数据中推断一个功能的机器学习任务。在训练数据中，每个实例都是由一个输入对象（特征向量）和一个期望的输出值（标签）组成的。通过分析该训练数据，分类算法能够产生一个推断的功能，从而为新的实例分配类别标签。常见的分类学习方法包括：决策树、朴素贝叶斯、支持向量机和人工神经网络等。

6. 可视化分析

可视化分析是一种通过交互式可视化界面来辅助用户对大规模复杂数据集进行分析推理的科学与技术。其运行过程可看作数据→知识→数据的循环过程，主要由可视化技术和自动化分析模型两条主线组成。从数据中获取知识的过程主要依赖两条主线的互动与协作。大数据可视化分析是指在大数据自动分析挖掘方法的同时，利用支持信息可视化的用户界面以及支持分析过程的人机交互方式与技术，有效融合计算机的计算能力和人的认知能力，以获得对于大规模复杂数据集的洞察力。

（三） 大数据分析工具

1. Excel

Excel 是 Office 中的一个常用软件，能够用于数据处理与统计分析，并可以将结果以图的方式呈现。

2. SPSS

SPSS 是世界著名的商用统计分析软件之一。它的数据管理和输入方法与 Excel 很相似，数据接口基本通用，可以很方便地从数据库中读取数据，完全可以满足非统计专业人士的数据分析需求。

3. Tableau

Tableau 是一款将数据运算与美观的图表完美地嫁接在一起的商业数据分析软件，

能够通过直接将大量数据拖放到数字“画布”上，绘制各种图表。

4. Hadoop

Hadoop 是一个能够对大量数据进行分布式处理的软件框架，主要由分布式文件系统 HDFS（Hadoop Distributed File System）、MapReduce 框架以及存储系统 HBase 等组成。

5. RapidMiner

RapidMiner 是世界领先的数据挖掘解决方案，在许多分析任务中有着先进技术。其最大特点是提供了交互型的图形用户界面，能够简化数据挖掘过程的设计和评价。

6. Weka

Weka 是一款基于 Java 环境下的开源机器学习以及数据挖掘软件，完全免费，相关源代码可从其官网下载。

7. 编程语言

R 语言、Python、MatLab 是目前用于科学计算、统计与可视化分析以及交互式程序设计的三种常用编程语言。

二、 基于文本大数据的管理决策

近年来，随着计算机信息技术的普及以及互联网技术的高速发展，计算机用户逐渐从信息的浏览者变成了信息的制造者，文本数据规模急剧增长。典型的文本数据包括大规模网页中的文本内容、购物网站中的产品介绍和用户评论、新闻网站中的新闻报道、社交媒体的短文本消息、电子邮件和聊天记录、工作中产生的办公文档等。这些数据一方面呈现出典型的大数据特征，如体量大、更新快、格式复杂多样等，另一方面又蕴含着极大的价值。

（一） 文本大数据的分析与处理

文本分析又称文本挖掘，是指从无结构的文本中提取有用信息或知识的过程，涉及信息检索、机器学习、统计、计算语言和数据挖掘等多个领域。大部分的文本挖掘系统建立在文本表达和自然语言处理（Natural Language Processing，NLP）技术的基础上。作为文本大数据分析和处理的核心，NLP 能够增加文本的可用信息，允许计算机分析、理解甚至产生文本。按照方法核心思想，现有的文本大数据分析与处理方法可以分为基于统计学的传统机器学习方法和基于人工神经网络的深度学习方法。

1. 基于统计学的传统机器学习方法

基于统计学的传统机器学习主要包括文本分类、信息提取、搜索与排序、推荐系统以及序列学习等技术。文本分类是指在给定分类体系内，根据文本内容自动确定文本类别的过程。20 世纪 90 年代以来，文本分类就已经广泛出现在信息检索、Web 文档自动归类、数字图书馆、文本过滤等应用中。最基础的文本分类是判断是非问题，也被称为二分类（Binary Classification）问题。例如垃圾邮件过滤，只需要确定是否为垃圾邮件即可。

信息提取是指从文本中自动提取具有特定类型的结构化数据。搜索与排序则主要关注如何对一堆对象排序。例如，谷歌和百度等搜索引擎根据用户的搜索条目对搜索到的相关网页进行排序。和搜索引擎相比，推荐系统通过研究用户的兴趣偏好，进行个性化计算，由系统发现用户的兴趣点，从而引导用户发现自己的信息需求。一个好的推荐系统不仅能为用户提供个性化的服务，还能和用户之间建立密切关系，让用户对推荐产生依赖。常见的推荐方法主要有两种：基于内容的推荐和协同过滤推荐。基于内容的推荐是信息过滤技术的延续与发展，主要是通过测量项目内容信息的相似性进行推荐，所以从不考虑用户对项目的评价意见，更多地需要用机器学习的方法从关于内容的特征描述的事例中得到用户的兴趣资料。协同过滤推荐技术是推荐系统中应用最早和最为成功的技术之一。它一般采用最近邻技术，利用用户的历史喜好信息计算用户之间的距离，然后利用目标用户的最近邻用户对商品的加权评价值来预测目标用户对特定商品的喜好程度，从而根据这一喜好程度来对目标用户进行推荐。如图 6–9 所示。

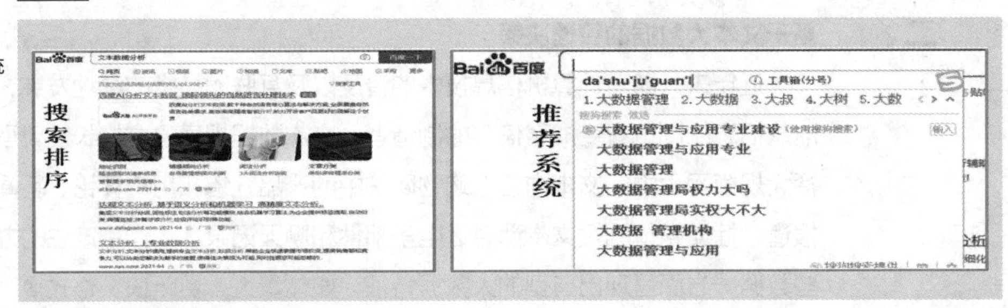

图 6–9
搜索排序与推荐系统

2. 基于人工神经网络的深度学习方法

随着近年来对智能推理以及认知神经学等的研究，人们对大脑和语言的内在机制了解得越来越多，基于人工神经网络的深度学习方法也开始被广泛用于文本分析与处理任务中。人工神经网络的思想来源于仿生学对大脑机制的探索，即希望通过对大脑的模拟达到智能的目的。特别是 2006 年以来，Hinton 在神经网络领域取得重大突破之后，基于人工神经网络的深度学习方法将文本数据的分析与处理带入了一个新的时代，并且在文本数据的信息抽取、词性标注、拼写检查、机器翻译、问答系统等方面均已有着较为成熟的应用。

利用深度学习方法处理文本大数据，主要是通过将各种级别的文本元素表示为词向量，从而利用深度神经网络自动学习。词向量的核心是分布式表示（Distributed Representation），主要是利用神经网络对上下文，以及上下文和目标词汇之间的关系进行建模。分布式表示最早由 Hinton 在 1986 年提出，基本思想是通过训练将每个词映射成 K 维实数向量（K 一般为模型中的超参数），通过词之间的距离（比如欧氏距离、余弦距离等）来判断它们之间的语义相似度。Word2Vec 是使用这种分布式表示的一种典型词向量表示方式，如图 6-10 所示。

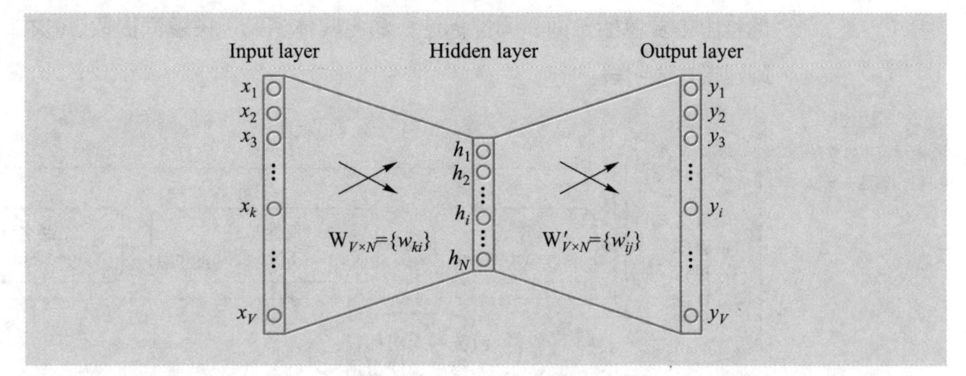

图 6-10
Word2Vec 结构图

传统的神经网络假设所有的输入输出之间是相互独立的，导致不能用于预测一个文本序列中的下一个词。但是随着循环神经网络（Recurrent Neural Networks，RNN）的出现，这一问题得到了有效解决。在原来的神经网络基础上，RNN 添加了记忆单元，使其能够处理任意长度的序列。RNN 及其之后出现的变体长短时记忆网络（Long Short Term Memory Network，LSTM）所拥有的循环结构，能够保证针对系列中的每一个元素都执行相同的操作，而且每一个操作也都依赖之前的计算结果。可以说，RNN 及 LSTM 记住了当前为止所有计算过的信息，因此经常被用于考虑词序列信息的文本分析任务中。如图 6-11 所示。

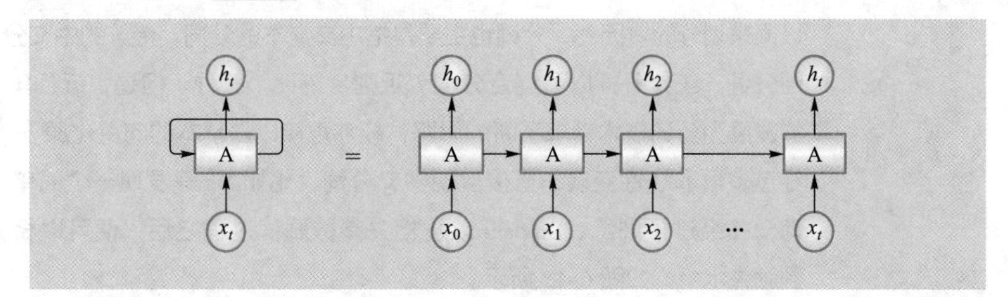

图 6-11
RNN 网络结构示意图

Attention 机制是应用深度学习技术分析文本数据的一个最新趋势。其基本思想打破了传统编码器 - 解码器结果在编解码时都依赖于内部一个固定长度向量的限制，旨在让 RNN 的每一步从更大范围的信息中选取。Attention 机制的实现是通过保留 LSTM 编码器输入序列中的中间输出结果，然后训练一个模型来对这些输入进行选择性的学习，并且在模型输出时将输出序列与之进行关联。换一个角度而言，输出序列中每一项的生成概率取决于在输入序列中选择了哪些项。虽然这样做会增加模型的计算负担，但是会形成目标性更强、性能更好的模型。此外，模型还能够展示在预测输出序列的时候如何将注意力放在输入序列上。这会帮助用户理解和分析模型到底关注什么，以及它的关注程度。

（二）基于文本大数据的管理决策过程

基于文本大数据的管理决策旨在利用上述文本大数据的分析与处理技术，将收集到的非结构化或者半结构化的原始文本转换成结构化的数据，进而挖掘出有用信息，辅助各类管理决策。图 6-12 是一般性的基于文本大数据的管理决策过程，可以清晰地看出主要包括分词、词性标注、命名实体识别、关键词提取、（文本）向量化和决策建模六大阶段。

图 6-12
基于文本大数据的管理决策

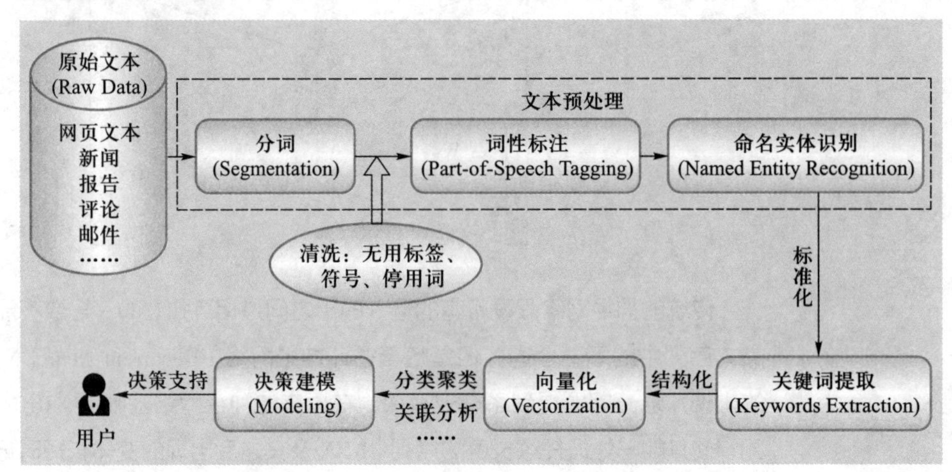

1. 分词

在对收集的原始文本进行分析时，首先需要对文本进行分词操作。在英语中，一篇英文文章是用单词加分隔符（空格）来表示的，因此根据空格就可以实现对整个文档的分词。但是在汉语中，词虽然以字为基本单位，但一篇文章的语义表达却仍然是以词来划分的。因此，分词也主要是指中文文本的分词。传统的中文分词方法包括规则分词、统计分词以及混合分词（规则 + 统计）三种。但是，近几年深度学习技术的发展为分词技术带来了新的思路，能够直接以最基本的向量化原子特征作为输入，经过多层非线性变换，直接实现中文分词。比如 Ma 等发现一个简单的 Bi-LSTM 模型，在经过预训练、Dropout 以及相关参数调优过程之后，便可以将分词效果提升到领先水平，如图 6-13 所示。

图 6-13
基于深度学习的中文分词流程

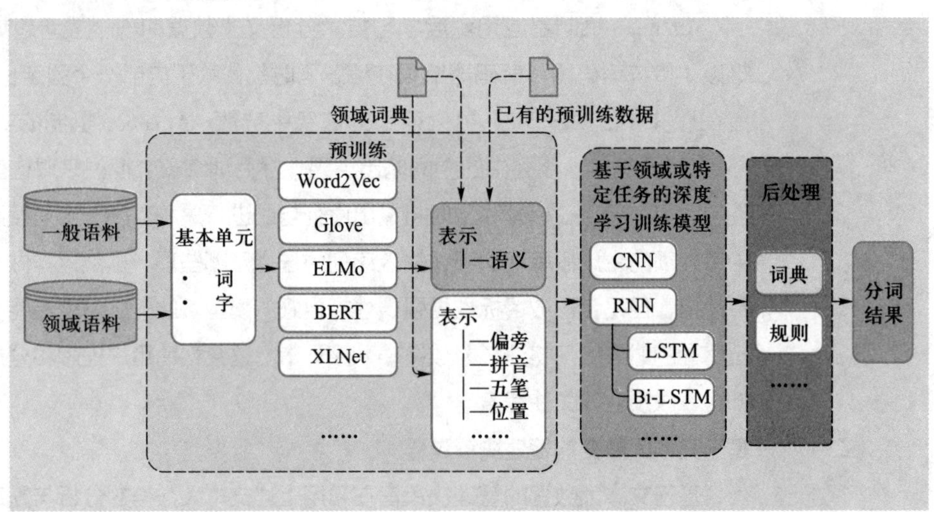

2. 词性标注

词性标注也被称为语法标注或词类消疑，是语料库语言学中将语料库内单词的词性按其含义和上下文内容进行标记的文本数据处理技术。词性标注在本质上是分类问题，将语料库中的单词按词性分类。一个词的词性由其在所属语言的含义、形态和语法功能决定。以汉语为例，汉语的词类系统有 18 个子类，包括 7 类体词、4 类谓词、5 类虚词、代词和感叹词。词类不是闭合集，而是有兼词现象，例如“制服”在作为“服装”和作为“动作”时会被归入不同的词类，因此词性标注与上下文有关。词性标注的常用方法有序列模型、隐马尔可夫模型（Hidden Markov Model，HMM）、最大熵马尔可夫模型（Maximum Entropy Markov Model，MEMM）、条件随机场（Conditional Random Fields，CRFs）等广义上的马尔可夫模型，以及以 RNN 为代表的深度学习算法。此外，一些机器学习的常规分类器，例如支持向量机在改进后也可用于词性标注。

3. 命名实体识别

命名实体识别（Named Entity Recognition，NER）是信息提取、问答系统、句法分析、机器翻译、面向 Semantic Web 的元数据标注等应用领域的重要基础工具，在自然语言处理技术走向实用化的过程中占有重要地位。一般来说，命名实体识别的任务就是识别出待处理文本中三大类（实体类、时间类和数字类）、七小类（人名、机构名、地名、时间、日期、货币和百分比）命名实体。实际应用中，NER 模型通常只要识别出人名、地名、组织机构名、日期、时间即可，一些系统还会给出专有名词结果（比如缩写、会议名、产品名等）。常见的 NER 方法包括：早期方法（基于规则和基于字典的方法）、传统机器学习方法（HMM 和 CRFs 等）、深度学习方法（RNN-CRFs 等）以及近期流行的 Attention 模型、迁移学习等。NER 的发展趋势如图 6-14 所示。

图 6-14
NER 技术发展趋势

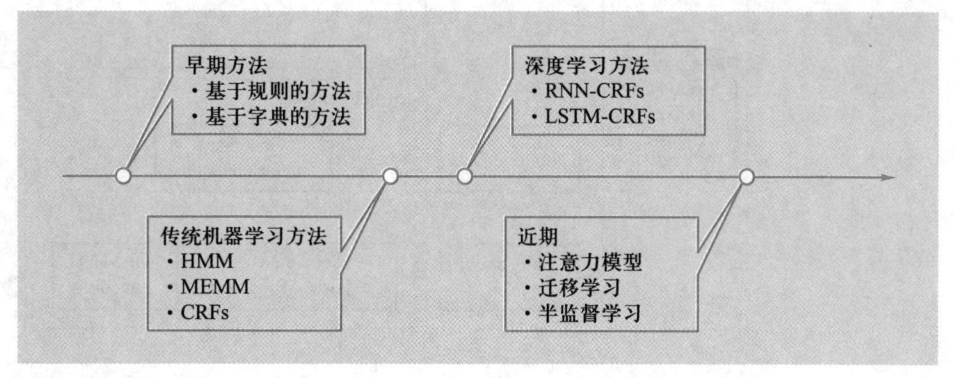

4. 关键词提取

类似于机器学习方法，关键词提取算法一般分为有监督和无监督两类。其中，包括 TF-IDF 算法、TextRank 算法以及主题模型（Latent Dirichlet Allocation，LDA）等在内的无监督算法最为常用。随着 Word2Vec 方法的提出，利用深度学习技术也可以从多个显示特征中学习得到融合统一的词嵌入向量（Embeddings）。2014 年，Wang 等人首次将词向量引入到关键词提取中用来增强候选单词之间的语义关系。2016 年，张奇等人用深度 RNN 学习关键词及其上下文信息，从而成功实现推文中关键词的自动提取。

5. 文本向量化

文本向量化就是将文本转换成向量形式。词袋（Bag of Word）模型是最早的以词语为基本处理单元的向量化方法。但是随着各类硬件设备计算能力的提升和相关算法的发展，基于神经网络的 Word2Vec、Doc2Vec、Str2Vec 技术开始在各个领域中崭露头角，能够灵活地根据上下文情境对文本数据进行向量化处理。

6. 决策建模

决策建模是指在对文本进行特征提取和向量化操作之后，利用分类、聚类、关联规则分析等技术发现知识和信息的过程。用户通过参考获得的信息，进行管理决策。

（三） 案例分析

汽车保险欺诈在保险公司成本方面占据着关键的比例，并从长远来看，将会影响公司的定价策略以及社会经济效益。因此，汽车保险欺诈检测对于降低保险公司的成本已经变得至关重要。之前，主要通过检测各种数值型因素（比如，索赔时间和被保险汽车的品牌）来检测汽车保险欺诈情况，缺少考虑保险索赔中的文本信息。为此，Wang 和 Xu 设计了一种基于文本分析的深度学习模型用于汽车保险诈骗检测，如图 6–15 所示。

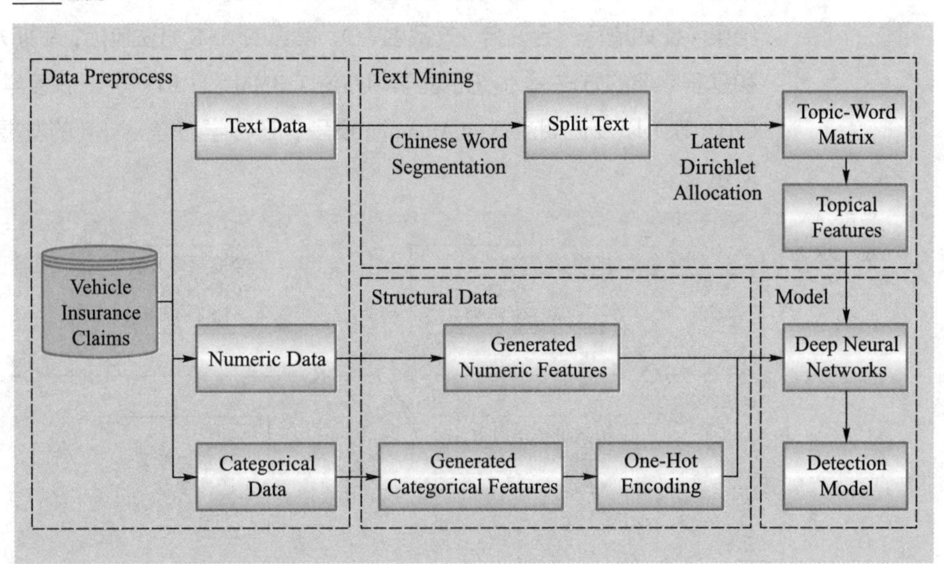

图 6–15 基于文本分析的汽车保险欺诈检测模型

该模型首先使用 LDA 提取隐藏在保险索赔事故记录文档中的文本特征，之后将其与传统的数值型特征进行结合，得到训练数据。通过训练一个深度神经网络，构建汽车保险欺诈检测模型。在利用真实的数据对所提出模型的性能进行验证之后，发现该模型明显优于包括随机森林和支持向量机等在内的传统机器学习模型。

三、 基于图像大数据的管理决策

随着互联网、计算机软硬件技术与多媒体技术快速发展，智慧型手机、平板、高像素相机等高科技产品已经成为人们生活的必需品。利用这些设备，大众每天都能够轻易获取大量的图像数据。这些图像数据一方面能够表达丰富的语义内容，另一方面也能够为用户提供视觉上最直观的理解。

（一） 图像大数据的分析与处理

目前，主流的图像大数据的分析与处理技术主要分为：图像转换技术、图像增强技术、图像分割技术、图像标注技术以及图像分类技术。

1. 图像转换技术

图像转换是指一个图像到另一个图像的演变。常见的图像转换算法包括空域变换等维度算法、空域变换变维度算法、值域变换等维度算法和值域变换变维度算法。其中空域变换是指图像在几何空间上的变换，而值域变换是指图像在像素空间上的变换。等维度变换是在相同的维度空间中，而变维度变换是在不同的维度空间中，例如二维变换到三维，灰度空间变换到彩色空间。

2. 图像增强技术

图像增强是指有目的地强调图像的整体或局部特性，将原来不清晰的图像变得清晰或强调某些感兴趣的特征，扩大图像中不同物体特征之间的差别，抑制不感兴趣的特征。从技术角度上来说，图像增强就是对原先的低质量图像进行处理，使其质量得以提升，降低原先图像的噪声，从而使图像更加明确清晰，实现图像显示的效果。常见的图像增强方法包括灰度均衡变换、直方图均衡变换、同态滤波器等。

3. 图像分割技术

图像分割是指把图像划分成若干个特定的、具有独特性质的区域并提取感兴趣目标的技术和过程。它是图像处理到图像分析的关键步骤。现有的图像分割方法主要分为传统的分割方法和基于深度学习的方法两大类。传统的分割方法包括基于阈值的分割方法、基于区域的分割方法、基于边缘的分割方法以及基于特定理论的分割方法等。基于深度学习的方法则包括基于全连接卷积神经网络的图像分割方法、基于 SegNet 的图像分割方法，以及基于 U-Net 的图像分割方法等。如图 6-16 所示。

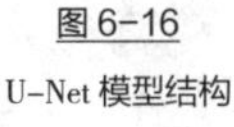
图 6-16
U-Net 模型结构

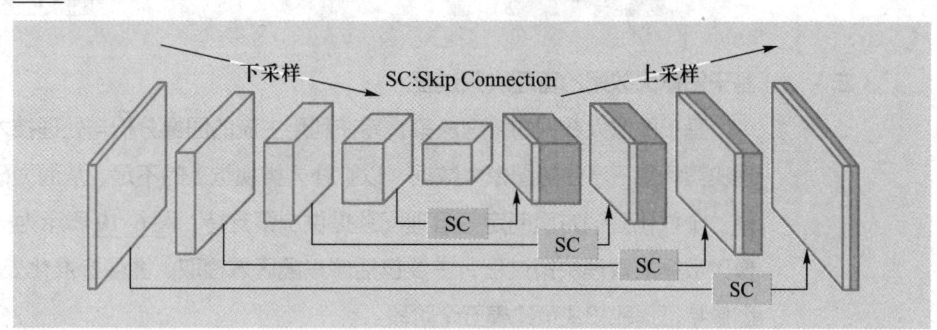

4. 图像标注技术

图像标注是指利用人工智能或模式识别等计算机方法对数字图像的低层视觉特征进行分析，从而将图像打上特定语义标签的过程。如图 6–17 所示，图像标注框架总体分为三个模块，包括两个特征提取模块和一个标注模型模块。左侧特征提取模块主要负责获取图像的低层视觉特征，右侧特征提取模块则负责获得标注文本（标签）的词汇特征。图像的标注模块则主要负责建立图像特征和标签特征之间的关联关系，以根据低层视觉特征对未标注图像进行标注。常见的图像标注模型包括：相关模型、隐 Markov 模型、矩阵分解模型、多视图学习模型、深度学习模型等。

图 6–17
图像标注模型通用架构

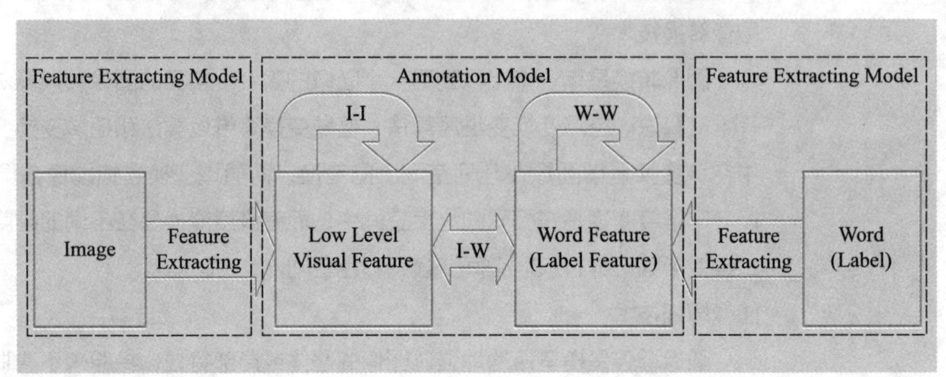

5. 图像分类技术

图像分类是指根据输入图像所反映的不同特征，把分类标签集合中的一个（或一组）标签分配给输入图像的过程。其目的在于利用计算机的定量分析技术代替人的视觉判读。按照分配给图像标签的数目，图像分类分为单标签分类和多标签分类。图 6–18 为一个典型的多标签分类实例，根据左侧图片可知，上面同时有行人、狗和自行车三种元素，因此会分配给这张图片三个标签。常见的图像分类方法包括：卷积神经网络、自动编码器、迁移学习、多视图学习、零样本学习、深度残差网络和密集连接网络等。

图 6–18
图像的多标签

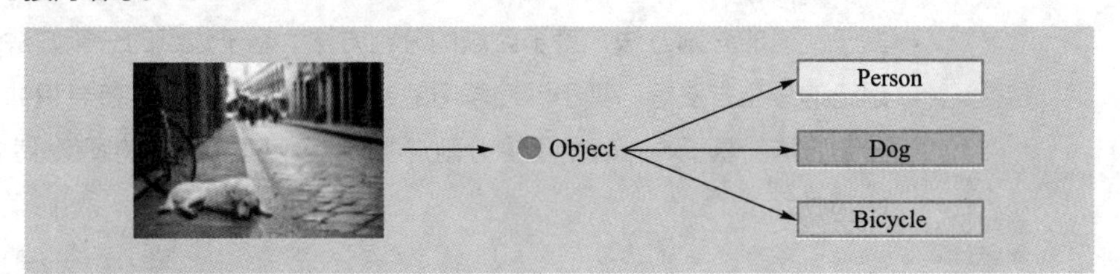

（二） 基于图像大数据的管理决策过程

基于图像大数据的管理决策，旨在利用主流的图像分析与处理技术，挖掘各个管理决策场景下产生的图像大数据，以弥补人类视觉上的不足，从而为研究海量产品选择、个性化营销方案制定等管理问题提供决策支持。图 6–19 所示为一般性的基于图像大数据的管理决策过程，主要包括感兴趣区域提取、图像标准化处理、图像扩增、图像特征提取和决策建模五个阶段。

图 6-19
基于图像大数据的管理决策

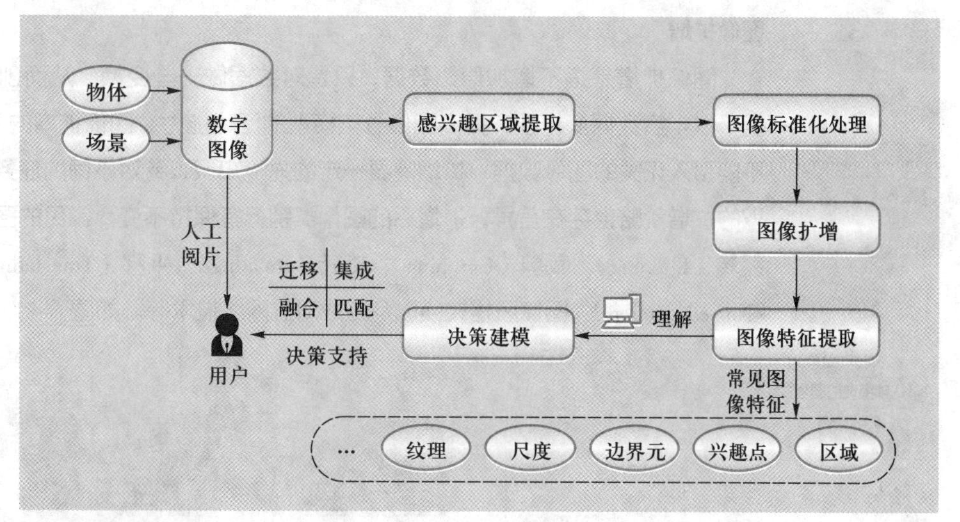

1. 感兴趣区域提取

感兴趣区域（Region of Interest，ROI）是从图像中提取的一个目标区域，该区域包含后续图像分析任务所关注的重点。一般地，ROI 定位是以方框、圆、椭圆、不规则多边形等方式在原始图像上进行确定，借助 ROI 定位对目标区域进行提取可以有效减少在不同条件下采集同一对象图像之间的差异，减少处理时间，提高识别精度。在现有研究中，通常将 ROI 提取定义为一个图像分割问题，因此图像分割技术经常被用于提取 ROI 区域。除此之外，ROI 提取也有着一些自身的独特方法，比如基于视觉注意模型的方法、基于拐点的 ROI 提取方法和基于图像灰度变化的 ROI 提取方法等。花朵识别时 ROI 区域的提取如图 6-20 所示。

图 6-20
花朵识别时 ROI 区域的提取

2. 图像标准化处理

图像标准化处理主要包括对数字图像尺寸的标准化处理和对数字图像像素的标准化处理。图像尺寸的标准化处理是将提取出的所有 ROI 区域修改为相同尺寸，以保证在训练深度模型时所有训练数据处于同一维度。图像像素的标准化处理是将图像像素矩阵通过去均值实现中心化处理，根据凸优化理论与数据概率分布相关知识可知，数据中心化符合数据分布规律，更容易取得较好的泛化效果。常见的像素标准化方法包括正常白化处理和 Min-Max 归一化处理。

3. 图像扩增

图像扩增是指不增加原始数据，只是对数据做一些变换，从而创造出更多的数据，以丰富数据多样性，提高图像分类模型的泛化能力。图像扩增的基本原则包括：不能引入无关的图像数据；扩增需要一定的先验知识，针对不同的任务和场景，所采取的扩增策略也存在差异；扩增后的图像类别标签保持不变。常见的图像扩增方法有翻转（Flipping）、裁剪（Cropping）、旋转（Rotating）、平移（Translating）、添加噪声（Noise Injection）、图像风格转换以及生成对抗网络技术等。如图 6–21 所示。

图 6–21
几种经典的图像扩增操作

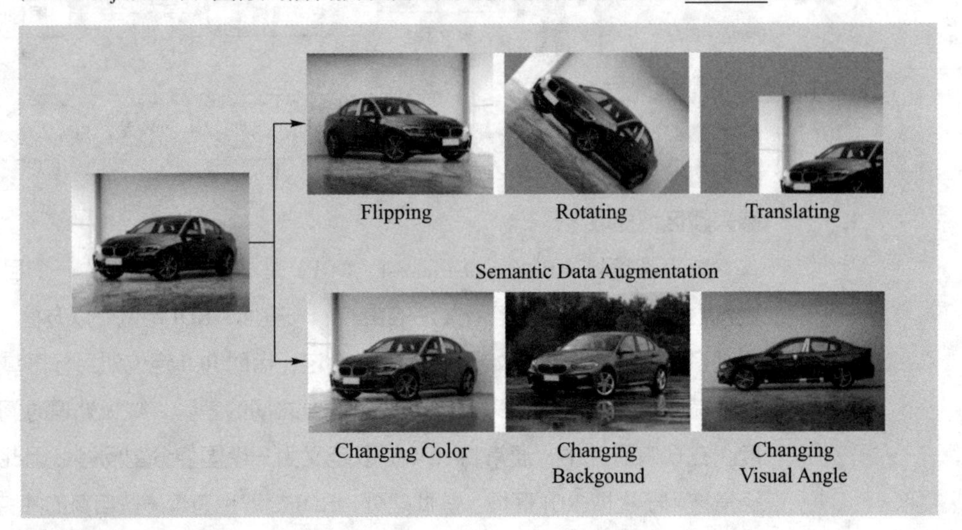

4. 图像特征提取

图像特征提取是图像分析与图像识别的前提，主要是指对图像的像素矩阵进行变换，以突出该图像具有代表性特征的一种方法。常见图像特征包括颜色特征、纹理特征、形状特征以及局部特征等。其中局部特征具有很好的稳定性，不容易受外界环境的干扰。传统的特征提取方法包括颜色直方图、灰度共生矩阵、Hough 图像变换检测以及各种滤波变换等。但是随着计算机软硬件的发展，深度学习技术也开始被用于图像特征提取任务。以 Faster R–CNN 深度模型为例，首先利用卷积神经网络提取图像特征生成特征图，然后使用区域提案网络生成区域提案的边界框，接着利用边界框回归对生成区域提案进行微调，最后生成图像目标区域特征，用于后续决策建模。

5. 决策建模

基于图像大数据的决策建模主要是指利用主流的深度学习技术，从大量经过上述处理操作的图片中学习相关信息，然后针对特定问题，提供决策输出，作为用户参考，辅助管理决策的过程。

（三） 案例分析

青光眼是一种常见眼部疾病，会损伤视觉神经，已经成为导致失明的主要原因之一。虽然目前针对青光眼没有较好的治愈方法，但是越早发现对于停止进一步的视力损伤就越有意义。尽管专家可以观测到青光眼的症状，但是操作过程较为复杂且十分耗时。而且，由于人口众多以及有限的医疗资源，在中国关于青光眼的诊断变得越发困难。随着人工智能技术的发展，已经发现深度学习模型在基于医学影像的疾病诊断方面的优势，但是现有研究缺少考虑相关领域知识，导致对于数据规模要求较高。为此，Chai 等人设计了一种领域知识驱动的深度多分支网络模型，用于青光眼的早期诊断，如图 6–22 所示。

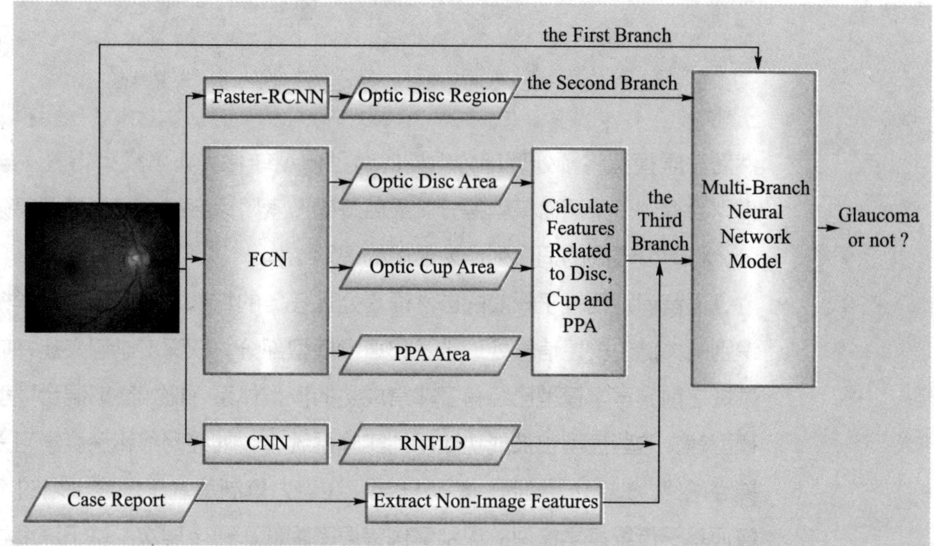

图 6–22
面向青光眼疾病辅助诊断模型

该模型所考虑的领域知识包括对青光眼诊断的重要措施和包含大量信息的图像重要区域。在这些领域知识的指导下，通过设计一个多分支神经网络，能够自动从眼底相机拍摄的二维眼底图中抽取影像重要区域和获得领域知识特征。在利用一个真实的数据集对所提模型的性能验证之后，发现所提模型明显优于传统的计算机视觉算法，以及经典的 AlexNet、VGG16 和 Inception_v3 深度模型。

四、基于音频大数据的管理决策

（一）音频大数据处理技术

音频数据的产生和感知过程就是一个复杂的过程。近年来，很多专家学者在音频大数据处理上取得了可喜的进展。主要处理技术包括语音识别技术、语音合成技术和语音增强技术。

1. 语音识别技术

语音识别是指将语音片段输入转化为文本输出的过程。声音本质上是一种波，这种波可作为一种信号来处理，所以语音识别的输入是一段随时间播放的信号序列，而输出是一段文本序列。一个完整的语音识别系统通常包括信号处理和特征提取、声学模型、语言模型和解码搜索这四个模块，如图 6–23 所示。

信号处理和特征提取可以视作音频数据的预处理部分，即通过消除噪声和信道增强等预处理技术，将信号从时间域转化到频率域，为声学模型提供有效的特征向量。

图 6-23
语音识别系统模块

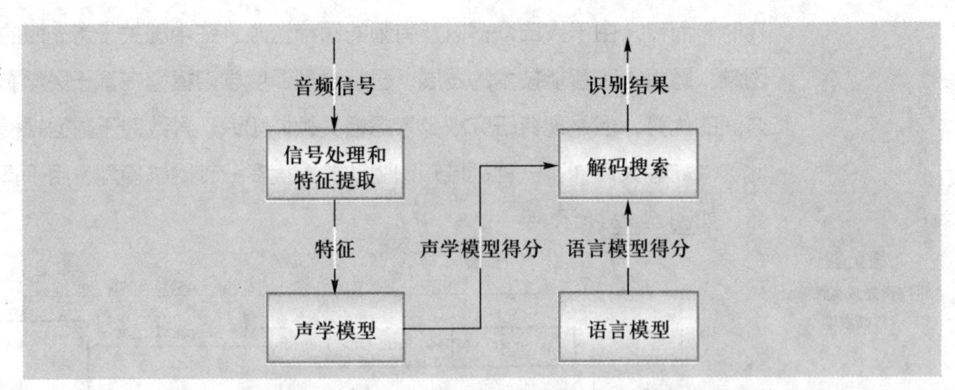

然后声学模型将预处理部分得到的特征向量转化为声学模型得分，与此同时，语言模型会得到一个语言模型得分。最后解码搜索阶段会综合声学模型得分和语言模型得分，将得分最高的词序列作为最后的识别结构。

语音识别相较于一般的自然语言处理任务的特殊之处就在于声学模型，所以语音识别的关键也就是信号处理技术和声学模型部分。在深度学习兴起并应用到语音识别领域之前，声学模型已经有了非常成熟的模型体系，比如高斯混合模型和隐马尔可夫模型等，这些模型也被成功应用到实际系统中。神经网络和深度学习兴起之后，循环神经网络、LSTM、编码－解码框架、注意力机制等基于深度学习的声学模型将此前各项基于传统声学模型的识别案例错误率降低了一个层次。基于深度学习的语音识别技术也正在逐渐成为语音识别领域的核心技术。

2. 语音合成技术

语音合成是用机器来模拟发出人的自然语言。传统的语音合成策略可分为波形合成法、参数合成法、规则合成法。

波形合成法一般有两种形式：一种是波形编码合成，该方法直接把要合成的语音发音波形进行存储，或者进行波形编码压缩后存储，合成重放时再解码组合输出。另一种是波形编辑合成，通过选取音库中采取自然语言的合成单元的波形，对这些波形进行编辑拼接后输出。

参数合成法是一种比较复杂的方法。为了节约存储容量，先对语音信号进行分析，提取出语音的参数，以压缩存储量，然后由人工控制这些参数的合成。

规则合成法通过语音学规则产生语音。合成的词汇表不是事先确定，系统中存储的是最小的语音单位的声学参数，以及由音素组成音节、由音节组成词、由词组成句子和控制音调、轻重音等韵律的各种规则。给出待合成的文本数据后，合成系统利用规则自动地将它们转换成连续的语音声波。这种方法可以合成无限词汇的语句。

神经网络和深度学习兴起之后，基于深度学习的语音合成技术也正在逐渐成为语音合成领域的核心技术。当前流行的语音合成方法有 WaveNet（原始音频生成模型）、Tacotron（端到端的语音合成模型）、Deep Voice 1（实时神经文本语音转换模型）、Deep Voice 2（多说话人神经文本语音转换模型）、Deep Voice 3（带有卷积序列学习的尺度文本语音转换模型）、Parallel WaveNet（快速高保真语音合成）等。

3. 语音增强技术

语音增强是指从带噪语音信号中提取尽可能纯净的原始语音信号，提高语音信号的质量、清晰度和可懂度。如图 6–24 所示，语音增强方法可以按照其运用方法不同分成数字信号处理的语音增强方法和基于机器学习的语音增强方法两大类。其中，数字信号处理的语音增强方法是主流方法，已有多年发展历史，是目前工程界进行语音降噪的主要思路。而在传统的数字信号处理的方法中，按照其通道数目不同，又可以进一步划分为单通道语音增强方法和麦克风阵列的语音增强方法。

图 6–24
语音增强方法分类

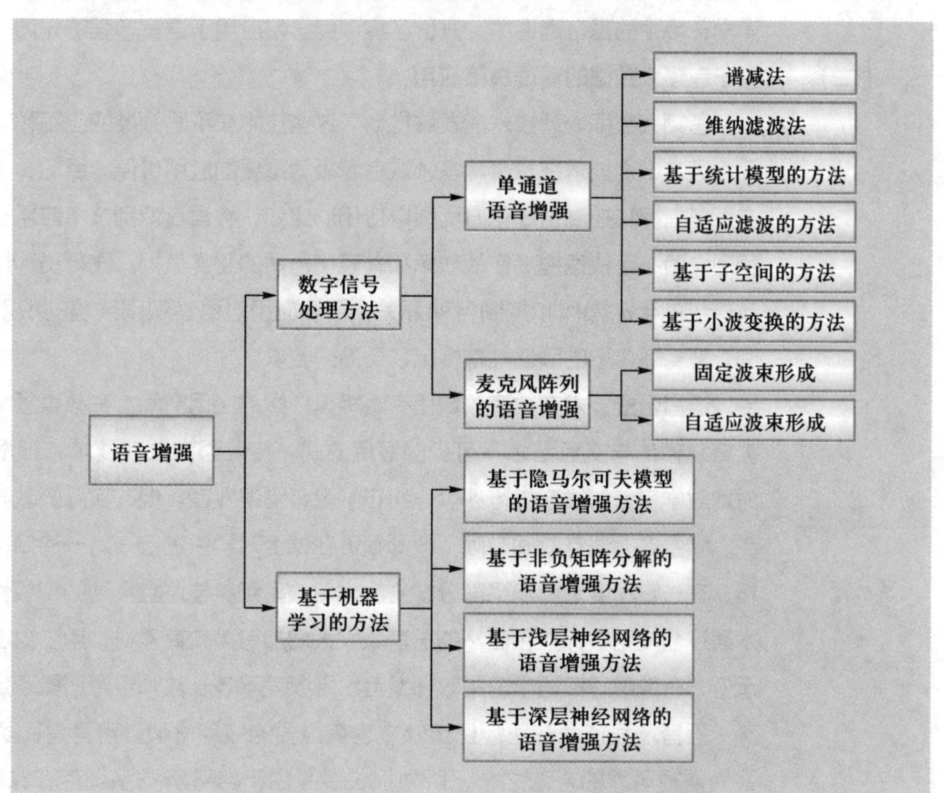

在传统的单通道语音增强方法中，对数字信号处理的知识运用较多，时域和频域的方法都有，以频域处理为主。其中基于短时谱估计的语音增强方法是目前应用最为广泛的语音增强方法，具体的算法可以分为以下三大类：谱减法、维纳滤波法和基于统计模型的方法。除此之外，单通道语音增强方法还有自适应滤波的方法、基于子空间的方法、基于小波变换的方法。

在麦克风阵列的语音增强方法中，由于利用了更多的麦克风，考虑了信号的空间信息，因此在抑制特定方向的干扰、进行语音分离等方面，比单通道语音增强更有优势。麦克风阵列的语音增强方法目前在智能音箱、机器人等领域应用较多，利用其多麦克风的优势，这类产品可以实现在远场和更复杂的声学环境中进行语音增强。主流的麦克风阵列方法有固定波束形成的方法和自适应波束形成的方法。固定波束形成的应用环境十分受限，但运算复杂度较低，所以一般应用于声学场景固定不变的环境中。自适应波束形成的方法以牺牲运算复杂度为代价表现出更好的鲁棒性。

基于机器学习的语音增强方法通过有监督的训练实现语音增强。运用机器学习的语音增强方法不多，可以分成以下几类：基于隐马尔可夫模型的语音增强、基于非负矩阵分解的语音增强、基于浅层神经网络的语音增强和基于深层神经网络的语音增强。其中，基于深层神经网络的语音增强方法利用深层神经网络结构强大的非线性映射能力，通过大量数据的训练，训练出一个非线性模型进行语音增强。此外，该类方法在工程界已经落地，例如华为发布的 Mate10 手机，已成功地将该技术应用到复杂声学环境中的语音通话中，开辟了将深度学习应用于语音增强的先河。

（二） 基于音频大数据的管理决策应用

音频大数据处理技术的发展推动了这些技术在不同领域的应用和管理决策。

语音识别技术在军事斗争领域有着极为重要的应用价值。目前，语音识别技术已在军事指挥和控制自动化方面得以应用。比如，将语音识别技术应用于航空飞行控制管理决策，可快速提高作战效率和减轻飞行员的工作负担。飞行员利用语音输入来代替传统的手动操作和控制各种开关。军事应用对语音识别系统的识别精度、响应时间、恶劣环境下的顽健性都提出了更高的要求。

语音合成技术在教育领域里有着极其广阔的应用空间。在教育领域，尤其是语言教育，模仿与交互是必不可少的锻炼方式。传统语言教育要求老师发音标准，能实时地对学习者的发音进行评价，纠正学习者错误发音。但在实际的教学过程中，教师少、学生多、课堂时间有限，教师很难在课上对学生进行一对一的口语指导和问题反馈，在一定程度上影响了部分学生的学习效率和参与课堂互动的积极性。语音合成技术通过合成足够标准和自然的语音，大大增加有声教育素材，用于语言学习中的发音示例，有效缓解口语学习中教师发音水平参差不齐、教师资源严重不足的问题。

语音增强技术在医疗保健领域也有重要的应用价值。声音是人类获取外界信息最为便捷可靠的方法之一，听力损失患者由于自身听觉系统存在缺陷或遭到损伤，所能获取到的语音信息十分有限，因此需要凭借助听器等医疗器械来弥补其听觉系统上的缺失。而现有的助听器产品在噪声抑制方面存在很大缺陷，这极大地影响了听力损伤患者在使用时的用户体验。语音增强技术可使得数字助听器在多噪声源等复杂声学环境下依然具有良好的空间分辨率和抗干扰能力，增强语音质量，提升用户体验。

（三） 案例分析

本小节将以滚动轴承智能故障诊断为案例分析基于音频大数据的管理决策应用。

滚动轴承作为各类旋转机械中最常用的通用零部件之一，也是旋转机械易损件之一。旋转机械的故障大多由轴承故障引起的，滚动轴承的好坏对机器的工作状况影响极大。滚动轴承的主要故障按其产生的部位可分为四类：①内圈故障；②外圈故障；

③滚动体故障；④保持架故障。轴承音频数据包含其运行状态的重要信息，通过分析这些信息就能对轴承故障进行有效诊断，而且音频数据能够非接触式采集，具有使用方便、成本低廉等优点。运用音频数据进行滚动轴承故障诊断具有重要和实际的应用价值和意义。

1. 理论建模

音频数据的特征提取在故障轴承诊断中具有举足轻重的作用。本部分选用的特征参数为线性预测倒谱系数（Linear Predicition Cepstrum Coefficients，LPCC）。

LPCC 提取的主要思想是利用音频数据采样点之间的相关性，用过去的样点值来预测现在或者未来的样点值，也就是一个音频数据的抽样能够用过去若干个音频抽样或者它们的线性组合来逼近。通过使实际的音频数据抽样值与线性预测抽样值的均方误差达到最小，这样就能确定出唯一的一组线性预测系数。计算原理如下。

步骤 1：将预处理后的分析帧进行复倒谱计算，提取 LPC。

$$\hat{x}(n)=\begin{cases}0, & n<0\\ \dfrac{x(n)}{x(0)}-\sum\limits_{k=0}^{n-1}\dfrac{k}{n}\hat{x}(k)\dfrac{x(n-k)}{x(0)}, & n>0\end{cases}$$

步骤 2：用 LPC 推导出 LPCC 特征参数。p 为 LPC 阶数，m 为 LPCC 阶数。

$$c_m=\begin{cases}x_m+\sum\limits_{k=1}^{m-1}\dfrac{k}{m}c_k x_{m-k}, & 1\leqslant m\leqslant p\\ \sum\limits_{k=1}^{m-1}\dfrac{k}{m}c_k x_{m-k}, & m>p\end{cases}$$

根据神经网络中 BP 神经网络模型高度非线性、并行处理机制、信息的分布存储性、自学习性及容错性等特点，基于提取的特征参数 LPCC，运用 BP 神经网络实现基于音频数据的滚动轴承故障诊断。

2. 实际应用

对于各类轴承运行状态，内圈异音、外圈异音、保持架异音、滚动体异音及正常音分别取 LPCC 特征参数各 100 组作为样本训练模型，各类故障数据与正常数据中再分别取 100 组不同于样本相应特征参数作为测试数据，以检验参数的诊断效果。对内圈故障、外圈故障、滚动体故障、保持架故障以及正常音五种类型的数据通过 Matlab 仿真系统进行滚动轴承故障诊断实验。

首先使用 LPCC 特征参数进行实验，经实验证明，12 个输入节点时，单隐层节点数取 27 网络可达到最佳性能。因此 BP 网络设置 1 个隐层，输入层 12 个节点，隐层 27 个节点，输出为 5 个节点。学习率初始值设为 0.5，误差值设定为 0.000 1。基于 LPCC 特征参数的网络模型的诊断结果如表 6-3 所示。

运用 BP 神经网络，使用 LPCC 特征参数进行滚动轴承故障诊断，总体诊断轴承故障能力较好。

表6-3

基于LPCC特征参数的网络模型的诊断结果

故障类型	诊断数据					正确率
	内圈	外圈	正常	保持架	滚动体	
内圈故障	80	0	0	0	20	80%
外圈故障	0	100	0	0	0	100%
滚动体故障	14	0	0	0	86	86%
保持架故障	0	0	0	99	1	99%
正常音	0	0	100	0	0	100%

五、基于人机共融的管理决策

（一）人机共融概念及关键特性

随着计算机软硬件技术不断发展，人工智能进一步繁荣，大量智能物体、不同用途的机器人不断涌现。人、机在物理域、信息域、认知域、计算域、感知域、推理域、决策域、行为域的界限越来越模糊，人机融合在一起的趋势越来越显著。当前，相关学者将人机共融定义为：利用人类智能和机器智能的差异性和互补性，通过个体智能融合、群体智能融合、智能共同演进等，实现人类和机器智能的共融共生，完成复杂的感知和计算任务。①

人机共融智能的关键特性包括：

（1）个体智能融合。机器的优势在于快速、低成本地对信息进行存储、比较、排序和检索，人脑的优势在于联想、推理、分析和归纳。针对复杂任务，巧妙利用人的识别、推理能力，实现人机协作增强感知与计算，发挥二者的互补优势。

（2）群体智能融合。除人脑智能外，人机共融智能重点强调群体智能，尤其是隐式智能，通过利用群体行为特征、结构特征及交互特征等在特征和决策层面与机器智能进行融合，实现智能增强。

（3）智能共同演进。未来我们不希望看到机器智能不断增长，而人类智能停滞不前乃至衰退。人机共融智能的目标是人类智能和机器智能互相适应，彼此支持，相互促进，实现智能的共同演进和优化。

（二）基于人机共融的智能辅助诊断管理决策案例

以云计算、大数据、物联网为代表的新一代信息技术快速发展，可为收集并存储病人诊断和治疗过程中产生的大量医疗数据，包括患者的基本数据、电子病历、诊断数据、手术数据、医学影像数据、医学管理数据、医疗费用数据、医疗设备和仪器数据等提供基础。这些数据无疑为面向医疗领域的管理决策研究提供了数据宝藏。但是，医疗数据的专业性、不规范性、不完整性、多态性、时间性、隐私性等行业相关

① 於志文，郭斌．人机共融智能．中国计算机学会通讯，2017，13（12）：64–67.

特征为面向医疗领域的管理决策研究带来了挑战。针对特定疾病，如何依靠医生日常工作中积累的大量诊断数据和病人的检验数据进行辅助诊断，是具有现实意义的重要问题。

聚焦这类问题，通过与专科医生深度合作，深悉专业知识，充分分析并挖掘医疗大数据价值，提出基于人机共融的医疗辅助诊断决策框架，以产生科学、合理的辅助诊断结果。该决策框架可分为以下几个关键流程。

（1） 数据价值判断。首先大量浏览原始医疗数据，分析数据的自身特点。在此基础上，通过与专业医生进行深入探讨，深悉数据特点背后隐藏的专业知识，形成专业解释，最终合理判断医疗大数据中有价值的内容。

（2） 数据预处理。基于对数据的价值判断以及医生的专业知识和诊断经验，通过数据清洗从大量的原始数据抽取出对特定分析任务有价值、有意义的数据。

（3） 数据规范化（0–1 化）。结合医生专业知识和诊断经验，提炼经过价值判断、预处理、清洗后的数据特征，实现数据规范化（0–1 化），产生计算机能识别的数据形式。

（4） 智能融合决策。基于规范化数据，结合医生专业知识和诊断经验，为特定辅助诊断决策问题设计或应用算法。进一步结合人类（医生、算法工程师、医疗系统使用者等）专业知识和经验，分析算法结果，改进当前应用方法，优化当前决策结果，最终产生科学、合理的辅助诊断结果并得出相应管理启示。

基于人机共融的医疗辅助诊断决策框架如图 6–25 所示。

图 6–25
基于人机共融的医疗辅助诊断决策框架

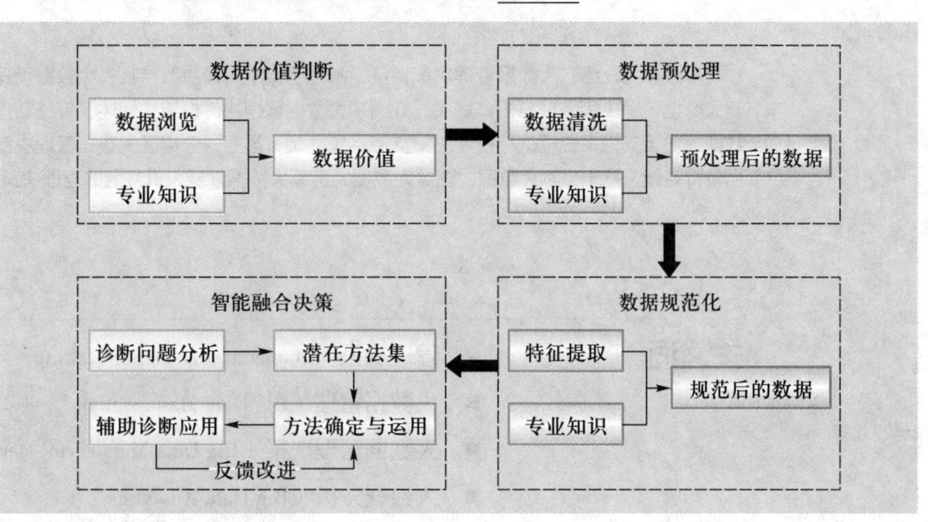

（三） 基于人机共融的管理决策展望

未来是人和机器进行融合的时代。未来基于人机共融的管理决策将主要表现在以下几个方面：

人机协同感知，即通过处理来自不同设备、不同数据源以及不同感知实体的汇集信息，来更加全面地感知物理世界，为人类提供精准和智能的服务。人机协同感知将人类作为感知节点，通过融合人类的智能，来提升传统基于机器设备的感知能力，实现人机的优势互补，从而提高感知的效能。

人机融合计算，即人与机器通过显式或隐式的融合范式，达到人机智能的协作与增强。显式人机融合计算中，人按照任务要求有意识地参与，将识别、联想、推理能力融入计算任务中。隐式人机融合计算仅靠行为习惯无意识参与，将人群无意识表现出的行为规律作为智能用于求解问题。

人机智能演进，即发挥人和机器的优势互补，促进人的智能和机器智能的共同进步。从机器的角度，以人的知识作为输入指导机器，使得其自身的智能通过不断迭代变得更加高效。机器自身亦可以利用机器之间的相互协作，借助机器提供的反馈，通过博弈的方式，强化机器的智能，从而实现机器智能的自我演进。

人机共融正在成为新一代计算技术的重要特征与主要趋势，人类和机器智能的融合是其关键。人机共融不仅仅是智能在物理上一时的混合，而是要让这种融合产生化学反应，迸发出更多更强的智慧，通过不同粒度智能的深度交融、共同演进等，实现人类和机器智能的共融共生，促进解决面向不同领域的管理决策问题。研究人员已经做了一些初步尝试，但依然有很多理论和技术挑战需要去应对。

本章小结

本章首先介绍了大数据管理决策特征，阐述了传统管理决策特征、大数据管理问题特征框架，以及大数据管理决策特征分析；其次，介绍了大数据管理决策框架，阐述了传统管理决策框架、基于大数据的决策支持系统框架和智能决策支持系统框架；最后，介绍了大数据管理决策方法，阐述了大数据分析基础，基于文本大数据、图像大数据、音频大数据以及人机共融的管理决策。

关键词

- 管理决策（Managerial Decision-Making）
- 大数据管理（Big Data Management）
- 大数据管理决策（Big Data Managerial Decision-Making）
- 大数据分析（Big Data Analytics）
- 管理决策框架（Managerial Decision-Making Framework）
- 管理决策范式（Managerial Decision-Making Paradigm）
- 管理决策方法（Managerial Decision-Making Method）
- 管理决策特征（Managerial Decision-Making Characteristics）
- 范式转变（Paradigm Shift）
- 大数据特征（Big Data Characteristics）

- 数据驱动的决策（Data-Driven Decision-Making）
- 大数据决策支持系统（Big Data Decision Support System）

思考题

1. 简述大数据管理决策特征与传统管理决策特征相比的区别和联系。
2. 了解大数据管理决策新特征，分析某一典型企业在面临大数据管理决策新特征时，应该采取的措施或对策。
3. 理解大数据管理决策范式转变的具体内容，结合具体实例，分析管理决策范式在决策要素上发生的具体转变。
4. 简述大数据管理决策对思维方式的重要影响，以及决策者在大数据时代应如何调整自己的思维模式。
5. 大数据管理决策框架相较于传统管理决策框架的主要区别是什么？
6. 大数据时代，全景式 PAGE 框架如何助力企业的发展？
7. 大数据驱动的管理决策问题是否只需要考虑一种类型的数据？如果需要考虑不同类型的数据，则应该注意哪些问题？
8. 人机共融是未来发展趋势，在开展基于人机共融的管理决策时还有哪些需要解决的问题？哪些现有的技术能够用于解决这些问题？
9. 阅读论文 *Machine behaviour*（*Nature*，2019，568（7753）：477–486），谈谈人机协同决策的发展趋势与面临的挑战。

即测即评

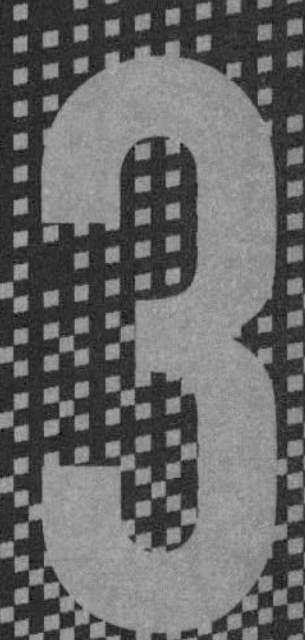

第三篇

基于大数据的管理决策应用

第七章
基于商务大数据的管理决策应用

本章将介绍商务大数据的基本概念。首先，详细介绍商务大数据的一般特点和独特性，介绍商务大数据的分类和挑战；其次介绍基于商务大数据的管理决策分析，具体包括商务大数据的收集、预处理、存储、并行处理、分析方法、可视化和管理决策分析实例；最后通过汽车品牌管理系统的案例讲解商务大数据的管理决策应用。

学习目标

（1） 掌握商务大数据的基本概念并区分商务大数据与传统大数据。
（2） 了解商务大数据面临的风险及相应的解决方法。
（3） 了解商务大数据的收集方法。
（4） 了解商务大数据质量提升的方法。
（5） 了解商务大数据如何存储，如何进行并行处理。
（6） 了解如何利用商务大数据进行分析。
（7） 了解商务大数据对商务活动的影响，了解商务大数据对商务活动带来的机遇和挑战。
（8） 结合具体实例进一步理解商务大数据的应用。

本章导学

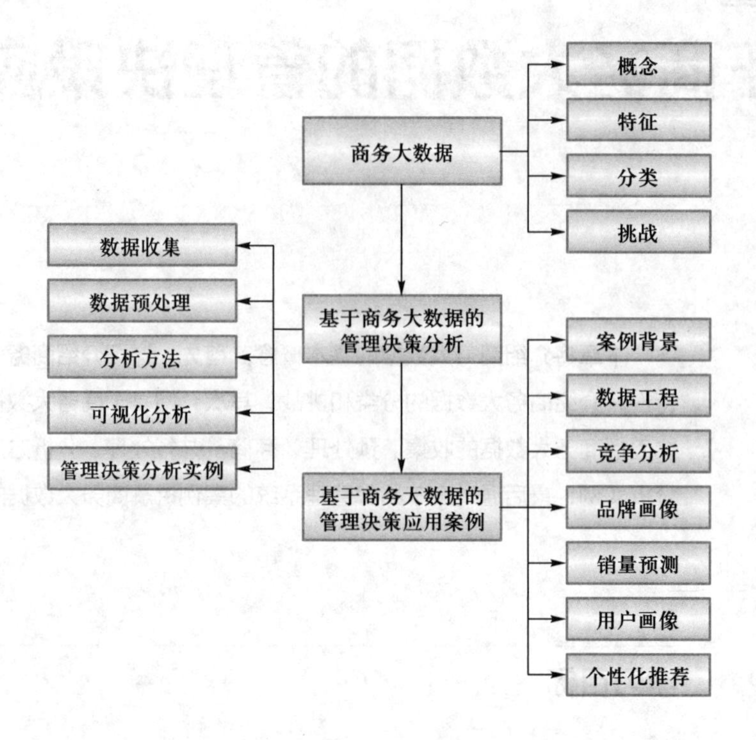

第一节 商务大数据

一、商务大数据的概念

商务大数据是大数据的一个类别，是企业在组织内部运转、经营活动、客户关系管理和数据交易等活动中积累的，具有庞大规模的，对企业有一定价值的信息资产。随着企业商业模式不断革新，商务数据增长速度不断加快，企业的传统数据处理手段越来越难适用于海量数据。在数据的量上，计算机的普及应用带来的商业模式变革，以及数据存储能力的不断提升，使得企业内部、企业与企业间以及企业与客户间的一切数据都能被存储，如今的商业数据相较于传统存储方式下的商业数据呈指数级增长；在数据的类型上，相比于传统商务数据多以纸质合同和财务报表的方式呈现，商务大数据不局限于文字和数字，还包括语音、图像和视频等多媒体数据，这些数据中包含的信息比文字中包含的信息更加丰富，对企业决策更具有指导意义，同时其处理手段也更加灵活多样。

二、 商务大数据的特征

商务大数据继承了大数据的“4V”特征。而由于其具有的商业属性，商务大数据在特征的具体表现上又有其独特性。

（一） 体量庞大的商务大数据

丰富的企业活动和消费者行为所产生的数据均可被记录下来并加以利用，这使得商务数据不断扩大，存储大小单位也从 B（Byte）、KB、MB、GB、TB，扩展到 PB、EB、ZB、YB 等。这些商务数据包括旅游、教育、娱乐、健康、银行、购物等各行业数据。同时这些商务数据有着不同的来源，包括组织内部、商业交易、社交媒体和传感器等。随着商务大数据快速增长，传统仅限于存储和分析的数据库技术已不能满足企业数据管理的需要。海量商务数据的存储和处理，已经大大超过了传统企业 IT 架构的承载能力，企业 IT 架构与 IT 产业的重新布局将是新一轮创新方向之一。许多企业选择开始采用 Hadoop 和 MongoDB 此类的大数据管理工具。这些工具使用分布式系统来存储和分析跨不同数据库的海量大数据。

（二） 多种多样的商务大数据

商务大数据具有多样性，数据的多样性增加了分析和处理的难度。商务大数据的多样性体现在数据来源和数据类型的多样。除了企业自身的内部数据，更庞大的可用外部数据可以来自互联网的任何角落，而这些数据往往都不是结构化的。商务大数据既包含结构化数据，也包含非结构化数据。结构化数据，如银行记录、用户统计数据、库存数据、业务数据、产品数据等，这些数据具有定义好的结构，可以使用传统的数据管理和分析方法进行存储和分析。非结构化数据包括图像、即时通信对话、博客、上传视频、语音记录和传感器数据等。当前，尽管企业的 IT 部门已经非常熟悉挖掘和分析结构化的交易数据，但它们通常还不具备管理和处理增长速度更快的非结构化数据的能力，只有利用专业化的大数据分析技术才能从中揭示出以前很难或不可能确定的重要关联。

（三） 来去匆匆的商务大数据

对于现代商业，互联网上的每一次点击、转发、上传都会产生有价值的数据。随着互联网在商业领域深入应用，商务大数据的产生速度会越来越快。同时，企业对于数据的运用期望速度也越来越快，企业更希望利用实时大数据进行分析实现实时决策。在企业竞争中，速度是企业成功的关键驱动力之一。在这种情况下，迅速收集和分析大量不同的数据，以便实时做出明智的决定就变得至关重要。即使是高质量的数据，如果处理速度太慢同样可能阻碍企业的决策。如今，大数据技术实现了让企业处理实时数据，有时甚至不需要在数据库中读取数据，只需要采用实时数据流并行处理。数据流有助于从连续快速流动的数据记录中提取有价值的意见。比如 Amazon Web Services Kinesis 就是一种处理分析数据流的流应用程序。

（四） 价值不菲的商务大数据

在商业领域，大数据已经被当成企业资产，企业不仅可以从商业大数据中挖掘信息为企业创造价值，还可以直接将数据进行交易。商务大数据的价值被越来越多的企业广泛认识。大量的统计数据也证实了商务大数据的价值。2020 年，大数据的市场价值为 1 389 亿美元，预计到 2025 年将超过 2 294 亿美元。美国管理咨询公司 NewVantage Partners 2019 年的大数据高管调查报告指出，62.2% 的受访者表示在大数据投资方面取得了可衡量的成果，在高级分析（79.8%）、成本降低（59.5%）、客户服务（57.1%）和市场推广速度（32.1%）等领域取得了总体改善。根据麦肯锡 2019 年的一份报告，2019 年总体增长和收益最大的公司表示，它们的大数据战略在过去三年至少贡献了息税前利润的 20%，是其他公司的三倍。当前，许多研究和统计数据并不仅仅是关于以某种方式实施大数据和数据分析可以赚到多少钱。相反，它们关注的是企业通过优化现有的大数据运营可以获得的现金价值。这意味着大数据对于企业改革和创新从而增加收入来说是不可或缺的，同时也意味着要确保数据符合质量和完整性的标准。

三、 商务大数据的分类

商务大数据从其发展来看，可以分为传统数据和新型数据。

（一） 传统数据

传统数据主要来源于存放在数据仓库中的企业内部数据，它是由企业日常商务活动所产生的。长期以来，有一定规模的公司一直在投资专门的数据存储设施，例如数据仓库。数据仓库本质上是公司希望维护和分类存储的历史数据的集合，以方便检索。无论是出于内部使用还是内部监管的目的，各行业企业正在逐渐将数据从传统的数据仓库中转移出去。数据仓库中的数据，诸如企业电子邮件、会计记录、数据库和内部文档，这些数据现在被转移到 Hadoop 或类似 Hadoop 的平台上，这些平台可以通过利用多个节点提高数据可用性和容错率。

（二） 新型数据

新型数据是随着互联网、移动互联网、物联网等基础技术的发展和电子商务、社会化商务、O2O 商务等新商业模式的革新而产生的数据。新型数据不仅存在于企业内部，更多的是存在于企业外部。

新型数据较传统数据来源要广泛得多。在新技术和新商业模式的背景下，新型数据的主要来源有：

1. 互联网

商务大数据的主要来源是过去 5~10 年激增的社交网络。这些来源的数据大多是非结构化数据，包含了数以百万计的社交媒体帖子和其他数据，这些数据通过全球网络的用户互动生成。随着社会化商务的发展，企业越来越依赖于通过社交网络获取用户的行为数据和兴趣偏好，从而对企业自身的相关决策如产品研发、销售策略等做出指导建议。越来越多的企业尝试搭建自己用户的社交网络平台，让用户在平台上自由交流，使得企业在维护客户关系的同时，也获得了大量的用户数据。平台式媒体使任何人都可以成为内容贡献者，每天数千万甚至数亿的音频和视频在平台上传。在国外，在 YouTube 上上传视频、在 SoundCloud 上上传音乐、在 Instagram 上上传图片已经成为许多人的日常。在国内，微博、BiliBili、网易云音乐等社交媒体也被各年龄段人群广泛使用。这使得企业可以从互联网中有选择地获取数据。企业可以通过网络爬虫或与其他企业合作等方式获取自己所需的用户非敏感数据。

2. 传感器

随着物联网的出现和普及，商务大数据也开始从各种各样的传感器中获取。随着可穿戴设备的出现，如苹果手表、小米手环等，用户每时每刻在生成和传输数据。可穿戴设备可以在任何给定的时间点收集个人的数百项测量数据。随着行业不断发展，传感器相关数据可能变得更类似于通过社交网络活动在网络上生成的自发数据，这是未来可以利用的商务大数据的一个重要来源。

上述来源的数据既包括结构化数据，又包括非结构化数据。就文本数据和流数据来说，它们对数据库硬件架构、执行效率的要求很高，但是对数据处理技术并无新的要求。某些行业的基本数据，包括遥感影像（遥感应用）、高清图像（视觉展示）、医学图像（医疗领域）、三维模型（设计领域）、视频影像（传媒电影）等，经营管理数据不多，但是产品或者原材料数据量非常大，造成数据总量也很大，这对数据的保存提出了新的要求。

四、商务大数据的挑战

由于商务大数据的复杂程度高，以及相关应用还不够成熟，当前企业应用商务大数据还面临着诸多挑战。

（一）数据准确性问题

企业通过各种渠道获得的商务大数据中，并不是所有的数据都是高质量的数据。当用低质量的“脏”数据进行数据挖掘和分析时，“脏”数据会污染数据集从而危及商务大数据的最终产品。其次，还有一个存在于大数据应用中的共有问题——过拟合问题，即将数据过度拟合到模型中，使用过拟合的模型分析解决问题，这在商务大数据应用中也是一个常见问题。企业总是希望尽可能地用到所有数据，尽可能地追求完美，但太多的变量增加了模型的复杂性，这却并不一定会提高模型的准确性或效率。相反，企业为了这些数据会付出更高的代价。这些代价包括：物理存储和模型保留的较高维护成本；在做决定和解释结果方面有更大的困难；更繁重的数据收集和时间机会成本。因此，在商务大数据的利用上，企业同样需要花费精力制定策略。智能的数据策略是从分析组织内部的数据集开始，然后再将它们与公共或外部的资源集成。

（二） 高投资成本问题

企业要利用商务大数据，意味着企业需要对所需的技术和基础设施进行大量投资。对于企业来说，改进一项技术，引入一个新的系统，都意味着一笔不小的费用，这对于一些初创期的中小企业来说是不可承受的，能否在企业接受的范围内以较少的开支获取想要的资源是企业必须考虑的因素。一方面，企业想要得到所需的完整准确的客户等相关方的数据需要付出大量成本，通常出于保密性的原则，企业仅能获得部分信息，而这些信息往往不适于技术分析。另一方面，企业在数据的存储上也要付出巨大的成本。飞速发展的信息通信和互联网技术以及随之产生的新型应用需求带来了数据爆发式的增长。海量数据蕴含巨大的价值，在带来更多机遇的同时，也给传统的 IT 基础设施带来了前所未有的挑战，数据存不下、流不动、用不好成为各行业数据应用最普遍的难题。创新业务推动企业的数据量从 PB 级向 EB 级迈进。《华为全球产业展望 GIV》预测，全球新产生的数据量将从 2018 年的 32.5ZB 快速增长到 2025 年的 180 ZB。由于存储系统仍为传统架构以及存储成本高昂，当前企业数据仅有不到 2% 被保存，数据“存不下”的问题日益严重。除此之外，企业还必须有能力承担技术引入失败的风险，需要在确保自身的资本力量足够强大的前提下考虑运用大数据技术。不过近年来，随着云计算的出现，这一问题逐渐得到解决。云计算可以认为包括以下几个层次的服务：基础设施即服务（IaaS），平台即服务（PaaS），软件即服务（SaaS）。此外，数据即服务（DaaS）是软件即服务（SaaS）的孪生兄弟，它将数据作为一种商品提供给任何有需求的组织或个人。云计算的出现大大降低了中小企业使用大数据改善业务流程、指导战略决策的成本。

（三） 数据的隐私保护和安全问题

在商务领域，数据的隐私保护是大数据分析和处理的一个重要方面。保护个人隐私当然至关重要，但同时又不能抹杀企业利用数据推动业务发展的能力。从数据保护的角度来看，有两个重要的概念需要考虑：公开和最小化。公开关系到数据是如何获得的，以及数据处理的透明度，特别是关于它们未来的潜在用途。数据最小化关注的是企业收集正确数量数据的能力。尽管大数据通常被认为是要拥有“所有数据”，并且很多时候数据挖掘的规律和结论是由意想不到的数据合并在一起得出的，但这并不代表企业必须要收集所有的数据，因为这意味着为了不必要的数据而造成对用户隐私更大可能侵犯的风险。因此，企业需要找出最小化数据的合理方法。对于数据安全问题，某些企业所运用的信息技术本身就存在安全漏洞，可能导致数据泄露、伪造、失真等问题，影响信息安全。在商务大数据安全保护的技术上，企业也越来越倾向于对区块链技术的使用。区块链由三个组件构成，包括分布式数据库、扩展结构和加密安全写入权限系统。区块链技术将保护数据，它将确认参与双方的存在，并为不同的参与者提供对特定信息的定制访问。

（四） 数据的所有权问题

商业交易的前提是清晰的产权归属，而商务大数据来源广泛，许多数据甚至找不到最初的数据提供者。对于企业所搭建的平台上的用户数据，数据的所有权更是难以界定。企业数据可以划分为两类：一类是企业自身生产的数据，例如产品数据、生产过程数据、企业运营数据、市场营销数据，这类数据的产权清晰；另一类是由社会公众所产生的数据，例如经社会一般成员授权许可并进行隐私处理后可以使用的数据，这类数据的产权是要深入研究的问题。

第二节 基于商务大数据的管理决策分析

一、 商务大数据的收集

商务大数据是由消费者和企业商务行为产生的数据，分布在企业内部系统、各电商平台、第三方服务平台、社交媒体等。商务大数据按收集来源可分为离线数据、实时数据和互联网数据。

离线数据的来源包括企业的内部信息和外部信息。内部信息主要是各种业务数据和办公自动化系统包含的文档数据，外部信息包括各类法律法规、市场信息、各类文档、来自客户端如 Web、App 或者传感器等的数据。这些不断产生的企业业务数据通常会直接写入数据库，企业通过在数据采集端上部署大量数据库，并在这些数据库之间进行负载均衡和分片，从而完成商务大数据的采集获取工作。

实时数据包括 Web 服务器上的用户访问行为、Web 用户的财产记录、网络监控的流量管理等。由于这类日志一般为流式数据，企业通过日志采集工具来获得实时数据。

互联网数据是指在网络空间交互过程中产生的大量数据，例如抖音、微博等社交媒体产生的数据，通常采用 API 的方法或者爬虫来获取互联网数据。

二、 商务大数据预处理

（一） 商务大数据质量标准

通常，收集得到的商务大数据质量方面会有一定的问题，如信息不完整、不一致等。对于数据的质量，有对其进行评估的标准。以下几个维度分别从不同方面评估数据的质量。

1. 真实性

数据必须真实反映客观的实体存在或业务。真实的数据是经营者正确经营决策的第一手资料。

2. **准确性**

用于分析和识别不准确或无效的数据。不可靠的数据可能导致严重的问题，影响企业的决策。

3. **唯一性**

不能出现重复数据。冗余的数据可能导致业务无法协同，决策产生偏差等问题。

4. **完整性**

数据的完整性表示“数据集中所需数据的程度”。任何数据集都可能有缺口和数据缺失，但是有些缺失的数据可能包含重要的信息。它用来度量哪些数据是缺失的或哪些数据不可用。

5. **一致性**

所有实例之间的数据必须保持一致。它用来描述同一信息主体在不同的数据集中信息属性是否相同，各实体、属性是否符合一致性约束关系。

6. **及时性**

及时性问题是指能否在需要的时候获取到数据。企业的数据处理速度越快，及时性就越好，企业的业务处理效率和管理效率就越高。

7. **关联性**

关联性问题是指存在数据关联的数据关系缺失或错误，例如，函数关系、相关系数、主外键关系、索引关系等。存在数据关联性问题，会直接影响数据分析的结果，进而影响管理决策。

（二） 商务大数据质量提升方法

商务大数据中通常会出现信息不完整、不一致、重复、受噪声影响大等情况。为了提升数据质量，去除脏数据，得到干净一致的数据，常采用数据预处理的方法。数据预处理主要分为数据清洗、数据集成、数据变换和数据归约。如图 7-1 所示。

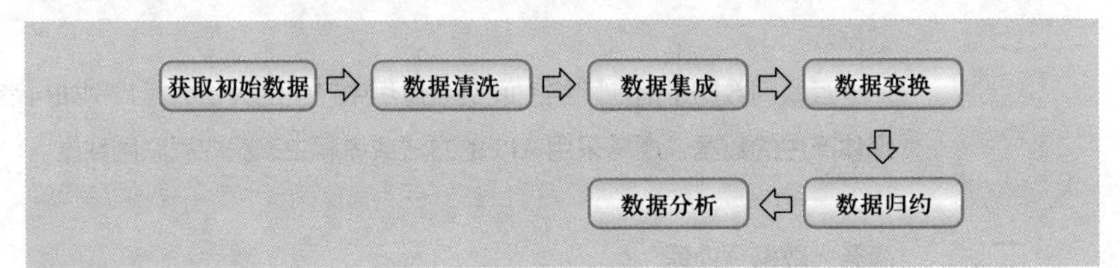

图 7-1 商务大数据质量处理流程

1. **数据清洗**

（1） 重复数据清洗。在数据采集过程中，常常会出现重复数据。去除数据集合中的重复记录是为了保证数据挖掘的速度和精度。数据集中存在两个或者更多的实例表示的是同一实体，即可断定为重复数据。

（2） 缺失数据清洗。由于操作不当、信息保密或者数据源的不可靠等原因，使得数据集中的内容残缺不完整。当前有很多方法用于缺失值清洗，可以粗略地分为两类：一是直接通过删除属性或实例，忽略不完整的数据。优势在于，当数据集规模不大、不完整数据较少的情况下，效率非常高。缺点在于，如果不完整数据集较大，在删除了缺失数据后，得到的数据集规模较小，影响后续利用数据建模的可靠性、准确性。二是缺失值插补。一般用与缺失值最接近的值来替代它，保证可挖掘数据的数量和质量。它保留了潜在的有价值的数据，和忽略法相比，保留了更多的样本信息，不易于产生数据分析偏差，从而使构建的模型更加可靠。可以采用均值填充、回归等不同的方法填充数据。

（3） 噪声数据清洗。现实中由于种种原因，在数据采集的过程中会产生大量的噪声数据。例如在收集用户观看某个视频的时间时，由于用户不在计算机旁边，可能一直播放该视频，导致观看时长异常大。这类噪声数据不在合理的数据域内，质量难以保证，从而造成数据挖掘的结果不准确。一般有两种方法消除噪声数据：一是分箱法，将所有数据分布到不同的箱中，参考周围实例来平滑噪声数据，主要有等宽分箱、等深分箱等；二是离群点分析，通过聚类等方法找出离群点，并对离群点进行分析、过滤。

2. 数据集成

数据集成是把不同来源的数据存放到统一的数据库的过程。由于数据来源不同，可能出现数据重复、不一致、标准不同等问题。如何匹配多个数据源的模式和对象，是数据集成解决的主要问题。数据集成主要解决以下几个问题：

（1） 模式集成。整合不同数据源中的元数据。

（2） 实体识别问题。匹配来自不同数据库中的等价实体。

（3） 数据冗余。同一实体在不同的数据库中有一样的属性表示。

（4） 数据值冲突。对于同一个实体，因为在不同数据库中表示的差异、尺度、编码不同导致元数据有差异。

3. 数据变换

找到数据的特征表示是数据变换的核心，通过维变换或转换来压缩有效变量的数量或找到数据的不变式，通过规格化、切换和投影等方法将数据转换成适合于各种挖掘模式的形式。常用的变换方法有两种。一是函数变换。使用一些数学函数对每个属性值进行映射。二是对数据进行规范化。按比例缩放数据的属性值，使之落入较小的特定区间。规范化不仅能够帮助各类分类、聚类算法的进行，还能避免过于依赖度量单位，同时也规避了权重不平衡的情况发生。

4. 数据归约

商务数据的规模越来越大，也对数据挖掘技术提出了更高的要求。对海量数据的分析和挖掘不仅增加了技术的复杂度也延长了挖掘所需的时间。针对这类问题，数据归约技术应运而生。数据归约使用精简的数据集来代替原始的庞大数据集。它虽比原始数据集小得多，但却很好地保持了原始数据的完整性与独有特性。对于复杂庞大的数据集，数据归约步骤必不可少。它不仅可以有效降低挖掘复杂度，减少挖掘时间，还具有良好可靠的挖掘质量。数据归约技术主要有：维消减、数据压缩、离散化、数据立方体技术、数据块消减和概念层次生成等方法。

三、商务大数据分析方法

大数据分析指的是通过适当的技术从大量数据中获取有用信息的过程。商务大数据分析一般被定义为 3 个层次的分析，即描述性分析、预测性分析和规范性分析。这三种分析方法在实际数据工作中相互配合。在实际对数据建模时，会结合三种分析方法，在不同建模阶段使用不同的方法达成建模目标。

（一）描述性分析

描述性分析是指了解与数据相关的具体情况，并了解这些情况发生的一些潜在趋势和原因。这涉及数据源的合并和所有相关数据的可用性，以便制作合适的报表和分析。通常，这种数据基础设施的开发是数据仓库的一部分。通过它，我们可以使用各种报表工具和技术来开发适当的报告、查询，并揭示业务趋势。

描述性分析是对历史的洞察，即回答“发生了什么”这类问题。描述性分析完全基于历史对数据进行描述。因此，这种分析方法只会关注业务中已经发生的事情。与其他分析方法不同，它不会对其发现得出推论或预测。相反，描述性分析更像是数据分析的基础或起点，用于收集或准备数据以进行后续进阶的分析。企业从过去的行为中学习，以了解它们将如何影响未来的结果。当企业需要从总体上了解公司的整体绩效并描述各个方面时，就可以利用描述性分析。

（二）预测性分析

预测性分析旨在确定未来可能发生什么。这种分析基于统计技术和数据挖掘技术。它通过分析历史的数据与客户洞察来总结过去的数据模式和趋势，以预测未来可能发生的情况，并在此过程中为业务提供多方面的信息，比如包括设定实际的目标、圈定正确的客户群体、设计有效的营销计划、管理绩效的预期以及规避诈骗与风险。

在预测性分析领域中，有许多方法和具体应用场景。例如，通过逻辑回归、决策树模型、深度学习等方法来预测汽车销量；通过聚类算法把客户分成不同的集群，以便能够制定有针对性的促销活动方案；使用关联规则来挖掘不同购买行为之间的关系等。

（三）规范性分析

规范性分析的目标是识别正在和将要发生的事情，并做出决策以尽可能达到最佳绩效。它是为具体行动提供决策或建议，这些建议可以是针对某个问题是否可行的决策，也可以是一套完整的生产计划。这些决策可以在报表中呈现给决策者，也可以直接用于自动决策规则系统。

在使用规范性分析时，目的是明确事件发生的时间、地点，以及事件发生的原因，在考虑了每个决策选项可能带来的影响之后，可以明确哪些决策将最好地利用未来机会或减轻未来风险。从本质上讲，规范性分析可以预测多个事件发生的可能性，并且同时可以在做出决定之前考虑每种可能的结果。

四、商务大数据的可视化分析

数据可视化，是关于数据视觉表现形式的科学技术研究。可视化技术是利用计算机图形学及图像处理技术，将数据转换为图形或图像形式显示到屏幕上，并进行交互处理的理论、方法和技术。

使用易于理解的结果进行可视化描述，可以简洁直观地表达数据。可视化在更好地理解数据方面发挥了关键作用，特别是在分析数据集的性质及其分布之前，进行更深入的分析。根据数据的特点，如时间信息和空间信息，建立数据可视化，例如图表（Chart）、图（Diagram）和地图（Map）等，将数据直观地展现出来，帮助人们理解数据，同时发现海量数据中包含的规则或信息。数据可视化是大数据生命周期管理的最后一步，也是最重要的一步。

为实现信息的有效传达，数据可视化应兼顾美学与功能，直观地传达出关键的特征，便于挖掘数据背后隐藏的价值。因此，数据可视化应包含以下 4 个特征：①直观化，将数据直观、形象地呈现出来；②关联化，突出地呈现出数据之间的关联性；③艺术性，使数据的呈现更具有艺术性、更符合审美规则；④交互性，实现用户与数据的交互，方便用户控制数据。

商务大数据可视化的常用图有散点图、折线图、条形图、直方图、饼图、热力图等。通常根据业务需要选择不同的图。例如，折线图可以体现数据随时间变化的趋势，饼图可以反映总体内各组成部分所占比重。

商务大数据可视化，可以清晰展现数据背后隐藏的价值，并辅助决策。例如，对于电子商务中的用户行为记录，可以利用漏斗模型进行可视化分析。漏斗模型（如图 7-2 所示）是一套流程式的分析，它能够科学反映用户行为状态以及从起点到终点各阶段用户转化率情况。用户从首页进入最终完成购买行为，大都经过几个环节，比如浏览商品—查看商品详情—咨询信息—完成支付。其中每个环节都有一定的转化率。通过可视化流程上各个层次的行为路径，寻找每个层级的可优化点，最终提高用户购买的转化率。

商业大数据的可视化以其极高的研究价值在国内外都备受重视，但也面临着如下挑战：

（1）数据快速动态变化，常以流数据形式存在，需寻找流数据的实时分析与可视化方法。

（2）可感知的交互的扩展性。从大规模数据库中查询数据可能导致高延迟，使交互率降低。此外，许多面向小数据规模的可视化技术在面临大数据时将无能为力。

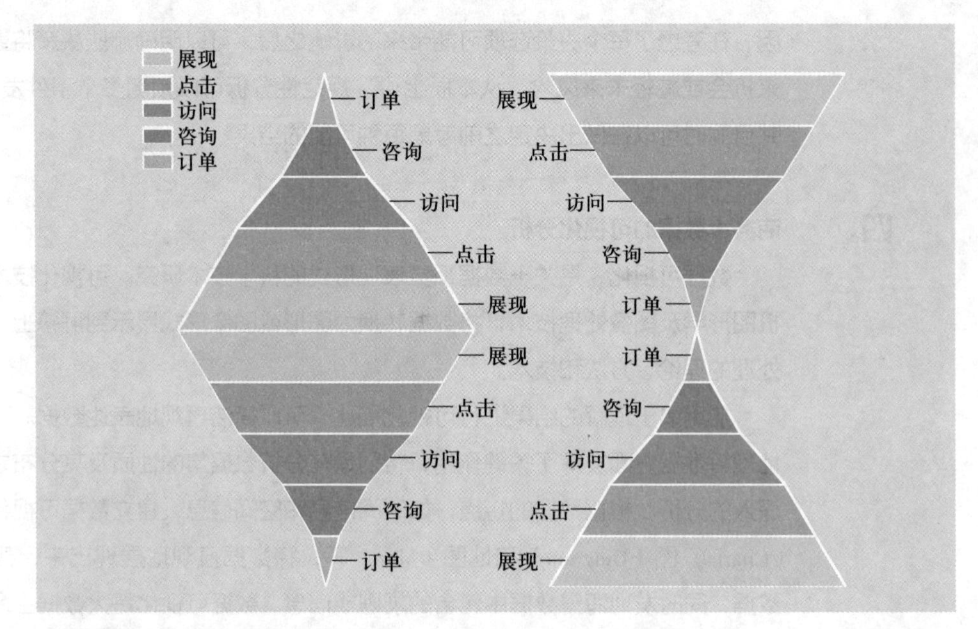

图 7-2 漏斗图

（3） 对复杂高维数据的分析能力不足。当前的软件系统以统计和基本分析为主，分析能力尚有欠缺。

五、 基于商务大数据的管理决策分析实例

（一） 推荐系统

随着互联网不断发展，每天产生的数据量正在呈爆炸式增长。为了在信息过载的环境下给用户提供个性化的信息服务，推荐系统应运而生。当用户想在海量数据中寻找想要的产品时，可以借助搜索引擎实现。但当用户没有明确需求时，个性化推荐可以为用户提供可供选择的备选项以及推荐理由。推荐系统解决的两个常见问题是评分预测和 Top-N 推荐。在评分预测中，主要目标是计算用户对某个物品的评分。而在 Top-N 推荐中，主要目标则是为用户提供一个包含 N 个物品的列表，这些物品是他们会感兴趣并可能喜欢的。近年来，推荐系统已经被广泛应用于各个领域，包括电影、新闻、音乐、社会化标签等。

商务大数据下的推荐系统是传统推荐系统的进一步延伸。其与传统推荐系统的差异主要是由所处环境发生的巨大变化所引起的。在商务大数据环境下，数据的规模、类型、形式、价值以及推荐实时性都发生了显著的变化，这给推荐系统带来了一些挑战。在传统环境下，数据体量比较小，但在商务大数据环境下，数据的规模变得非常大，数据从 TB 级别跃升到 PB 级别。同时，传统环境下的数据大多都是显示评分数据，而在商务大数据环境下，涌现了很多隐式反馈数据。在数据价值方面，商务大数据环境下数据价值密度比较低，主要是因为数据量过大，而有用的信息可能只占其中一小部分。此外，由于数据体量太大，推荐系统对实时性的要求也更高。商务大数据环境下的推荐系统与传统推荐系统的差异如表 7-1 所示。这些变化给推荐系统带来

了一系列的挑战，具体包括以下几个方面：

表 7-1
商务大数据环境下的推荐系统与传统推荐系统的差异

	传统推荐系统	大数据环境下的推荐系统
数据规模	数据规模小	数据规模大，从 TB 级别跃升到 PB 级别
数据类型	以显式评分数据为主	以隐式反馈数据为主
数据形式	以动态形式为主，更新频繁	以静态形式存储在硬盘中，更新少，存储时间长
数据价值	数据价值密度高	数据价值密度低
推荐实时性	实时性要求低	实时性要求高

1. **计算复杂性的提升**

商务大数据环境下，数据量的提升以及数据价值密度的降低使得对数据的处理和分析能力要求越来越高，计算的复杂性也变得越来越高，需要应用一些大数据技术来进行处理，例如 Hadoop、Spark 等。

2. **用户隐式兴趣的发现**

在传统环境下，所使用的数据主要是显式评分数据，但在商务大数据的环境下，隐式反馈数据变成主流。这些隐式反馈如点赞、分享、评论等行为都可以反映出用户的兴趣偏好，可以很好地辅助推荐。所以在商务大数据环境下的推荐系统，需要对隐式反馈数据进行建模，从隐式反馈数据中挖掘用户的偏好。

3. **可扩展性问题**

在商务大数据环境下，用户量以及项目量都在快速增长。在这种数据体量巨大的情况下，推荐系统的可扩展性遇到了挑战。传统的推荐系统可能不能在短时间内反馈出推荐结果，而这是用户所不能容忍的。所以在商务大数据环境下的推荐系统对实时性要求比较高，需要采取一定的措施来增强其可扩展性，如线下离线学习、线上应用。

商务大数据环境下的推荐系统可以分为 4 层，如图 7-3 所示。首先是源数据采集层，其主要是从各种渠道来采集各种类型的信息，包括显式用户评分数据、隐式用户反馈数据、社会化网络数据、用户人口统计等。然后是数据预处理层，因为采集到的数据可能体量非常大，并且包含一些噪声，所以需要对数据进行预处理，从多源的数据中进一步挖掘出有用的信息，比如用户偏好等。接下来是推荐生成层，主要是利用数据预处理层的结果应用一些推荐方法来生成推荐列表。最后是效用评价层，商务大数据环境下的推荐方法需要从多种维度进行评价，如准确性、实时性、多样性、新颖性等。不同的推荐算法可能具有不同的优势，需要结合具体的场景来选择。

商务大数据环境下的推荐系统通常包括数据建模、用户建模、推荐引擎和用户接口四个部分，如图 7-4 所示。

数据建模部分主要是获取物品对应的信息，例如物品的一些文本描述信息、图片

图 7-3
商务大数据环境下推荐系统框架图

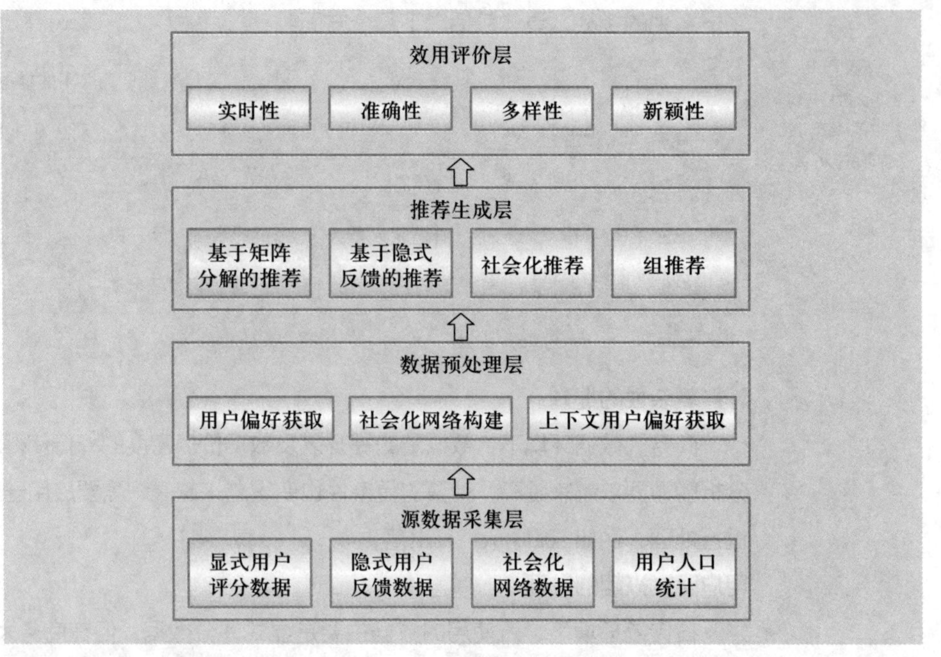

图 7-4
商务大数据环境下推荐系统架构图

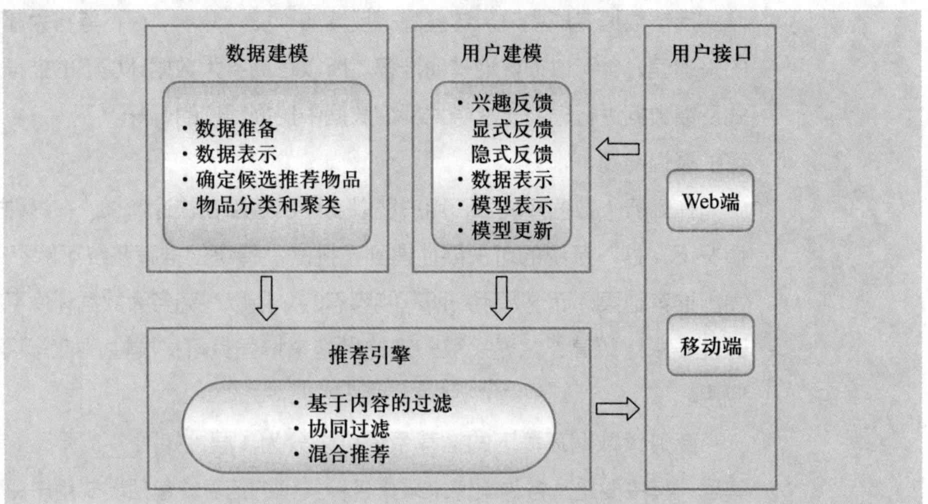

信息等，然后对其进行一定的预处理，例如聚类、分类等，以便于后续的一些分类。用户建模部分主要是对用户的兴趣进行建模，利用用户的一些显式反馈如评分或者一些隐式反馈如评论、点赞、分享来挖掘用户的潜在兴趣，以为后续的推荐做支撑。推荐引擎部分就是利用一些推荐算法来为用户生成推荐列表，所用的推荐算法主要包括基于内容的过滤、协同过滤以及混合推荐方法。用户接口部分即将推荐引擎生成的推荐结果展示给用户，并收集一些用户的反馈数据，以进一步改进用户建模部分，更加准确地挖掘用户偏好。这一部分主要包括两种类型的接口，一种是 Web 端，另一种是移动端。

（二） 预测分析

预测分析可以被定义为使用模式识别技术、统计学、机器学习、人工智能以及数据挖掘等技术来发现有意义的数据模式的过程。预测分析依据过去以及现在发生的事情来预测未来的情况，它主要指应用数据分析技术来回答问题或解决问题。它是商务智能、数据挖掘以及统计技术相结合的进一步发展。通过预测分析，可以帮助业务主管分析内部和外部数据，使其能够做出正确的决策。在预测分析中，模型和关系的确定是由数据驱动的。预测分析是一个系统的分析过程，其利用算法找出因变量和自变量之间潜在的关系和模式，并依据这种关系对未来的情况进行预测。

预测分析最重要的就是利用数据来构建预测模型，可以看作通过所获取的数据来学习一个函数，获取目标变量与一系列输入变量之间的映射关系。商务大数据环境下的预测分析主要包括四部分，分别是数据的采集、数据预处理、预测模型的构建以及模型的验证评估。首先，数据是预测分析的基础。在商务大数据环境下，每天产生的数据量都在暴增，并且非结构化数据变得越来越多。在这种情况下，必须借助大数据技术来帮助采集、存储数据，为预测分析打下基础。其次，在商务大数据环境下，采集到的数据体量巨大，而且价值密度比较低，可能包含一些噪声，所以必须进行数据预处理。与传统环境不同的是，商务大数据环境下的数据预处理需要借助大数据平台来实现，比如 Hadoop、Spark 等，将非结构化数据转化为结构化数据，以便于预测模型的建立。再次，就是基于预处理过的数据来构建预测模型。有很多方法都可以用作预测方法，包括神经网络、决策树、逻辑回归、支持向量机等。利用这些方法，可以从大量历史数据中学习到输入特征与目标变量之间的潜在关系，从而实现预测。最后就是模型的验证评估，其主要是为了验证模型的有效性，常见的评估指标包括均方根误差、平均绝对误差、准确率等。

商务大数据给预测分析带来了一些机遇。在商务大数据环境下，可以获取足够多的历史数据，这有助于探索输入特征与因变量之间的关系，从而提高预测的性能。与传统的数据收集处理方法相比，大数据提供了一些优势，比如可以通过分布式文件系统、分布式数据库等技术对从多个数据源获取的数据进行整合处理。

商务大数据环境下的预测分析主要是利用对商业领域产生的多源数据的洞察来提供关于未来的商务智能。在商务大数据环境下，可以获取、存储、处理各种不同来源的数据。从数据源角度看，商务大数据环境下的预测分析需要拓展以下几种关键技术领域的研究：

1. 文本分析

公司收集的大部分非结构化内容是电子邮件通信、公司文档、网页和社交媒体内容。因此，文本分析比结构化数据挖掘具有更高的商业潜力。一般来说，文本分析也称文本挖掘，是指从非结构化文本中提取有用的信息和知识的过程。常见的文本挖掘技术包括信息提取、主题建模、分类、聚类、观点挖掘等。观点挖掘是一种计算技术，用于提取、理解和评估各种在线新闻、社交媒体评论和其他用户生成内容中表达的观点和意见。在商务大数据环境下，文本分析需要使用 MapReduce、Hadoop 以及云服务支撑。

2. 网站分析

随着网络 2.0 系统的普及，网站分析得到了蓬勃发展。网站分析旨在从网络文档和服务中自动检索、提取和评估用于知识发现的信息。网站分析研究的一个主要新兴组成部分是云计算平台和服务的开发，包括通过互联网作为服务交付的应用程序、系统软件和硬件。基于面向服务的体系结构（SOA）、服务器虚拟化和效用计算，云计算可以作为软件即服务（SaaS）、基础设施即服务（IaaS）或平台即服务（PaaS）提供。

3. 社交网络分析

随着在线社交网络快速增长，网络分析已经从早期的文献计量分析和社会学网络分析发展到新兴的社交网络分析。通常，社交网络包含大量的链接和内容数据，其中链接数据本质上是图形结构，表示实体之间的通信，内容数据包含网络中的文本、图像和其他多媒体数据。目前，在社交网络的背景下有两个主要的研究方向：基于链接的结构分析和基于内容的分析。基于链接的结构分析侧重于链接预测、社区检测、社交网络进化等领域。社交媒体内容包含文本、多媒体、位置和评论。在今天的电子内容生成中，几乎所有关于结构化数据分析、文本分析和多媒体分析的研究主题都可以转化为社交媒体分析。社交媒体分析目前面临一些挑战。一是社交媒体上不断增长的数据。二是产生的数据可能包含噪声。三是数据是不断变化的，其会随着技术的进步而更新。

4. 移动分析

移动终端已经成为接触众多用户的有效渠道，也是提高组织员工生产力和效率的一种手段。随着移动计算的快速发展，越来越多的移动终端如手机、传感器、射频识别和应用在全球范围内部署。无线传感器、移动技术和流处理的最新进展已经促成了用于实时监控个人健康的身体传感器网络的部署。

当前网络服务的轻量级编程模型（例如，HTML、XML、CSS、Flash、Ajax）以及安卓、iOS 等初露头角的移动开发平台，为移动 Web 服务的快速发展做出了贡献。在云计算和身份验证的背景下，一个重要的趋势是平台从传统个人计算机向智能手机的转变。在信息技术领域，“自带设备办公”是一个被广泛采用的短语，指的是员工将自己的计算设备（如智能手机、笔记本电脑和掌上电脑）带到工作场所，以便在安全的公司网络上使用和连接。根据 IBM 的调查，除了所有这些在线趋势之外，通过手机进行网络营销也促进了电子商务应用和社交应用的发展。

（三） 精准营销

精准营销是企业采取的更精准、可衡量和高投资回报的营销沟通，需要更注重结果和行动的营销传播计划，越来越注重对直接销售沟通的投资。我国邮政营销专家徐海亮教授于 2006 年创立了精准营销理论体系，提出了较为完整的精准营销的概念：

在精准定位的基础上，依托现代信息技术手段建立个性化的顾客沟通服务体系，实现企业可度量的低成本扩张之路。

目前可用的数据是前所未有的，通过收集数据获得有价值见解的潜力已经成为营销的一个重要方面。这种水平的数据是一种宝贵的资产，带动了营销活动的产品、服务和广告执行方式的革命，对于管理决策的改善也起了至关重要的作用，因为营销人员现在可以使用准确、最新和相关的数据，帮助他们在没有任何假设的情况下做出更成功的决策。

现有商务数据提供了消费者行为、购买历史、购买频率和许多方面的信息。商务大数据的主要优势之一是它结合了来自众多来源的结构化和非结构化数据。一些分析工具和软件可以帮助识别模式，并且可以从数据中获得相关的见解。这些见解可以通过推出新产品、提供个性化服务、确定新的目标细分市场等方式转化为行动，从而创造营销优势。如图 7-5 所示。

图 7-5
商务大数据环境下获取精准营销模型图

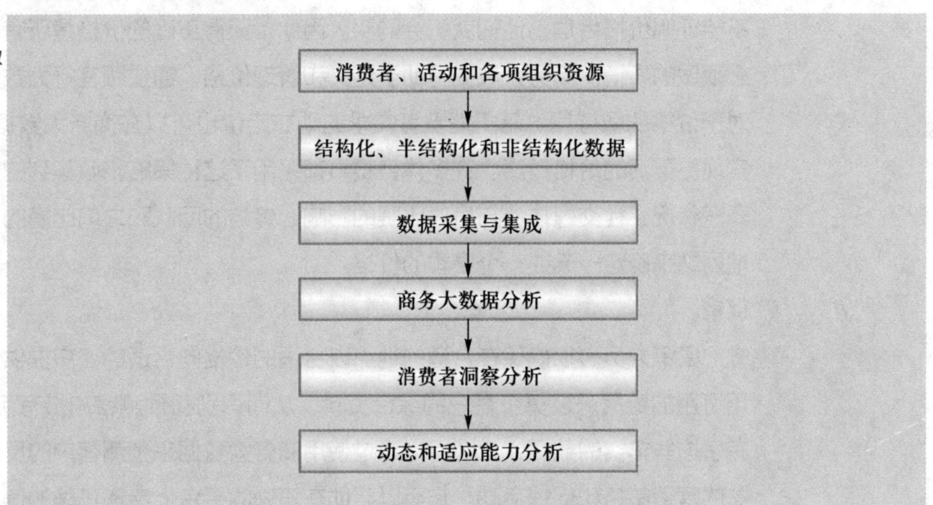

大数据为新的营销策略打开了门户。从为客户确定合适的产品价格到在合适的时间提供合适的信息，再到更好地了解消费者行为，大数据消费者分析在这方面发挥着重要作用。除此之外，深入研究浩瀚的数据海洋可以发现尚未开发的模式，并可能创造新的消费者目标群体。

商务大数据的出现对于传统营销组合中的 4P 产生了重要的影响。

1. 产品

利用商务大数据探索分析的知识在产品设计和再设计中发挥了重要作用。庞大的数据池可以提供关于客户需求的信息以及使用产品的体验，然后可以通过增加和扩展特性来改进产品。这些见解还有助于发现消费者未被满足的需求。这些见解可以被用来帮助创造新的产品设计、想法和概念，这些设计、想法和概念一旦成功，就可以让公司比其他公司更有优势。汽车巨头福特公司利用从全球汽车传感器收集的数据，发现了语音识别系统的问题，提升了产品的核心竞争力。

2. 渠道

商务大数据可以提供有助于确定销售产品的正确渠道的信息，以确保客户正在寻找的产品在他们最有可能访问的商店和地点可售，从而促进产品的购买。企业可以决定每个渠道的数量是否需要增加或减少，并相应地改变和改进供应链。拥有大量数据的亚马逊从数据中收集信息，并预测客户在不久的将来更有可能购买的产品。然后，产品被提前运送到离客户最近的仓库，以便在下实际订单时，可以在最短的时间内交付产品。星巴克经常会开多个距离较近的门店。这种方法风险很大，会导致整体销量下降。但星巴克利用大数据创造杠杆，并利用人口统计、位置和客户数据，根据收入增长的倾向来确定理想的位置，同时也降低了在距离很近的地方开设门店所涉及的财务风险。

3. 价格

产品的价格是吸引顾客购买产品的重要因素。如果顾客觉得从产品中获得的价值不能证明价格合理，他们就不会购买。因此，获得正确的价格是所有营销人员和公司必须做的事情。商务大数据有助于定义和管理价格。通过顾客行为数据，分析出顾客对于价格的敏感度。基于消费者需求的动态定价也可以在商务大数据的帮助下实施，实现更灵活的价格策略。许多体育赛事都采用了这种策略。收集到的数据有助于根据天气状况、社交媒体参与度对比赛的影响、参与的团队和之前比赛的门票销售以及其他网站来确定一天或一个赛季的价格。

4. 促销

营销人员必须确保在合适的地点以合适的价格向合适的客户提供合适的产品。利用可用的数据开发每个客户的综合资料，从而识别和预测客户最有可能购买的产品。有了这些丰富的数据，企业可以通过使用商务大数据来预测客户的反应，从而提出相关的营销策略和促销活动。它可以帮助在正确的平台上传递正确的信息，从而增加客户购买的机会。可以创建地理围栏，其中促销消息可以在每个客户进入某个位置时根据他们的信息发送给他们。传感器可以检测到顾客进入该区域，并触发自动向用户发送相关促销信息的触发器。使用大数据来帮助促销活动会带来更直接的购物体验，并帮助公司与客户建立更多联系。美国快餐三明治连锁店 Arby’s 利用这些数据来确定推广其产品的正确渠道。

商务大数据的出现对营销组合的 4P 进行了扩展，给予了营销人员更好的合作视角，新的 4P 包含了人员、流程、程序和绩效。如图 7–6 所示。

参与制定营销策略的人和最终消费者相关。商务大数据分析可以帮助了解客户的需求、他们的好恶以及他们更有可能购买的产品。这有助于以合适的价格确定合适的产品，并确保它在合适的地方可用。促销还可以根据个人口味进行定制，以增加购买的可能性。在公司内部，数据可以帮助员工采用和设计针对客户的正确策略。

流程反映了作为营销管理一部分的组织结构和创造力。大量的数据有助于确定产

图 7-6
商务大数据环境下营销的 4P

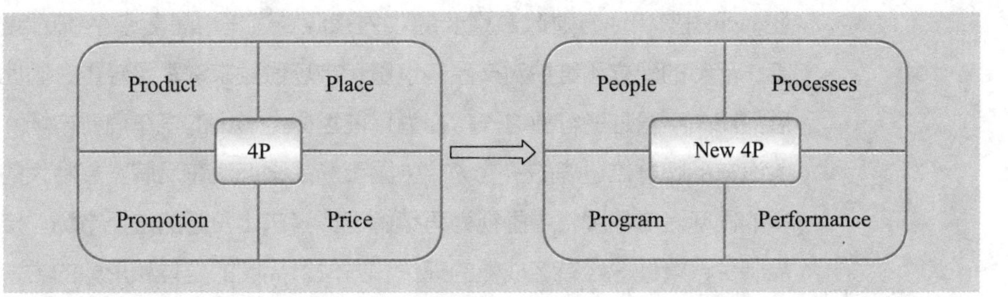

生创造力的最有效方式和促进创造力的正确结构。它将有助于创造合适的环境，带来各种想法和建议，这些想法和建议可能被证明是一种突破，并有助于创造竞争优势。Airbnb 能够充分利用这些见解。该公司发现，来自日本、中国等亚洲国家的客户与其他国家的客户相比有着不同的消费旅程，Airbnb 的正常界面正在影响着他们。该公司加快了步伐，并做出了相关的改变，从而将这些地区的转化率提高了约 10%。

程序是公司开展的与消费者相关的活动。这些活动必须经过周密的计划和深思熟虑。这些活动可以通过描绘公司以及品牌口号、标语或它们的来历来帮助吸引顾客购买产品和服务。快餐巨头麦当劳曾面临巨大的危机，大量替代产品开始在网上和线下商店出现。这些产品被作为快餐的健康替代品进行营销。麦当劳不得不制定相关策略来确保他们不会失去顾客。他们指望数据来帮助制定计划，而公司所做的是通过他们多年来收集的客户数据收集信息，以期从以前的大规模营销转向大规模定制。从而推出了让顾客能够在旅途中购买的营销活动。他们还放置了数字菜单，这些菜单会根据时间、天气和以前的顾客行为而变化。

必须持续监控营销活动，以确保客户的印象和参与产生积极影响。从各种来源收集的数据有助于确定各种营销活动、促销活动是否成功。这些数据也有助于指出客户的失望之处，公司可以迅速改进他们的活动。神经营销是一种备受关注的新方式。这是一门研究大脑和人们无意识反应的科学，有助于更好地理解消费者行为，分析认知、行为等各种数据，以了解客户对产品或服务、定价、营销活动的反应。美国零食制造公司纳贝斯克（Nabisco）发现，某一款产品的一个可重新密封的功能不被顾客喜欢，原因包括难以阅读、封面上的图像引发无聊情绪等。于是该公司修改了设计，在封面上采用了更有趣的图像。

第三节 基于商务大数据的管理决策应用案例——数据驱动的汽车品牌管理系统

一、汽车品牌管理背景

汽车作为我国的支柱产业之一，是对国家经济发展起引导和推导作用的先导性产业，是国家和地方财政最重要的收入来源。汽车也是复杂系统的典型代表，其价值高，品牌的建立和维护对产品的销量和市场份额来说举足轻重，因此汽车也是最早开展品牌关系管理的行业之一。作为目前世界上最大的汽车消费市场，中国已经成为各大汽车品牌群雄逐鹿的主战场。中国市场是国产汽车品牌发展壮大的根据地，越来越多的国际汽车品牌将中国视为再续辉煌或者东山再起的依托市场。传统环境下，汽车品牌关系管理已经有了成熟的理论和方法。品牌的定位和形象的维护是企业根据自身产品的定位和特点向公众传递的重要信息。而对于品牌关系的维护，也是通过传统的媒体等方式进行。传统的客户问卷调查、电话访问、电视媒体广告等方式提供了一种有效的品牌管理的实践经验。

随着云计算和大数据时代的到来，传统的汽车品牌关系管理已经不再适合。随着存储能力和计算能力的增强，汽车行业可收集的数据呈爆发性的增长。汽车行业可用的关于品牌分析的数据大大增长，为汽车行业的品牌管理实践提供了大量的、可用的、有价值的数据基础。这些数据不仅是汽车品牌营销的依据，对汽车品牌的定位和形象分析也带来了很大改变。对于汽车品牌关系的分析也不再停留在调查问卷和电话访谈中。例如，通过用户在汽车论坛中的收藏数据，汽车企业可以分析出自身品牌在消费者心目中的地位，以及具有竞争关系的汽车品牌。这些数据得到的结果不仅可以帮助企业了解自身品牌在消费者心目中的接受程度，也可以帮助企业了解自己的竞争对手等。此外，相比传统的品牌维护和风险管理，大数据也为汽车企业提供了一种新的品牌管理的方式。例如，利用消费者价格指数、进出口数据以及汽车的历史销量数据，可以构造新的汽车销量预测模型。只需要收集相关的数据，模型即可给出汽车品牌的销量结果。这种销量预测的方式不仅远快于传统方法，也提供了更有效、更快速的预测手段。企业还可以根据这样的预测结果实时调整自身品牌营销的策略，预测品牌危机等。进一步地，利用情感分析等方法，企业可以构建消费者的偏好预测模型，促进品牌关系的维护和风险管理。同时，数据的快速增长也使得汽车品牌营销变得更加精准，且对潜在客户的接触更早更深。有了丰富的在线用户数据和丰富的 4S 店的数据等，汽车企业可以联合不同来源的数据定位到潜在的目标客户，并根据数据制定不同的定价策略，并联合多种渠道、促销手段达到更精准的品牌营销。

云计算和大数据为企业的品牌管理带来了许多新的挑战和机遇。在当前新的营销方式和传播渠道下，对于汽车行业来说，汽车品牌的管理面临着数据基础和管理方法的挑战，也同时面临着数据缺失、错误和难以分析的问题。为此，本节将面向汽车品牌管理的应用实践，从数据工程、品牌竞争分析、品牌画像、销量预测、用户画像、个性化推荐等方面来描述大数据环境下汽车行业如何开展数据驱动的品牌关系管理。

二、面向汽车品牌管理的数据工程

数据工程旨在通过数据获取、数据过滤、数据结构化等过程，获取到可应用于品牌关系管理的大数据，过滤掉其中的垃圾数据，融合多源异构数据，实现从非结构化数据到结构化数据的转变，从而实现减轻数据获取瓶颈和提高数据价值密度以及数据利用率的目标。

（一）数据获取

针对数据分散性问题，面向汽车品牌管理的数据工程可开发面向网络媒体的数据采集器，采集消费者、汽车和情境等方面相关数据。汽车品牌关系管理的可用数据举例如表 7–2 所示。

表 7–2 汽车品牌关系管理的可用数据

分类	详细	来源
消费者	论坛数据	汽车之家、搜狐汽车、网易汽车等八大汽车论坛
	口碑信息	汽车之家
汽车	零售商、制造商数据	汽车之家
	车型参数数据	汽车之家
	销量数据	搜狐汽车
情境	天气及空气质量数据	天气网
	汽车石油相关股票信息	东方财富网
	PPI、CPI、进出口数据	东方财富网

（二）数据过滤

在获取到的多源数据中，存在着大量垃圾信息，影响着数据分析结果。在品牌关系管理中，可以采用基于布隆过滤器的海量数据过滤方法，首先构建品牌关系管理相关的本体库，然后基于本体库利用布隆过滤器过滤和清洗无用数据，解决数据的冗余问题，确保价值数据密度高，从而保障后续挖掘任务顺利开展。

1. 本体库建立

本体库建立主要分为两个环节：

（1）构建产品或服务的综合评价指标体系。针对价格高昂、功能繁多、客户需求不一的产品或服务而言，既不能全面详细地描述产品，同时也限制了用户评价范畴。所以在原有评价指标基础上，综合评价指标体系可以从评论内容出发，围绕产品或服务的特征，综合消费者、工业界、学术界等多重视角构建一个完善的评价指标体系。

（2）人工标注并利用词性模式匹配方法扩充词组，构建领域本体。由于产品或服务属性众多，其在线评论有很强的领域依赖性，所以选取语料进行人工标注，提取评论内容中描述产品或服务特征或情感的固定搭配，即提取词组，并标注极性，旨在建立特征词和情感词的关联关系。首先运用词性模式匹配方法抽取候选词组，然后通过特征词和情感词的互信息修剪词组，并结合子句的极性标签和否定词典，逆向推断词组的情感极性，最后依据扩充词组与人工标注词组的语素和情感相似性实现特征聚类。

通过以上流程构建好本体库之后，就可以利用布隆过滤器将获取到的多源异构数据进行过滤和清洗，得到较为有价值的数据。

2. 布隆过滤器设计

布隆过滤器是由巴顿·布隆在 1970 年提出的一种多哈希（Hash）函数映射的快速查找算法，之后布隆过滤器就被广泛用于拼写检查和数据库系统中。布隆过滤器是一种空间效率很高的随机数据结构，它利用位数组很简洁地表示一个集合，并能判断一个元素是否属于这个集合。常见的排序、二分搜索可以快速高效地处理绝大部分判断元素是否存在集合中的需求，但是当集合里面的元素数量足够大，达到百万级、千万级或亿级时，数组、链表、树等数据结构会存储元素的内容，一旦数据量过大，消耗的内存也会呈现线性增长，最终达到瓶颈。

基于以上构建的汽车本体库，数据过滤具体流程如图 7-7 所示。主要分为以下两个步骤：第一步，基于评论内容，采用人机交互的方式构建汽车本体库，利用布隆过滤器多 Hash 函数压缩参数空间，快速实现在线评论的匹配过滤，匹配成功视为待定评论。第二步，对待定评论进行分词和词性标注，基于语义规则匹配“特征 – 情感对”。计算 Feature（特征）与 Sentiment（情感）的点互信息，若点互信息超过设定阈值，则将此评论保留，反之过滤。

图 7-7
汽车品牌关系管理的数据过滤流程

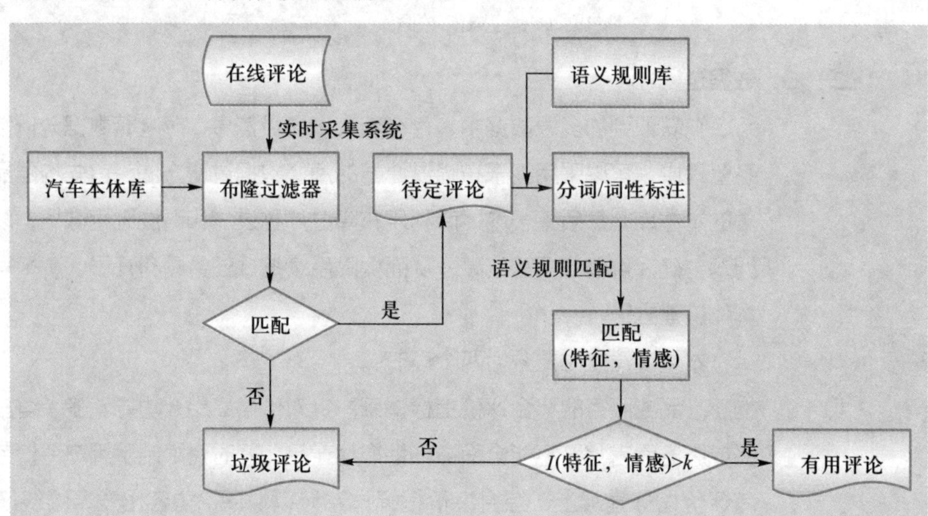

（三） 数据结构化

用户生成内容大多是非结构化的文本信息，需要通过数据结构化过程识别文本主题，才能有效地开展商务分析任务。为了从非结构化文本中提取隐藏的语义信息，相关学者提出了概率主题模型，将用户观点归纳为主题，并将主题定义为一系列单词。其中，潜在狄利克雷模型（Latent Dirichlet Allocation，LDA）因其对文档和灵活的可交换假设的明确表示而成为最受欢迎的模型之一。它认为文档由多个主题组成，每个主题由不同概率的单词组成。例如利用 LDA 方法可以从汽车论坛的文本数据中提取不同主题，实现数据结构化（如表 7-3 所示）。

表 7-3
利用 LDA 模型提取文本主题

主题序号	主题中词结果
1	车 满意 一点 油耗 空间 动力 外观 好 比较 内饰 感觉 操控 性价比 舒适性 不错 人 开 太 高 点 描述 小 买 坐 选择 觉得 喜欢 公里 后排 算 跑 现在 有点 左右 一个 凯美瑞 舒服 款车 低 发动机 来说 高速 舒适 够用 年 省油 花冠 座椅 市区 想
2	油泵 螺丝 随后 小姐 电路 越野 凤凰 插头 泵 破 同学 保修 精准度 顾问 漏风 进水 工作室 联络 中线 小偷 手工费 提升机 加急 够大 旅行 动力 够 不够 别扭 超大 乘坐空间 车型 开起来 问 住 308 壳 继电器 箱 两侧 没得说 安全 后视镜 准确 后排 黑色 仪表板 侧 弥 套
3	实在 低档 陡坡缓降 技 3.6 万 棒棒哒 指向 范 相当 转 单位 6.5L 烦躁 款车 涡轮增压 导航 车主 积分 深 踩油门 操作 交通 8L 准确 腰 习惯 褒贬不一 上档次 型 新车 地方 保持 栅 坑坑洼洼 事 回头率 尺寸 轿车 熄火 喝 挡视线 扭矩 有名 源于 类型 采用 提 宜宾 形成 此时
4	手套箱 行车记录仪 无聊 AT 江铃 差评 尾气 3 200 榜 行李 马自达 前提 最小离地间隙 价格 前雷达 限速 第一次 牌子 时间 开车 堆 坏 人机 加强 日常 完全 多功能方向盘 后视镜 前 客户 中意 提升 后排座椅 月 国产车 经历 郊游 小区 8.5 强力 品 奢望 情 理 公斤 村 交叉 全面 创 利索
5	GL8 载物空间 2.5g 车速 正面 周边 喝酒 妄 新能源 能量 瑞珊瑚 诸多 25.98 够力 渗漏 清晰 范 滑 车型 液压 好多 长城 段 法国 箱 售后 真是 必要 卖 地图 使用 间隙 指向准确 影响 中央 凶 厂家 式 仪表板 主 水平 一向 2 610 头部空间 科鲁兹 效果明显 8 月 9 日 分钟 天生 心态

三、面向汽车品牌管理的竞争分析

有效的市场竞争分析是企业战略管理、产品研发和市场营销等活动的基础，对企业的生存和发展至关重要。然而，汽车企业视角所得的结论与消费者的认知不完全一致，企业视角获得的竞争性指标与消费者感知的竞争性指标存在差异，而这些指标往往企业又难以获取。随着新兴信息技术广泛应用，搜索引擎日志和产品评论等数据在汽车市场竞争分析中得到了越来越多的应用。与访谈和问卷数据的“事后”或者“事前”感知相比，在线数据记录着消费者在购买决策过程中对不同产品的对比和评价，因此能够更加准确地反映产品之间的竞争关系。

（一）基于搜索和评论大数据的竞争者识别

在线搜索和在线评论是目前竞争者识别的常用数据。基于搜索和评论大数据的竞争者识别方法包括：基于共现模式挖掘的竞争者识别方法以及基于用户覆盖的竞争者识别方法。前者基于文本挖掘方法和语义网络分析方法，挖掘在线评论中的共现产品，并将产品共现转换为市场结构和竞争格局。后者根据两个项目可以涵盖的细分市场，给出了两个项目之间竞争力的定义，并基于用户覆盖模型抽取大规模评论数据中的潜在竞争者。

（二） 基于网页链接结构的竞争者识别

公司网站上的文本内容以及链接结构可以反映企业之间的竞争性关系。利用公司网页链接关系以及网页文本内容，基于 C4.5 决策树和逻辑回归模型预测企业之间是否存在竞争关系，竞争分析所依据的指标包括入链相似性（In-Link Similarity）、出链相似性（Out-Link Similarity）、网页文本相似性。入链是指所有指向目标网站的链接，出链是指目标网站链接指向的所有链接。基于同构性原理，相互竞争的企业会导致被共同的站点接入（例如讨论两个企业的论坛）和链接到共同站点（例如在其业务范围内的行业协会或管理机构）。因此，可以使用企业的入链或出链之间的重叠程度作为衡量企业间在线同构的指标，以此揭示企业之间的竞争。

（三） 基于收藏大数据的竞争者识别

为了帮助用户记录感兴趣的车型，方便用户在不同车型之间进行对比分析，网易汽车、搜狐汽车和 Autotrader.com 等汽车论坛均提供了车型收藏的功能。在做出正式购买决策之前，消费者通常会将多个候选产品加入收藏列表，并在价格、促销、社交影响等因素的影响下从上述候选产品中做出最终的选择。产品收藏通常是基于大量信息搜索和社交互动的结果，是产品搜索到购买决策的过渡阶段，其反映的竞争关系也会更加准确。用户的收藏列表反映了用户的考虑集合，两个车型同时出现在同一个收藏列表中的次数越大，则两者的竞争强度越大。

为更好地展示汽车车型之间的竞争关系，本节使用了开源插件 D3.js 对车型之间的关系进行可视化，构建的竞争网络如图 7–8 所示。其中，节点表示具体的汽车车型，边表示车型之间的竞争关系。图 7–8 上部分展示了一些中低端汽车，例如哈弗 H1、

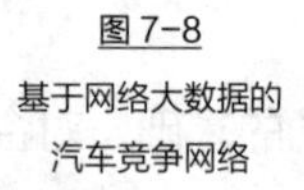

图 7–8
基于网络大数据的汽车竞争网络

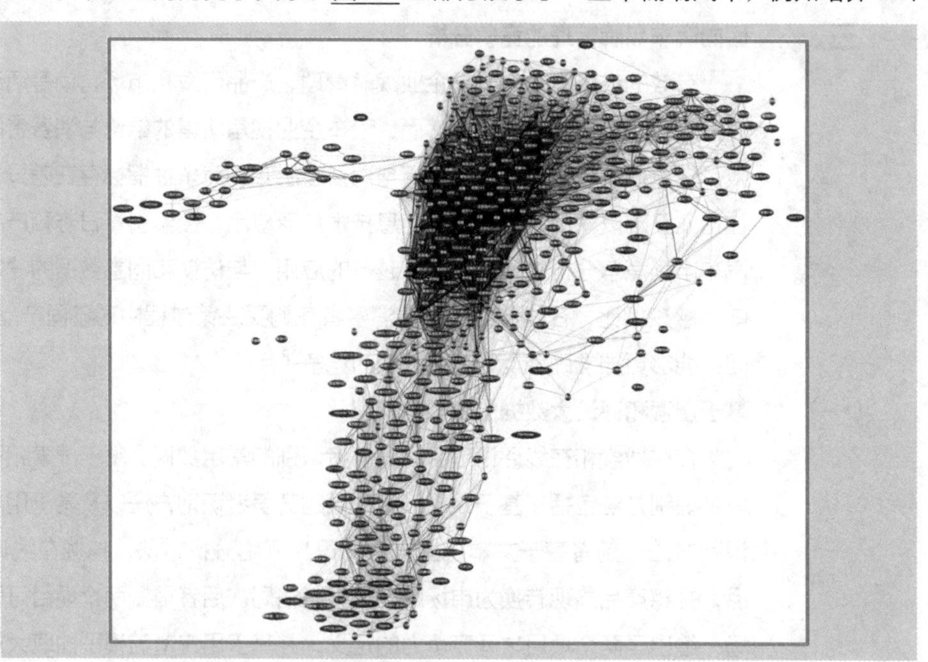

长安奔奔、迈锐宝、标致 408 等；图 7-8 下部分展示了一些高端汽车，例如宝马 3 系、幻影等。图的左边部分展示了一些新能源汽车车型，如江淮 iEV6E、比亚迪 e6。另外，网络图中边越密集部分以及颜色越深的部分，代表的车型竞争越激烈，从图中可以发现中低端汽车市场竞争最激烈。

四、面向汽车品牌管理的品牌画像

对企业而言，品牌画像是品牌形象传播的基础，是品牌战略管理的关键环节；对消费者而言，品牌画像是品牌感知价值的真实写照，是购买决策行为的重要参考。传统意义上的画像是通过对人的各个特征的描述以及总体感觉的把握刻画出人物的肖像。对于品牌而言亦是如此，企业通过获取用户对品牌的认知标签，进而描绘出用户心目中的品牌画像。用户对品牌的认知包含多个构成要素，且与传统的基于企业视角提取的品牌要素存在差异，而互联网时代的到来为构建消费者视角的品牌画像提供了极大便利。

（一）品牌画像维度

马斯洛的需求层次理论认为人们的需求是有层次的，分别是生理需求、安全需求、社交需求、尊重需求和自我实现需求。越到高级需求，心理需求的特征就越明显，并且基本上是按由低到高从生理到心理或者说从物质到精神的需求顺序出现并发生作用的。需求层次论认为，当低层次的需求得到满足之后，人们开始追求较高层次的需求。从宏观角度来说，人们的需求可以分为物质和精神两种需求。当物质的需求满足以后，人们的需求就上升为精神的需求。而在当代社会，随着社会的发展、物质资源的丰富、生活水平的提高，人们的基本生理需求已经慢慢从绝对地位转向非绝对地位。如今消费者选择某一品牌的原因，不仅是该品牌满足了其基本实用需求，如产品的功能、质量等，还是产品附属的品牌能体现消费者自身的价值诉求，如品牌背后的文化，以及品牌自身代表的价值观念等。从消费者角度认知需求出发，选择产品、服务、市场、品牌四个方面作为品牌画像的维度，针对每一个一级维度确立了相应的二级维度，从而体现消费者不同的需求层次对应的品牌特征，参见表 7-4。

（二）品牌画像构建方法

基于品牌画像维度，对用户在线生成内容进行挖掘，获取用户对品牌的认知，构建消费者视角的品牌画像。问卷调查法是了解用户对品牌认知的传统方法，但其具有样本代表性和时效性的问题。近年来，用户在线生成内容的爆炸式增长为品牌画像提供了新的数据源，而数据挖掘技术的发展也为品牌画像提供了技术支持。消费者的品牌认知即消费者对于品牌的情感表达，通常以表示正向或者负向情绪的情感词来表示，在挖掘用户在线生成内容的过程中，需要提取表达用户认知的带有情感色彩的词语。另一方面，品牌画像是对品牌的若干特征进行总体描述的呈现，所以我们构建的画像需要根据画像维度确定相应的特征词，进而寻找用户对于特征词的感情表达。企

表 7-4
品牌画像的维度

	一级维度	二级维度	指标
品牌画像	产品	价格	
		外观	式样、包装、配饰、图案、色彩
		功能	使用功能、性能
		质量	安全性、耐用性、瑕疵性
		性价比	
	服务	保养服务	技术、材料、保修期限、保修费用
		维修服务	操作者、材料、设备、环境、网点体系
		增值服务	个性化、差异性、创新性
		配送服务	安全性、及时性、方便性
	市场	表现	行业排名、市场占有率、美誉度
		目标人群	年龄、职业、学历、收入、性别、地域
	品牌	标识	Logo（商标）、名称、品类、产地、品牌来源、品牌推广
		个性	真诚、刺激、称职、教养、粗犷
		价值	文化价值、社会价值、利失价值、情感价值

业通常根据以下步骤构建基于用户生成内容的品牌画像。

（1） 构建品牌本体。本体是用以描述维度之间、特征词之间，以及维度与特征词之间的关系网络，同时可对后续提取的认知标签进行组织、归类。由于我们需要对品牌的若干特征进行描述，所以首先要构建品牌本体，寻找每一维度包含的用以客观描述特征的名词。

（2） 构建品牌个性词典。品牌个性特征词是用于描述品牌类人特征的、具有象征意义的主观形容词汇。我们将单独构建品牌个性词典。

（3） 识别用户认知标签。我们将根据本体包含的特征，运用语言规则匹配方法，提取用户生成内容中对应特征的情感词，作为特征 – 情感认知标签。

（4） 识别品牌个性。提取用户生成内容中与品牌个性词典相匹配的特征词汇，并依据特征词汇在不同个性维度上的概率分布确定品牌个性。

五、 面向汽车品牌管理的销量预测

销量预测是商业分析的重要任务之一，是对产品的未来销量进行预测，也是对消费者的需求量进行预测。对于企业而言，一面是动态的、全球化的和不可预测的商业环境，一面是顾客对产品的价格和质量越来越高的期望，企业已经不能仅仅通过成本优势占据市场地位。进行较为准确的产品销量预测是有效地管理供应链的一个重要方面。对于企业的决策者而言，有效的销量预测是公司未来发展战略的重要参考。根据预测结果，决策者可以对战略方向进行调整，减少或者停止生产某些销量不佳的产品，或者把握市场大趋势重新定位公司的战略，扭转不利的市场局面。同时，根据预测的未来市场趋势，企业的各个部门可以做出更加明智的策略。

（一） 面向汽车品牌管理的销量预测的特点

现有的汽车销量预测模型主要利用历史销售数据，而缺乏对专业汽车论坛用户评论数据的深入挖掘。由于大众对产品的看法会影响产品的销售情况，因此对在线评论进行深入分析对于预测产品未来销量具有重要作用。

同时，我国汽车市场由于受气候、节假日、产品更迭等诸多因素的影响，汽车月度销售数据呈现稳定的季节性特征，即车市的销量会随着季节的变化而呈现出高峰低谷的规律性周期变化。因此，预测模型需要进一步考虑汽车的历史同期销量数据。

另外，当把利率、节假日、物价指数、早期销量、口碑情感、网络活跃度等这些因素都纳入影响变量时，这些影响因素是否以及如何影响产品销售量都是未知的，其中一些影响因素可能是冗余的，甚至与销量变化无关，这降低了预测模型的准确性并增加了预测模型的复杂性和计算负担。因此，还需要研究如何挑选合适的销量影响因素。

（二） 面向汽车品牌管理的销量预测的方法

要对汽车销量进行准确的预测，科学的预测方法是很重要的。常用的预测方法主要分为定性预测和定量预测两类。随着统计学习和机器学习等新模型广泛使用以及市场对销量预测的要求越来越严苛，销量预测的方法也从传统的定性描述越来越多地转向定量分析。

1. 定性分析销量预测法

定性分析销量预测法是指依靠相关行业领域中熟悉业务知识、了解行业发展趋势且具有丰富经验的行业从业者或者行业专家根据现有的资料，如历史前期销量、市场竞争强度、产品经营策略以及众多经济指标等，运用个人的综合分析判断能力主观地预测下一阶段产品销量的变化趋势，再综合各方面预测结果给出最终判断，作为未来产品销量预测结果的主要依据。在预测者对预测结果要求不需要十分精确抑或预测对象有关的数据资料不是十分完善的情况下，尤其是一些重要影响因素难以被准确描述或者是用数值度量时，较多采用定性预测的方法。定性预测注重对产品在市场中的发展方向和销售变化趋势以及销量影响因素进行分析，简便灵活，可行性高，可以很快得出预测结果。无论是预测资料的收集还是决策时间，定性预测都是在日常生产实践中十分简便易行的预测方法。

2. 回归分析预测法

在统计建模中，回归分析是用于估计变量之间关系的统计过程，用于检验因变量和若干个自变量之间是否存在相关关系以及相关方向和强度的建模与分析。回归分析有助于理解当任意一个自变量改变而其他自变量保持固定时，因变量的值是如何变化的。最常见的是，回归分析是给定自变量的值求出因变量的条件期望值，即当自变量固定时的因变量的平均值。回归分析的最终产出是确定变量之间的回归方程，该回归方程概括了所有的观测样本，与观测样本的距离最小。因变量和自变量之间的关系即用回归方程表示。

回归分析预测法是常用的预测方法之一，它是在观察和分析经济发展的历史和现状的基础上，按照一定的方式建立反映其关系的数学模型，然后根据自变量在未来的变化来计算预测变量的变化，从而对未来的经济发展趋势进行预测。其关键是建立回归模型，并进行相关分析和结果预测。在汽车销量预测中，利用回归分析预测销量是一种简单便捷又切实可行的做法。回归分析解决销量预测问题时，需要将待预测的产品未来销量作为因变量，众多销量影响因素作为自变量，建立两者之间的回归方程作为销量预测模型，并通过真实数据训练模型参数。例如，可以认为我国汽车销量主要受经济、价格、环境等因素的影响，根据这一观点，以影响因素为解释变量，以汽车销量为被解释变量，建立汽车销量的回归预测模型。

3. 传统统计学时间序列分析预测法

时间序列是指在时间上均匀分布并连续测量的定量观察的集合。时间序列的例子包括连续监测人的心率、每小时空气温度读数、公司股票的每日收盘价、月降雨量数据和年度销售数据。时间序列分析就是指从事物的历史变化情况中发现统计规律和数据的其他特征。时间序列分析的主要作用有：①描述。识别相关数据中的模式，即趋势和季节变化。②解释。数据理解和建模。③预测。根据前期的模式预测短期趋势。④干预分析。单个事件如何改变时间序列。

时间序列分析预测是指基于先前观察值建立数学模型来预测未来值，在汽车销量预测领域得到了广泛的应用。其中最为广泛使用的三类模型是自回归模型（AR）、移动平均模型（MA）以及混合模型。在实际运用中，混合模型主要有自回归移动平均模型（ARMA）以及差分自回归移动平均模型（ARIMA）。

4. 机器学习时间序列分析预测法

机器学习可以实现对数据中隐含的复杂非线性逻辑进行自我学习，自动分析获取数据中的规律，并利用这种规律预测未知的数据。这种自我学习的能力为目前很多领域提供了新的解决方案和研究思路。同样，在销量预测问题的研究中，机器学习也发挥了重要作用。

机器学习算法不需要给定很多的强假设，数据的预处理也较为统一规范，广泛适用于各种领域的销量预测问题。其中就包括专家系统、模糊系统、神经网络和集成多个智能技术的混合模型。

以深度学习的预测方法为例，阐述汽车销量预测的基本步骤，如图 7-9 所示。

第一步，确定解释变量候选集，选取合适的变量。

第二步，对解释变量进行预处理操作，将数据处理成合适的格式。

图 7-9
基于深度学习的预测流程

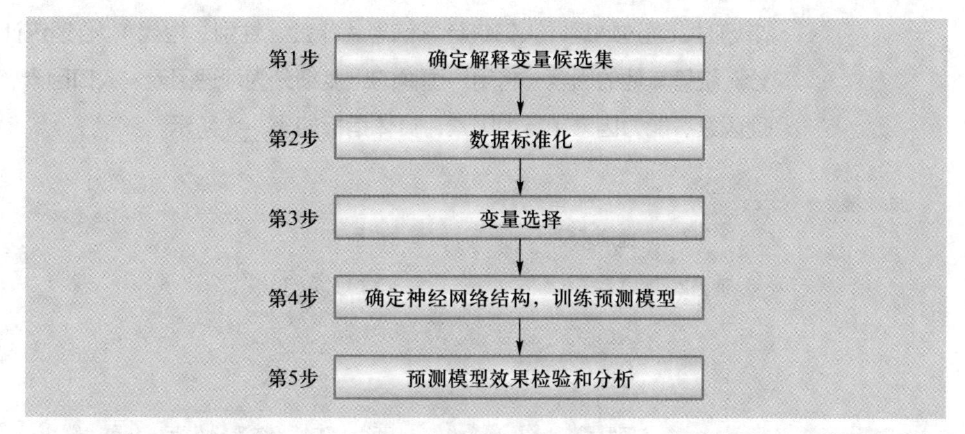

第三步，利用模型对标准化后的数据集进行变量选择，将最有可能影响到汽车销量的变量保留下来。

第四步，确定神经网络结构，训练预测模型，使其能更准确地预测销量。

第五步，利用第四步训练出来的模型进行预测，和真实值比较，对模型的预测误差进行检验。

六、 面向汽车品牌管理的用户画像

互联网信息技术的快速发展和普及，已经改变了人们日常的生活，影响着消费者的消费理念。对于企业而言，深入了解目标用户特征，判断不同产品适合于哪些人群，以及如何针对不同群体采取针对性的营销策略，是企业营销活动面临的重要问题。在大数据环境下，这些问题都可以通过用户画像解决。通过对消费者的个人属性、网络行为、聚类分团等分析，可以抽象出一个标签化的用户模型。简而言之，用户画像就是给消费者的人口统计学信息、行为属性、生活习惯和消费行为等信息“标签化”的过程，这些标签是通过挖掘消费者丰富的行为数据而得到的。大数据与人工智能技术的结合，使得企业可以“勾勒”更加详细准确的多维度用户画像，精准描摹用户。对用户的精准画像，对于企业了解消费者需求、分析消费者偏好、制定个性化的营销方案具有重要意义。

（一） 用户画像维度

现代消费者无论是消费方式，还是消费内容、消费意识等都有了质的飞跃，其消费行为已经形成了一个极其复杂多样、庞大纷繁的系列。透过形形色色的行为现象，我们会发现千差万别的消费者行为受到某些共同因素的影响。这些具体的因素是什么？它们又是如何影响消费者消费行为的？了解影响消费者行为的因素体系，有助于从总体上把握消费者心理与行为形成和变化的基本规律，对于企业发现目标客户和挖掘潜在客户具有重要的意义。“现代营销学之父”菲利普·科特勒，将影响消费者行为的因素归为文化因素（消费者所处的文化、亚文化和社会阶层）、社会因素（群体、家庭、角色与地位）和个人因素（年龄、个性、生活方式和价值观），在细分消费者市场时，通过地理、人口统计学信息（年龄、性别、世代）、心理统计和行为进行细分。统筹其他的因素，将用户画像的维度细分为地理因素、人口因素、社会因素、心理因素、能力因素和行为因素，具体指标如表 7–5 所示。

表 7–5
用户画像维度

因素	变量	典型类别
地理因素	地理环境	山区、平原、丘陵
	城乡	县市级以上城市
	人口密度	高、中、低密度
人口因素	性别	男、女
	年龄	老年、中年、青年、少年、儿童、婴儿
	受教育程度	高等、中等、初等教育
	职业	公务员、教室、工人、医生、军人
	民族	汉、满、蒙古族等
	家庭人口	多、少
	家庭生命周期	单身期、初婚期、满巢期、空巢期、解体期
	国籍	中国、美国、英国等
	收入	高、中、低、贫困
社会因素	信用 – 借贷	高、中、低
	信用 – 偿还	高、中、低
	信用 – 透支	高、中、低
	信用 – 处罚	高、中、低
	信用 – 诉讼	高、中、低
	社会角色	发起者、影响者、购买者、使用者
	社交关系	自然固有关系、影响型、选择型
	价值取向 – 理论	经验、理性
	价值取向 – 政治	权力、影响
	价值取向 – 经济	实用、功利
	价值取向 – 审美	形式、和谐
	价值取向 – 社会	利他、情爱
	价值取向 – 宗教	宇宙奥秘
心理因素	自我概念	实际、社会、理想
	生活方式	享受型、地位型、朴素型、自由型
	个性 – 人格	神经质、开放型、友善型、外向型、尽责型

续表

因素	变量	典型类别
心理因素	个性－气质	多血质、胆汁质、黏液质、抑郁质
	个性－态度	节俭型、保守型、随意型
	个性－行为	习惯型、慎重行、挑剔型、被动型
	购买动机	理想、成就、自我表达
能力因素	感知能力	高、中、低
	分析评价能力	高、中、低
	选择决策能力	高、中、低
	专业知识能力	高、中、低
	购买能力	高、中、低
行为因素	利益追求	便宜、实用、安全、方便、服务
	购买目的	生存需要、享受需要、发展需要
	购买时机	平时、双休日、节假日
	购买状态	未知、已知、试用、经常购买
	使用程度	大量、中量、少量、非使用者
	使用状态	经常、初次、曾使用者
	对价格因素的反应程度	价格习惯心理、敏感心理、价格倾向心理、价格感受性
	对渠道因素的反应程度	线上销售、线下销售
	对促销因素的反应程度	降价策略、还价策略、促销策略、提价策略
	对产品因素的反应程度	创新采用者（2.5%）、早期购买者（13.5%）、早期大众（34%）、晚期大众（34%）、落后采用者（16%）
	偏好	极端、中等、未曾偏好
	态度	热心、积极、不关心、消极、敌意

（二） 用户画像构建

在汽车产业中，由于汽车产品自身复杂度高、专业性强的特点，汽车从研发、生产、采购、销售到售后，如果不能准确把握消费者的需求和市场动向，汽车企业开发出的新品一旦不被消费者接受，不仅会给企业带来经济上的巨大损失，也是对汽车企业品牌的形象损害。同时，在购买汽车时，消费者往往需要收集大量信息才能做出购买决策。互联网上的汽车媒体、汽车论坛、微博、贴吧等各种渠道产生的信息，不仅对消费者购车决策起到至关重要的作用，也是企业了解消费者需求的重要途径。

面向汽车品牌管理的用户画像，通过对互联网上的全景数据（包括汽车媒体、销量、论坛、经济数据等）的采集，构建了一整套用户画像系统，从消费者的基本人口统计学信息，如位置、性别、年龄等，到大数据推测出的消费者体型、偏好以及消费者在网上论坛讨论中扮演的角色，进行了深度的分析，为之后的个性化推荐和网络营销策略提供了用户画像的支持。最终展示效果如图 7–10 所示。

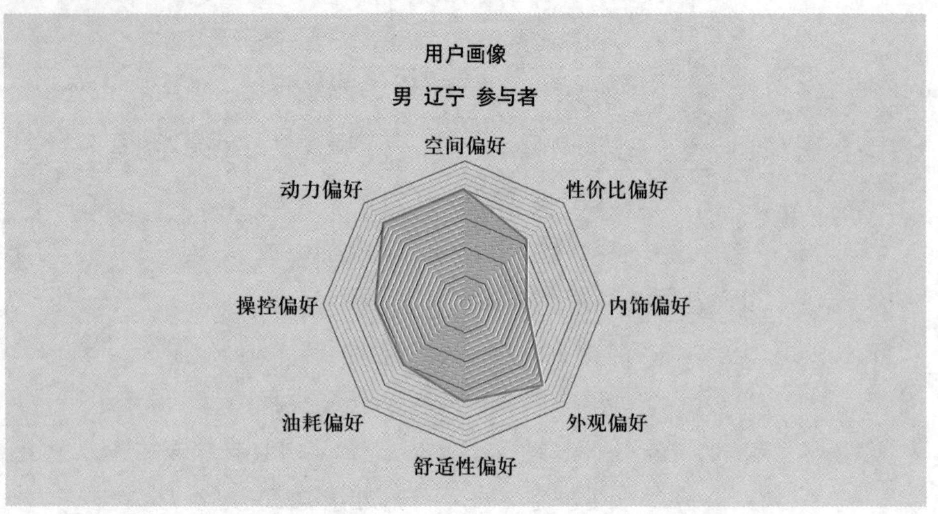

图 7–10
汽车论坛用户品牌画像

七、面向汽车品牌管理的个性化推荐

汽车企业将大数据应用于品牌建设、品牌营销和品牌传播等业务中，大幅度提升了品牌管理服务的个性化和智能化水平。个性化推荐作为解决信息过载问题的重要工具已经被广泛应用在各个领域中。推荐系统最重要的组成部分是推荐算法。随着近年来推荐算法的大量研究和应用，各类推荐算法层出不穷。尽管推荐系统应用的场景不尽相同，但是它们有着相同的目标：帮助用户过滤信息，给用户提供更高效的个性化推荐。同时由于应用环境、问题场景等差异性，推荐算法也越来越多样化。

（一）个性化推荐方法

1. 面向个体用户的个性化推荐

自从协同过滤推荐思想提出后，越来越多的学者开始研究个性化推荐方法，个性化推荐成为一个热点研究领域。众多的个性化推荐方法被提出，应用在各种推荐场景中，并取得了很好的效果。协同过滤推荐算法基于用户与产品之间的交互信息给用户推荐他偏好的产品的相似产品。协同过滤推荐算法从用户和产品之间的交互信息中挖掘具有相似兴趣偏好的用户或者具有相似属性特征的产品，并假设在某方面有相同兴趣偏好的用户在其他方面也可能有相似的兴趣偏好，从而给目标用户推荐相似用户偏好的产品。基于模型的协同过滤推荐算法利用数据挖掘、机器学习等方法对用户与产品之间的交互信息进行建模，并利用评分预测模型预测用户对未评分产品的评分，从而实现 Top-*N* 推荐。基于模型的协同过滤推荐算法主要采用用户 – 产品评分矩阵作为训练数据，使用贝叶斯网络、矩阵分解、聚类等方法建立用户、产品模型。此外，在当前火热的深度学习研究领域，研究者也对深度学习模型在个性化推荐中的应用进行了探索，一种主流思路就是利用深度学习中强大的特征学习能力学习产品的特征数据，如在线评论、文档内容等。

2. 面向群体用户的个性化推荐

群推荐不是为单个用户提供推荐列表，而针对拥有不同偏好的用户形成的兴趣群体进行推荐。群推荐系统已经应用于若干领域中，比如网页 / 新闻页面、旅游、餐厅、音乐、电视节目、电影等。现有的群推荐技术可以分为两种类型：第一类基于群体成员的个体偏好模型构建这个群体的偏好，然后基于聚合的群体偏好进行推荐，这种群推荐方法称为偏好集结方法。第二类方法将不同成员的推荐列表聚合为最终的群推荐列表，具体地，首先基于针对个体用户的个性化推荐方法独立为每个群成员生成推荐列表，然后聚合每个群成员的推荐列表形成群的推荐列表，这种群推荐方法称为结果集结方法。与偏好集结方法相比，结果集结方法通常具有更好的灵活性，因此得到更多的关注。结果集结方法通常利用平均或最小痛苦策略来组合群体成员的推荐列表。近年来，研究者们相继将一些新方法如深度学习和非参贝叶斯模型应用到群推荐中。如基于深度学习模型以学习代表群偏好的高层特征，旨在解决现有群推荐方法对数据的高敏感性问题。

3. 长尾产品推荐

个性化推荐中的产品种类繁多，其中流行产品更容易被用户了解而销售出去，长尾产品则更难被用户发现。然而长尾产品体量大，产品质量也参差不齐，高质量的长尾产品比低质量的长尾产品更能满足用户的需求从而得到用户的认可。因此，为了提高用户满意度，长尾产品推荐中不仅需要考虑用户对长尾产品的兴趣偏好，还应该考虑长尾产品的质量。然而高质量的长尾产品推荐面临更严重的数据稀疏性问题，因此需要借助相关外部数据来解决单一评分领域的数据稀疏性问题。长尾产品推荐算法主要通过以下两种方式来增加用户推荐列表中的长尾产品：一种是基于重排序的长尾产品推荐方法（重排序推荐方法）。重排序推荐方法是从一个候选产品推荐集合中选取其中一部分产品作为最终的推荐列表，而候选产品推荐集合可以通过已有的推荐算法得到。另一种是基于长尾产品建模的推荐方法。不同于重排序推荐方法，基于长尾产品建模的推荐方法通过直接构建长尾产品推荐模型给用户提供包含长尾产品的个性化推荐列表。

（二） 用户购车推荐

在汽车论坛中，用户不仅被显式连接关系如好友、关注的人和信任或不信任的人影响偏好，还有可能被存在隐式连接关系的用户影响偏好。例如，有着相似兴趣的人形成一个兴趣群体，发表分享对事物的观点偏好等；在同一个兴趣群体中，用户都存在一个隶属于该群体的隶属关系，但是用户两两之间不一定存在直接的连接关系。企业可对论坛中的隐式连接关系进行个性化推荐，利用时间戳信息和用户选择产品信息过滤潜在信息影响用户，对用户在信息网络环境下的汽车产品选择过程进行建模。

利用汽车之家数据，将发布帖子用户和回复帖子用户之间的关系作为一种隐式连接关系的象征，将用户收藏的车型数据作为一种反映用户对汽车的兴趣偏好的元素。在回复帖子用户对发布帖子用户决策的影响建模过程中，考虑不同回复帖子用户的影响权重，使用基于自适应权重社会影响的潜在狄利克雷分布推荐模型对用户提供推荐，进而挖掘出所有产品的潜在客户，该模型引入用户的个体影响权重参数来刻画不同用户的影响权重。在推荐结果中，每一位用户被推荐其很有可能喜欢的车型，如图 7-11 所示，购车概率越大，汽车品牌占据的环形面积越大。

图 7-11
用户购车概率分布

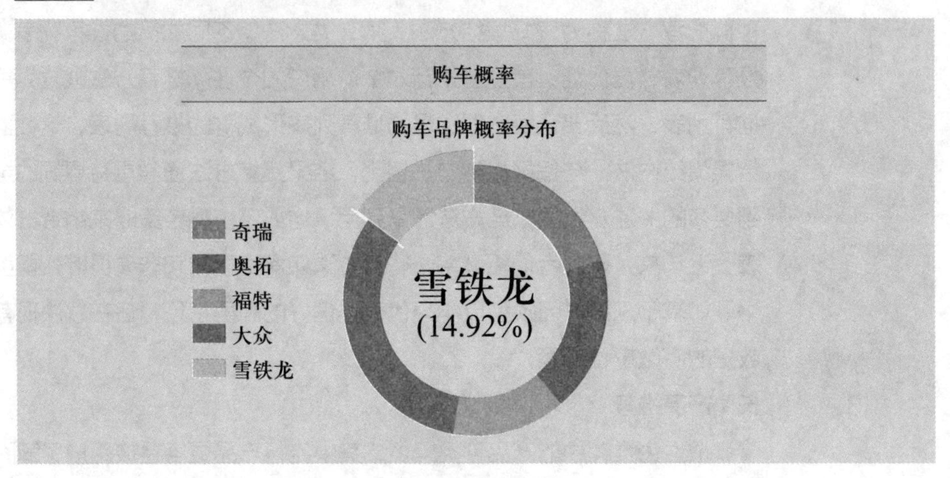

本章小结

本章介绍了商务大数据的概念、特征、分类、挑战以及收集、预处理、分析、可视化等方法，并以商务大数据的管理决策应用为重点介绍了其在推荐系统、预测分析和精准营销中所占据的重要地位。最后，本章通过汽车品牌管理系统的案例详细地阐述了商务大数据的管理应用，有助于读者理解商务大数据的实际应用。

关键词

- 商务大数据（Big Data for Business）
- 智能传感器（Intelligent Sensor）
- 社交网络（Social Network）
- 社交媒体（Social Media）
- 过拟合（Overfitting）
- 云计算（Cloud Computing）
- 隐私保护（Privacy Protection）

- API（Application Programming Interface）
- 网络爬虫（Web Crawler）
- 数据清洗（Data Cleaning）
- 数据集成（Data Integration）
- 数据变换（Data Transformation）
- 数据规约（Data Protocol）
- 分布式文件系统（Distributed File System）
- NoSQL 数据库（NoSQL Database）
- 云数据库（Cloud DB）
- 推荐系统（Recommended System）
- 机器学习（Machine Learning）
- 人工智能（Artificial Intelligence）
- 数据工程（Data Engineering）
- 销量预测（Sales Forecast）
- 品牌管理（Brand Management）

思考题

1. 你认为传统大数据和商务大数据有什么区别和联系？
2. 商务大数据的质量问题是管理决策的一大挑战，你认为有什么方法可以提高数据质量？
3. 数据安全隐私问题是商务大数据应用面临的一大挑战，你怎么看待生活中的数据安全隐私问题？
4. 请举一个现实生活中中小企业解决商务大数据应用问题的例子。
5. 如果你想预测手机销量，你会从哪里获取数据，用什么方式获得数据，获得数据后如何处理分析？在这些流程里，你可能用到哪些工具？
6. 数据所有权和产权问题是大数据应用面临的一大挑战，你认为可以从哪些方面采取措施，解决数据所有权和产权问题？
7. 用爬虫获取数据是获取数据的一大来源，但爬虫会增大服务器的负担，给企业带来不必要的成本。你是怎么看待爬虫这个工具的？
8. 你觉得未来的商务大数据在管理决策方面会有哪些新的应用趋势？

即测即评

第八章

基于能源大数据的管理决策应用

本章将介绍能源大数据的相关概念和管理决策方法。首先，分别介绍了不同类型能源大数据的基本概念、来源和获取方法，包括电力大数据、石油大数据和煤炭大数据等。接下来介绍了能源大数据质量管理相关的概念、流程和方法，包括能源大数据的质量管理分析与评估、能源大数据的质量提升以及能源大数据质量管理方法。最后介绍了能源大数据管理决策方面的相关内容，主要包括基于能源大数据分析的负荷分类、异常检测、负荷预测和负荷分解与监测等。

学习目标

（1） 掌握能源大数据的基本概念、来源和主要类型。

（2） 掌握能源大数据质量管理的内涵，理解能源大数据质量管理的重要意义。

（3） 了解能源大数据质量管理的评估、提升和管理的具体方法，并结合具体案例进行分析。

（4） 了解能源大数据与管理决策之间的相互影响，以及能源大数据给管理决策带来的新的机遇与挑战。

（5） 掌握能源大数据管理决策的相关方法，理解不同的能源大数据管理决策方法的应用领域。

（6） 能够结合能源大数据的相关实例，深入理解能源大数据的分类、评估、质量提升，以及管理决策的流程。

本章导学

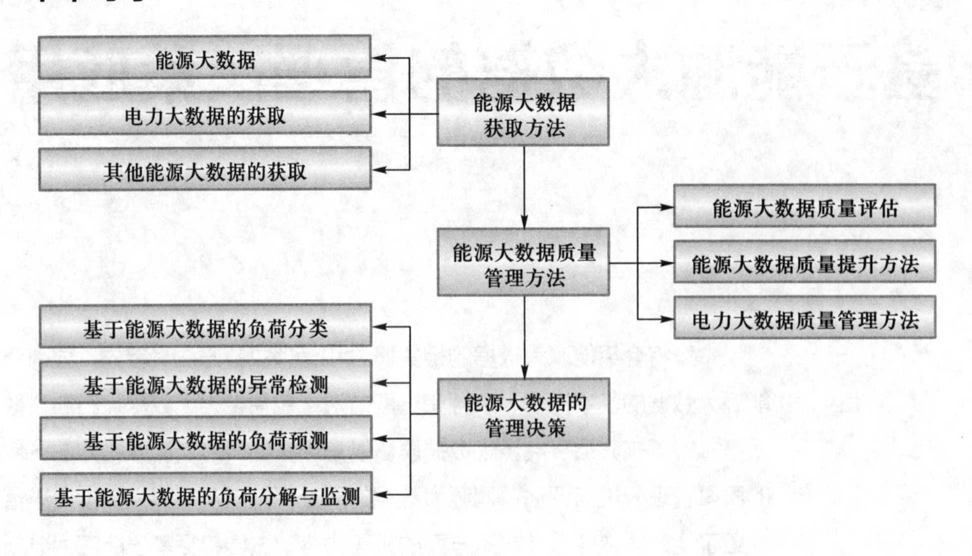

第一节 能源大数据获取方法

一、 能源大数据

能源为人类生产生活提供了基本能量和动力。随着互联网、云计算、物联网、大数据、人工智能、区块链等新一代信息技术与能源产业全过程的深度融合，能源系统逐渐向数字化、网络化、服务化、智能化方向发展，形成智慧能源系统，即能源互联网。2016 年 2 月国家发展改革委、国家能源局和工业和信息化部联合发布的《关于推进“互联网 +”智慧能源发展的指导意见》指出，能源互联网是一种互联网与能源生产、传输、存储、消费以及能源市场深度融合的能源产业发展新形态，具有设备智能、多能协同、信息对称、供需分散、系统扁平、交易开放等主要特征；能源互联网是推动我国能源革命的重要战略支撑，对提高可再生能源比重、促进化石能源清洁高效利用、提升能源综合效率、推动能源市场开放和产业升级、形成新的经济增长点、提升能源国际合作水平具有重要意义。

能源互联网是互联网理念、先进信息技术与能源产业深度融合的产物，其中各类传感设备和智能量测设备能够实时采集到发、输、变、配、用全过程，源、网、荷、储全环节的各类能源大数据，能源大数据对于支撑能源互联网技术创新、模式创新和服务创新等具有重要价值。

（一） 能源大数据的来源

能源大数据产生于能源互联网中的各个环节，涉及用户描述数据、用户行为数据、能源系统内部数据以及气象、地理、建筑等相关业务系统数据，如图 8–1 所示。

能源产业的产业链条非常长，从最上游的材料及设备到最终的能源消费，产业链上的每个环节都在源源不断地产生大数据，这些数据包含了大量结构化和非结构化数据。能源大数据中蕴含着极高的经济和社会价值，对能源行业的业务开展、管理提升和辅助决策等具有重要意义。利用能源大数据，人们可以掌握更加丰富详实的实时信息、历史信息，进行时间跨度更大、涉及业务范围更广的综合分析，以辅助更优决策。例如，为了克服可再生能源出力不确定性给电力系统规划和运行带来的不利影响，提高可再生能源预测的准确度，需要充分利用可再生能源电力系统内部数据以及温度、光照、气压、湿度、降雨量、风向、风速等气象数据，进行能源大数据分析与决策。

图 8-1

能源大数据的来源

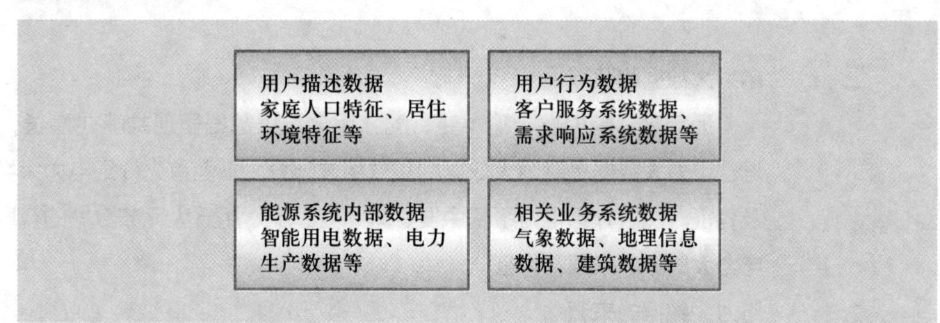

（二） 能源大数据的获取

数据获取通常是指利用装置从系统外部采集数据并输入系统内部。数据获取技术广泛应用在各个领域，例如摄像头、麦克风和传感器等都是经常使用的数据获取工具。获取的数据是已被转换为电信号的各种物理量，如温度、水位、风速、压力等，可以是模拟量，也可以是数字量。获取的数据大多是瞬时值，也可是某段时间内的一个特征值。

数据获取的途径主要分为信息内网数据获取和信息外网数据获取，数据获取 / 转换装置部署在信息内网，处于信息外网业务系统的数据需要通过安全隔离装置获取。数据获取的整体思路是基于企业服务总线，采用数据接口、数据中心共享、网络隔离下的安全文件传输等方式，通过配置相关策略，定义相关接口、周期、调用频率和对象等参数，自动从业务系统中抽取数据，解决跨平台数据库访问、跨平台大数据文件高速并发读取、跨平台数据安全传输与同步等关键问题。

数据获取系统主要包括数据传感体系、网络通信体系、传感适配体系、智能识别体系及软硬件资源接入系统，可实现对结构化、半结构化、非结构化海量数据的智能化接入、传输、监控和管理等。对于数据量庞大且存在实时性与异构性特点的能源大数据，可应用批量数据采集技术、实时数据采集技术和非结构化数据压缩三类数据采集技术实现数据获取，如表 8-1 所示。

表 8-1
能源大数据获取技术

技术类型	常见技术	技术特点
批量数据采集	WebService、ETL、BDLink、FTP、离线数据库文件复制、文件数据等	以 ETL 为例，能对数据做标准化定义，实现统一编码、统一分类和组织；管理简单，可以提供与各种数据系统的接口，系统适应性强，可扩展性强
实时数据采集	直接数字化控制	高可靠性，支持自定义编程；支持多数据来源，数据输出支持 Logger、HDFS、HBase、Kafka 等数据库系统；数据不易丢失，保障数据安全性
非结构化数据压缩	对于近期数据采用无损压缩，对于较长历史时间数据可采用螺旋门算法压缩	可采用分布式部署、线性扩展，实现对各类型数据（实时、批量、数据库、文件、数据流）的采集、转换、加载；可根据负载压力动态扩展

二、电力大数据的获取

近年来，电力发、输、变、配、用全过程数据呈现井喷式增长，形成电力大数据。电力大数据是能源大数据的重要组成部分。下面首先介绍电力大数据的主要来源及特征，然后介绍电力系统中发、输、变、配、用五大环节数据的获取方法。

（一）电力大数据的来源和特征

1. 电力大数据的来源

随着智能电网建设不断推进，电力大数据已经覆盖发电、输电、变电、配电、用电等电力生产的各个环节。与此同时，电力行业与其他行业正在不断融合。因而，广义的电力大数据不再局限于电力系统内部产生的数据，它往往包含了其他相关行业支撑电力系统运行的外部数据。目前，电力大数据主要包括如电流、电压、线损、电网拓扑、变相、各类传感器数据等电力内部数据，还包括气象数据、环境数据、互联网数据等诸多外部数据。这些数据蕴含了极大价值，通过数据挖掘技术对这些数据进行深层次的挖掘，能够为企业发展和智能决策提供支撑。

2. 电力大数据的特征

根据中国电机工程学会信息化专委会发布的《中国电力大数据发展白皮书》，电力大数据的特征可以概括为“3V”和“3E”。其中，“3V”分别是体量大（Volume）、类型多（Variety）和速度快（Velocity）；“3E”分别是数据即能量（Energy）、数据即交互（Exchange）和数据即共情（Empathy）。电力大数据的“3V”描述和其他行业关于大数据的描述比较接近，“3E”的描述具有典型的电力行业特征，体现了大数据在电力系统应用中的价值。

（1）数据即能量（Energy）。电力大数据具有无磨损、无消耗、无污染、易传输的特性，并可在使用过程中不断精炼而增值，可以在保障电力用户利益的前提下，在电力系统各个环节的低耗能、可持续发展方面发挥独特的作用。通过节约能量来提供能量，具有与生俱来的绿色性。电力大数据应用的过程，即是电力数据能量释放的过程，从某种意义上来讲，通过电力大数据分析达到节能的目的，就是对能源基础设施的最大投资。

（2） 数据即交互（Exchange）。电力大数据因其与国民经济社会广泛而紧密的联系，而具有明显的正外部性。其价值不局限在电力行业内部，更体现在整个国民经济运行、社会进步以及各行各业创新发展等方方面面，而其发挥更大价值的前提和关键是电力数据同行业外数据的交互融合，以及在此基础上全方位的挖掘、分析和展现。

（3） 数据即共情（Empathy）。电力大数据天然联系千家万户、各类企业，推动电力行业由“以电力生产为中心”向“以客户为中心”转变，其本质就是通过对电力用户需求的充分挖掘和满足，建立情感联系，为广大电力用户提供更加优质、安全、可靠的电力服务。只有情系用电客户，满足客户需求，电力企业才能以数据取胜。

（二） 发电数据获取

发电厂又称发电站，是将自然界蕴藏的各种一次能源转换为电能（二次能源）的工厂。发电站有多种发电途径：靠火力发电的称火电厂，靠水力发电的称水电站，还有些靠太阳能（光伏）、风力与潮汐发电的电厂等。电力生产和管理过程中会产生大量关于环境、状态、位置等的数据，可再生能源发电站可以通过先进的传感测量手段及网络通信技术，对这些数据进行全方位监测、识别和多维感知。以下主要介绍光伏电站利用数据采集系统获取电站运行的关键数据。

数据采集系统对影响光伏电站运行的关键参数进行实时的采集和监测，使电站的管理和技术人员能充分掌握电站的运行情况。采集的数据主要包括：

（1） 当地实时的日照强度；

（2） 当地实时的风速和风向；

（3） 太阳能电池板的温度以及环境温度；

（4） 太阳能电池板的电压和电流；

（5） 光伏逆变器功率、效率、输出电压及电流；

（6） 电站发电量。

该系统由上位机监控软件、光伏数据集中器、光伏逆变器、环境参数监测仪和光伏汇流箱五个子系统组成。光伏数据集中器是整个系统的核心，用于上位机和下接采集设备之间的数据中转。光伏逆变器是整个发电系统的核心，其本身就能采集相关数据供技术人员进行设备检修、调试和维护。这些数据包括：输入、输出功率，直流电压、电流，交流三相电压、电流，功率因数，效率，以及当日和总计发电量等。环境参数监测仪通过配备相应的风向、风速、辐照、温度等传感器采集所需的环境气象信息，并将数据上传给上位机处理。光伏汇流箱的作用是减少太阳能光伏电池阵列与光伏逆变器之间的连线。数据采集系统能够实现对光伏电站运行数据、环境气象参数等的实时采集与监测，并基于大数据分析大幅降低电站的运维成本。

（三） 输电数据获取

输电线路有着分布点多、面广的特点，绝大部分远离城镇，所处地形复杂、自然环境恶劣，这对输电线路的稳定运行带来不利影响，需要定期对输电线路进行巡视，也因此产生了大量的巡检数据。以下主要介绍输电线路中巡检数据的获取。

早期输电线路维护主要通过人工巡线方式完成，劳动强度大、效率低下，有些线路受制于地形因素造成线路巡视异常困难。近年来，随着传感器技术和遥感技术不断进步，经过无人机飞行直接获取电力线路走廊内的高分辨率影像和精确的空间三维信息。无人机输电线路巡检按照不同的模式主要包括精细巡检、通道巡视、故障巡检和特殊巡检。精细巡检主要对象为线路本体设备及附属设施；通道巡检主要巡检对象包括导地线异物、杆塔异物、通道下方树木、违章建筑、违章施工、通道环境等；故障巡检主要是查找故障点，检查设备受损和其他异常情况；特殊巡检是指在特殊情况下（如发生地震、泥石流、山火、严重覆冰等自然灾害后）或根据特殊需要，采用无人机进行灾情检查和其他专项巡检。

无人机多传感器数据采集系统可以获取电力线路走廊海量高精度机载激光扫描点数据、高分辨率数码影像、热红外影像以及紫外影像等。该数据采集系统主要由以下几个部分组成：激光器、可见光检测仪、红外热成像仪、紫外摄像仪、接收器、全球定位系统、惯性测量单元、飞行计划和管理系统以及数据存储系统等。该数据采集系统通过同步授时的方法统一各传感器时空基准，实现定姿系统数据、影像与红外及紫外视频流数据、点云数据等多类型数据的同步获取。

无人机电力线路巡检可按照三个步骤开展数据采集与处理作业：首先是原始数据收集及线路走廊踏勘，并制定无人机电力线路快速巡检任务规划；其次，通过快速巡检模式获取线路走廊激光点云、短焦相机照片从而获得数字地形模型数据、正射影像数据、地表覆盖以及电力线设施的相关空间几何位置信息；最后，利用获得的激光点云和正射影像制定精细巡检任务规划，并执行精细巡检任务获取电力线设施更详细的可见光照片、红外视频、紫外视频等多源数据，为后续故障诊断与分析做准备，具体流程如图 8–2 所示。无人机输电线路巡检获取的数据不仅可为输电线路台账数据提供参考，也可通过专业分析处理（如高程分析、三维可视化管理等）为电网管理和维护提供多源数据支持。

（四） 变电数据获取

智能变电站采用先进、可靠、集成、低碳、环保的智能设备，以全站信息数字化、通信平台网络化、信息共享标准化为目标，自动完成信息采集、测量、控制、保护、计量和监测。以下主要介绍智能变电站数据获取系统、设备和巡检机器人。

智能变电站主要分为过程层、间隔层和站控层。其中，站控层包括自动化站级监视控制系统、站域控制、通信系统、对时系统等，实现面向全站设备的监视、控制、告警及信息交互功能，完成数据采集和监视控制、操作闭锁以及同步相量采集、电能量采集、保护信息管理等相关功能。智能变电站中安装了智能电子装置和监测功能组等设备。智能电子装置是带有处理器，具有采集或处理数据、接收或发送数据、接收

图 8-2
无人机电力线路巡检作业流程图

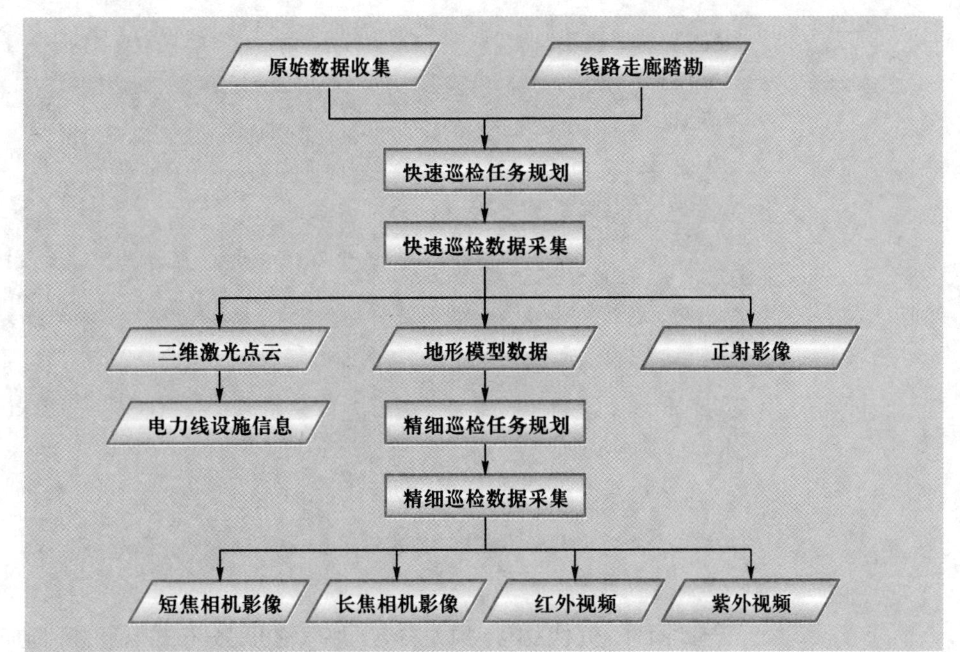

或发送控制指令和执行控制指令全部或部分功能的一种电子装置。如具有智能特征的变压器有载分接开关的控制器、具有自诊断功能的现场局部放电监测仪等。监测功能组则实现了对一次设备的状态监测。

为切实保证电力供应安全，需要定期对智能变电站进行巡检。随着自动化水平的提升，变电站巡检机器人得到广泛应用。它可以在无人或少人值守的变电站内，完成对室外高压设备的巡检、对电表数据的实时读取、对电力设备运行状态信息的采集等工作，克服了人工巡检中数据收集效率低、监测质量差异大等问题。典型的巡检机器人主要包括机器人本体系统、定位系统、运动控制系统和图像视频采集系统等。巡检机器人可以通过自身配备的图像采集设备实时对变电站内各个需要观测的设备进行图像采集，获取变电站现场自动化仪表的外观是否异常、刀闸分合状态、仪器仪表读数等，确保变电站大量刀闸开关、绝缘瓷瓶、油位计等设施正常运行。

（五） 配电数据获取

配电网处于电力系统的末端，具有地域分布广、电网规模大、设备种类多、网络连接多样、运行方式多变等特点。随着配电自动化等应用系统的推广应用，配电网中会产生指数级增长的海量异构数据。以下主要介绍智能配电数据及其获取来源和分布式电源环境下配电数据的获取。

智能配电数据种类丰富，包括各设备元件的历史运行工况和状态信息、停运情况及停运时刻的运行条件、预测系统运行时出现的各类信号、地理信息、天气、现场环境与图像等数据，具体分为台账数据、实时运行数据、负荷数据和环境数据 4 大类，如表 8-2 所示。

表 8-2 智能配电网数据及其获取来源

类别	数据获取来源	具体数据
台账数据	配电自动化系统、生产管理系统、地理信息系统	各设备元件的铭牌、安装信息、型号等参数，线路长度、型号、额定电压电流等参数
实时运行数据	用电信息采集系统、配电自动化系统、生产管理系统、电能质量监测管理系统、95598 客服系统	三相电流、电压、有功无功功率、频率、功率因数等量测数据，各元件设备的开断连通情况、系统或负荷节点的异常数据、检修状态、停运计划、电网安全信息、越限统计数据、调度数据、设备维护信息、工程信息、分布式电源运行数据等状态数据
负荷数据	配电负荷监测系统、配电网规划系统、负荷控制系统、营销业务管理系统等	各负荷节点、各区域的实时负荷大小与预测负荷大小等数据
环境数据	配电网规划系统、气象信息系统、地理信息系统、地区社会经济数据等	实时风速、风向、温度、湿度、雨量、气压、日照强度等

与此同时，光伏发电、风力发电、燃气轮机等分布式电源的不断加入给配电网带来更大的挑战。分布式电源接入电网后，配电网需要采集的信息至少应当包括：电源并网状态、有功和无功输出、发电量；电源并网点母线电压、频率和注入电力系统的有功功率、无功功率；变压器分接头挡位、断路器和隔离开关状态。伴随着各类分布式电源的接入，配电网大规模部署高级量测体系（Advanced Metering Infrastructure，AMI）与双向通信设施，这使得配电网中的多源数据可被实时监测和采集。

（六） 用电数据获取

电力系统终端用户的智能用电信息主要通过用电采集系统获取，该系统是建设智能电网的物理基础。系统将高级传感、通信及控制技术以及高级的计算机技术应用相结合，从而实现智能用电数据的远程获取，对电力用户的用电负荷进行监测，提高了供电公司的管理效率与服务质量。以下主要介绍用电信息采集系统的对象、物理架构、采集的数据类型、采集方式和智能电表数据获取。

1. 用电信息采集系统的对象

按照电力用户性质和营销业务需要，用电信息采集系统的对象包括大型专用变压器用户、中小型专用变压器用户、三相一般工商业用户、单相一般工商业用户和居民用户等，同时也可以将关口计量、分布式电源接入、充放电与储能接入等计量点信息纳入采集的范围。不同类型用户的采集要求、采集数据项和采集数据最小间隔不同。

（1） 大型专用变压器用户：用电容量在 100 kVA 及以上的专用变压器用户。

（2） 中小型专用变压器用户：用电容量小于 100 kVA 的专用变压器用户。

（3） 三相一般工商业用户：执行非居民电价的低压三相电力用户，包括低压商业、小动力、办公等用电性质的非居民三相用电。

（4）　单相一般工商业用户：执行非居民电价的低压单相电力用户，包括低压商业、小动力、办公等用电性质的非居民单相用电。

（5）　居民用户：执行居民电价的城乡居民及居住区、公用设施、医院、学校等用户。

（6）　配变关口计量点：公用配变关口，即公用配变上的用于内部考核的计量。

依据不同的用户类型，制定不同的数据采集方式和控制方式。例如，居民用户和一般工商业用户以及配变关口计量，采用低压配电台区集中抄表方式，将集中器作为现场终端，使用本地通信方案（载波、无线、RS-485 等）抄表；中小型专用变压器用户一般采用 GPRS 表或负控终端作为现场终端，采集用户数据并控制用户负荷；大型专用变压器用户一般采用负控终端形式采集和控制。

2.　用电信息采集系统的物理架构

用电信息采集系统的物理架构是指网络拓扑以及物理设备的部署，如图 8-3 所示。用电信息采集系统在物理上由系统主站、通信信道和采集设备三部分组成。

（1）　系统主站主要由服务器（包括数据库服务器、磁盘阵列、应用服务器）、前置采集服务器（包括前置服务器、工作站、全球定位系统时钟、防火墙）以及相关的网络设备组成，主要完成业务应用、数据采集、控制执行、前置通信调度、数据库管理等功能。主站可以集中式部署，也可以分布式部署。

（2）　通信信道用于系统主站与采集终端之间的远程数据通信，主要包括光纤专网、通用无线分组业务（General Packet Radio Service，GPRS）公网网络信道、230 MHz 无线专网中压电力线载波专网等。单独用某一种信道往往很难适应现场情况，因此需要因地制宜，根据环境特性来选择合适的信道，包括使用多种信道组网。

（3）　采集设备是指安装在现场的终端及计量设备，主要包括可远传的多功能电能表、集中器、采集器以及智能电表等，负责收集和提供整个系统的原始用电信息。

3.　用电信息采集系统采集的数据类型

用电信息采集系统采集的主要数据类型有：

（1）　电能量数据，包括总电能示值、各费率电能示值、总电能量、各费率电能量、最大需量等。

（2）　交流模拟量，包括电压、电流、有功功率、无功功率等。

（3）　工况数据，包括采集终端及计量设备的工况信息。

（4）　电能质量越限统计数据，包括电压、电流、功率、谐波等越限统计数据。

（5）　事件记录数据，包括终端和电能表的事件记录数据。

（6）　其他数据，如费控信息等。

4.　用电信息采集系统的采集方式

用电信息采集系统的主要采集方式有：

（1）　定时自动采集。按采集任务设定的时间间隔自动采集终端数据，自动采集时间、间隔、内容、对象可设置。当定时自动数据采集失败时，主站具有自动及人工补采功

图 8-3
用电信息采集系统的物理结构

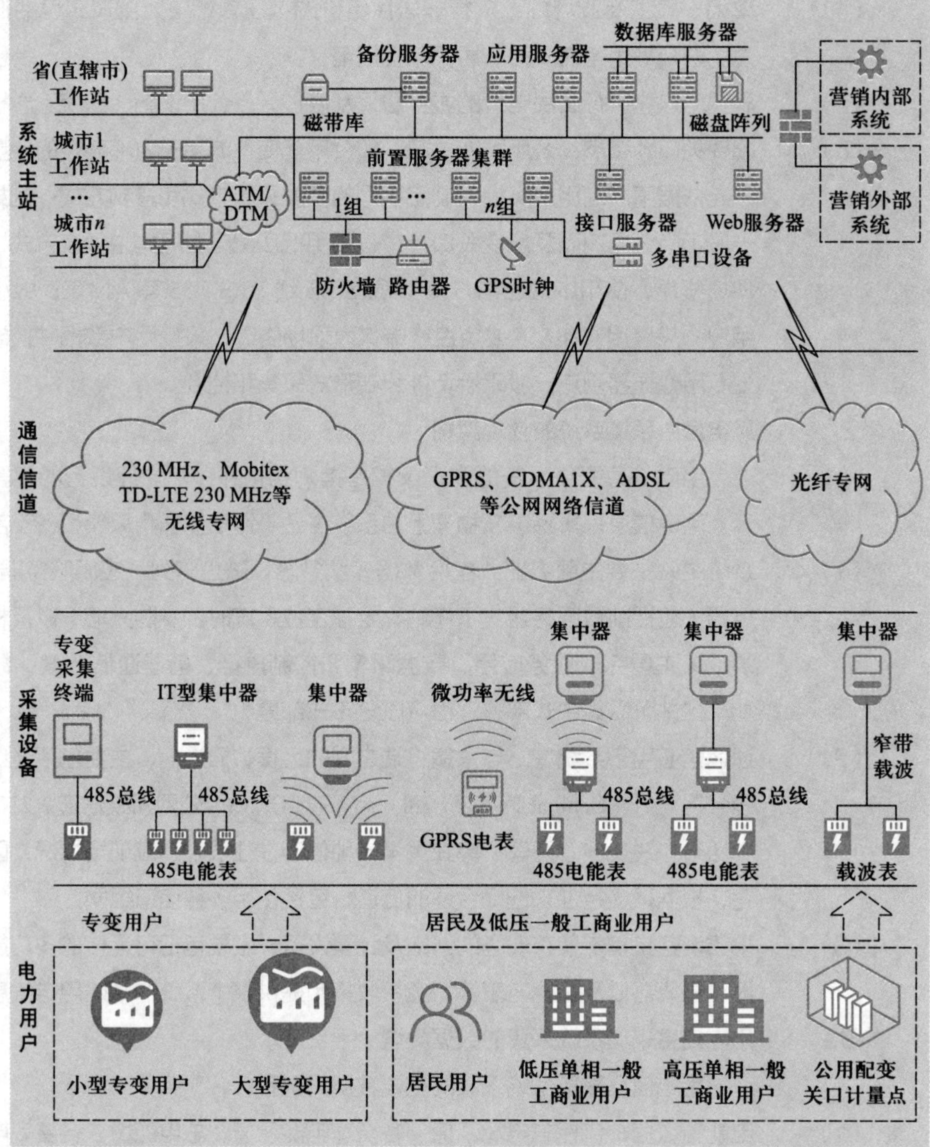

能，保证数据的完整性。

（2） 随机召测。根据实际需要随时人工召测数据。如出现事件告警时，随即召测与事件相关的重要数据，供事件分析使用。

（3） 主动上报。在全双工通道和数据交换网络通道的数据传输中，允许终端启动数据传输过程，将重要事件立即上报主站，以及按定时发送任务设置将数据定时上报主站，主站应支持主动上报数据的采集和处理。

5. 智能电表数据获取

作为用电信息采集系统的基本设备之一，智能电表承担着原始电能数据获取、计量和传输的任务，是实现信息集成和信息展现的基础。除了具备传统电能表基本用电量的计量功能以外，为了适应智能电网和新能源的使用，智能电表还具有双向多种费率计量功能、用户端控制功能、多种数据传输模式的双向数据通信功能、防窃电功能等智能化的功能，支持双向计量、阶梯电价、分时电价、峰谷电价等实际需要。大规模部署的智能电表及其对应的通信网络与数据管理系统，为海量细粒度电力消耗数据的采集、存储与管理提供了基础，这些细粒度数据为电力公司提供了丰富的数据资源，从而更好地理解用户用电行为和用能方式。

智能电表数据是由部署在特定区域的智能电表采集的。例如，在家庭场景中智能电表通常处于入户电力线路上，电表所测量的数据是家庭内所有用电设备的总电量。数据获取中主要考虑的两个因素是采集的物理量和采集频率。

电表能测量的基本物理参数包括电压、电流、视在功率和频率。这些基本物理参数通过简单计算可获得有功功率、功率因数、无功功率及能耗等。如果电表的采集速率足够高且具备一定的计算能力，可以获得谐波失真、电磁干扰、暂态波形以及设备的各种统计特性参数（如最大值、最小值、平均值、特征值等）。

按照采集频率的高低，可将数据获取分为两大类：高频采集和低频采集。高频采集一般以几 kHz 的速率进行电气参数的采集，采集的典型参数如电流周波、谐波、电磁干扰等，高频采集能够更为全面地捕获设备特征信息，但采集设备的成本相对较高，而且对于数据的传输和存储提出了较高的要求。低频采集的典型参数是功率、电量，采样间隔可以从 15 分钟到 1 天不等。低频采集降低了数据的传输与存储要求，但会损失设备的高频信息。智能电表一般只提供低频数据采集支持，即使部分智能电表在硬件上支持相对高频的数据采集，在实际应用中一般也只进行对负荷功率或能耗的低频计量。

智能电表数据被广泛应用于电网运营决策、运行管理及电力用户服务等各个方面。例如利用智能电表提供的有功功率、无功功率、电流、电压量测数据，实现具备一定精度的非侵入式负荷识别，实现负荷各组成成分的细粒度感知，有助于提升电力系统负荷预测准确度，提高电网的安全性及经济性，还有助于更精准地对用户行为进行建模，实现对用户的差异化、精准化服务。

三、其他能源大数据的获取

能源大数据除了电力大数据，还包括海量的非电力数据，例如煤炭大数据，石油大数据，温度、风、降水等气象大数据，地形、地貌、水系等地理信息，室内 CO_2 浓度、回风温度、送风温度等建筑信息等。以下简要介绍煤炭大数据和石油大数据的获取。

（一）煤炭大数据的获取

近几年煤炭大数据发展较快，数据获取覆盖煤炭生产、运输、销售、安全、资源等相关领域。随着信息化建设不断推进，先进的传感设备和信息技术被广泛应用于煤炭各领域的数据获取。例如，2020 年出台的《山西省煤炭企业生产经营信息采集和物流服务平台建设指南》要求山西省所有煤矿、煤炭洗选企业建设前端数据采集系统，并建设全省性的煤炭企业生产经营信息大数据平台，加强对煤炭数据的获取和利用。煤炭产量监控系统是实现煤炭数据获取的方式之一。它是指在煤矿所有生产矿井各建立一套煤炭产量计量监测装置，实时传输矿井实际产量的网络系统。该系统能够采集煤矿产量数据、输煤设备（采、运、提设备，采煤机、运煤机等）工况数据等。煤矿井下地质条件复杂，高温、煤尘、瓦斯和水等因素造成井下作业环境差，各种大功率装备设备电磁干扰大，5G 等新一代信息技术、先进技术装备等较难适用煤矿井下恶劣环境，使用和维护成本偏高等因素，给煤炭数据获取带来一定的挑战。

（二）石油大数据的获取

现阶段油田信息化建设进程加快，油田开采经营过程中所产生的数据种类和数据量迅速增加，呈现出大数据特征。石油大数据包含了监测设备、移动设备和互联网产生的海量监测数据及与此关联的经济活动全过程所形成的文本、音频、视频、图片数据等，而这些数据以结构化数据和非结构化数据形式共存。石油大数据的获取主要通过油井信息采集系统、实时生产监控系统和生产经营系统等实现。系统提供支持图形界面、报表、Excel 报表、结构化数据导入导出、非结构化数据导入导出等输入输出方式。对于具有连接条件的外部系统的信息采用自动采集方式，不能连接的外部系统及其他信息可采用手工批量导入的方式进行采集。另外，分布在各个油田现场的油气生产监测站是数据获取的重要一环，生产经营系统利用各个监测站先进的传感设备，实时对采集到的油田生产数据进行上传。这些监测数据以文件形式存储在指定的文件目录中，在经过系统校验处理后按照日志形式上报到大数据系统中。

第二节 能源大数据质量管理方法

能源大数据质量管理的流程可以分成两大部分：一是面向数据质量的分析评估过程；二是针对分析结果进行增强的过程，即数据质量提升过程。首先要识别和量化数据质量，然后定义数据质量和目标，接下来就要交给相关部门设计质量提升的流程，其后就是实现质量提升的流程，把原有低质量数据变成高质量数据，并交付给业务人员使用。同时，在整个环境中，还需要有相关的一些监控和对比来评估是否达成了目标，决定是否需要进行新一轮的数据质量提升，这是一个周而复始、螺旋上升的过程。

一、 能源大数据质量评估

（一） 能源数据质量评估概述

数据质量通常是指数据值的质量，包括准确性、一致性和完整性。数据的准确性是指数据不包含错误值或异常值，一致性是指数据在各个数据源中都是相同的，完整性是指数据不包含缺失值。广义的数据质量还包括数据整体的合规性、关联性和即时性等。本节中介绍的能源数据质量评估是指对能源数据原始数据值的质量进行分析评估。数据分析的前提就是要保证数据质量是可信的。

数据质量评估是对数据进行科学和统计的评估过程，以确定它们是否满足项目或业务流程所需的质量，是否能够真正支持其预期用途的正确类型和数量。要完成数据质量评估，需要选择合适的数据质量维度、度量方法和评估方法。能源数据质量评估的主要任务是检测原始数据中是否存在脏数据。脏数据一般是指不符合要求，以及不能直接进行相应分析的数据。通常情况下，原始能源数据中都会存在数据不完整、数据不一致、数据异常等问题，这些脏数据会降低能源数据的质量，影响数据分析的结果。因此，在进行能源数据分析之前，需要对能源数据进行清洗、集成、转换、归约等处理，以提高能源数据的质量。其中主要的方法是基于数据检查后的结果来审核能源数据质量，发现能源数据中可能存在的异常和问题，为根本原因分析、所需数据纠错和预防错误提供优化的基础。可以通过以下 6 个方面对能源数据质量进行评估，如图 8-4 所示，从而发现潜在的数据问题。

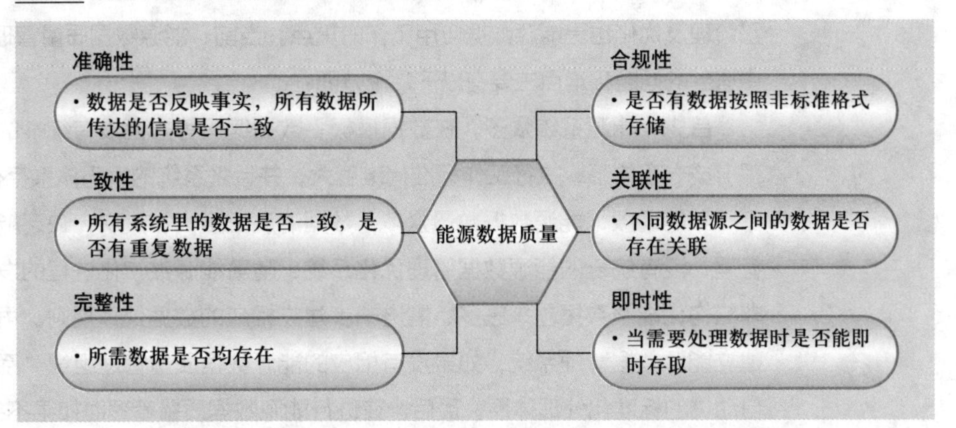

图 8-4 能源数据质量评估指标

（1） 准确性。所采集到的能源数据必须真实准确地反映客观的实体存在或真实的流程，真实可靠的原始数据是能源单位统计工作的基础，是一切管理工作的前提，是管理者进行正确决策必不可少的第一手资料。准确性也叫可靠性，是用于分析和识别哪些是不准确的或无效的数据，不可靠的数据可能导致严重的问题。

（2） 一致性。由于能源数据多从不同渠道采集，一般会涉及此问题。包括：多源数据的数据模型一致性问题，例如，命名是否一致、数据结构是否一致、约束规则是否一致；数据实体一致性问题，例如，数据编码是否一致、命名及含义是否一致、分类层次是否一致、生命周期是否一致等；相同的数据有多个副本的情况下的数据一致性问题、数据内容冲突问题等。另外，重复数据也是导致业务无法协同、流程无法追溯的重要因素，也是数据治理需要解决的最基本的数据问题之一。

（3） 完整性。数据完整性问题包括：模型设计不完整，例如，唯一性约束不完整、参照不完整；数据条目不完整，例如，数据记录丢失或不可用；数据属性不完整，例如，数据属性空值。不完整的能源数据所蕴含的价值就会大大降低，也是数据质量问题中最常见的一类问题。

（4） 合规性。能源数据也需要有其数据的存储标准，数据存储标准是指对存储在存储介质中数据的存储与交换方法、数据存储的需求及其定义方法、数据格式要求和存储实现技术等进行标准化定义。存储标准的确定及规范化有利于能源数据的管理、存储、分类和提取。

（5） 关联性。数据关联性问题是指存在数据关联的数据关系缺失或错误，例如，函数关系、相关系数、主外键关系、索引关系等。不同的能源数据之间往往有很强的关联性，存在数据关联性问题，会直接影响能源数据分析的结果，进而影响管理决策。

（6） 即时性。数据的即时性是指能否在需要的时候即时获得数据。数据的即时性与能源系统的数据处理速度及效率有直接的关系，是影响能源数据处理和管理效率的关键指标。

（二） 能源数据质量存在的问题

在能源数字化的过程中，数据质量问题成为重要的影响因素之一。对数据进行质量管理及优化也是能源数据应用工作的重点。当前，能源数据质量管理体系建立过程中遇到的问题和难点主要有以下几个方面：

首先，能源系统众多，在数据模板、数据编码等方面没有统一的标准，各系统都自成一套体系，执行工作标准化难度大，并且各系统的编码体系存在重复、错误、不一致等现象，能源数据数量众多，数据清洗难度大。其次，缺乏能源数据标准化管理，没有统一的能源数据管理优化系统，随着能源数字化进程的发展，结构化和非结构化能源数据越来越多，需进一步建立相应的数据处理规则。再次，即使着手建立能源数据管理系统，如果没有相应的能源数据质量管理组织，系统上线后也无自动化的标准化处理体系。最后，在进行能源数据质量管理时如果不打破传统思维，存在管理制度松散、执行标准化力度不够等现象，也难以实现有效的能源数据质量管理。

智能电网在采集传输过程中，采集方式、通道状况、参数设置、系统运行情况、硬件平台、省市转发、人为因素等多种原因均会影响电网数据的质量，具体表现为数据跳变、不刷新、数据错误、报表出错等。在数据集成中，存在着多数据源异构、数据缺失、不完整或重复记录的问题。此外，还存在一些人工录入的数据，这些数据受制于人工成本，往往间隔时间长且监测的目标有限，还会存在录入有误的情况，如状态监测的离线试验数据及历史故障案例数据，这些数据的采集一般通过运行、检修人员人工录入，缺乏统一的标准且容易引入人为的错误，造成了数据杂乱、准确性差的问题。

二、 能源大数据质量提升方法

能源互联网环境下，对数据质量、数据安全和数据处理的要求必然越来越高，迫切需要有效的数据质量提升方法。

数据预处理是提升能源数据质量的一个重要手段。数据预处理是指在主要的处理工作之前对数据进行的一些处理。进行数据预处理，可以得到较为完整、较为洁净、较为一致的数据，这些数据与原始数据相比更便于分析处理，同时也有更大的价值密度，进而使数据处理的效率得到提升。不仅如此，数据预处理还能减少数据挖掘的成本，降低数据挖掘的难度，从而可以更快、更准确、更有效地利用数据所潜藏的信息。

数据预处理包括对所收集数据进行分类或分组前所做的审核、筛选、排序等必要的处理。主要采用数据清洗、数据集成、数据变换、数据归约的方法来完成数据的预处理任务。其流程如图 8-5 所示。

图 8-5 数据处理流程图

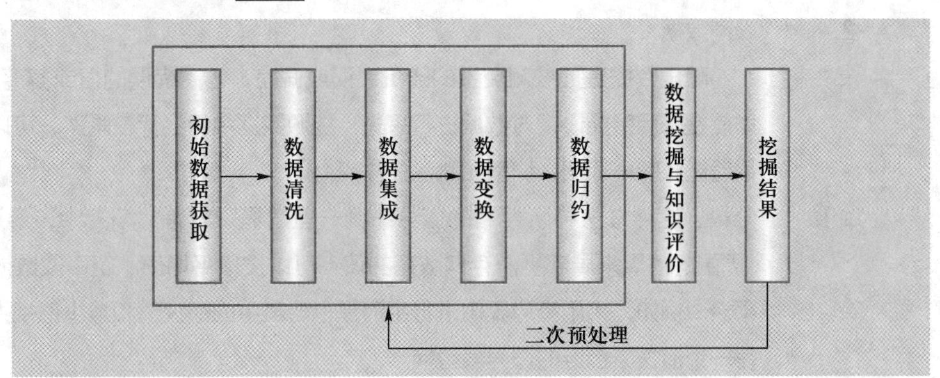

（一） 数据清洗

数据清洗是通过清理数据中的异常数据、纠正数据中存在的错误、清除重复多余的数据等使数据格式标准化。能源大数据具有数量大、维度高、数据模式繁多等特征，在能源大数据的采集过程中，不可避免地存在异常数据，对能源大数据进行清洗十分必要。针对数据的类型和特性不同，大致将数据分为三个类型来进行数据的清洗工作。

1. 缺失数据

在采集过来的原始能源数据中，往往有许多元组中的部分属性值为空，这些缺失的属性可能导致整个元组都不可利用。现实中能源数据的采集、录入、传输以及存储等各个过程都可能造成数据缺失。对缺失数据的处理主要有以下几种方法：

（1） 忽略元组。这种方法通常在类标号缺少时使用，但如果原始能源数据中有大面积的元组缺失，这种方法就不太适用。

（2） 手工填入空缺值。这种方法适用于数据量小、结构简单的能源数据组。对于复杂能源数据组来说，这种方法枯燥、费时且可操作性差。

（3） 全局常量填充法。即用同一个常量（如“Unknown”）来替换缺失的属性值。

（4） 中心度量指标填充法。即用已有数据的中心度量指标（如平均值或中位数）来填充缺失的属性值，对于对称分布的数据可以使用均值，而倾斜分布的数据应该使用中位数。此方法虽然方便快速，但会使得对能源数据的挖掘结果不够精确。

（5） 同类别中心度量指标填充法。与中心度量指标填充法类似，不过该方法使用的是与给定元组同一个类别的所有样本的中心度量指标填充缺失数据，分类指标的选择是这个方法的核心。

（6） 最可能值填充法。所谓最可能值，是指利用回归、贝叶斯形式化方法等推导出最符合属性之间关系的值，由于能源数据的属性数据有可能符合某种分布，这种方法在实际使用中效果较优。

需要注意的是，在某些情况下，能源数据的属性值缺失并不意味着有错误。理想情况下各属性应当有一个或多个关于空值条件的规则，这些规则能说明是否允许空值以及属性中的空值应当如何处理或转换。

2. 噪声数据

噪声数据是指被测变量的随机错误或偏差，包括错误的值或偏离期望的孤立点。即使是采用智能设备对数据进行采集，能源数据中仍会存在噪声，可以用以下技术来平滑能源噪声数据，识别和删除孤立点。

（1） 分箱。这种方法将所存储的值分布到一些“桶”或者“箱”中，通过考察“邻居”（周围的值）来局部平滑存储数据的值。可以按箱平均值、箱中位数或箱边界值进行平滑。例如，采用箱边界值进行平滑是指将箱中的最大值和最小值视为边界，箱中的每一个值被最接近的边界值替换。

（2） 聚类。聚类将类似的值划分为一个“群”或者“簇”。直观上，落在聚类集合之外的值被视为异常数据，对于异常数据，如果是垃圾数据，则予以清除，否则保留作为重要数据进行孤立点分析。

（3） 回归。回归是指利用拟合函数对数据进行平滑。例如，借助线性回归方法，包括多变量回归方法，就可以获得多个变量之间的拟合关系，从而达到利用一个（或一组）变量值来预测另一个变量取值的目的，例如天气数据与可再生能源发电数据应满足一定的关系。

（4） 人机结合检查。首先由计算机识别并输出那些差异程度大于某个阈值的数据，然后通过人工审核这些数据来确定孤立点。这种方法比单纯的人工检查要快。

3. 不一致数据

现实世界的数据库常出现数据记录内容不一致的问题，对于其中一些数据可以利用它们与外部的关联，手工解决这种问题。例如，存在录入错误的能源数据一般可以通过与原稿进行对比来加以纠正。

（二） 数据集成

数据集成是将不同能源应用系统、不同能源数据形式，在原来的能源应用系统不做任何改变的条件下，进行能源数据采集、转换和存储的数据整合过程。其主要目的是解决多重数据存储或合并时所产生的数据不一致、数据重复或冗余的问题，以提高后续数据分析的精确度和效率。

数据集成需要解决的问题主要包括以下几个部分：

1. 模式集成

模式集成主要是实体识别问题，即来自多个信息源的现实世界的等价实体如何才能相互匹配。通常，数据库和数据仓库有元数据——关于数据的数据，例如设备 IP，量测单元位置信息等。这种元数据可以帮助避免模式集成的错误。在集成期间，当一个数据库的属性与另一个数据库的属性匹配时，必须特别注意数据的结构。这是为了确保源系统中变量的依赖和参照关系与目标系统中相匹配。

2. 冗余和相关分析

若一个属性可以从其他属性推演出来，那么它就是冗余属性。数据集成往往导致数据冗余，如同一属性多次出现、同一属性命名不一致等。利用数理统计中的相关性分析方法可以检测数值属性是否相关（正关联、负关联或者相互独立）。除检查属性冗余之外，还要检测元组（记录）是否冗余。

3. 数据值冲突的检测与处理

数据集成还涉及数据值冲突的检测与处理。例如，对于现实世界的同一实体，来自不同数据源的属性值可能不同。这可能是因为表示、尺度或编码不同。另外，数据语义上的模糊性、歧义性是数据集成的难点，比如，同名异义、异名同义等。

（三） 数据变换

数据变换是数据形式转换的过程，就是将原始能源数据转换成适用于数据挖掘的形式。通过寻找数据的特征表示，用维变换方式减少有效变量的数目或找到数据的不变式。数据变换主要是数据规格化。规格化是属性值量纲的归一化处理，目的是消除数值型属性因大小不一而造成挖掘结果的偏差。

数据变换策略包括如下几种：

（1） 平滑：去掉数据中的噪声。这种技术包括分箱、聚类和回归。

（2） 属性构造（或特征构造）：可以由给定的属性构造新的属性并添加到属性集中，以支持挖掘过程。

（3） 聚集：对数据进行汇总和聚集。例如，可以聚集日发电量，计算月和年发电量。通常，这一步用来为多个抽象层的数据分析构造数据立方体。

（4） 规范化：把属性数据按比例缩放，使之落入一个特定的小区间，如 –1.0 到 1.0 或 0.0 到 1.0。

（5）　离散化：数值属性的原始值用区间标签（例如，0 到 100，101 到 200 等）或概念标签（例如，极少、少、中等、多、极多等）替换。这些标签可以递归地组织成更高层概念，导致数值属性的概念分层。

（6）　由标称数据产生概念分层：属性，如电厂位置，可以泛化到较高的概念层，如所在城市或所在省份。

（四）　数据归约

由于在数据挖掘时会产生大量的数据信息，在少量数据上进行挖掘分析需要很长的时间，数据归约技术可以用来得到数据集的归约表示。数据归约并不影响原数据的完整性，结果与归约前结果相同或几乎相同。所以，可以说数据归纳是在尽可能保持数据原貌的前提下，最大限度地精简数据量，保持数据的原始状态。由于能源数据一般体量巨大，因此能源数据的归约过程十分有必要。

数据归约主要有两个途径：属性选择和数据采样，分别针对原始数据集中的属性和记录。

对于小型或者中型的能源数据集来说，一般的数据预处理步骤已经可以满足需求。但对大型能源数据集来讲，在应用数据挖掘技术以前，更可能采取的一种中间的、额外的步骤就是数据归约。数据归约可以分为 3 类，分别是特征归约、样本归约、特征值归约。

1.　特征归约

特征归约是从原有的特征中删除不重要或不相关的特征，或者通过对特征进行重组来减少特征的个数。其原则是在保留甚至提高原有判别能力的同时减少特征向量的维度。特征归约算法的输入是一组特征，输出是它的一个子集。在领域知识缺乏的情况下进行特征归约时一般包括 3 个步骤。

（1）　搜索过程：在特征空间中搜索特征子集，每个子集称为一个状态，由选中的特征构成。

（2）　评估过程：输入一个状态，通过评估函数或预先设定的阈值输出一个评估值。搜索算法的目的是使评估值达到最优。

（3）　分类过程：使用最终的特征集完成最后的算法。

2.　样本归约

样本归约就是从能源数据集中选出一个有代表性的样本的子集。子集大小的确定要考虑计算成本、存储要求、估计量的精度以及其他一些与算法和能源数据特性有关的因素。

样本都是已知的，通常数目很大，质量或高或低，关于实际问题的先验知识也不确定。初始数据集中最大和最关键的维度数就是样本的数目，也就是数据表中的记录数。

初始能源数据集描述了一个极大的总体，对数据的分析只基于能源数据样本的一个子集。取样过程总会造成取样误差，取样误差对所有的方法和策略来讲都是固有的、不可避免的。当子集的规模变大时，取样误差一般会降低。一个完整的数据集在理论上是不存在取样误差的。与针对整个能源数据集的数据挖掘比较起来，样本归约具有以下优点：减少成本、速度更快、范围更广，有时甚至能获得更高的精度。

3. 特征值归约

特征值归约是特征值离散化技术，它将连续型特征的值离散化，使之成为少量的区间，每个区间映射到一个离散符号。这种技术的好处在于简化了数据描述，并易于理解数据和最终的挖掘结果。

特征值归约可以是有参的，也可以是无参的。有参方法使用一个模型来评估能源数据，只需存放参数，而不需要存放实际数据，包括回归和对数线性模型两种。无参方法的特征值归约有三种，包括直方图、聚类和选样。

三、电力大数据质量管理方法

（一）电力数据质量问题及其来源

1. 配电网新环境下电力数据质量问题

能源互联网环境下配电网多源异构数据的集成给数据质量管理带来了诸多挑战，主要表现在以下 4 个方面。

（1）数据来源异常复杂。泛在电力互联建设过程会导致不同来源、不同结构的数据源之间产生冲突、不一致或矛盾的现象。

（2）由于电网覆盖范围广，数据量大，配电数据维护水平不足，容易在数据传输和计算过程中产生错误。

（3）智能设备和系统的建立，大大加快了数据传输和集聚的速度。大量的数据更新会导致过时数据和不一致数据快速生成。

（4）配电网发展迅速，电力技术和设备厂商众多，标准各异，直接产生的数据或数据标准不完善，可能产生不一致和冲突的数据。

2. 电力数据质量问题的来源

导致数据质量产生问题的原因多种多样。电力数据质量问题主要体现在 4 个方面，即单数据源模型层、单数据源实例层、多数据源模型层和多数据源实例层，如图 8-6 所示。

单数据源问题可以从模型层和实例层两个方面进行分析。从模型层的角度看，主要问题是缺乏完整的描述和模型设计。实例层的主要问题是人为错误，如拼写错误、重复记录等。多数据源也是配电网出现质量问题的重要原因，主要体现在异构数据模型问题，如名称和结构冲突。对于多数据源实例层，主要问题是存在冗余、矛盾和不一致的数据。

（二）电力数据质量提升措施

1. 引入数据价值理念

在现有的电力信息系统中引入数据价值理念，将数据资源作为电力企业的重要资

图 8-6
电力数据质量问题来源

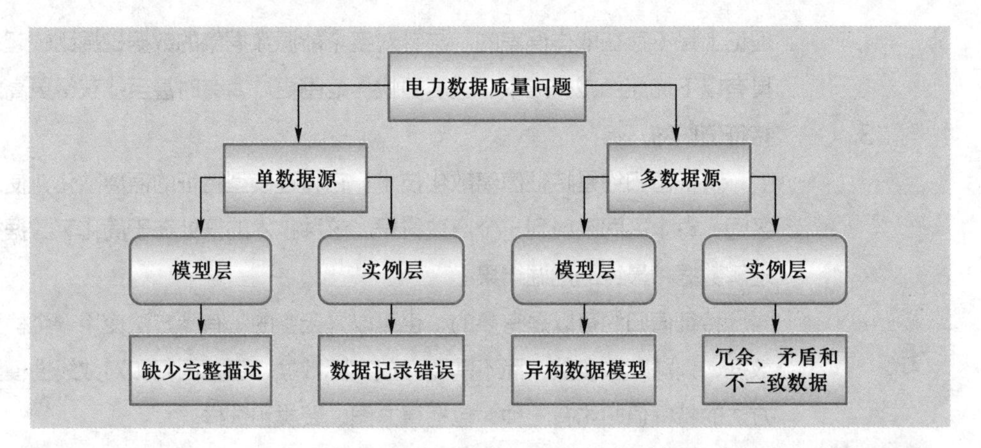

产，实现其从基本的代码到核心内容的转变，充分提高数据在电力企业中的重要性。借助大数据技术，展开电力信息系统数据分析，深入挖掘数据存在的价值，以便于更好地支持决策。

2. 制定完善的管理机制

电力企业应结合自身的发展需求，制定科学的管理机制，将管理方案逐渐完善，且应该重视数据的评价结果。通过数据形式，将电力系统中的问题数据以及信息系统问题呈现，按照电力信息系统事件的重要程度进行分类处理，完成数据的分类录入，形成数据库，做好数据库的维护升级，能更好地进行问题数据的定位。另外，电力企业为提升电力信息系统数据的质量，还应加强对工作人员的培训工作，提升其对数据质量的重视程度，从而促使其能够在日常工作中高度关注数据质量。

3. 加强对数据质量重要性的认知

针对电力信息系统的运行状况，重新梳理现有的管理规范，做好管理指导，严格按照管理规定去完成电力信息系统数据的录入和后续的维护，尽可能地减少问题数据的出现。对相关工作人员进行培训，加强对数据质量重要性的认知，制定完善的人员考核方案，让工作人员能够在日常的工作中做好数据治理，认识到数据质量的重要性，合理地划分岗位职责，将责任落实到个人，真正借助考核激励手段来提高工作人员的执行力。

第三节 能源大数据的管理决策

一、基于能源大数据的负荷分类

能源系统中智能传感设备采集到海量复杂数据，例如智能电表、自动读表系统广泛应用，大量的电力负荷数据得以采集、保存和分析。这些能源消费数据为实现能源系统优化调度、节能减排和智能能源管理提供了支撑。

能源互联网中的差异化定价策略、不良负荷数据处理、负荷预测和负荷优化分配等重要任务都需要精确的负荷数据分析，负荷分类为这些能源系统决策提供了重要支撑。

（一） 基于能源大数据的负荷分类概念和特点

基于能源大数据的负荷分类就是利用各种聚类技术，将特征相似的负荷归为一类，从中抽取共同的负荷模式特征，用同一负荷模型描述该类负荷的特征，挖掘出各类用户的能源消费模式。基于能源大数据的负荷分类特点主要体现在以下几个方面：

（1） 负荷分类的精度有了更高的要求。以发电侧为例，电力生产自动化控制程度提高，对诸如压力、流量和温度等指标的监测精度、频度和准确度更高，对负荷分类提出了更高的要求。

（2） 需要进行分类的能源数据类型多。随着能源管理系统的应用不断增多，音频、视频等非结构化数据在能源数据中的比重进一步加大。此外，能源大数据应用过程中还存在着对多类型数据的大量关联分析需求，而这些都直接导致了数据类型增加，从而极大地增加了负荷分类方法的复杂度。

（3） 负荷分类方法处理数据的速度需求高。对能源数据采集、处理、分析速度的要求高。负荷分类需要有较快的响应速度及较好的数据处理能力，这也是能源大数据环境下负荷分类算法与传统的事后处理型的商业大数据、普通数据挖掘算法的最大区别。

（4） 负荷分类结果的交互。能源大数据与国民经济社会有着广泛而紧密的联系，其价值不局限于工业内部，更体现在整个国民经济运行、社会进步以及各行各业创新发展等方方面面，而其发挥最大价值的前提和关键是能源数据与行业外数据的交互融合，以及在此基础上全方位地分析和展现。

基于能源大数据的负荷分类一直是能源系统规划、错峰管理、分时电价、负荷预测的基础，精准的负荷分类方法能给系统规划、错峰管理提供指导。在能源大数据环境下，传统的数据分类方法等已经无法满足能源管理系统的需求，对结合能源大数据下负荷分类特征的新型数据挖掘方法的需求日益迫切。

能源系统中数据庞大，尤其是对于动态数据上千节点的数据采集会造成巨大的数据累积。动态数据的处理对于能否有效挖掘关键数据至关重要，但传统算法直接在一定时间内忽略最新的动态数据，而采用历史数据，这对于实时变化的电力系统来说可能影响巨大。因此，在能源大数据的环境下，分布式存储与并行计算技术是进行负荷分类的基础，而结合大数据技术的聚类方法给能源大数据下实现动态数据分类、海量数据并行处理提供了有效的手段。

（二） 负荷分类的聚类算法

聚类分析也称无监督分类、集群分析或探索性数据分析。它是数据分析、知识发现和智能决策领域的重要研究领域之一，是针对能源大数据下的数据挖掘方法的有效手段。聚类分析是一种无先验知识的模式识别方法和一个无监督的学习过程，即在没有任何先验信息的指导下，根据样本对象之间的相似性，从一个数据集中发现潜在的相似模式，对样本对象进行分组，以使得同一类的相似性尽可能大，同时不同类之间异质性尽可能大的过程。

聚类属于无监督学习过程，将一个群体内样本聚类成多个类别，使同一类内个体尽可能相似而不同类的类间差异尽可能大。聚类分析过程可分为数据准备、样本曲线聚类、聚类评价 3 个阶段。

第一阶段：数据准备。此阶段包括数据清理和数据预处理。通过分布式存储系统提取的负荷数据会含有一些不良数据，应该先进行数据清理。数据预处理是将不同数量级的数据进行规范化处理，使聚类结果可靠。

第二阶段：样本曲线聚类。此阶段使用聚类方法对准备好的数据进行聚类。通过聚类，将含有大量样本的数据簇聚类为几个集群，每个集群的中心是一个典型的样本曲线。样本曲线聚类是聚类分析过程的中心环节。

第三阶段：聚类评价。聚类的目的是使同一集群内的样本曲线的模式相似，而在不同集群间的样本曲线之间能够表现出明显差异。通过量化样本曲线间的相似性和差异性，可以使用不同的评价指标来评价聚类技术的性能，进而能够选择更适合的集群数量和聚类技术。

图 8–7 所示为能源大数据下的负荷聚类工作流程图。通过对分布式存储的数据库进行数据获取和解析，再通过负荷聚类算法进行数据挖掘，可以有效解决海量数据

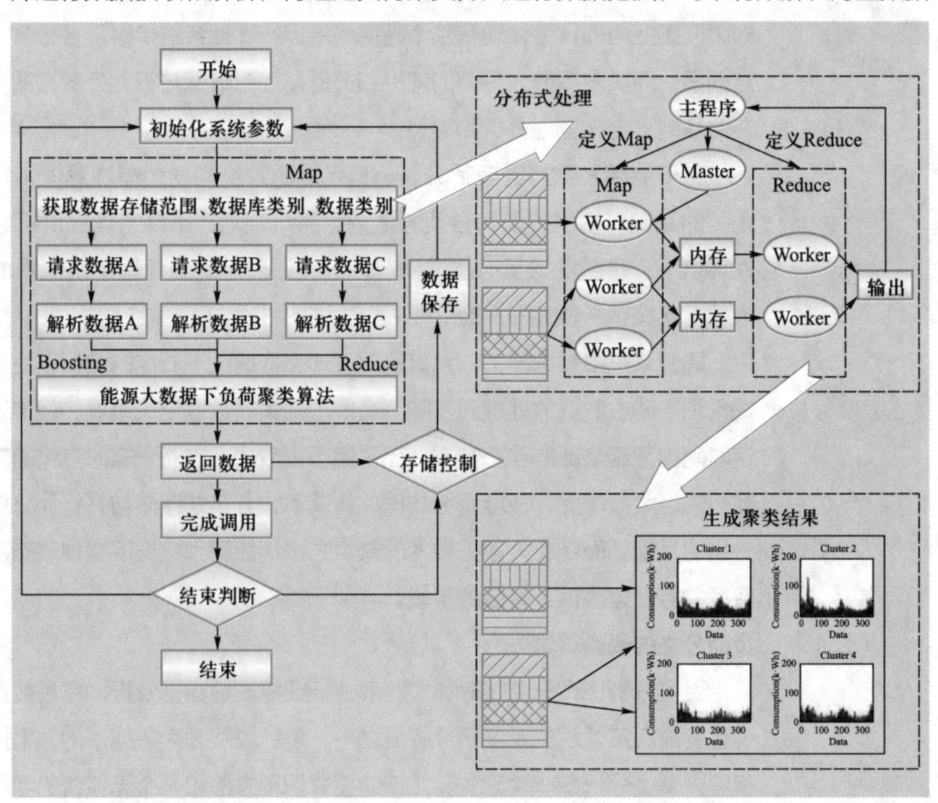

图 8–7
能源大数据负荷聚类流程

的并行处理问题，降低计算时间，提高计算效率。

在能源大数据负荷分类中应用的聚类方法可以归纳为两类：经典聚类方法和智能聚类方法。

1. 经典聚类方法

常用的经典聚类方法有：

（1）基于划分的聚类方法。划分聚类的核心思想为：把相似的点划分为同一类，不相似的点划分到不同类。该方法是聚类算法中最常用、最普遍的方法，简单并易于使用，在实际中运用广泛。基于划分的聚类方法是将待处理的数据样本依据给定的类组数进行划分，属于硬聚类。该方法需要预先指定聚类数目或聚类中心，通过反复迭代运算，逐步降低目标函数的误差值，当目标函数值收敛时，得到最终聚类结果。基于划分的聚类方法常常包括 K-Means、K-Medoids、自组织神经网络等聚类算法。

（2）层次聚类方法。层次聚类方法又称树聚类算法，它使用数据的连接规则，通过一种层次架构方式，反复将数据进行分裂或聚合，以形成一个层次序列的聚类问题解。具体来说，层次聚类方法通过计算不同类别数据点间的相似度来创建一棵有层次的嵌套聚类树。在聚类树中，不同类别的原始数据点是树的最底层，树的顶层是一个聚类的根节点。计算两类数据点间的相似性，对所有数据点中最为相似的两个数据点进行组合，并反复迭代这一过程。其核心思想是通过计算每一个类别的数据点与所有数据点之间的距离来确定它们之间的相似性，距离越小，相似度越高，并将距离最近的两个数据点或类别进行组合，生成聚类树。层次聚类分为凝聚和分裂两种方法。

（3）基于密度的聚类方法。基于密度的聚类方法假设聚类结构能通过样本分布的紧密程度确定。通常情况下，基于密度的聚类方法从样本密度的角度来考察样本之间的可连接性，并基于可连接样本不断扩展聚类簇以获得最终的聚类结果。基于密度的聚类方法将数据空间的高密度对象区域看成簇，这一个个簇是被低密度区域分割开来的，这些簇所代表的区域就称为一个聚类。该方法是基于相对范围内的密度进行聚类，可以有效过滤噪声数据，以设置的密度参数作为终止条件。这类方法的代表算法有 DBSCAN、OPTICS、DENCLUE 等。

（4）基于网格的聚类方法。基于网格的聚类方法是一种基于网格的具有多分辨率的聚类方法。它首先将数据集的分布空间划分为若干个规则网格（如超矩形单元）或灵活的网格（如任意形状的多面体），然后通过融合相连的带数据概要信息的网格来获得明显的聚类。这类算法的优点是处理时间与数据点的数目无关、与数据的输入顺序无关，可以处理任意类型的数据。其缺点是处理时间与每个维度上所划分的单元数相关，一定程度上降低了聚类的质量和准确性。代表算法有 STING、CLIQUE、WaveCluster 等。

2. 智能聚类方法

智能聚类方法具有运行速度快、存储空间少、效率高的优点。常用的智能聚类方法主要有：

（1） 群智能算法。群智能算法是基于对人或动物意识、思维过程的模仿，进行问题分析和处理的智能行为。群智能理论研究领域主要算法有：蚁群算法、遗传算法、粒子群优化算法等。蚁群算法是对蚂蚁群落食物采集过程的模拟，已成功应用于许多离散优化问题。遗传算法是借鉴进化生物学种的遗传、突变、自然选择等模拟出的最优搜索算法。粒子群优化算法起源于简单社会系统的模拟，比如模拟群鸟觅食的过程，并运用于优化当中。此外，还有模仿蚁群、蜂群等搜索食物和搬运食物的过程，将数据挖掘的过程模拟成动物按照一定的概率选择觅食路径，使得算法搜索的路径呈现多样化状态，而将聚类的结果视为食物源，这样算法通过一定的概率实现“移动”，并聚集在不同的“食物源”上而实现聚类。

（2） 人工神经网络。人工神经网络是人工智能领域兴起的研究热点，它从信息处理角度对人脑神经网络进行抽象，建立某种模型，按不同的连接方式组成不同的网络。神经网络是一种计算模型，由大量的节点（或称神经元）相互连接构成。每一个节点代表一种特定的输出函数，称为激活函数。每两个节点间的连接都代表一个对于通过该连接信号的加权值，称为权重，这相当于人工神经网络的记忆。网络的输出则依网络的连接方式、权重值和激活函数不同而不同。网络自身通常都是对自然界某种算法或者函数的逼近，也可能是一种逻辑策略的表达。基于神经突触的信号传递机制，模仿生物神经结构构建出的人工神经网络在负荷分类中有很好的运用。在负荷分类中，分析不同负荷特性，人工神经网络通过大量学习训练样本数据，自动提取数据中包含的有用特征，从而提升聚类结果的准确性。

（三） 负荷分类的应用

负荷分类结果可以用于需求响应、精准营销、客户关系管理等。

（1） 需求响应。结合用户特征，负荷分类可以有效分析出影响用户参与需求响应的因素，并指导动态电价等定价策略的制定。这对供电企业、电力用户和政府三方共赢具有重要意义。

（2） 精准营销。能源服务商通过负荷分类对用能客户特征进行深入分析，建立客户与业务、资费、用能类型的精准匹配，并在信息推送渠道、时间、方式上充分满足客户的需求，实现精准营销。

（3） 客户关系管理。可以将负荷分类运用到客户关系管理中，从而针对不同的消费者群体提供更多的个性化服务，以便更好地满足能源客户的需求，为能源服务商争取更多的客户。帮助能源服务商逐渐摒弃“以产品为中心”的传统管理模式，而转变为“以服务为中心”的新型管理模式。

二、 基于能源大数据的异常检测

（一） 基于能源大数据的异常检测概念和特点

异常检测是指对不符合预期模式或数据集中其他项目的项目、事件或观测值的识别。异常也常被称为离群值、新奇、噪声、偏差和例外。由于各种不确定因素的存在，实际能源系统受到系统内外扰动的影响而出现异常，表现出一定的脆弱性。

目前，能源相关的数据规模日益增大。随着电网规模快速增长，电网数据日趋复杂，采集的电力数据不仅包括了设备异常时出现的各类异常信号、电力系统运行过程中各类传感器的状态信息，同时还包含了大量的相关数据，例如地理信息、天气、现场温湿度，以及监控视频、图像和相关的文档等，这些数据时间密度大，结构化、非结构化数据混杂，各类数据之间都可能存在隐含的相关性，因此对能源数据异常检测提出了严峻的挑战。

能源大数据带来的异常检测特点主要体现在以下五个方面。

（1） 能源供给设备的状态监测数据体量巨大。现阶段的在线监测系统，如变压器油色谱、局部放电、线路覆冰、电站图像监控等的数据量已经达到 PB 级。此外，正在发展的无人机巡检产生的红外、紫外视频信息也达到 TB 级。随着监测系统规模的扩大，上述数据量还将成倍增加。

（2） 多源异构数据的相关性。在能源大数据的异常检测中，需要对多种监测数据进行关联分析，也需要对能源系统外数据（气象、地理、环境等）与监测数据进行关联分析，这无疑增加了对输电设备状态评估、故障检测与预测等高级应用的复杂度。此外，传统异常检测算法在面对海量数据时的执行效率也会受到很大影响，对面向能源大数据的异常检测提出了挑战。

（3） 具有时间和空间属性。监测装置节点具有地理位置属性，数据采集样值具有时间属性。利用这些数据进行异常检测时，不仅需要考虑其时间属性，还需要充分考虑空间属性。

（4） 处理速度要求高。输变电设备状态评估、风险预测等高级应用要求对海量数据进行离线、在线分析处理。这些数据需要异常检测算法能够提供并行化的处理能力。

（5） 价值密度低。以视频数据为例，连续不间断的视频监控数据，可能有用的数据仅有 1~2 秒。在传统的异常检测中，只对少量异常数据关注、处理和分析，而丢弃掉所谓的“正常数据”，然而丢弃掉的大量“正常数据”也可能成为异常检测判断的重要依据。

（二） 基于能源大数据的异常检测方法

异常检测通常按照学习模式分为三类：无监督异常检测、监督式异常检测和半监督式异常检测。无监督异常检测方法通过寻找与其他数据最不匹配的示例检测出标记测试数据的异常。监督式异常检测方法需要一个已经被标记“正常”与“异常”的数据集，并涉及训练分类器。半监督式异常检测方法根据一个给定的正常训练数据集，创建出一个表示正常行为的模型，然后检测由学习模型生成的测试实例的可能性。

有效的异常检测手段，可以对影响电能的异常状态进行监测，识别和消除影响电能质量的源头，不让故障带来的影响扩散开来，减少电能损耗；对于设备监控，异常检测有助于检查设备的运行状态，保证设备的稳定运行；对于智能电网，通过异常检测可以保证电网的稳定，节省人工的使用，降低电网运作成本，使电网能够有效且经济地运行。

1. 负荷数据的异常检测

在电力系统的每日运行中，会产生大量的结构化报表信息，典型的代表如负荷数据。这些负荷数据多半来自智能电表、智能传感器，通常每15分钟甚至更短采集一次。针对这些负荷数据的异常检测比较成熟，目前国内外已经提出了多种异常检测方法，大致分为以下五类。

（1）针对结构化能源大数据的异常检测。电力公司可以从城市配电网变压器和配电网线路中采集用电信息数据，进行分析计算，筛选出重载和过载严重的变压器和线路，及时提醒运维人员加强关注，有效防止配电变压器烧损事件的发生。同时，通过智能电表采集的馈线负荷数据和天气数据，利用大数据异常检测算法分析不同馈线随季节和昼夜变化的规律，以及受气温等气象条件、节假、重要事件等因素的影响特征，构建科学的异常事件预测系统，实现对未来数日馈线异常的有效预警。

（2）基于概率统计的异常检测。该方法的思想是对数据的分布做出假设，并找出假设下所定义的“异常”，因此往往会使用极值分析或者假设检验。例如，在设备能耗的异常检测中，由于这些数据为简单的一维数据，假设这些数据服从某一分布，然后将距离均值特定范围以外的数据当作异常点。在高维数据中，假设每个维度各自独立，并将各个维度上的异常度相加。这类方法的处理速度较快，但是效果可能一般。

（3）基于线性模型的异常检测。该方法假设数据是镶嵌在低维子空间中的，则这些数据在低维空间上投影后表现不好的数据可以认为是离散点。常见的方法有最小二乘法、主成分分析法、SVM法等。

（4）基于相似度的异常检测。异常点因为和正常点的分布不同，因此相似度较低，由此衍生了一系列算法，这些算法通过相似度来识别异常点。比如K近邻就能做异常检测，一个样本和它的第K个近邻的距离可以用来衡量样本是否异常，显然异常点的K近邻距离更大。大部分异常检测算法都可以被认为是一种估计数据的相似度，无论是通过密度、距离、夹角还是超平面划分。

（5）基于集成的异常检测。该类算法的核心思想是单一模型的鲁棒性不如多种算法集成后的模型鲁棒性高。该类算法首先将数据集随机划分成多个子训练集，再在每个子训练集上训练一个独立的模型，最后综合所有模型的结果（如通过平均）。

2. 变电站数据的异常检测

变电站电力设备出现机械故障时，其振动特性或部分频段内的振动能量将发生改变，这常伴随异常的声音。此外，设备的超负荷运行或其他电路故障也会引起异常的声音变化。因此，在电力设备的不同位置所测取的声音信号包含着丰富的信息，具有丰富经验的工程师也通常根据现场的异常声音判断故障。然而在海量能源数据前，单靠人力的异常检测常面临处理信息量小、反应慢、高成本问题。因此，迫切需要无人值守下变电站电力设备的音频实时异常检测方法。

音频大数据的异常检测通常可以划分为信号检测、特征参数提取、诊断决策三个阶段。在信号检测阶段，各变电站在需要进行检测的电气设备如变压器、互感器、电容器、电抗器、气体绝缘开关等旁安装声音传感器，或采用移动巡检的方式，在巡检机器人上安装传感器，对声音信号进行实时采集，并在每个变电站内设置一个多路信号采集站，负责采集全站的多路音频数据，通过有线、无线网络传送至远方的监测中心。在特征参数提取阶段，基于声音频谱导出的参数将得到普遍关注，如基音频率、功率谱、共振峰和梅尔频率倒谱系数等，之后利用故障识别算法进行判断。主流的识别算法包括基于核的判别、神经网络、模糊分类、支持向量机、马尔可夫模型等。最后，在诊断决策阶段，需要对这些提取到的特征参数进行模式识别。对音频进行特征提取的目的仅是挖掘出可揭示故障本质特征的参数，实现智能诊断还必须进行分类器设计，将特征提取过程所得到的特征参数序列通过已知模型库进行模式匹配。因此，相关模式匹配算法的优劣也在很大程度上决定了故障诊断系统的准确率。

3. 输电线路数据的异常检测

传统输变电设备检修主要采用人工巡检和带电检测方法。该方法存在三个主要问题。首先，人工巡检和带电检测有固定的检测和试验周期，无法对设备运行的全过程进行监控。其次，检测人员数量、工作经验、技能技术水平和人员身体素质、心理素质、责任心都会对测量结果产生较大的影响。最后，电网设备故障与自身属性、运行工况、天气环境等因素密切相关。智能电站采用高清视频监视、红外热成像、无人机巡检等智能化手段，结合视频分析技术和分布式流计算技术对这些不同种类的视频图像数据进行实时分析，可以有效地发现输变电设备外观、运行环境、局部过热、局部放电等问题，保证输变电设备安全运行。

基于图像的异常检测主要采用聚类算法、人工神经网络、分布式存储技术、并行计算等方法，流程通常可以划分为图像提取与预处理、图像识别 / 目标检测和图像处理三个阶段。在图像提取与预处理阶段，需要将原始图像进行校正、去噪、增强，以改善原始图像质量。一般可以采用典型的聚类算法，如 K–Means 等，对红外热成像图像进行提取。在图像识别 / 目标检测阶段，利用不同电气设备的轮廓、边界特征，设计人工神经网络对现成采集的图像进行分类识别。在图像处理阶段，针对图像数据量大这一特点，将处理任务分配到不同的处理节点，以进行海量图片的数据分割、任务分解与结果汇总，通过并行处理的方法解决单一算法计算效率差这一问题。图 8–8 为基于无人机和人工神经网络的变电站异常检测流程。

此外，针对输电线路中半结构化、非结构化数据的异常检测，电力公司每日收集的故障报修工单、采集的声音、拍摄的视频和图像等数据中，以文字、音频、图片呈现的形式多，基于结构化数据的异常检测算法无法处理。首先可以针对这类数据进行初步分析，选取气温、气压、湿度、降水量等因素进行相关性分析，挖掘工单记录

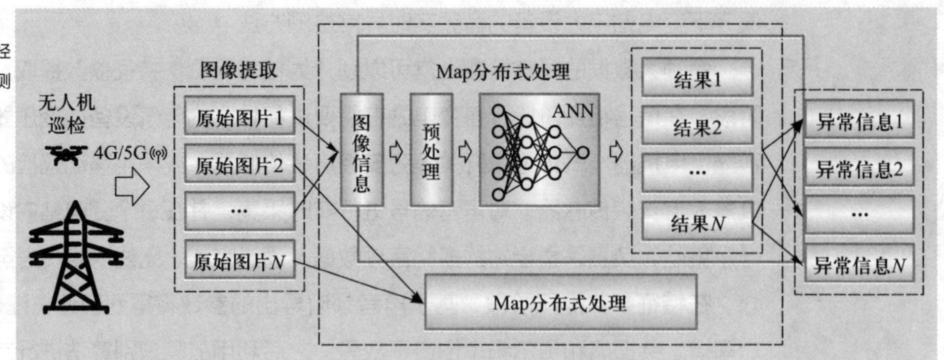

图 8-8
基于无人机和人工神经网络的变电站异常检测

的异常点、音频采集的异常点、视频拍摄的异常点和异常点的数量、时段与气温相关性随季节变化的基本关系。然后基于工单内记录的文字信息、声音传感器采集的异常声音信息、监控拍摄的异常图像信息，使用基于人工神经网络的异常识别模型，分析故障的种类与特征，进行故障种类、时间、频率和天气、环境等外部影响因素的关联分析，为以后极端天气下提前增派值班人员、做好应急预案、准备抢修物资提供技术支撑。

三、基于能源大数据的负荷预测

精准的负荷预测对于指导电力系统的规划、运行、控制都有重要作用。

能源互联网环境下传统的预测方法已经不再适用，需要将大数据技术与实际用能模式相结合，开发新型负荷预测方法。遗传算法、机器学习、深度学习等智能预测算法广泛应用于负荷预测领域，并取得了较好的效果。传统的负荷预测受限于较窄的数据采集渠道和较低的数据集成、存储和处理能力，在研究过程中难以从有限数据中挖掘更有价值的信息。在能源互联网背景下，通过将体量更大、类型更多的能源大数据作为分析样本，能够对负荷的时间分布和空间分布精准预测，为规划设计、能源网络运行优化调度提供依据，提升预测的准确性和时效性。

（一）基于能源大数据的负荷预测概念和特点

1. 基于能源大数据的负荷预测概念及意义

（1）概念。科学预测是正确决策的依据和保证。负荷预测是能源系统领域的传统研究问题，是指从已知的电力系统、经济、社会、气象等因素出发，通过对历史数据的分析和研究，探索各因素之间的内在联系和发展变化规律，对负荷的发展做出预先估计和推测。负荷预测是电力系统规划、计划、用电、调度等部门的基础工作。

电力系统负荷预测结果关系到电力系统调度运行和生产计划的制定，准确的短期负荷预测结果有助于提高系统的安全性和稳定性，能够减少发电成本。中短期负荷预测主要根据自然条件与人为影响等多个因素与负荷之间的非线性关系，在满足一定准确度要求的条件下，确定未来几天的负荷数据。其中负荷是指电力需求量（功率）或用电量。负荷预测的建模与预测是根据历史数据资料所包含的信息，建立理想的模型及处理随机因素仍然是负荷预测的主要问题。影响负荷预测准确度的原因是多方面的，具体可以分为以下三个方面。

第一，影响因素的不确定性导致负荷规律难以把握。影响负荷走势的因素包括温度、降水等天气因素，也包含重大设备检修、重大活动等人为因素。这些因素呈现显著的随机性和不确定性，因此负荷时间序列的变化呈现非平稳的随机过程。

第二，负荷预测模型的质量直接关乎预测准确度的高低。负荷预测模型的建模与预测是依据历史数据资料所包含的信息，因此预测模型反映历史数据所包含信息的有效性和程度决定了预测水平的高低。

第三，信息不完整。由于大量用户的用电行为与影响因素（如气象因素）之间的关系在历史数据中是没有记载的，信息的缺失和不完整是无法避免的，这些因素是负荷预测误差进一步减小的瓶颈。

（2） 划分。电力负荷预测可以从不同的角度进行划分，例如按照时间尺度、行业分类、负荷特性等。负荷预测按照预测期限不同，可分为长期预测、中期预测、短期预测以及超短期预测。

（3） 意义。负荷预测主要包括对用电需求量（功率）、用电量（能量）及负荷曲线的预测，其可应用于整个电力行业的各个环节，包括发电、输电、配电和售电。负荷预测的应用领域涵盖电源规划、输配电系统规划、需求侧管理、电力系统运行和维护、财务规划、税率设计等。负荷预测在电力系统运行中具有基础性作用，是电力系统经济调度、实时控制、运行计划及发展规划的前提。

另一方面，负荷预测是电网规划的基础，其重要性不仅体现在电网现状分析、电力需求预测等规划过程中，而且对电力电量平衡、主变定容选址、网架规划等环节具有重要的理论支撑作用。可以说负荷预测贯串于规划工作始终，预测水平的高低将直接影响电网规划质量的优劣。

准确、可靠的负荷预测是提高电网规划水平的重要前提，科学、实用的电网规划是电网建设的先决条件，安全、稳定、坚强的电网环境是社会经济快速发展的重要保障，可以设想在以后的电网规划编制过程中必然对负荷预测水平提出更高的要求，因此负荷预测技术的发展具有重要的实用价值和理论意义。

2. 基于能源大数据的负荷预测特点

通过对电力负荷预测特点的剖析，才能更有针对性地选取适用的预测方法，从而获得符合精度、速度要求的预测结果，更好地为电力系统和经济社会发展提供支持。基于能源大数据的负荷预测通常具有以下几个特点。

（1） 不确定性。电能属于瞬时能源，难以像化石能源大量长期储存。因此电力负荷预测应保证电力的消费和生产在同一阶段进行。

（2） 时间性。电力负荷是波动变化的，这种变化呈现周期性和连续性的特点，而时间是电力负荷预测最显著的影响因素之一。通过时间性特点可以分析电力负荷预测的连续性和周期性特征。

（3） 多方案性。电力负荷预测是一项长期性工作，需要耗费大量资源，通过多种预测方法的实践，找寻出最符合实际情况、预测精度最高的预测结果。随着人工智能、大数据技术不断发展，更多新的、行之有效的预测方法不断涌现。在实际电力负荷预测中需要多种方案的对比、筛选，从而得到最适用的预测方案。

除了上述特点，负荷预测还受到季节、温度、天气等因素的影响。用电高峰通常集中出现在极寒、炎热或极度恶劣天气时期。由于负荷预测对天气、温度和季节等具有敏感性，不同的温度、天气、季节等因素都会对用电负荷造成明显的影响。因此，在负荷预测实际应用中需要将各类影响因素与先进预测方法结合起来考虑。

（二） 基于能源大数据的负荷预测方法

目前针对负荷预测一般根据预测需求不同分为长期、中期、短期和超短期负荷预测。中长期预测的影响因素可以从外部与内部两部分进行分析。外部因素有经济发展状态、人口数量、工业企业数量、气候变化、国家政策、城镇化进程等因素。内部因素主要是电价，电价的波动会大幅度改变用户的用电需求。短期和超短期负荷预测需要考虑的因素主要有历史负荷数据、气温、天气、日期、用户类别（商业用户、居民用户、工业用户等）、季节、地理位置等因素。

目前调度部门短期负荷预测的对象主要是总量负荷，或者是变电站的母线负荷，通过母线负荷累加获得总量负荷。而电网负荷是由众多用户负荷构成，不同用户的负荷受自身行业属性和特点影响，负荷规律也是千差万别，从电网负荷总量上分析负荷变化规律忽略了用户的用电规律，因此分析结果必然存在一定的偏差，更加无法精确定位负荷波动的原因。

同时，随着电网公司 GIS 数据平台等业务辅助平台的完善，以及多源数据平台的融合，行业标准划分数据、季节天气等与短期负荷密切耦合的相关因素数据也将会纳入短期负荷预测的基础数据库中。负荷的影响因素众多、非线性极强，结合负荷数据与影响因素数据，研究负荷随多种因素的变化规律，进而总结用户用电规律，将是提高负荷预测准确度的一种有效手段。

1. 基于能源大数据的负荷预测框架

针对能源大数据负荷预测中数据量大、结构复杂、计算量大等难题，一般选用 Hadoop 大数据处理平台和 MapReduce 分布式处理框架进行计算。用户可以在不了解分布式底层细节的情况下，开发分布式程序，充分利用集群的能力进行高速运算和存储。

运用 Hadoop 大数据处理平台和 MapReduce 分布式处理框架进行负荷预测的框架如图 8–9 所示。

Hadoop 大数据处理平台和 MapReduce 分布式处理框架通过连接多台网络分布式服务器，完成对大规模用户负荷数据的高效处理，能够利用已有的普通计算资源，更

图 8-9
基于能源大数据的负荷预测框架

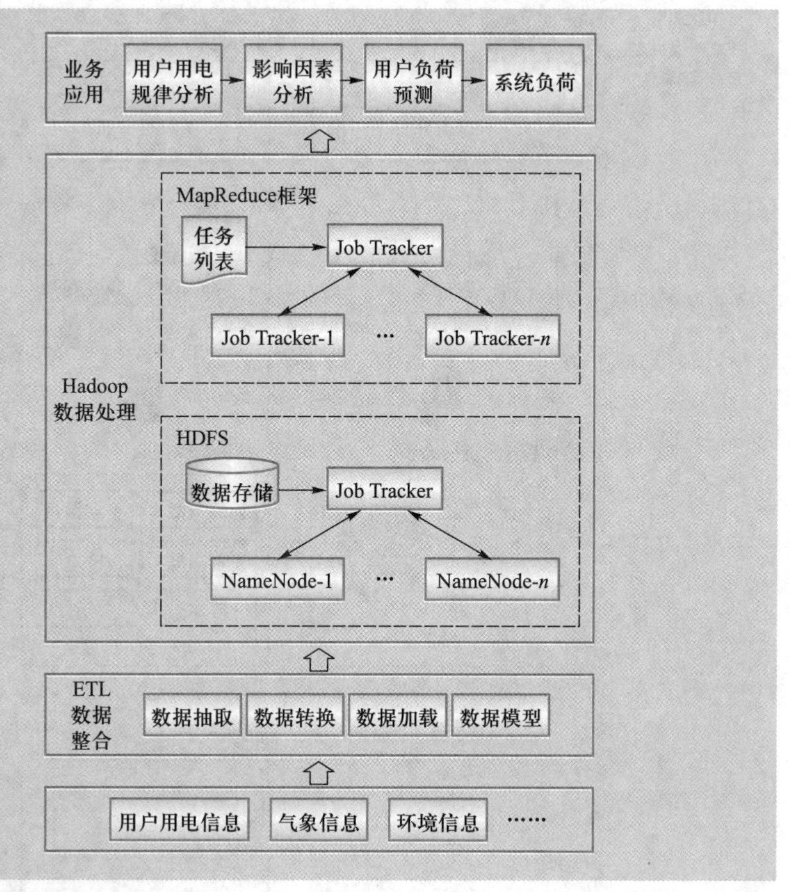

快速稳定地获取精确预测结果。

2. 基于能源大数据的负荷预测流程

电网公司现有数据采集工具已经可以定位至用户级负荷层面，结合其业务辅助平台数据库，利用基于大数据技术的负荷预测解决方案能够对用户的负荷进行独立预测，最后对用户负荷独立预测的结果进行累加，获得最终预测结果。预测流程如图 8–10 所示。

步骤一，负荷曲线聚类分析。由于负荷曲线的走势与日类型、天气因素等密切相关，对历史负荷曲线的聚类分析是负荷预测的基础步骤。合理的数据挖掘技术能够将用电规律相近的负荷日期归为一类。聚类分析技术通过计算各个向量之间的距离，将其由零散分布的独立样本逐渐归为趋势相近的若干类。

步骤二，对影响负荷的因素进行关联度排序，剔除一些对负荷影响小的因素，从而达到约简分类规则、简化预测模型的目的。在关联分析方法中，灰色关联分析法是一种应用较多、效果得到普遍公认的关联度量化方法。采用该方法计算每个因素如日最高气温、日平均气温、平均湿度、日类型（星期几）等与负荷曲线之间的灰色关联度。将预测日前一年的历史负荷数据集、气象数据集以及日类型数据集作为分析样本，设定母序列为负荷值，天气因素、日类型为若干子序列。采用灰色关联分析法分

图 8-10
基于能源大数据的负荷预测流程

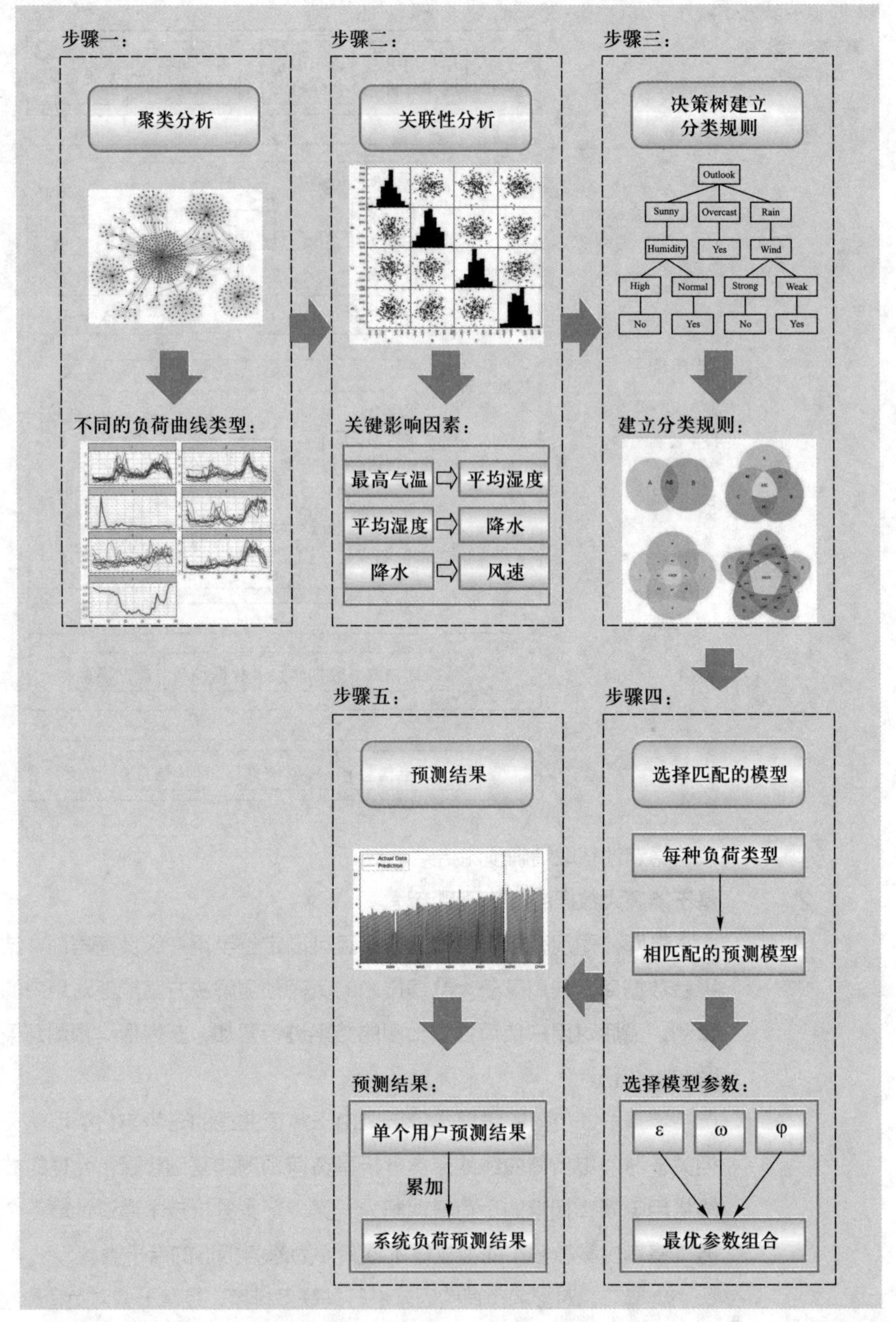

析各个子序列与母序列的相关性，最后对一年各天的灰色关联度求均值，即可得到各个影响因素的灰色关联度。对灰色关联度进行排序，选定值较大的前四个作为影响该用户负荷的关键影响因素。

步骤三，建立分类规则。通过步骤一和步骤二得到了待预测日过去一年的历史负荷曲线的分类结果和影响负荷的关键因素，步骤三需要找到分类结果与关键影响因素间的耦合关系，即产生聚类结果的依据，并以分类规则的形式表现出来。该步骤的作用是当已知待预测日的关键影响因素值时，可以将预测日遵循分类规则分配到对应的聚类簇中去，该类的结果就可以作为预测日和相似日数据集来训练模型。将待预测日分类，当得到预测日的关键因素日特征向量（关键因素值组成的向量）后，将其输入决策树模型中，即可输出相应的分类结果。

步骤四，训练预测模型并预测。针对步骤一的分类结果，将每类负荷数据及相应的关键因素数据构建训练样本。针对每类负荷数据的变化规律和特征，选取匹配的预测模型完成对该日负荷的预测。在这个过程中，可以通过人工智能算法对用户负荷进行建模预测。

步骤五，计算系统负荷。根据系统预测目标，针对系统中每个用户重复步骤一到步骤四，该过程涉及庞大的数据量，可以采用 Hadoop 大数据处理平台和 MapReduce 分布式处理框架进行计算，最后累加所有用户负荷的预测结果，并考虑网损线损即可得出最终的系统负荷预测值。

3. 长期负荷预测

长期负荷预测是对未来 5~10 年的负荷进行预测，为电网规划和建设提供参考。预测时间周期长、影响因子多，除了经济水平、产业结构、相关政策外，还受到新型负荷如电动汽车等迅速发展、节能环保政策，以及气候的异常变化等影响，长期负荷预测是一个十分复杂的多维、非线性的不确定性问题。

长期负荷预测受到诸多随机因素的影响，数学模型难以准确描述负荷变化规律。所以，针对长期负荷预测只有尽可能地收集、发掘影响负荷变化的因素数据，尽可能全面考虑不同因素对负荷的影响。

针对负荷长期预测方法主要有外推法和相关分析法。外推法是指仅以负荷历史数据为基础，分析得出其变化规律并将其外推，从而对未来的负荷发展进行预测，具体方法有弹性系数法、曲线外推法和灰色系统预测法等。相关分析法是指考虑社会、经济等因素对负荷发展的影响，通过建立负荷与影响因素之间的关系进行预测，具体方法有综合产值电耗法、回归分析法等。下面主要介绍曲线外推法和灰色系统预测法。

（1） 曲线外推法。它是根据已有的历史负荷数据拟合一条函数曲线，使得这条曲线能够反映负荷本身的增长趋势，预测时则按照此增长曲线，估计出未来某时刻的负荷水平。其优点是所需数据量少，工作量小。缺点是当负荷曲线变化复杂时，尤其在其拐点处的预测效果不理想。

（2） 灰色系统预测法。灰色理论用颜色描述了模型信息的已知程度：白色表示模型信息全部已知，黑色表示模型信息全部未知，灰色表示模型的信息已知程度介于白黑模型之间。其实质是对新生成的且具有一定规律的累加序列进行曲线拟合。电力系统负荷属于典型的灰色系统，灰色系统预测法所需的历史数据少，估计参数的方法一般为最小二乘法，对于离散度较大的数据预测效果不理想。

4. 中期负荷预测

中期负荷预测通常是以月度负荷数据为研究对象。相比于长期负荷预测，周期性更强，各年度的12个月具有相似规律。

针对中期负荷预测，主要方法有以下几种。

（1）按照年度发展序列构成的预测方法。以月度量的年度发展序列直接构成原始序列进行预测。一般地，该序列是单调序列，因此常用各种回归曲线进行预测，如线性回归模型、指数回归模型、抛物线回归模型等。这类预测方法的优点非常明显，对于某月的预测，它使用历史上各年该月的数据构成原始的发展序列，因此数据的提取非常简单，预测模型的选择余地也很大，可以采用非常成熟的预测方法。其缺点在于对新数据利用程度不够。

（2）按照月度发展序列构成的预测方法。按照月度发展序列构成的预测方法，实际上是利用了月度量在各年中变化规律的周期性，是可以直接利用12个月周期性的预测方法。这类预测方法的基本思想是，将月度量看成一个连续变化的时间序列，其总变动可分解为长期趋势变动项、季节性变动项和随机扰动项。如此可以将复杂的曲线分解为几种典型模式，分别进行预测，然后叠加。

5. 短期及超短期负荷预测

短期及超短期负荷预测主要是对未来15分钟、1个小时的负荷趋势进行预测，其精度和速度是影响电力系统各参与主体决策的重要因素。与中长期负荷预测不同，短期和超短期负荷变化规律性更强，主要表现在短期内负荷存在平稳爬坡期、快速变化期，从时间尺度上看，1小时内负荷变化近似线性，超过1小时，负荷曲线的变化差异性较大。其次，日负荷具有“远小近大”的特征，即距离待预测时段最近一段时间的负荷，与待预测时段的相关性最强。另外，对于同一地区来说，其负荷形状具有相似性，如果知道邻近时刻的实际负荷，不难推测出将来一段时间的负荷情况。短期及超短期负荷预测对于调度部门的机组最优组合、经济调度、最优潮流而言，尤其是对电力市场建设而言有着重要的意义。负荷预测精度越高，越有利于提高发电设备的利用率和经济调度的有效性。

短期及超短期负荷预测的最大特点是具有明显的周期性。首先，不同日之间24小时整体变化规律具有相似性。其次，不同星期同一类型日具有相似性。再次，工作日/休息日各自具有相似性。最后，不同年度的重大节假日负荷曲线具有相似性。

在短期及超短期负荷预测中常用的方法包括：

（1）时间序列预测法。时间序列预测法是最经典、最系统、最被广泛采用的一类短期及超短期负荷预测方法。常用的时间序列模型有自回归模型、移动平均模型、自回归移动平均模型、整合移动平均自回归模型。

（2）人工神经网络。目前人工神经网络理论已被广泛用于短期及超短期负荷预测，其优点在于对大量非结构性、非精确性规律具有自适应功能，具有信息记忆、自主学习、知识推理和优化计算的特点。人工神经网络具有很强的自学习和复杂的非线性函数拟合能力，适合于电力负荷预测问题。

（三）基于能源大数据的负荷预测应用

高精度、高效率的负荷预测对于制定发电与供电计划、减少重大事故、保障生产安全等方面具有重要作用，主要体现在以下几个方面。

1. 指导电价制定

电能相较于其他普通商品具有其特殊性，即具有即时生产、即时消费、不宜存储的特性。精准的负荷预测结果能够帮助电力部门及时获取信息，根据供需变化制定电力定价政策，促进供电部门和用户互利共赢。

2. 引导用户合理用电

通过对负荷进行预测，供电部门根据预测结果，在用电高峰时期提高电价，用电低谷时期降低电价，引导用户合理优化用电，达到对负荷曲线“削峰填谷”的作用，缓解电网压力。

3. 促进源-荷协调互动

由于电能具有不易存储的特性，在发电端可以根据负荷预测的结果，合理制定发电厂发电计划，做到实际发电量与负荷需求尽可能匹配。进而在源端对发电企业的成本做到合理控制，也能在荷端即时消纳电能，提升源－荷互动水平。

四、基于能源大数据的负荷分解与监测

（一）基于能源大数据的负荷分解与监测的概念和特点

实现电力系统负荷监测的智能化，是现代智能电网的要求之一。电力负荷分解技术是实现负荷监测智能化的主要手段，通常将其理解为一种能够实时辨识电力系统内不同种类的用电负荷功率消耗比例情况的技术。

通常把电力负荷中不同类型用电设备功率消耗比例的实时辨识简称为电力负荷分解与监测。电力负荷分解数据能够使电力用户更为详细地了解其不同时段各类用电设备的电能消耗，帮助其制定合理的节能计划，调整用电设备的使用，有针对性地使用节能装备，检验节能计划和节能装备的成效。从而使电力用户在不影响其正常的生产、生活的前提下，降低电能消耗，减少电费开支。

实现电力负荷分解具有较高的经济和社会价值，主要体现在以下几个方面。

第一，决策者角度：实现电力负荷的分解，可以使决策者充分了解电力系统内的负荷组成和占比情况，通过负荷的运行时间能够推算每类负荷的比例。并且能够准确地检测到负荷的投切动作，实时获取电力系统内的运行状态，从而在决策者层面给出合理安排负荷投切的建议，实现科学引导电力调度，保证电力系统高效运行。

第二，电力规划角度：实现电力负荷的分解，可以给电力规划人员提供全面详实

的电力系统运行中的负荷数据，使其更好地了解整个电力系统内的用电规律和趋势，为接下来的负荷预测工作提供可靠的依据，从而提高短时负荷预测的准确性。

第三，电力用户角度：实现电力负荷的分解，有利于实现普通电力用户的智能家居系统和智能工厂系统。并且能够实时反馈给用户目前正在运行中的负荷和发生投切动作的负荷，为实现智能家居和智能工厂提供了技术支撑。电力用户可以根据分解情况了解电力系统内的不同负荷情况，为指导用户节能提供了可靠的依据。通过监测负荷的投入和切除情况，能够判断故障负荷的发生，使得故障检测问题也变得简单。

基于能源大数据的负荷分解与监测具有以下特点：

（1）传输可靠性。由于电力用户数量多且分散，目前用户侧用电数据采集通信技术主要针对数据采集频率较低的电力计量和统计数据，不能满足智能用电能效管理、需求响应、实时电价等互动化业务对用户负荷数据传输的可靠性与实时性要求。基于能源大数据的负荷分解与监测需要匹配先进的数据通信技术，提供更加高效可靠的数据采集与传输服务，为智能用电负荷监测应用与实现提供技术基础。

（2）高精度。用户电器负荷的种类日益繁多，多种电器同时运行时的互相干扰使其识别难度剧增。不同用户的电器负荷类别差异较大，需要研究针对不同用电场景的负荷特征提取方法，以更准确地识别具有相似功能或特征易被掩盖的电器负荷。同时，电器种类的增多对负荷识别方法的识别效率也提出了更高的要求。

（3）精细化。负荷监测获得的用户负荷状态数据包括用户负荷种类和使用状态，蕴含了大量的用户用电行为信息，通过机器学习等数据挖掘技术对负荷监测数据进一步深度挖掘，不仅能为智能用电的行为分析、节能服务、需求响应和电价制定等精细化用电业务提供重要的技术支撑，同时也能有效挖掘出用户的异常用电行为，如偷电、漏电、异常断电等，为电网的安全运行与经济效益提供保障。

（二）基于能源大数据的负荷分解与监测方法

大规模部署的智能电表及其对应的通信网络与数据管理系统共同构成了面向用电的高级量测体系（Advanced Metering Infrastructure，AMI），为海量细粒度电力消耗数据的采集、存储与管理提供了基础。

负荷分解与监测技术从刚起步时的侵入式负荷分解与监测（Intrusive Load Monitoring and Disaggregation）方式转向非侵入式负荷分解与监测（Non-intrusive Load Monitoring and Disaggregation，NILMD），目前非侵入式负荷分解与监测已经成为热门研究领域。

1. 侵入式负荷分解与监测

这种方法就是通过在电力系统内部每一个用电设备上都安装一个传感器，从而实时地得到不同用电设备的功率消耗比例情况，具体结构如图 8-11 所示。

侵入式负荷分解与监测的优点在于计量较为准确。缺点在于成本较高，需要在电力系统总端和每一个用电设备端安装传感器，使将来系统的运行维护成本较高。另一

图 8-11
侵入式负荷分解与监测结构图

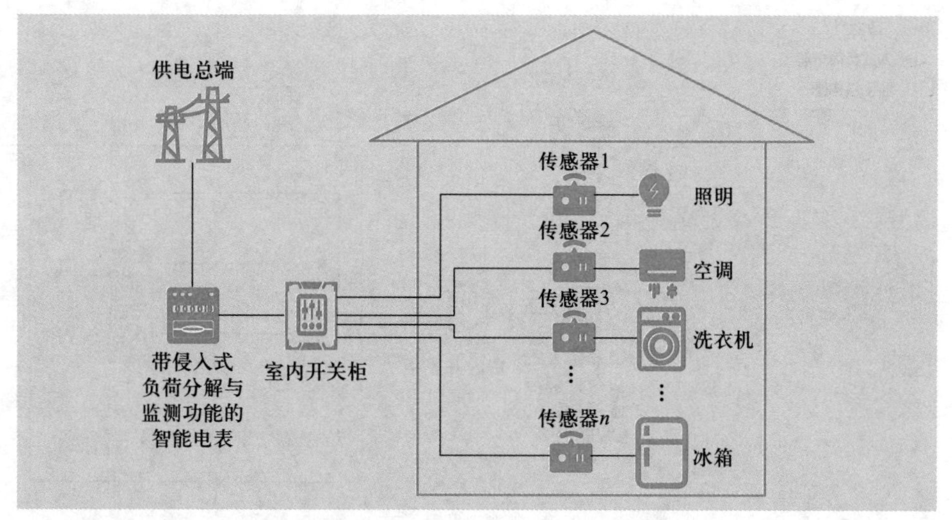

方面，在安装传感器时需要进入负荷内部，影响电力用户正常的生产生活。综合以上因素可以看出，侵入式负荷分解与监测不适宜全面推广使用。

2. 非侵入式负荷分解与监测

由于侵入式负荷分解与监测的限制，非侵入式负荷分解与监测应运而生。最早的非侵入式负荷分解与监测方法于 20 世纪 80 年代提出。它是一种在负荷入口处监测稳态功率变化信息，实现负荷分解的非侵入式负荷分解与监测方法。其基本思路是：无须进入电力系统内部，仅通过测量和分析电力系统总端入口处的电压、电流及功率信息，就能获得电力系统内部不同用电负荷实时的功率消耗比例情况，从而实现电力负荷分解与监测。由于这种方法的监测装置采用与当时电能表相同的电力接口，便于安装和拆除，因此得到了较为广泛的推广应用。

非侵入式负荷分解与监测省去了烦琐的传感器装置，只需要在供电总端安装传感器测量电力系统内部总的电气参量即可，有效避免了侵入式方法带来的硬件成本高、维护难度大等问题。而且使系统变得简单可靠，不会因为电力系统内某一负荷端的传感器出现故障导致采集到的数据不准确，从而造成分解结果的错误。

智能电表的发展也使非侵入式负荷分解与监测技术变得更加简单易实现，将带非侵入式负荷分解与监测功能的芯片集成到智能电表当中，安装在用户侧，不用额外安装非侵入式负荷分解与监测装置，完全避免了由于硬件损坏造成的非侵入式负荷分解系统的崩溃，大大提高了系统的稳定性和可靠性（见图 8-12）。

电力系统的运行状态通常分为稳态和暂态，所以非侵入式负荷分解与监测要针对这两种不同的运行状态分别讨论。

稳态过程中，非侵入式负荷分解与监测的目的就是通过分析电力系统总端入口处测取的数据，得到系统内不同种类用电负荷的含量和状态信息。通过获取设备在各个稳定的工作状态下表现出来的特征，如功率、稳态电压、V-I 轨迹（Voltage-Current Trajectory）等特征，然后对一个或者多个特征的组合进行分析，获取非侵入式负荷分

图 8-12
非侵入式负荷分解与监测结构图

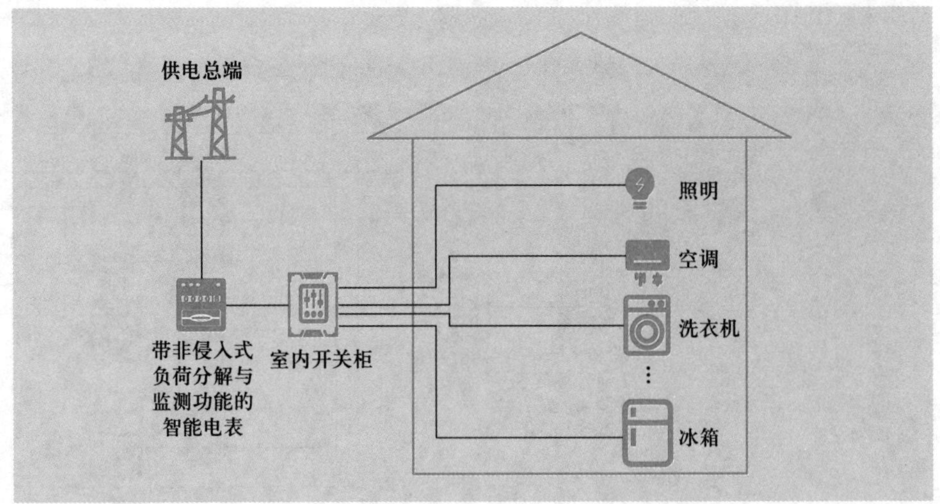

解与监测的结果。

暂态过程中，非侵入式负荷分解与监测的目的就是检测到不同种类的暂态过程并且判断发生暂态过程的负荷种类，从而实时了解负荷的投切。暂态特征是从设备状态切换过程中采集的特征信息，例如暂态过程中的功率变化、启动电流波形、电压噪声、电流波形尖峰的边沿大小或者峭度等特征。多数暂态特征是通过傅里叶变换等技术间接获得的。相比于稳态特征，暂态特征与设备本身的特性相关性更强。

稳态和暂态过程分别对应基于非事件的检测方法和基于事件的检测方法两种分解方法，目前这两种方法都建立在特征分析的基础上。也就是通过提取合适的特征参数来表征系统内不同种类的负荷，负荷分解算法的运算全部基于这些特征参数。在此基础上，结合先进的大数据分析技术能够实现较好的负荷分解与监测效果。

非侵入式负荷分解与监测涉及数据采集、清洗、存储、特征提取等步骤，随着数据量的增大，大数据技术为非侵入式负荷分解与监测提供了新的解决方案。基于大数据技术的非侵入式负荷分解与监测步骤如图 8-13 所示。

图 8-13
非侵入式负荷分解与监测步骤

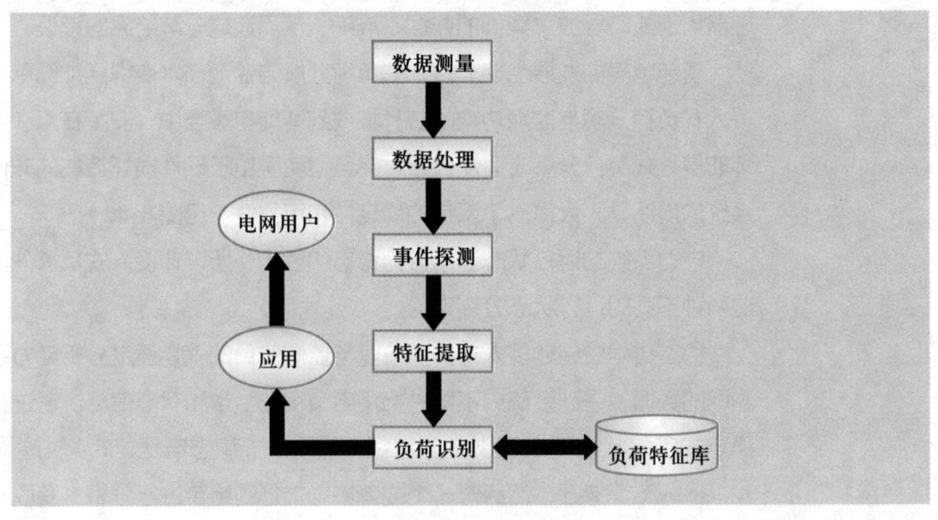

步骤一，数据测量，其目的在于获得总负荷的稳态和暂态信号。测量误差对于最终结果有着重要影响。一般来说，测量误差来源于两个方面：一是测量装置的不一致性，即对于同一个电器，不同测量装置有不同的测量值；二是传感器由于压缩、传输原始数据等原因，造成数据缺失等问题。这些会造成总测量信号及特征库中负荷特征的偏差，因此有必要进行数据处理并提高负荷识别方法的抗噪能力。

步骤二，数据处理，主要包括去噪和有功等电气量的计算、标幺化等。标幺化的目的是便于处理电能质量波动带来的干扰问题。针对处理后的数据，可进行事件探测，以得知用电设备的运行状态变化情况。

步骤三，事件探测，事件探测的依据是一定时间段内负荷印记的变化情况，具体有规则判断和变点检测两种方法。该部分的难点在于各方法的参数选取，其中时间段大小与负荷印记变化阈值的选取至关重要，太大或太小均会引起错误的事件探测结果，并可能增加计算量。

步骤四，特征提取，即从事件发生前后的数据中提取出供负荷识别使用的一系列不同的负荷印记特征。负荷印记选择和特征提取方法是特征提取中的两个难点，目前已有很多方案，如针对有功负荷印记提出了傅里叶变换、小波变换等提取方案。为了准确识别负荷印记相似的负荷，提取的特征信息应该尽量有效，不同的负荷印记及提取方法的选择会有不同的结果。

步骤五，负荷识别，将提取的特征与已有负荷特征库中的负荷特征进行比较，当两者达到一定的相似度时，就辨识出相应的用电设备。负荷特征库的建立方法目前有两种：一是在人工辅助下记录各用电设备的负荷印记特征；二是通过算法自动分类。

（三） 负荷分解与监测的相关应用

基于大数据技术的非侵入式负荷分解与监测具有广泛的应用前景，能为用户、电力公司等多方带来效益。

1. 用户用能管理

通过进一步分析非侵入式负荷分解与监测所得的用电负荷特征及分解信息，可为用户提供用能状况分析、用能方案优化等多种用能服务，实现用户内部用能行为的间接管理，提高用能效率。

（1） 故障检测与诊断。很多用电设备在元器件的物理特性发生改变时，电流、功率等波形会出现扭曲，从印记中提取的稳态、暂态特征或由波形估计的关键参数也会发生相应的改变，据此可实现故障诊断。

（2） 用能策略优化。根据基于大数据技术的非侵入式负荷分解与监测系统对用户用电设备的监测数据，可分析出用户的用电习惯、设备能耗状况，将这些信息反馈给用户，用户就可采取针对性的节能措施。若再结合其他用户的用电信息，还可为用户提供有效节能的建议。由于工商业用户的能耗较高，其用能策略优化可以带来显著的经济效益。

2. 需求响应

需求响应侧重于改变用户用电行为以实现供需双方的动态平衡，不同于侧重于影响用户内部行为以优化其用能策略的用户用能管理。

通过基于大数据技术的非侵入式负荷分解与监测系统可获得各负荷点较准确的负荷构成信息及其随时间的变化情况，再加上不同负荷类别的可控性信息，就构成了准确实施需求响应所需的关键基础信息。可以通过对负荷分解与监测的历史数据的分析得到相应的用电设备的运行信息，在此基础上考虑电费、用户舒适度及用户习惯等多个优化目标实现对家用电器的日前调度，并且不需要用户手动设置负荷优先级，借助负荷分解与监测减少了用户干预，达到更高程度的自动化水平，也为电力公司实现负荷的削峰填谷提供了便利条件。

3. 变电站层的扩展及应用

变电站层用户众多，用电设备的开关事件极为频繁、复杂，变电站层的能耗也远远高于用户层，故用户层的基于大数据技术的非侵入式负荷分解与监测框架不能直接应用于变电站层。为此，可调整负荷分解的细化程度，将变电站层负荷的分解粒度分为如图 8-14 所示的用电设备、负荷类别、行业类别三级，其粒度级别逐渐升高，负荷信息细化程度逐渐降低。

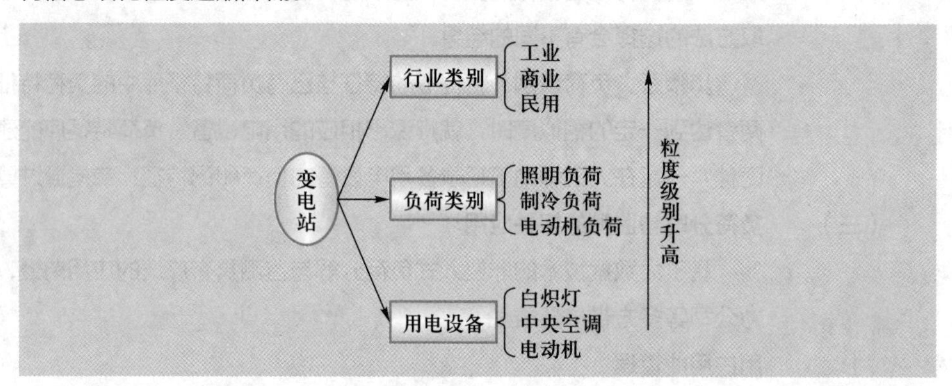

图 8-14 变电站层各粒度负荷示意图

在一级粒度分解中，变电站用电设备的负荷信息可由各用户层负荷分解与监测系统上传至变电站，再经汇总获得。二级粒度是一级粒度的综合，由于无须区分同类负荷中的同时性事件，该粒度的负荷信息变化频率会相对较低，这有利于辨识负荷类型。三级粒度是二级粒度的进一步综合，反映了更为抽象的变电站所属行业类别及行业构成信息。变电站的行业构成分解的基本思路与用户层类似，关键在于提取不同行业的典型负荷曲线，其作用相当于负荷分解与监测中的特征信息，通常可以通过聚类的方式获得。

变电站层负荷监测与分解可提供不同精细程度的负荷构成信息，能满足研究与应用的不同需求。为进一步提高变电站层的需求响应分析、负荷预测、负荷建模等应用的精度和可信性，可借助更高精度的负荷信息完成。

本章小结

本章首先介绍了能源大数据的相关概念以及能源大数据的来源和获取方法，并详细介绍了不同类型的能源大数据及其基本特点；其次从不同视角阐述了能源大数据质量管理，包括能源大数据的质量评估方法、能源大数据的质量提升方法和能源大数据的质量管理方法等；最后介绍了基于能源大数据分析的管理决策，包括基于能源大数据的负荷分类方法、基于能源大数据的异常检测方法、基于能源大数据的负荷预测方法以及基于能源大数据的负荷分解与监测方法等。

关键词

- 能源大数据（Energy Big Data）
- 电力大数据（Electricity Big Data）
- 质量管理（Quality Management）
- 质量评估（Quality Assessment）
- 数据清洗（Data Cleaning）
- 数据集成（Data Integration）
- 数据转换（Data Conversion）
- 数据归约（Data Reduction）
- 负荷分类（Load Classification）
- 聚类方法（Clustering Method）
- 负荷预测（Load Forecasting）
- 负荷分解（Load Decomposition）
- 负荷监测（Load Monitoring）

思考题

1. 你认为能源大数据在今后的应用过程中面对的最大挑战是什么？
2. 不同类型的能源大数据之间有什么区别和联系？
3. 寻找生活里的能源大数据，思考基于能源大数据分析的管理决策给日常生活带来了哪些影响。
4. 查阅中国能源大数据报告的相关资料，了解我国能源大数据建设和发展现状。
5. 深刻理解能源大数据的质量管理的概念，结合具体实例，尝试进行能源大数据分析、评估与质量提升方法的学习和运用。
6. 能源大数据驱动的管理决策与一般的大数据管理决策的区别在哪里？进行能源大数据的管理决策时应该更加注意哪些问题？
7. 浏览能源大数据服务相关的平台网站，了解能源大数据的市场需求，洞察未来能源大数据领域的发展方向。

即测即评

第九章

基于医疗大数据的管理决策应用

本章将介绍医疗大数据的治理手段，包括价值判断与预处理方法，以甲状腺结节诊断为例，对基于医疗大数据的管理决策进行介绍，并围绕辅助诊断与行为分析两种场景进行详细分析。最后介绍基于医疗大数据的管理信息系统，并围绕辅助诊断系统进行详细分析。

学习目标

（1）了解医疗大数据的基本特征与价值内涵。
（2）掌握医疗大数据的预处理方法。
（3）了解基于医疗大数据的管理决策场景。
（4）了解基于诊断数据的辅助诊断决策和诊断行为分析。
（5）掌握基于医疗大数据的管理信息系统框架，了解医疗大数据管理信息系统应用。
（6）了解基于医疗大数据的辅助诊疗系统架构与功能。

本章导学

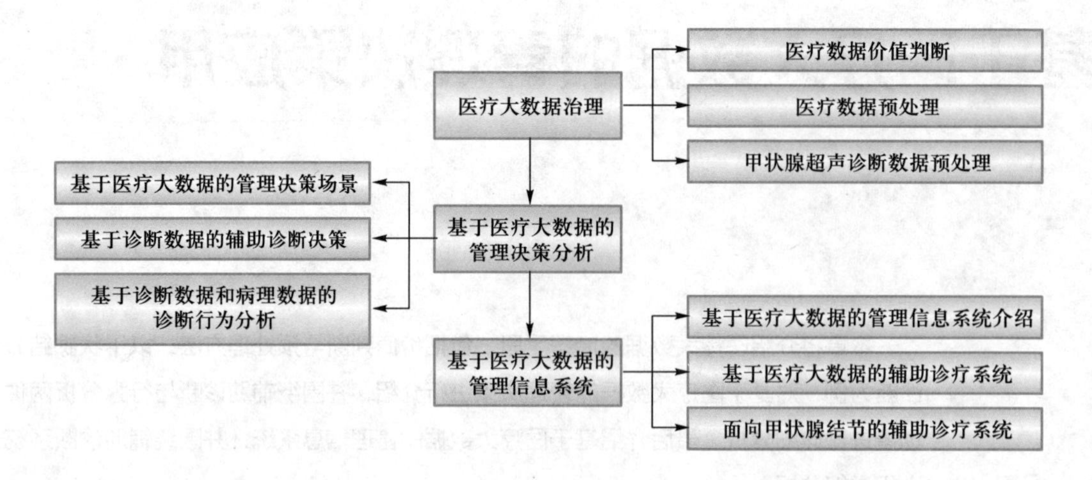

第一节 医疗大数据治理

随着信息技术快速发展和不断普及，各类数字医疗设备、仪器以及医疗卫生机构的信息系统广泛应用，积累了大量医疗数据且其呈现爆炸性增长，这些医疗数据资源是非常重要的医疗卫生信息，它们对疾病的诊断、治疗及医疗费用控制等相关研究具有很大的价值。医学数据量飞速增长，迎来了属于医疗卫生行业自己的大数据时代，创新性地管理和应用这些医疗大数据，将给生命科学的研究和医疗领域带来一场革命。

医疗大数据中的数据治理，也称信息治理，由 AHIMA（美国卫生信息管理协会）定义为一个组织范围的框架，用于管理整个生命周期中的健康信息。从患者信息首次进入系统的那一刻起，直到患者出院后，生命周期包括治疗、支付、研究、结果改进和政府报告。如今，数字信息价值千金，在医疗保健以及其他很多行业中都是如此，医疗数据和其他组织资产（例如，人员、资本或库存）一样，需要持续监控，数据治理为数据管理提供了良好的数据基础，进而提取临床和业务价值，为护理人员和领导者提供有价值的信息以辅助做出正确的临床和业务决策。针对医疗大数据治理，本节从医疗数据价值判断和医疗数据预处理入手介绍治理流程，最后以甲状腺超声诊断数据作为案例详细介绍数据预处理过程。

一、 医疗数据价值判断

社会信息化日益推进，数字信息量也随之爆炸式增长，数据中心的数据存储量已经从之前的 TB 级上升到 PB 级，甚至 EB 级，这充分说明了大数据时代的到来，同时也给很多行业带来了巨大挑战，尤其是医疗行业。如何挖掘医疗大数据中蕴含的价值和信息来提高诊断效率、优化医院运营等就变得非常重要。

基于采集方式和采集路径，医疗大数据的采集可以分为离线采集、实时采集、网络采集和其他采集方式。离线采集主要指的是研究人员通过医院内部电子病历系统HIS抽取部分信息用于科学研究，政府通过公共平台采集各医院的死亡率、感染率等；实时采集指的是医护人员需要实时监测患者的病理指标，如各种电子检测设备产生的数据；网络采集指的是通过网络爬虫或其他技术抓取医疗网络平台的问诊信息；除了以上三种方式的采集方式都称为其他采集方式。

基于不同的采集方式，医疗大数据由多种数据源数据汇总得到，主要分为医院数据和院外数据。其中医院数据在规模和数据质量上最具有竞争力，包含电子病历数据、影像数据、检验数据、各类费用数据和基因测序数据等。院外数据包含体检数据、智能穿戴数据和移动问诊数据等。医疗大数据符合大数据的四个维度：容量大（Volume）、多样性（Variety）、增速快（Velocity）和价值高（Value）的特性。

（1）容量大。医疗数据不同于常规电商数据，数据体量极大。例如，一张CT图像占150 M左右，一张超声穿刺影像占900 M左右，一个人的DNA数据量占4 G左右，一张病理图占5 G左右等，此外还有体积更大的影像数据。除了影像数据，还有文本数据在源源不断地产生，从患者踏进医院的那一刻起，挂号、就诊、付款和取药等一系列过程数据就已经开始累积。按照相关规定，医院里的病历数据一般至少记录50年，随着时间的累积，海量的医疗数据得以留存。

（2）多样性。医疗大数据来源多元，导致其数据结构也是多样化的，其中包括结构化文本数据、非结构化文本数据、非结构化医疗影像数据、非结构化信号数据和非结构化语音数据等。因此，医疗数据类型众多，这种多样性也增加了数据采集的困难。

（3）增速快。信息技术的发展促使越来越多的医疗信息数字化，大量在线或实时数据持续增多，如临床决策诊断、治疗方案、用药和预后情况等。此外，随着生活水平的提高和预防意识的加强，人们更加重视自身的健康状况，因此，医疗数据持续高速增长。

（4）价值高。电子化的医疗数据贯穿人的一生，因此通过对医疗大数据进行分析，可以辅助医生对患者有一个更加准确的诊断并制定一个正确的诊疗方案。此外，医疗机构可以利用大数据进行临床监控，政府利用医疗大数据进行疾病防控，企业利用诊疗用药数据进行新药研发，个人民众利用历史数据进行疾病预警等。因此，医疗大数据的价值极大。

基于大数据处理技术分析并挖掘医疗大数据中的信息和价值，不仅可以提高医疗诊断准确率，而且可以应用到整个医疗行业中，例如临床数据对比、临床决策支持、就诊行为分析、实时统计分析、基本药物临床应用分析、远程病人数据分析、人口统计学分析和新的服务模式等。此外，还可以借助医疗大数据验证一些医学猜想，继而转化到医疗实践，但医疗大数据中大多是半结构化和非结构化数据，这些数据很难直接在大数据技术中使用，如何将半结构化和非结构化数据转换成计算机能够分析和处理的结构化数据就变得非常重要。因此，下节将重点介绍半结构化和非结构化医疗数据转变成结构化医疗数据的预处理过程。

二、医疗数据预处理

数据预处理是从大量的原始数据中针对具体研究目的抽取出研究需要的价值信息的过程，它为后续数据分析与数据挖掘等工作服务，而数据预处理的结果会直接影响数据分析和数据挖掘模型的效果，因此它在挖掘医疗大数据的价值中至关重要。医疗机构中长期积累的病历数据数量庞大、数据类型复杂、冗余空缺值多且内容关联烦琐，这些因素极大地影响了医疗大数据分析与挖掘的质量。因此，在进行数据分析与挖掘之前需要对医疗大数据针对上述特点进行预处理，为分析和挖掘算法提供干净、准确和更具针对性的高品质数据，从而提高知识发现的起点和准确度。数据预处理过程主要包括数据清理、数据集成和数据变换。需要注意的是，预处理中每个阶段所采用的策略相互关联。因此，针对医学数据特点合理选择预处理方法十分必要。

（一）数据清理

数据清理包括空缺值处理、噪声数据处理和不一致数据处理来改善数据质量等任务。

1. 空缺值处理

采集数据时，由于人为错误、系统故障以及其他原因，可能出现空缺数据，对于这类数据，有三种方法可以解决：①忽略缺失的部分；②使用一个统一的值填充空缺值；③使用属性平均值、中间值、最大值、最小值或更为复杂的方法来填充空缺值。

当空缺值对处理过程影响较大时，通常选择忽略空缺数据。例如，提取患者信息时，如果操作名称丢失，则应忽略该数据，但如果床号信息丢失，该数据就无法被忽略，这是因为缺失床号信息对分析结果影响不大，而忽略此条信息可能丢失有价值的数据。在数据集相对较小的情况下，可以使用一个统一的值填充空缺值，但当处理具有更多默认值的较大集合时，该方法作用不明显，并且该方法费时费钱，应用频率较低。在数据分布均匀且成本预算不高的情况下，可以使用属性平均值填充默认值。此外，还可以通过机器学习方法确定空缺数据的最优值，包括回归、贝叶斯方法和决策树法等。虽然在极端情况下，预测结果可能出现一定的偏差，但此类方法仍能较好地处理数据空缺值并在很多非极端情况下取得良好的效果。

2. 噪声数据处理

噪声是指数据源中的异常属性值，也称非法值。例如，患者体温为 27.8 摄氏度，pH 值为 3.26（正常范围为 5.00~9.00）或尿液比重（SG）为 1.96（正常范围为 1.01~1.03）。噪声数据的处理包括分箱、回归和离群点分析等。分箱方法通过检测数据周围数值来平滑有序的数据值；回归方法是通过建立拟合数据属性值的函数模型来修正噪声值；离群点分析是利用聚类方法建立聚类，同一聚类内数据点的属性相似，但不同聚类间数据点的属性值存在较大偏差。

3. 不一致数据处理

不同来源或同源数据可能存在不一致性，有些不一致数据可以用其他的补充资料人为加以更正，比如数据输入时的错误可以借助原始记录数据加以修正，或通过分析数据间相关性和检索不同数据来源来改善数据的不一致性，比如测量单位和记录值的不一致性。

（二） 数据集成

在数据集成阶段，需要对存储在不同数据源中的数据进行整合，集成数据能够提高数据挖掘的准确性和速度，亟待解决的问题是如何处理异构数据及其冗余。

数据集成是将多个数据库和一般文件中的异构数据进行合并处理，然后将其存放在一个一致的数据存储（数据仓库）中，以解决语义中的模糊性。例如从医院获取的数据包含两张数据库表，一张包含了病人的各种体检数据，另一张包含了病人最后被诊断出来的某些疾病或症状。现在要利用一个唯一的用户登记号对两张表进行整合，而且数据之间存在很多不一致的地方，比如各种体检项目的命名、结构、单位和含义等。数据集成并非简单的数据合并，而是数据统一规范化的复杂过程，它需要统一原始数据中的所有不一致，如字段的同名异义、异名同义、单位不统一和字长不一致等，从而把原始数据在最低层次上加以转换、提炼和聚集，构成最初始数据信息。

医院的医疗费用数据比较分散，此类数据可以通过建立数据表，从医疗活动所产生的原始数据中抽取出合适的用于挖掘的数据，并对数据进行集成。例如，从患者基本信息表中抽取患者的部分数据：性别和年龄等，从患者住院信息中抽取入院时间和出院时间等，从患者门诊信息表中抽取主要疾病名称、手术情况和治疗结果情况等，对上述数据完成抽取之后集成到统一的数据表中。

（三） 数据变换

数据变换是指将数据集转换成适合数据分析与挖掘的统一形式。数据变换方法包括平滑噪声、数据聚合和数据规范。数据变换方法根据数据挖掘的方向和目标，对医疗大数据进行过滤和汇总，有方向且有目的地聚合数据可以提高数据分析的有效性。

数据类型的转换常常是指连续属性的离散化。与类别无关的离散化方法有最大熵法、等频区间法和等距区间法；与类别有关的方法有归并法和划分法等。通过离散化不仅可以有效地减少数据表的大小，还能提高分类的准确性。

三、 甲状腺超声诊断数据预处理

甲状腺结节是指甲状腺内的肿块，是一种常见病症，可随吞咽动作与甲状腺上下移动，其发病率随着年龄的增长而增长，其中单发性结节容易恶化成甲状腺癌。早期筛查甲状腺结节的首选技术是超声检查，超声检查是一种重要的无辐射影像技术，能够辅助确定结节的良恶性。随着人们对身体健康重视程度的加强，越来越多的人开始每年按时体检，因此累积了大量的甲状腺结节诊断数据，当放射科医生高度怀疑结节为恶性时，会建议患者做细针穿刺细胞学检查，该检查能够准确判断结节的良恶性。为了辅助医生推断出与病理结果尽可能相似的诊断意见，这里对甲状腺超声诊断数据进行预处理，使其能够更高效地在大数据技术中使用。

医疗数据采集完成后，针对甲状腺结节超声诊断数据的预处理包括三个步骤，分别是数据采集、特征提取和数据分级和数据规范，如图 9–1 所示。

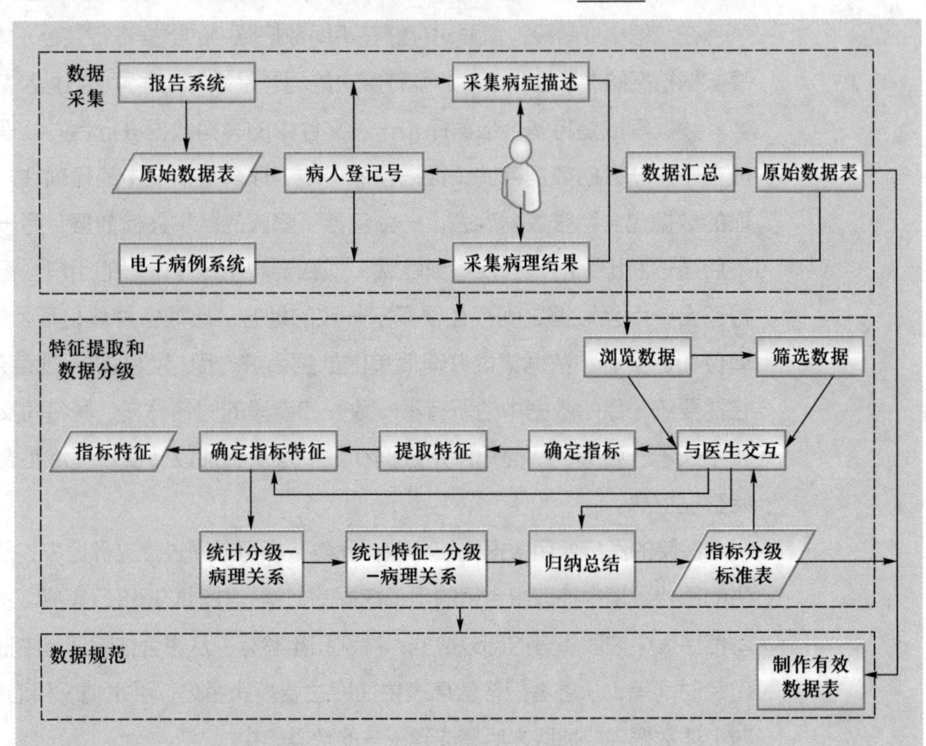

图 9–1
甲状腺结节诊断数据的预处理过程

（一） 数据采集

从医院内部的超声电子病历系统中导出部分患者数据，每一位患者的就诊数据涉及 70 种不同类型数据，其中包括病人类别、登记号、检查号、姓名、性别、年龄、出生日期、医嘱名称、检查状态、报告号、报告状态、图像数、临床诊断和诊断意见等，患者部分数据如表 9–1 所示。由于该数据预处理的研究目标是辅助超声医生诊断甲状腺结节的良恶，因此需要对无用数据进行缩减，并根据患者登记号对病症描述和病理结果进行查找添加，其中病症描述指的是超声医生将所见的超声影像描述成文字的记录，病理结果指的是患者经过穿刺或手术得到的精确病理结果。经过无用数据的缩减和有用数据的添加，11 类与甲状腺结节超声诊断相关的数据得以保留进行下一步处理，经过初步处理的患者部分甲状腺结节超声诊断数据如表 9–2 所示。

表 9-1
从医院电子病历系统导出的患者部分数据

病人类别	住院病人
登记号	1
检查号	2
姓名	王 *
性别	女
年龄	54 岁
出生日期	1966-05-18
医嘱名称	39 浅表淋巴结彩超（颈部）
检查状态	检查结束
报告号	1
报告状态	已发布
图像数	0
临床诊断	甲状腺恶性肿瘤
申请医生	张 *
申请科室	********
报告医生	王 *
报告日期	2020-11-17
报告时间	05：05：06PM
审核医生	王 *
审核日期	2020-11-17
审核时间	05：05：10PM
阳性	N
登记日期	2020-11-17
登记时间	14：44：37
检查资源	体检 CT（南区）
医嘱日期	2020-11-17
医嘱时间	10：27：30
住院号	1
病区	********
房间号	********
床号	* 床
费别	异地职工医保
诊断意见	双侧颈部未见明显形态及回声异常淋巴结

表 9-2 经过数据缩减和数据添加的患者部分甲状腺结节超声诊断数据

病人类别	住院病人
登记号	1
审核日期	2020-11-17
姓名	王 *
性别	女
年龄	54 岁
临床诊断	甲状腺恶性肿瘤
审核医生	王 *
诊断意见	甲状腺右叶中部背侧低回声结节（TI-RADS 分类，4B 类） 甲状腺左叶中下极低回声结节（TI-RADS 分类，4A 类） 甲状腺余多发结节（TI-RADS 分类，2 及 3 类），随访
病症描述	甲状腺大小、形态正常，回声均匀，包膜光整。CDFI：腺体内见点条状血流信号 甲状腺左叶中下极腹侧见一个 5.5 mm×4.9 mm×5.7 mm 低回声结节，边界不清、边缘不规则，CDFI：其内未见明显血流信号 甲状腺右叶中部背侧见一个 8.8 mm×5.5 mm×5.0 mm 低回声结节，边界不清，形态不规则，其内部可见细小点状钙化，CDFI：其内未见明显血流信号 甲状腺左叶内见数个混合回声及无回声结节，边清规则，边缘光整，较大的约 3 mm×2 mm，CDFI：结节内未见明显血流信号 甲状腺右叶下极背侧见一个 15 mm×8 mm 低回声结节，边清规则，内部回声尚均匀，CDFI：其内可见条状血流信号 双侧颈部未见明显形态及回声异常淋巴结图像
病理结果	甲状腺癌明确诊断双侧甲状腺 + 淋巴结清扫手术标本： 1.（左侧）甲状腺微小乳头状癌，长径 0.6 cm，被膜侵犯（-） 2.（右侧）甲状腺微小乳头状癌，径 0.4 cm，周围甲状腺腺瘤型结节性甲状腺肿改变，被膜侵犯（-） 3.（右侧气管旁）淋巴结（+）1/2 枚，另见小块甲状腺组织

在表 9-2 中，临床诊断指的是门诊医生给出的初步诊断结果，诊断意见指的是超声医生利用超声检查得出的诊断结果，基于医院实际使用的 TI-RADS 分级标准，超声医生给出甲状腺结节的诊断意见，具体的分级标准如表 9-3 所示。由于 TI-RADS 1 级和 TI-RADS 2 级的恶性风险概率为 0%，TI-RADS 6 级的恶性风险概率为 100%，在甲状腺结节的超声检查中并不考虑这 3 类。

表 9-3 TI-RADS 分级标准

TI-RADS 级别	对应结果	恶性风险概率（%）
TI-RADS 1	正常甲状腺	0
TI-RADS 2	良性结节	0
TI-RADS 3	可能良性结节	<3
TI-RADS 4A	低可能恶性结节	3-24

续表

TI-RADS 级别	对应结果	恶性风险概率（%）
TI-RADS 4B	中等可能恶性结节	25-75
TI-RADS 4C	高可能恶性结节	76-95
TI-RADS 5	高度提示恶性结节	>95
TI-RADS 6	活检证实的恶性结节	100

（二） 特征提取和数据分级

1. 确定评价指标

通过查阅医学文献资料可知，超声检查可以检测甲状腺结节的边缘、边界、大小、轮廓、回声、钙化、血流、声晕和纵横比等多种特征信息。这些特征是帮助诊断甲状腺结节的有效指标，但不同的医院选取的检查指标具有一定的差异。根据历史数据及与医生讨论，确定该医院主要关注边界清晰度、边缘规则度、内部回声、钙化和血液丰富度共 5 项甲状腺超声指标进行诊断。

2. 统计指标特征

确定评价指标之后，根据患者甲状腺结节超声诊断数据，从病症描述中就 5 个指标提取特征描述，以及从病理结果中提取最终的病理为癌或非癌的结果，进而形成患者的有效数据。由于医生的病症描述表达用词较为随意，进而应该将患者诊断数据进行规范化，将医生的病症描述用词标准化和统一化，便于利用计算机程序处理数据。根据提取的不同医生诊治的患者有效数据，就每个指标特征进行统计，部分医生的指标特征统计情况如表 9-4 所示。

表 9-4
部分医生的指标特征统计表

医生	***			***		
特征	总数	患病数	未患病	总数	患病数	未患病
边清（边界清晰）	164	30	134	183	50	133
边界尚清	55	14	41	50	24	26
边界欠清	107	66	41	62	50	12
边界不清	101	92	9	56	51	5
规则	81	8	73	56	1	55
尚规则	22	6	16	39	4	35
欠规则	131	37	94	82	21	61
可见毛刺	75	70	5	17	16	1
不规则	89	63	26	130	113	17
不规则低回声	4	2	2	13	9	4
不规则形不均质低回声	35	31	4	9	7	2
不均质低回声	34	24	10	8	6	2
低回声	235	73	162	216	104	112

3. 形成指标分级表

基于指标特征统计表，用统计与规则相结合的方法，依照医院的 TI–RADS 分级标准，将 5 个指标上的特征词也划分为 5 个等级。设计统计量对每个特征计算恶性风险概率，统计量如下：

$$P_i(j) = N_E / N_T \tag{9–1}$$

式中：j 表示边界清晰度、边缘规则度、内部回声、钙化和血液丰富度 5 项指标；

i 表示 j 指标上的特征词；

N_T 表示在指标 j 上特征词 i 的总数据量；

N_E 表示在病理为恶性的前提下指标 j 上特征词 i 的数据量。

据式 9–1 可得到每个特征词的恶性风险概率，然后依照该医院的 TI–RADS 分级标准的恶性风险概率区间将特征词分类，进而得到初步的甲状腺指标特征分级表。通过与超声医生进行沟通讨论，对初步得出的分级表进行微调，得到最终的甲状腺指标分级表。甲状腺部分指标分级表如表 9–5 所示，指标不同特征用分号隔开。

表 9–5 甲状腺的部分指标分级

指标	3	4A	4B	4C	5
边界清晰度	边清；边界清晰；边界清	边界尚清；边界较清；周围见晕圈；周边见晕环	边界欠清；边欠清		边界模糊；边界不清
边缘规则度	规则；包膜光整；光整；边缘光整	尚规则；包膜尚光整；未见明显占位；尚光整	欠规则；欠光整；包膜欠光整；边缘欠光整；包膜欠光滑	周边略见毛刺状；周边略呈毛刺状；边缘稍毛糙；膨胀性生长	不规则；包膜不光整；周边可见毛刺；呈毛刺状；周边呈蟹足状可见毛刺；周边毛糙；毛糙；边缘见毛刺；周边见毛刺；不光整；边缘不规整；边缘毛糙；周围呈毛刺状

（三） 数据规范

根据指标分级表规范化有效数据进而得到有效数据表。根据指标特征分级表从病症描述中提取每个指标上的指标特征，从病理结果中提取该结节的良恶情况，从诊断意见中提取超声医生对该结节的整体诊断，形成有效数据表。表 9–2 中患者的数据转换成的有效数据如表 9–6 所示。

表 9–6 部分有效数据表中的数据

登记号	1	1
审核日期	2020–11–17	2020–11–17
边界清晰度	边界不清	边界不清
边缘规则度	不规则	不规则
内部回声	低回声	低回声

续表

钙化		细小点状钙化
血液丰富度	未见明显血流信号	未见明显血流信号
分级	4A	4B
分级 1–5	2	3
病理 Ca	1	1

第二节 基于医疗大数据的管理决策分析

一、基于医疗大数据的管理决策场景

由于计算机的出现和各种传感器技术的普及，数据的收集和存储变得更加方便，来源也越来越广。在过去的 10 年里，随着电子病历的应用，医疗保健数据量呈指数级增长，再加上制药企业和学术研究机构档案，以及从智能设备和可穿戴设备的传感器中得到的数万亿数据流，医疗大数据洪流已经滚滚而来。

医疗大数据主要来源于以下几个方面。

（1）临床大数据。临床大数据主要包含各种医疗机构、药企等医疗行业场所涉及的病历信息和药物反应等相关数据。这些数据主要与患者临床就医和用药情况的真实记录有关。

① 常规病历数据：依托医院、诊所日常临床诊治，产生门急诊记录、住院记录、影像记录和实验室记录等内容。

② 药物管理数据：包括药物临床试验数据和医药研发数据等。

③ 行为与情绪数据：患者行为表现、患者就医频率、药品购买记录和用药记录等。

（2）生物大数据。生物大数据是指从生物医学实验室等机构获得的人类相关基因组学、转录组学、实验胚胎学、代谢组学等组学信息数据和通过各类设备获得的血压、血氧等监测体征数据。

① 组学信息数据：主要包括基因序列、理化代谢以及各类公共生物医学数据库等组学数据。如英国生物样本库项目（UK Biobank），其拥有来自 50 万参与者的个人健康信息和与其相关的 400 多份同行评审出版物，远超一般组学研究规模，具有较好的外部有效性。特别是作为一项大型且长期的生物组学研究，该项目已经收集的全基因组基因型数据可供全体研究人员使用，这为发现新的遗传关联和复杂性状的遗传基础提供了许多机会。

② 监测体征数据：不同于微观的基因及其他组学信息，体征数据主要通过智能设备、可穿戴设备等仪器，提供个体动态的生理指标数据，如血压和心率等。这种生理指标数

据可应用于疾病的早期预测和日常指标监测。如今，智能监测设备、大数据技术和物联网的协同关系已初步形成“智能医疗”的概念。

（3） 健康大数据。健康大数据主要注重“健康”与“管理”。本节将它定义为与日常生活相关的医疗活动、健康行为、环境卫生等内容的健康管理数据。

① 健康监测管理数据：基于人群的医学研究、疾病监测与健康管理数据，如疾病监测、出生缺陷监测研究、传染病及肿瘤登记报告等。不同于常规病历数据及外部监测数据，这类数据主要为人群宏观数据。如“中国健康与营养调查”便是一项多用途纵向监测与营养调查。它通过公开可用的数据集，记录和观察中国人群健康和营养状况变化。

② 医疗机构管理数据：主要以个人医疗数据为基础，涉及医疗机构自身行为，如医疗保险审查、经济成本核算和药品耗材采购等管理运营方面。部分医疗行业所编著的学术著作和科普知识等医疗文献数据也可以归于此类，如 Pubmed、万方和知网等数据库中的医疗文献数据等。

③ 人体环境交互数据：与人体物质交换和能量转移等有关的环境卫生数据，其最终目的是提供与人体 - 环境相关疾病的环境物质监测管理，如职业病、公害病和生物地球化学性疾病的环境监测。

基于量级庞大、种类繁多的医疗大数据，数据驱动的管理决策模型可充分挖掘数据中潜在的价值，为医疗相关的多个领域提供决策支持，为医疗相关人员提供服务。基于医疗大数据的管理决策场景主要包括以下几个方面。

临床辅助决策：常规应用如医嘱处方安全用药提醒和简单的诊疗方案提示等。目前一些大型医院广泛采用的临床路径管理系统是一种典型的临床辅助决策应用，其使医疗活动能够按照医学的规律，做到按规范治疗。此外，针对医学影像类的非结构化大数据，可以采用同类影像搜索比较和病灶特征分析等方法辅助诊断。

诊疗方有效性支持：对同一患者来说，医疗服务提供方不同，医疗护理方法和效果不同，成本上也存在着很大的差异。通过基于疗效的比较效果研究（Comparative Effectiveness Research，CER），全面分析患者特征数据和疗效数据，然后比较多种干预措施的有效性，可以找到针对特定患者的最佳治疗途径，并减少医疗费用。医疗护理系统实现 CER，将有可能减少过度治疗。此外，采集分析的数据样本越大，比较效果可能越好。

自我健康管理：通过医疗物联网与移动互联网等技术，利用信息系统对个人健康状态进行连续观测，医务人员对健康信息进行集成整合，为在线远程诊断和治疗提供数据证据，对个人健康状况进行有效分析和干预。例如，用户可以将自己的血压、呼吸、血糖和体温等健康信息存储在签约医院的医疗云上，由医院的医疗专家进行监控分析，提出健康管理建议。

疾病危险因素分析和预防：研究疾病风险模型，设计疾病风险评估算法，利用该算法计算个体患病的相对风险；利用采集的健康大数据危险因素数据，对健康危险因素进行比对关联分析；针对不同区域和人群，评估和选择健康相关危险因素及制作健康监测评估图谱和知识库；通过全基因组测序数据分析，可明确个体的患病风险。

医院感染与暴发监测：医院感染（Hospital-Acquired Infection，HAI）严重危害人类健康，一旦暴发流行，如果没有采取积极有效的控制措施，将给患者和医院带来巨大的痛苦和损失。减少医院感染暴发危害的核心是“早防范、早发现、早控制”。通过对医院感染数据的全面分析，能做到在医院层级有效的前瞻预警，增强干预措施的时效性，从而显著提高医院感染防控效能，维护患者健康。

数据服务与数据经济：用户的医疗健康数据既包括在医疗机构的诊疗过程数据，又包括在社区的电子健康档案数据和自我检测的健康管理数据。医院建设医疗服务云平台，为用户提供医疗与健康云数据存储、管理、监控、分析与自主利用等服务，让这些数据产生经济价值。

人机共融智能：伴随医疗领域人机系统不断发展，人、机在物理域、信息域、认知域、计算域、感知域、推理域、决策域和行为域的界面越来越模糊，人工智能将不仅仅作为医疗辅助的工具，而且将进一步与人类智能进行融合，利用双方的差异性与互补性，形成人机共融智能。医疗人机共融智能将主要涵盖以下几个方面特点：第一，主动推荐。医疗人机共融智能将不再局限于针对特定的目标进行预测推荐，对于潜在的病症也能预见，并给出相应的诊断建议。第二，交互学习。医疗人机共融智能可在与医生患者的交互过程中，挖掘更多隐性的知识或规律，帮助提高自身智能化水平。第三，高效容错。现有医疗系统有着一定程度上的割裂，信息可互通程度低，导致现有人机系统应用范围比较局限。医疗人机共融智能能够提供较强的容错性，兼容不同的物理系统，从而帮助智能应用进行推广。第四，混合决策。人机共融智能能够充分发挥机器快速存储、比较、排序和检索以及人类联想、推理、分析和归纳的能力，帮助在特定医疗场景下，快速精准地进行决策。

本章将主要以甲状腺结节诊断为例，从医疗辅助诊断以及诊断行为分析两个方面对基于医疗大数据的管理决策应用进行分析。

二、基于诊断数据的辅助诊断决策

（一）基于诊断数据和病理数据的多指标辅助诊断

面向基于诊断数据和病理数据的多指标辅助诊断问题，缺乏构建一个基本的范式或框架。这将使得部分基于数据驱动决策方法或决策支持工具很难应用在不同诊断情形下。为解决该问题，亟须构建一个基于数据驱动的多指标辅助诊断框架。为实现这一目标，需面临新的研究挑战。第一个挑战是如何通过已有观察数据产生决策偏好；第二个挑战是如何从历史数据中学习多指标决策参数及其约束，如指标权重；第三个挑战是如何充分考虑问题及相关领域特征情形下产生数据驱动的决策解。

为应对这三个挑战，在证据推理方法环境下构建基于诊断数据和病理数据的多指标决策框架。证据推理方法相关理论可参考 Jianbo Yang 等学者的研究。

1. **框架构建**

在诊断数据和病理数据已知条件下，框架流程如图 9-2 所示。医生依据自身偏好给出结节观察指标上的个体评估。为合成个体评估，需从历史诊断数据和病理数据中学习相关参数，如指标权重及其约束条件。基于所学习参数和约束条件，当证据推理规则中独立性要求满足时，可利用其合成个体评估，从而得出合成评估。进一步结合合成评估与等级效用得出多指标辅助诊断决策问题基于数据驱动的解。

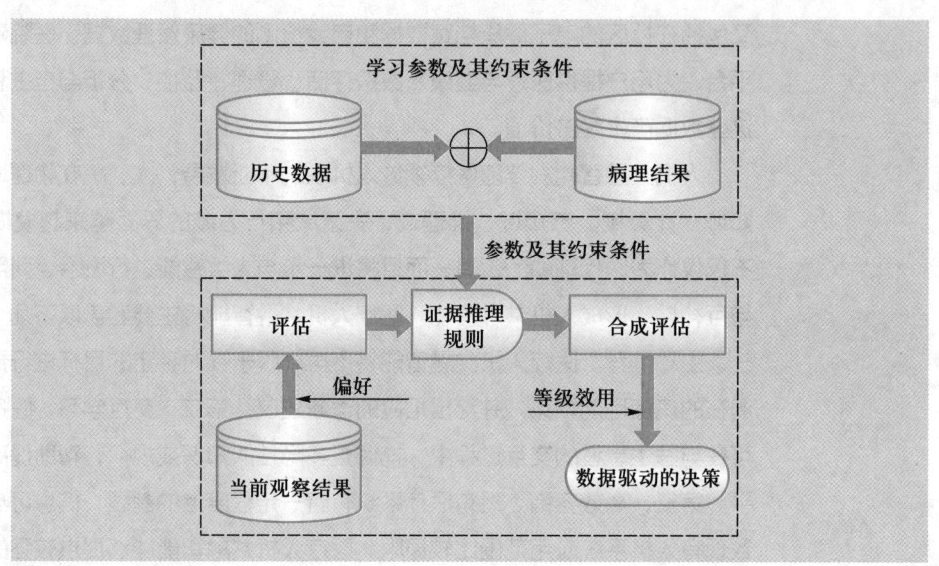

图 9-2
单个医生基于数据驱动多指标辅助诊断框架流程

2. **观察到评估的转换**

在临床诊断中，医生通常依据当前观察结果给出个体评估。将所观测特征转化为评估的方法取决于决策者自身偏好。例如，超声医生依据所观测特征或病灶，给出甲状腺癌患病概率。因此，结合超声医生知识和经验，或同一医院大部分超声医生共识，可将所观测特征转化为甲状腺癌患病概率。

3. **指标权重及其约束条件确定**

面向多指标辅助诊断问题，决策者可利用统计方法从诊断数据和病理数据中学习指标权重恰当约束条件。相关流程如图 9-3 所示。

基于所学习指标权重约束条件，从历史观察结果和病理结果对指标权重的学习流程如图 9-4 所示。当证据推理中独立性要求满足时，可利用证据推理规则将所学习指标权重约束条件整合到各指标个体评估合成中。基于合成评估应尽可能靠近病理结果的思想，通过最小化合成评估与病理结果间差异以确定合适的指标权重。

图 9-3
指标权重约束条件学习流程

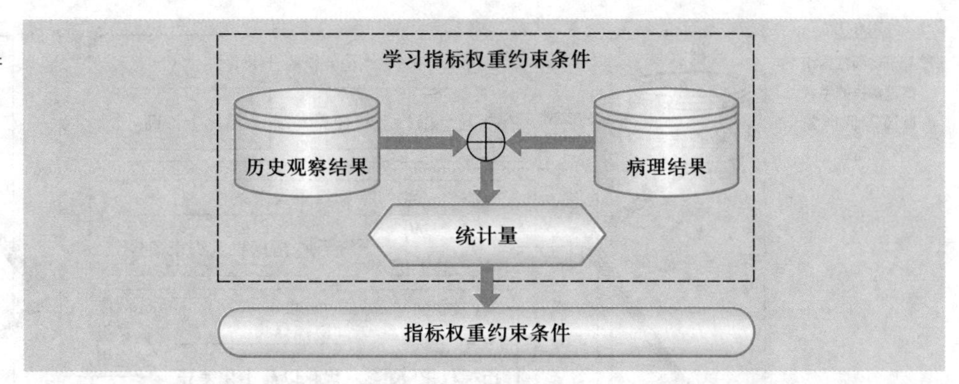

图 9-4
指标权重学习流程

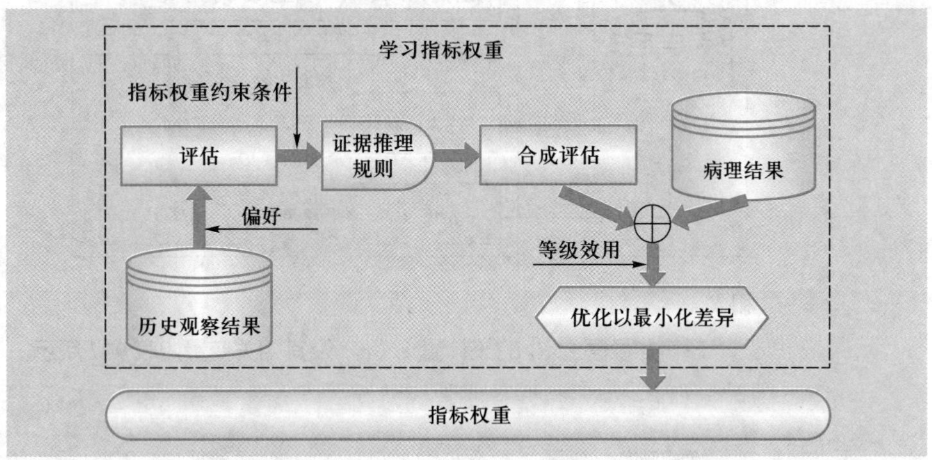

为从合成评估和病理结果中学习指标权重，需利用 Gao 等研究工作中所定义的差异测度[①]，计算合成评估和病理结果间差异，并构建优化模型最小化该平均差异以学习指标权重与约束。所学习权重可用于得出基于数据驱动的决策解。

4. 基于数据驱动解的生成

从当前观察结果得出个体评估，并从历史决策矩阵、历史观察结果和病理结果中学习指标权重时，可利用证据推理规则得出各方案合成评估。依据医生的诊断知识与经验，将合成诊断转换为 TI-RADS 分级诊断。一般而言，合成诊断与病理结果间平均差异 F 越小，所得合成诊断准确性越高，而超声医生总体诊断与病理结果间平均差异 $\tilde{F}$ 越小，该医生总体诊断准确性越高。若依据结节检查报告得出合成诊断准确性大于总体诊断准确性，则表明基于诊断数据和病理数据的多指标辅助诊断方法提高了诊断准确性。

5. 案例应用

聚焦于安徽省合肥市某三甲医院超声科甲状腺结节诊断，基于所提出的决策框架，具体诊断流程如图 9-5 所示。

选取 3 位诊断报告数超过 200 的超声影像医生进行应用验证，表示为 R_A、R_B

① Gao C，Yao X，Weise T，et al. An efficient local search heuristic with row weighting for the unicast set covering problem. European Journal of Operational Research，2015，246：750-761.

图 9-5
基于诊断数据和病理数据的甲状腺结节辅助诊断流程

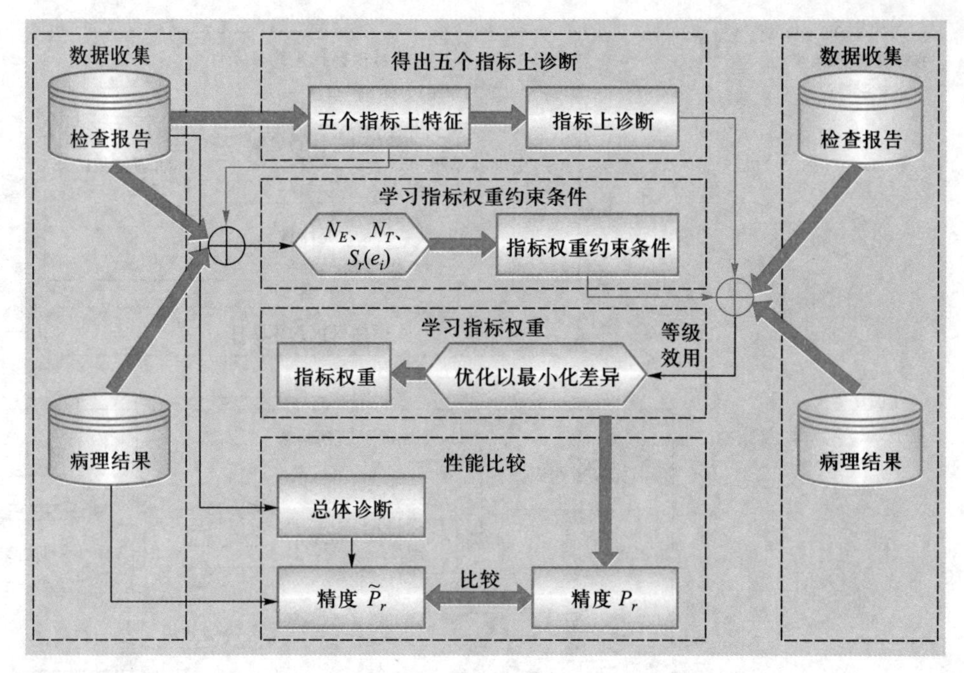

和 R_C。

超声影像医生 R_A 的统计量 S_r（e_i）及其相关变量如表 9-7 所示。

表 9-7
超声影像医生 R_A 统计量 S_r（e_i）和相关变量

指标	N_E	N_T	S_r（e_i）	标准化 S_r（e_i）
边缘规则度（e_1）	104	234	0.444 4	0.187 6
边界清晰度（e_2）	103	231	0.445 9	0.188 2
内部回声（e_3）	104	240	0.433 3	0.182 9
钙化（e_4）	54	88	0.613 6	0.259
血流丰富度（e_5）	105	243	0.432 1	0.182 4

超声影像医生 R_A 的合成诊断与病理结果间最小平均差异为 F_A^*=0.255 8，总体诊断与病理结果间平均差异为 $\tilde{F}_A$=0.394 6。合成诊断准确性和总体诊断准确性 Pr_A=0.744 2，$\tilde{P}r_A$=0.605 4。这表明基于超声影像医生 R_A 的历史诊断报告和病理检查结果来学习指标权重进而产生诊断预测，可提高诊断准确率 22.93%（或（0.744 2-0.605 4）/0.605 4）。

超声影像医生 R_B 的合成诊断与病理结果间最小平均差异为 F_B^*=0.095 8，总体诊断与病理结果间平均差异为 $\tilde{F}_B$=0.19。合成诊断准确性和总体诊断准确性 Pr_B=0.904 2 和 $\tilde{P}r_B$=0.81。这表明基于超声影像医生 R_B 的历史诊断报告和病理检查结果来学习指标权重进而产生诊断预测，可提高诊断准确率 11.63%（或（0.904 2-0.81）/0.81）。

超声影像医生 R_C 的合成诊断与病理结果间最小平均差异为 F_C^*=0.095 7，总体诊断与病理结果间平均差异为 $\tilde{F}_C$=0.356 5。合成诊断准确性和总体诊断准确性 Pr_C=

0.904 3 和 $\widetilde{Pr}_C$=0.643 5。这表明基于超声影像医生 R_C 的历史诊断报告和病理检查结果来学习指标权重进而产生诊断预测，可提高诊断准确率 40.52%（或（0.904 3–0.643 5）/0.643 5）。

（二） 基于诊断数据和病理数据的诊断偏好学习

历史诊断数据中蕴含了医生的诊断知识和经验，即诊断偏好。运用多指标决策框架对历史累积数据进行建模，将医生的诊断偏好映射于多指标决策框架中，引申出通过累积数据学习诊断偏好这一科学问题。以指标权重为多指标决策框架下的随机变量，基于诊断数据和病理数据学习指标权重及其约束，实现诊断偏好的学习，进而将学习的诊断偏好用于未来的辅助诊断，帮助提高诊断的一致性和诊断效率。

1. 理论建模

假设在含有病理数据的多指标决策框架下，决策者通过分析其总体诊断与病理结果间的差异，增强在相同指标框架下进行正确诊断的能力。满足假设，决策者愿意利用病理结果帮助提高诊断能力。

假设医生对诊断案例 a_l 在指标 e_i 上提供的评估值表示为 $B(e_i(a_l))$，方案总体诊断表示为 $\widetilde{B}(a_l)$，病理结果表示为 $\vec{B}(a_l)$。此时，$B(e_i(a_l))$ 与 $\widetilde{B}(a_l)$ 之间的平均相似度表示为 $\widetilde{S}(e_i(a_l))$，$B(e_i(a_l))$ 与 $\vec{B}(a_l)$ 之间的平均相似度表示为 $\vec{S}(e_i(a_l))$。集结这两种平均相似度生成平均聚合相似度 $[\bar{S}^-(e_i), \bar{S}^+(e_i)]$，并构建如下优化模型。

$$\text{min/max} \quad \bar{S}(e_i)=(1-\eta)\cdot\frac{\sum_{l=1}^{\bar{M}}\widetilde{S}(e_i(a_l))}{\bar{M}}+\eta\cdot\frac{\sum_{l=1}^{\bar{M}}\vec{S}(e_i(a_l))}{\bar{M}} \tag{9–2}$$

$$\text{s.t.} \quad \beta_{n,i}(a_l)\leqslant\beta_{n,i}^*(a_l)\leqslant\beta_{n,i}(a_l)+\beta_{\Omega,i}(a_l) \tag{9–3}$$

$$\widetilde{\beta}_n(a_l)\leqslant\widetilde{\beta}_n^*(a_l)\leqslant\widetilde{\beta}_n(a_l)+\widetilde{\beta}_\Omega(a_l) \tag{9–4}$$

$$\sum_{n=1}^{N}\beta_{n,i}^*=1 \tag{9–5}$$

$$\sum_{n=1}^{N}\widetilde{\beta}_n^*=1 \tag{9–6}$$

求解模型得到的聚合相似度 $[\bar{S}^-(e_i), \bar{S}^+(e_i)]$。上述模型中，参数 η 代表决策者的学习率。η 值越大，决策者依据病理检查结果提高决策能力的意愿越强。

最小化总体评估 $\widetilde{B}(a_l)$ 与合成评估 $B(e_i(a_l))$ 之间的平均差异、病理结果 $\vec{B}(a_l)$ 与合成评估 $B(e_i(a_l))$ 之间的平均差异以学习指标权重约束。为检验所学权重的效果，基于总体评估 $\widetilde{B}(a_l)$ 与合成评估 $B(e_i(a_l))$ 之间的差异 $\widetilde{D}(a_l)$ 定义学习精度 AR 为 $AR=1-\frac{\sum_{l=1}^{\bar{M}_1}\widetilde{D}(a_l)}{\bar{M}_1}$，$AR$ 取值范围为 [0，1]。

2. **案例应用**

聚焦于安徽省合肥市某三甲医院超声科甲状腺结节诊断问题，基于2013—2016年收集的3位超声医生的检查报告，运用所提诊断偏好学习方法学习指标权重，基于2017年检查报告检验所学指标权重的效果，相关结果如表9-8所示。

表9-8
基于3位超声医生检查报告的学习指标权重与相关实验效果

超声医生	η	G^*	所学指标权重	AR
D_1	0.788 8	0.194 4	(0.166 7，0.333 2，0.166 7，0.166 7，0.166 7)	0.827 3
D_2	0.827 5	0.195 4	(0.284 8，0.285 6，0.142 8，0.144 0，0.142 8)	0.861 9
D_3	0.750 7	0.191 7	(0.201 2，0.264 3，0.201 2，0.201 2，0.132 2)	0.812 4

假设3位超声医生的AR由$AR_j(j=1,2,3)$表示，学习率η由$\eta_j(j=1,2,3)$表示。由表可知$AR_2>AR_1>AR_3$，$\eta_2>\eta_1>\eta_3$。这可能意味着超声医生从病理结果中学习的能力越强，2013—2016年医生检查报告中学习指标权重的效果就越好。

（三） 基于诊断数据和病理数据的群体辅助诊断

在信息化时代，大量多元化信息和知识促使人们在应对实际问题时，更依赖于群体专业知识和经验。聚焦医疗辅助诊断问题，如何利用诊断数据和病理数据进行群体辅助诊断，是一个重要的科学问题。本小节基于区间数，依据分级标准并运用医生的专业知识和诊断经验，将历史诊断数据中结节上每个指标的诊断信息转换为对应区间。同时，当结节病理结果为恶性时，对应区间数为$[1, 1]$，反之为$[0, 0]$。

1. **基于区间数的距离测度**

令区间数$x=[x^-, x^+]=\{r|x^-\leqslant r\leqslant x^+, x^-, x^+\in R\}$。当$0\leqslant x^-\leqslant x^+$时，称$x$为正区间数，这也是本节重点。正区间数的距离测度是本节工作的基础，可以利用Fu等研究工作中所定义的距离测度来计算正区间数距离。①

2. **医生权重确定**

为学习医生权重，需对医生权重有清晰的认识。在多指标群决策中，医生权重与其能否做出正确诊断的能力正相关。鉴于此，假设医生的总体诊断与病理结果相似度越高，则其权重越大。

3. **指标权重确定**

为确定指标权重，需要对指标权重的含义有清晰的认识。一般情况下，对于当前诊断结节，通过利用指标权重合成各指标上诊断可得出总体诊断。指标权重越大，指标上诊断和总体诊断间相似度越高。鉴于此，假设指标上结节诊断与总体诊断的相似度越高，则其权重越大。

4. **基于诊断数据和病理数据的群体辅助诊断流程**

基于诊断数据和病理数据学习各医生权重和指标权重，并运用这两种权重集结医

① Fu C，Chang W，Liu W，et al. Data-driven group decision making for diagnosis of thyroid nodule. SCIENCE CHINA Information Sciences，2019，62：205-212.

生历史诊断数据从而得出各方案的合成群体评估。基于诊断数据和病理数据的群体辅助诊断流程如图 9-6 所示。

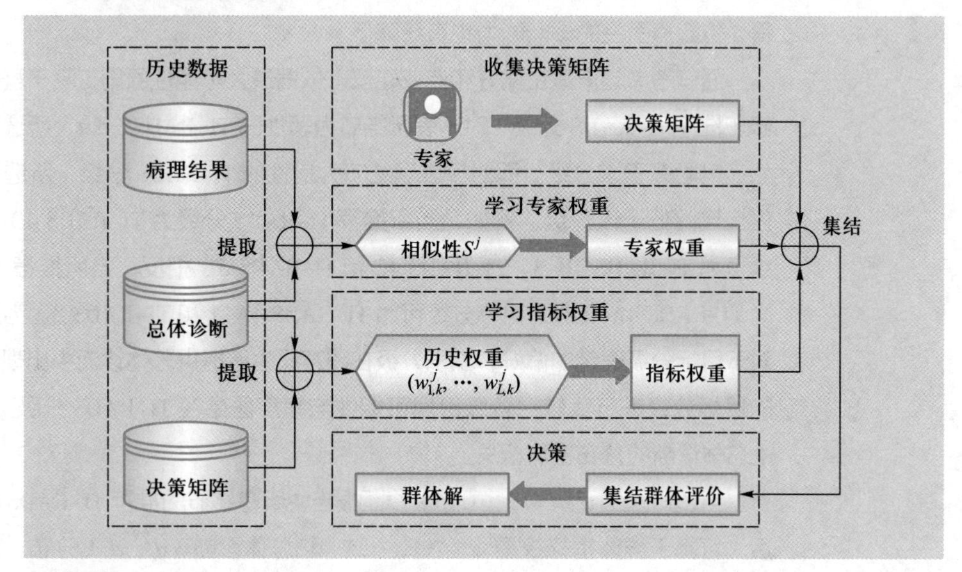

图 9-6
基于诊断数据和病理数据的群体辅助诊断流程

5. 案例应用

聚焦于安徽省合肥市某三甲医院超声科甲状腺结节诊断问题，基于 2011—2018 年收集的 8 位超声医生的检查报告，根据 8 位医生的诊断精度，选取 3 位医生 t_j（j=1，2，3）为高医技医生，如表 9-9 所示。

表 9-9
8 位医生的诊断记录与诊断精度

超声医生	服务时间段	诊断记录	诊断精度
t_1	2013—2018	591	**0.784 3**
t_2	2011—2018	586	**0.795 8**
t_3	2012—2018	628	0.750 5
t_4	2015—2018	397	**0.773 2**
t_5	2013—2017	179	0.731 7
t_6	2011—2016	180	0.745 1
t_7	2017—2018	202	0.744 5
t_8	2018	93	0.702 5

依据 3 位高医技医生的权重，在各指标上进行加权形成群体指标权重。基于此，对其他 5 位医生 $\tilde{t}_k$（k=1,…,5）在各指标上的诊断进行合成，得到群体诊断精度 $\tilde{C}_k^{G_w}$。

$\tilde{C}_k^{G_w}(k=1,\cdots,5) = (0.685\,7, 0.673\,7, 0.752\,2, 0.584\,1, 0.524\,5)$

$\tilde{C}_k^{R_0}(k=1,\cdots,5) = (0.750\,5, 0.731\,7, 0.745\,1, 0.744\,5, 0.702\,5)$

与 5 位医生的总体诊断 $\tilde{C}_k^{R_0}$相比，$\tilde{C}_k^{G_w} < \tilde{C}_k^{R_0}(k=1,2,3,4,5)$。

与超声医生讨论发现，超声医生诊断能力不仅取决于 5 个指标的权重，且与超声医生在 TI-RADS 分级 T_c（c=1，…，8）= {TI-RADS 3，TI-RADS 4A-1，TI-RADS

4A-2，TI-RADS 4B-1，TI-RADS 4B-2，TI-RADS 4B-3，TI-RADS 4C，TI-RADS 5} 上所提供总体诊断的分布相关。由于对总体诊断分布缺乏考虑，基于群体指标权重所得 5 位超声医生的诊断能力也有所降低。

通过考虑超声医生偏好和专业建议，依据最大可能性原则，基于群体指标权重来修正推荐 TI-RADS 分级。对于表示结节为恶性的 TI-RADS 分级，所选目标分级对应癌症风险高于该分级。而对于表示结节为良性的 TI-RADS 分级，所选目标分级对应癌症风险低于该分级。例如，当所推荐 TI-RADS 分级为 TI-RADS 4B-2 时，目标分级可为 TI-RADS 4B-3、TI-RADS 4C 和 TI-RADS 5。相反，当所推荐 TI-RADS 分级为 TI-RADS 4A-2 时，目标分级可为 TI-RADS 4A-1 和 TI-RADS 3。为反映超声医生对于目标分级确定的偏好，基于分级在超声医生所提供总体诊断中出现可能性对可能的目标分级进行比较。分级出现可能性与超声医生在 TI-RADS 分级 T_c（c=1，⋯，8）上总体诊断的分布密切相关。

当超声医生 $\tilde{t}_k$（k=1，⋯，5）诊断报告中所有结节的推荐 TI-RADS 分级进行修正后，可基于群体指标权重 w_i（i=1，⋯，5）和总体诊断（d_c^m，d_c^b）分布，从而得出 5 位超声医生的诊断能力 $\tilde{C}_k^{G_w,G_d}$（k=1，⋯，5），如表 9-10 第二行所示。

表 9-10
不同策略下超声医生 $\tilde{t}_k$（k=1，⋯，5）诊断推荐精度

序号	策略	5 位低医技医生诊断推荐精度
1	群体权重和群体诊断分布	（0.808 8，0.771 2，0.810 4，0.779 3，0.772 1）
2	群体权重和低医技医生诊断分布	（0.756 6，0.746 9，0.810 4，0.682 1，0.657 7）
3	低医技医生权重和群体诊断分布	（0.801 2，0.771 2，0.805 0，0.769 8，0.772 1）
4	低医技医生权重和低医技医生诊断分布	（0.751 4，0.746 9，0.805 0，0.674 5，0.657 7）
5	低医技医生总体评估	（0.750 5，0.731 7，0.745 1，0.744 5，0.702 5）

通过对 $\tilde{C}_k^{G_wG_d}$（k=1，⋯，5）和 $\tilde{C}_k^{R_0}$ 进行比较，可发现基于群体指标权重 w_i（i=1，⋯，5）和总体诊断（d_c^m，d_c^b）的群体分布所得出超声医生 $\tilde{t}_k$（k=1，⋯，5）的诊断能力超过其原始诊断能力，增加（$\tilde{C}_k^{G_w,G_d}-\tilde{C}_k^{R_0}$）/$\tilde{C}_k^{R_0}$（$k$=1，⋯，5）=（7.77%，5.4%，8.76%，4.67%，9.91%）。

三、基于诊断数据和病理数据的诊断行为分析

为帮助超声影像医生更好地诊断甲状腺结节，现有关于甲状腺结节诊断的研究主要集中在优化诊断过程和提供诊断建议两个方面，这可在一定程度上提高医生对甲状腺结节的诊断水平。然而，现有研究大多关注于甲状腺结节诊断的临床因素，非临床因素如超声影像医生行为偏好对诊断结果的影响，仍有待进一步研究。超声诊断是一个人控过程，医生行为对甲状腺结节诊断的影响是一个重要的问题。基于对甲状腺超声诊断数据的分析，可以更加深入地了解医生诊断行为偏好，从而为临床诊断提供参考，或为医生诊断结果提供更为合理的解释。

为帮助从诊断数据分析医生诊断行为，本节拟基于置信规则库（Belief Rule Base，BRB）方法构建诊断模型。传统机器学习方法大多是黑盒方法，其结果的可解释性不强，通常难以为医生所接受。相较之下，BRB 有着较好的可解释性，更适合用于医疗辅助诊断等场景中。同时，BRB 其输入值可为不完全、模糊数值等，且基于证据推理（Evidential Reasoning，ER）的 BRB 可以对不确定信息进行更好的建模，包括无知和模糊等，从而最大程度上避免信息的损失。因此，本节利用 BRB 构建诊断预测模型，并基于超声科医生诊断报告分析其诊断偏好。

置信规则库推理模型由若干基本推理模块构成，通过基本推理模块的不同组合，可以实现针对各种复杂系统的建模，其中每个基本推理模块就是一系列具有相同输入和输出变量的规则所定义的一次推理过程。

针对甲状腺结节诊断问题，规则库中第 j 条规则定义如下：

$$\begin{gathered} R_j: \text{if}\,(x_1 \text{ is } A_1^j) \wedge (x_2 \text{ is } A_2^j) \wedge \cdots \wedge (x_5 \text{ is } A_5^j), \\ \text{则}\ \{(D_1,\beta_{1,j}),(D_2,\beta_{2,j}),\cdots,(D_N,\beta_{N,j})\}, \\ \text{对应初始权重为 } \theta_j. \end{gathered} \tag{9-7}$$

其中：x_m（m=1，⋯，5）表示甲状腺结节诊断的第 m 个指标；

A_m^j（j=1，⋯，J）表示在第 j 条规则中第 m 个指标的取值；

D_n（n=1，⋯，N）表示诊断结果的第 n 个等级；

$\beta_{n,j}$ 表示医生诊断结果为 D_n 的置信度；

θ_j 表示第 j 条规则的权重。

如第一节第三部分所述，甲状腺结节诊断分级包括 TI-RADS 3、TI-RADS 4A、TI-RADS 4B、TI-RADS 4C 与 TI-RADS 5 五个等级（T 诊断），该情况下，D_n 可对应表示为五个等级，即 $\{D_1,\cdots,D_5\}$。同时，若超声科医生需判断甲状腺结节良恶性（B 诊断），可将 TI-RADS 3、TI-RADS 4A 考虑为良性，并将 TI-RADS 4B、TI-RADS 4C 与 TI-RADS 5 考虑为恶性，该情况下 D_n 可对应表示为两个等级，即 $\{D_1, D_2\}$。

下面将从研究思路、数据及诊断行为分析三个部分进行论述，并对管理启示进行归纳总结。

（一） 研究思路

本节主要基于甲状腺超声诊断数据及其病理数据，对超声科医生的诊断行为展开深入研究。对于每位超声医生，初始化并优化三个诊断模型。基于训练后的诊断模型，通过缺失验证、自验证和互验证分析超声医生的行为。如图 9-7 所示。

（1） 缺失验证：旨在分析某个准则上特征缺失的影响。

（2） 自验证：旨在分析一个超声医生基于不同特征数据集训练的诊断模型性能之间的一致性。

（3） 互验证：旨在分析一个超声医生基于特定数据集训练的诊断模型对其他超声医生数据集的适用性。

图 9-7
研究思路图

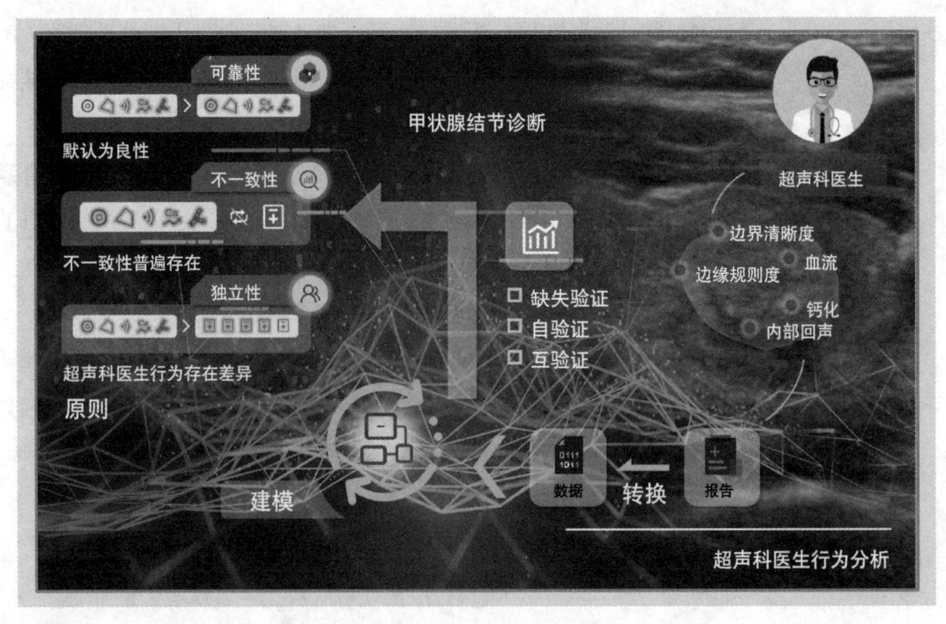

（二） 数据

本节数据来源于安徽省合肥市某三甲医院 2012 年 1 月到 2019 年 2 月期间超声科的甲状腺超声诊断报告，其数据处理过程如本章第一节第三部分所述。为便于描述，不同类型诊断报告用不同符号表示，如表 9-11 所示。

表 9-11
诊断报告类别

序号	诊断报告	报告集合	报告数量
1	全部诊断报告	T_k^a	N_k^a
2	具有五个准则诊断信息的诊断报告	T_k^c	N_k^c
3	至少有一个准则缺失诊断信息的诊断报告	T_k^m	N_k^m
4	不具有钙化准则诊断信息的诊断报告	T_k^f	N_k^f

本节主要选取 5 位超声科医生分析其诊断行为，其对应诊断报告数量如表 9-12 所示。

表 9-12
诊断报告分布情况

超声科医生	N_k^a	N_k^c	N_k^m	N_k^f
R_1	720	353	367	303
R_2	609	197	412	328
R_3	649	272	377	241
R_4	245	119	126	99
R_5	521	189	332	299
合计	2 744	1 130	1 614	1 270

由表 9-12 可知，$N_k^c<N_k^m$（$k=1,2,\cdots,5$），尤其 k=2、3 与 5 时，N_k^c 显著小于 N_k^m。说明超声科医生所撰写诊断报告仅不到一半信息完整，大部分仍存在缺失信息。同

时，N_k^f 接近 N_k^m，或 $N_k^f \geq 0.6 \cdot N_k^m$（$k$=1,2,⋯,5），即超声报告所缺失信息大多为钙化特征。

（三） 诊断行为分析

基于超声科医生不同类型数据集，本节基于 BRB 方法构建诊断模型，并通过缺失验证、自验证及互验证对医生诊断行为进行分析。

在对 BRB 模型进行初始化后，需对其做进一步优化，以提高其诊断精确度。针对甲状腺结节诊断，优化目标可设定为模型预测误差，即估计诊断结果与真实诊断结果间的平均误差。优化模型其他细节可参考 Chang 等人的研究工作。[①]

在完成 BRB 模型的定义与优化后，可基于所得模型对各医生的诊断数据进行预测。假定第 k 位医生（$k=1,2,\cdots,5$）有 P 例病例，则对于第 p 例病例，医生所给出 T 诊断与 B 诊断分别为 $F_{k,p}^{O,t}$ 与 $F_{k,p}^{O,b}$，模型所预测 T 诊断与 B 诊断结果为 $F_{k,p}^{Q,t}$ 与 $F_{k,p}^{Q,b}$。则对于第 p 例病例的 T 诊断与 B 诊断结果，模型预测误差可分别计算为：

$$\text{error}_{k,p}^{t}=\begin{cases}1, \text{ if } F_{k,p}^{Q,t}\neq F_{k,p}^{O,t}\\ 0, \text{ if } F_{k,p}^{Q,t}=F_{k,p}^{O,t}\end{cases} \tag{9-8}$$

$$\text{error}_{k,p}^{b}=\begin{cases}1, \text{ if } F_{k,p}^{Q,b}\neq F_{k,p}^{O,b}\\ 0, \text{ if } F_{k,p}^{Q,b}=F_{k,p}^{O,b}\end{cases} \tag{9-9}$$

进而可计算出模型在所有 P 例病例上诊断误差为：

$$E_k^t=\frac{1}{P}\sum_{p=1}^{P}\text{error}_{k,p}^{t} \tag{9-10}$$

$$E_k^b=\frac{1}{P}\sum_{p=1}^{P}\text{error}_{k,p}^{b} \tag{9-11}$$

对于第 k 位医生（k=1,2,⋯,5）的不同数据集 T_k^a、T_k^c、T_k^m 与 T_k^f，模型 T 诊断误差可分别表示为 $E_k^{a,t}$、$E_k^{c,t}$、$E_k^{m,t}$ 与 $E_k^{f,t}$，B 诊断误差可分别表示为 $E_k^{a,b}$、$E_k^{c,b}$、$E_k^{m,b}$ 与 $E_k^{f,b}$。

下文将分别通过缺失验证、自验证及互验证三个方面对医生诊断行为进行分析。

1. 缺失验证

缺失验证主要用于分析指标上所缺失特征信息。如表 9–11 所示，数据集 T_k^m 主要由 T_k^f 构成，因此本节利用 T_k^f 来进行缺失验证。假定数据集 T_k^f 在钙化上的缺失值默认填充为良性，则可得填充后数据集 $\overline{T}_k^f$。针对超声科医生 T 诊断结果，可构建诊断模型 $B_k^{f,t}$ 与 $\overline{B}_k^{f,t}$，其预测误差分别为 $E_k^{f,t}$ 与 $\overline{E}_k^{f,t}$。同时，针对超声科医生 B 诊断结果，可构建诊断模型 $B_k^{f,b}$ 与 $\overline{B}_k^{f,b}$，其预测误差分别为 $E_k^{f,b}$ 与 $\overline{E}_k^{f,b}$。缺失验证过程如图 9–8 所示。

图 9–8 同时给出了不同医生 T 诊断与 B 诊断下，将钙化指标缺失值填充为良性

① Chang L，Fu C，Wu Z，et al. Data-driven analysis of radiologists' behavior for diagnosing thyroid nodules. IEEE Journal of Biomedical and Health Informatics，2020，24（11）：3111–3123.

图 9-8
缺失验证过程示意图

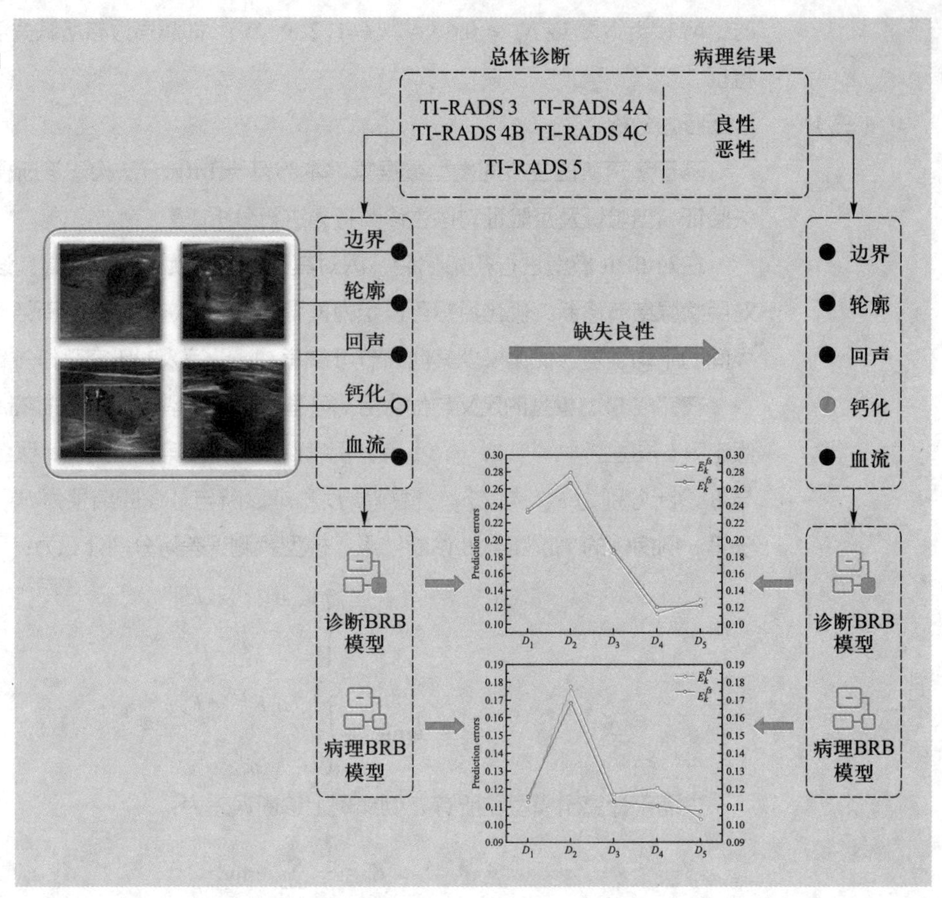

前后实验结果对比情况。总体而言，$E_k^{f,t}$ 与 $\overline{E}_k^{f,t}$、$E_k^{f,b}$ 与 $\overline{E}_k^{f,b}$ 较为接近，尤其当 k 等于 1 或 3 时。这表明诊断模型 $B_k^{f,t}$ 与 $\overline{B}_k^{f,t}$、$B_k^{f,b}$ 与 $\overline{B}_k^{f,b}$ 间存在一定的一致性，进而论证了将缺失值填充为良性的可行性。该结果反映出超声科医生在记录钙化指标上特征时，可能选择忽略明显良性的特征，且不予记录。

2. 自验证

自验证主要用于分析医生在不同类型诊断，即 T 诊断与 B 诊断结果上的一致性。如上一小节所述，钙化指标上缺失值可默认为良性特征。在该前提下，基于完整数据集 T_k^c 与填充后数据集 $\overline{T}_k^f$ 所构建诊断模型性能理论上应较为一致。基于该假设，利用超声科医生 R_k 的数据集 T_k^c 与 $\overline{T}_k^f$，针对其 T 诊断结果，可构建诊断模型 $B_k^{c,t}$ 与 $\overline{B}_k^{f,t}$，其在 T_k^c 与 $\overline{T}_k^f$ 上预测误差分别为 $E_k^{c,t,c}$、$E_k^{c,t,f}$、$E_k^{f,t,c}$ 与 $E_k^{f,t,f}$。同时，针对超声科医生 B 诊断结果，可构建诊断模型 $B_k^{c,b}$ 与 $\overline{B}_k^{f,b}$，其在 T_k^c 与 $\overline{T}_k^f$ 上预测误差分别为 $E_k^{c,b,c}$、$E_k^{c,b,f}$、$E_k^{f,b,c}$ 与 $E_k^{f,b,f}$。自验证过程如图 9-9 所示。

针对超声科医生 T 诊断和 B 诊断模型相关实验结果显示，$E_k^{f,t,f}$ 显著小于 $E_k^{c,t,c}$，且 $E_k^{f,b,f}$ 明显小于 $E_k^{c,b,c}$（$k=1,2,\cdots,5$）。该结果表示 $B_k^{c,t}$ 与 $\overline{B}_k^{f,t}$、$B_k^{c,b}$ 与 $\overline{B}_k^{f,b}$ 间存在一定的差异，即不一致性。这表明超声科医生更倾向于关注甲状腺结节恶性特征较为明显的指标，尤其是在时间有限的情况下。同时，即使在各指标上特征齐全的情况下，

图 9-9
自验证过程示意图

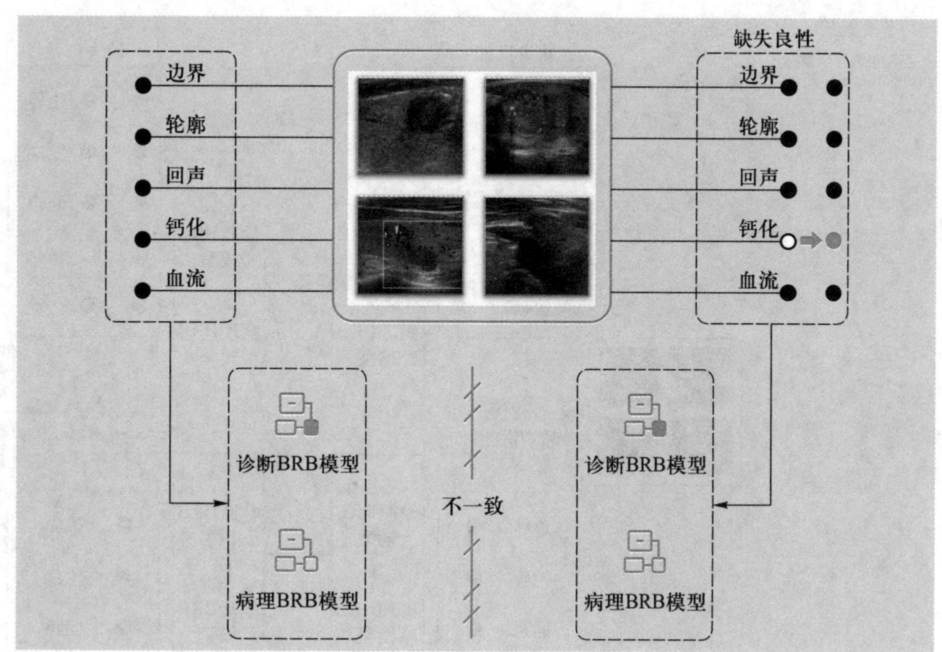

超声科医生仍有可能只基于个别指标上的特征给出最终诊断结果。此外，指标上的特征可能来自超声诊断报告历史模板或任意描述，这也可能导致甲状腺结节五种指标上特征与其最终诊断结果不一致。

3. 互验证

互验证主要用于分析不同医生间诊断模型的适用性。如上一小节所述，基于数据集 T_k^c 与 $\overline{T}_k^f$，针对超声科医生 T 诊断结果，可构建诊断模型 $B_k^{c,t}$ 与 $\overline{B}_k^{f,t}$。对于任意超声科医生 R_{k_1}，若模型 $B_{k_1}^{c,t}$ 在 T_k^c 与 $T_{k_1}^c$（$k \neq k_1$）上诊断误差相似，可认为医生 R_{k_1} 与 R_k 诊断行为较为相似；$B_{k_1}^{c,b}$ 同理。基于该假设，计算诊断模型 $B_{k_1}^{c,t}$ 与 $B_{k_1}^{c,b}$ 在数据集 T_k^c（$k \neq k_1$）上预测误差，即 $E_{k_1,k}^{c,t,c}$ 与 $E_{k_1,k}^{c,b,c}$。同时，计算诊断模型 $B_{k_1}^{f,t}$ 与 $B_{k_1}^{f,b}$ 在数据集 $\overline{T}_k^f$（$k \neq k_1$）上预测误差，即 $E_{k_1,k}^{f,t,f}$ 和 $E_{k_1,k}^{f,b,f}$。互验证过程如图 9-10 所示。

所计算预测误差 $E_{k_1,k}^{c,t,c}$、$E_{k_1,k}^{c,b,c}$、$E_{k_1,k}^{f,t,f}$ 与 $E_{k_1,k}^{f,b,f}$ 的相关实验结果显示，大多情况下，$E_{k_1,k_1}^{c,t,c}$ 与 $E_{k_1,k_1}^{c,b,c}$ 分别小于 $E_{k_1,k}^{c,t,c}$ 与 $E_{k_1,k}^{c,b,c}$（$k \neq k_1$）；同时，大多情况下，$E_{k_1,k_1}^{f,t,f}$ 与 $E_{k_1,k_1}^{f,b,f}$ 分别小于 $E_{k_1,k}^{f,t,f}$ 与 $E_{k_1,k}^{f,b,f}$（$k \neq k_1$）。该结果显示诊断模型 $B_{k_1}^{c,t}$ 与 $B_{k_1}^{c,b}$ 在 T_k^c 与 $T_{k_1}^c$（$k \neq k_1$）上预测误差存在明显差异，这表明不同医生间诊断行为存在一定的差异。该结果反映出不同医生基于所积累独立诊断的案例形成了个人的诊断偏好。

（四） 管理启示

（1） 在资源有限的情况下，决策者可将更多的精力集中在一些重要和关键的点上，来为所考虑问题提供合理和准确的解决方案。从一组通用的标准出发来处理不同情况下的问题时，人们可能倾向于关注不同的角度。然而即使存在问题和解决方案相关的历史数据，也难以确定人们从什么角度出发来解决问题。由于不清楚产生问题解决方案的具体情况，一些用于识别关键因素的方法，如主成分分析等，可能无法生效。在特定情

图 9-10
互验证流程示意图

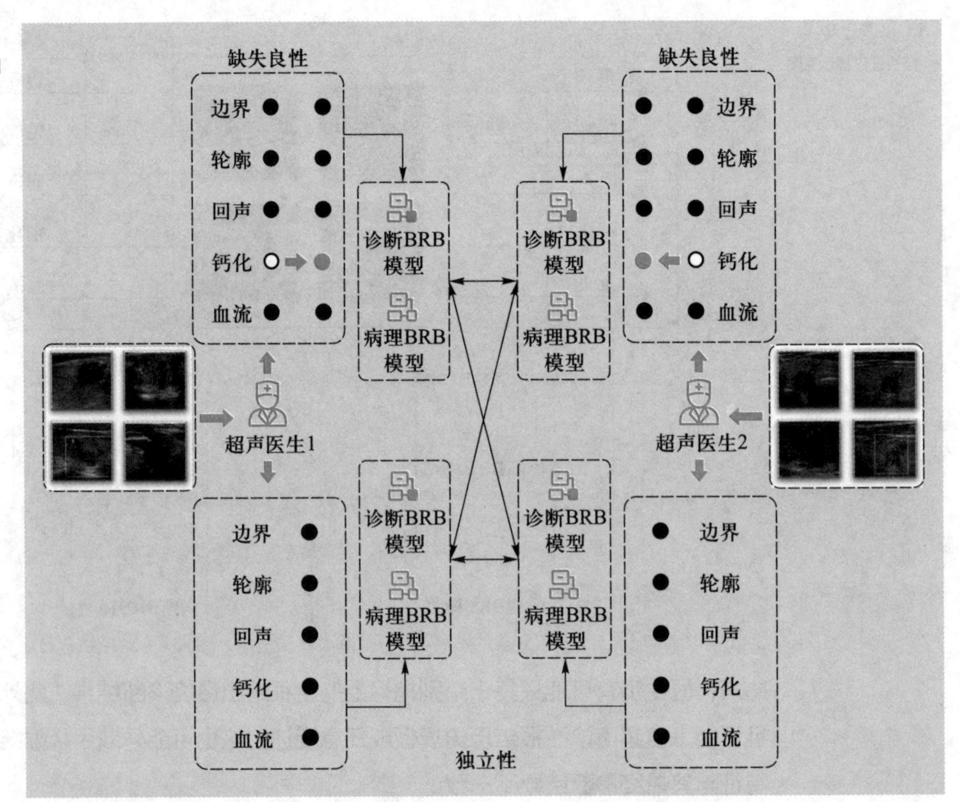

况下，人们需根据自身专业知识和经验、某些时效性因素以及某些非常规因素来分析问题。从历史数据中分析人的行为，对于确定人们在特定情况下会从什么角度进行考虑是一种可行的方法。例如，通过对放射科医生提供的甲状腺结节诊断病例进行聚类分析，可以在一定程度上了解放射科医生的诊断偏好，即从哪些角度对结节进行诊断。

（2） 在资源有限的情况下，强制从所有角度来考虑解决问题可能并不明智。在问题求解过程中，对于某些无足轻重的方面，人们可能以不恰当的方式提供建议或评价，比如直接参考既有案例，而在提供问题解决方案时，又往往只考虑重要方面的因素。这将导致最终问题的解与其在各个角度上的参考值不一致。保证资源充足是解决上述问题的方法之一。在资源充足的情况下，利用所收集数据分析人们的行为，可以帮助针对新问题给出高质量的解。例如，在有足够资源，如足够诊断时间的情况下，超声科医生就可以综合考虑这五种指标对甲状腺结节进行整体诊断，这在很大程度上保证了这五种指标上所记录特征与整体诊断的一致性。在这种情况下收集历史诊断数据，更能帮助了解超声科医生的诊断偏好。

（3） 当人们长期独立处理问题时，通常会习惯于从特定角度考虑来解决问题。在这一模式下，人们的行为偏好将保持不变，因此难以有机会提高自己的能力，从而可能无法在面临新问题时产生更高质量的解。加强同行之间的沟通，是提高处理新问题能力的有效措施。通过沟通，人们可以有意识地、逐渐地改变自己的行为偏好，转变关注的角度，从而提高自己处理新问题的能力。例如，超声科医生可以通过观察经验丰富的超声科医生的诊断，或与其讨论典型或非典型病例来提高自己的诊断能力。

总而言之，针对特定问题，为了保证所提供解的可靠性及质量，人们应该不断积累专业知识和经验，关注关键角度或保证资源充裕来减少各角度所考量因素和最终解间的不一致性，以及与经验丰富的人交流来提高自己处理新问题的能力。有趣的是，仅从关键角度而不是所有角度考虑来解决问题可能违反直觉，然而由于各种限制，这种情况在实际中普遍存在。

第三节 基于医疗大数据的管理信息系统

基于医疗大数据的管理信息系统涉及医学、信息、管理、计算机等多种学科领域，在发达国家已经得到了广泛的应用，并创造了良好的社会效益和经济效益。基于医疗大数据的管理信息系统是现代化医院运营的必要技术支撑和基础设施，实现医疗管理信息系统的目的就是以更现代化、科学化、规范化的手段来加强医院的管理，提高医院的工作效率，改进医疗质量，这是未来医院发展的必然方向。

一、基于医疗大数据的管理信息系统介绍

（一）基于医疗大数据的管理信息系统基础

1. 医疗大数据特征

目前，许多医院都已经建立了基于医疗大数据的管理信息系统。在日常医疗工作中，医院管理系统所产生的各种数据来源广泛，包括外部数据（政府、实验室、药房、保险公司与保健组织等）与内部数据（医院信息系统、电子病历、临床决策支持系统与医嘱录入系统等），通常有多种文件格式（平面文件、CSV、数据关联表、ASCII/文本等）且留存在多个位置（包括地理位置及医疗提供者的网站）不同应用程序（事务处理应用、数据库）中。医疗信息服务具有分析、处理大量在线或实时数据的需求。医疗数据结构多样，包括结构化数据（Oracle、SQL Server 等数据库）、半结构化数据（XML 文档）、非结构化数据（Word 和 PDF 文档、影像、音视频等）。这些数据具有价值高、价值密度低等特点。有效地管理医疗数据对促进医学进步具有重大意义。

2. 基于医疗大数据的管理信息系统框架

基于医疗大数据的管理信息系统是医院的大脑，通过对知识的感知、对医务人员和患者行为的分析，能够对医院日常业务进行优化调控。基于医疗大数据的管理信息系统涉及许多方面，常见的使用情况如图 9-11 所示。

图 9-11
医疗大数据管理信息系统框架图

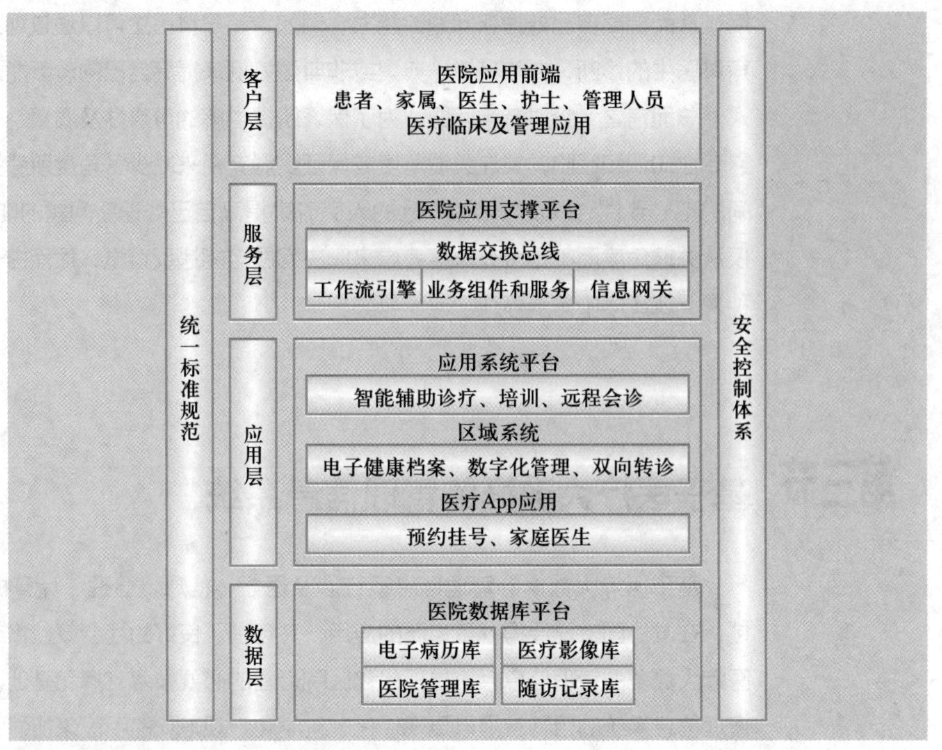

3. 基于医疗大数据的管理信息系统集成

由于基于医疗大数据管理信息系统各子系统之间缺乏统一规划，没有顶层设计，缺乏互联互通的基础，在医院内部形成了信息孤岛。针对这种现象，信息集成平台技术被应用到了医疗行业。信息集成平台就是通过对医院的各个子系统进行分析，整合现有业务流程和资源，运用企业服务总线（Enterprise Service Bus，ESB）等技术和工具，通过总线形式将各个业务模块按提供的服务内容整合在一起。集成平台的目的就是将各个业务系统打通，使各系统之间能共享数据、交换资源、协调工作。

医院信息系统集成平台主要有数据交互、数据整合、平台应用三大核心功能，平台的数据交互功能是通过 ESB 数据总线，将传统一对一的接口模式调整为子系统对平台的“插座式”接口模式，有效降低各子系统之间的耦合度，从而降低业务子系统的维护成本，减少业务接口开发成本，破解业务子系统选型的局限性。平台的数据整合功能是通过建立医疗数据共享标准，应用数据仓库技术（Extract-Transform-Load，ETL），实现零散数据汇总，建立临床、运营、科研数据中心，为进行数据挖掘分析、实现商业智能创建数据资源池，进而为医院管理提供决策支持。平台应用通过单点登录界面，提供医务人员、医院管理、患者服务三个主要门户，其中医务人员门户主要包括医院信息系统（Hospital Information System，HIS）、电子病历（Electronic Medical Record，EMR）、影像归档和通信系统（Picture Archiving and Communication Systems，PACS）、实验室信息管理系统（Laboratory Information Management System）、合理用药、重症手麻、临床路径等业务系统。这些业务系统通过平台 ESB 总线，以患者主索引

（Enterprise Master Patient Index，EMPI）为核心实现资源共享，建立患者 360 视图，为医院医疗行为提供技术支持，实现患者临床诊疗过程闭环管理。医院管理门户主要包括办公自动化（Office Automation，OA）、医务、护理、病案、财务、物资、设备、固定资产、人力资源等业务模块，这些业务系统的数据通过 ETL 数据总线汇聚到数据中心，通过商业智能（Business Intelligence，BI）形成丰富的报表进行展示，为医院管理提供数据支撑。患者服务门户主要包括预约挂号、诊疗提醒、报告查询、知识宣教等对外服务功能。集成平台的架构如图 9–12 所示。

图 9–12

集成平台架构

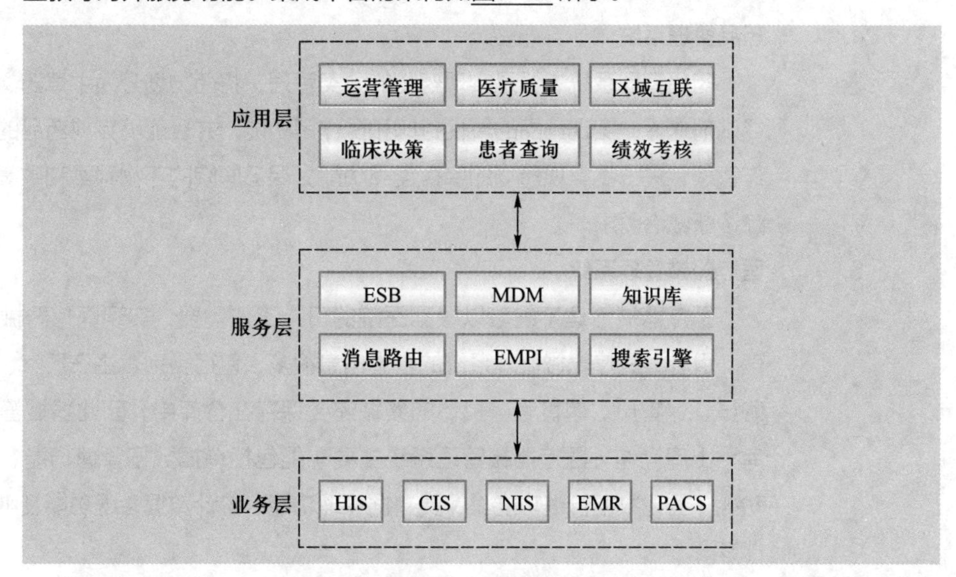

在实际工作中，医院信息系统集成平台将软件、硬件与通信技术组合起来为用户解决信息处理业务，集成平台的各个分离部分原本就是一个个独立的系统，集成后的整体的各部分之间能彼此协调地工作，以发挥整体效益，达到整体优化的目的。

（二） 基于医疗大数据的管理信息系统应用分析

基于医疗大数据的管理信息系统经过多年的应用和实践，已经覆盖到门诊挂号、诊断治疗、病案管理、药品管理、医疗器械管理等多个方面，提高了医院诊断治疗和运营管理水平，具有重要的作用。

1. 门诊挂号系统

患者到医院就诊，首先需要做的工作是建档挂号，目前可以通过挂号 App 和医院门户网进行挂号操作，门诊挂号系统可以帮助患者完成信息录入、医师选择和预约等服务。该系统利用 JSP 技术、HTML5 技术、XML 技术实现信息交互。

2. 诊断治疗系统

诊断治疗系统由医师操作，能够帮助采集和录入患者的基本信息，如既往病史等。同时，该系统可帮助医师结合患者拍摄的 CT 影像、核磁共振、血常规等检测结果，为患者进行诊断，录入诊断结果，并开具治疗方案。

3. 病案管理系统

病案是患者相关的详细信息，比如患者家属陪护信息、患者自身病史信息、患者疾病转移部位信息、患者感染信息等，因此这些信息被输入到系统中，模块可以完成系统数据的自动化管理，然后授权给一定的角色，比如医师等才能够浏览系统信息，实现打印预览功能。病案管理系统中的主要功能包括日志数据管理功能、病历数据管理功能、医疗费用单数据管理功能、病案数据查询功能、统计报表数据管理功能、系统维护数据管理功能和词典数据维护管理功能等。

4. 药品管理系统

药品管理系统主要是实现药物的分类管理，将药物划分为中草药、西药、中成药或试剂入库，实现药品的属性打印和操作等功能，并且能够完成药品的入库、出库操作管理，进一步实现药物的库存盘点功能，保证医院的药物种类和数量准确，满足医疗诊断救治需求。

5. 医疗器械管理系统

医疗器械管理系统可以根据医院的日常工作需要，实现医疗器械信息加工和处理。目前，医疗器械管理系统的基本信息很多，包括类别、生产厂家、经销公司、采购员、保管员、单价等。具体的器械还要保存在仓库中，因此器械管理需要完成入库、出库操作。医疗器械管理系统主要功能包括单据数据管理功能、采购数据管理功能、登记数据管理功能、保费数据管理功能、统计数据管理功能及维护数据管理功能等。

医院大数据管理信息系统所涵盖的功能还有很多，比如传输公文数据、影像图片、视频会议等。医院在进行远程会诊时需要传输高清视频数据，此时就需要较高的带宽，保证专家能够流畅地进行远程会诊。医生诊断治疗过程中，需要安排患者进行各种类型的检查，比如 CT 影像、核磁共振、超声诊断等，这些检查结果图片都是高分辨率的，因此需要一个稳定的网络传输和共享数据。而医院行政工作和诊断治疗系统更多聚焦于文字文档，比如一些诊断报告、公文通知等，因此医院网络还需连接各类型设备，比如终端 PC、打印机、圈存机、智能手机等，实现数据的实时共享与转化。

二、基于医疗大数据的辅助诊疗系统

（一）基于医疗大数据的辅助诊疗系统架构

1. 云边一体化

“云”实质上就是一个网络。狭义上讲，云计算就是一种提供资源的网络，使用者可以随时获取“云”上的资源，按需求量使用，并且可以将其看成无限扩展的，只要按使用量付费就可以。从广义上说，云计算是与信息技术、软件、互联网相关的一种服务，这种计算资源共享池叫作“云”，云计算把许多计算资源集合起来，通过软件实现自动化管理，只需要很少的人参与，就能让资源被快速提供。

医疗云的核心是以全民电子健康档案为基础，建立覆盖医疗卫生体系的信息共享平台，打破各个医疗机构信息孤岛现象，同时围绕居民的健康关怀提供统一的健康业务部署，建立远程医疗系统。依托医疗云，可以在人口密集居住区增设各种体检自助终端，甚至可以使自助终端进入家庭。建立医疗云利国利民，其重大意义归纳如下：有利于公共卫生业务联动工作；有利于疾病预防与控制管理；有利于突发公共卫生事件处理；便于开展公共卫生服务；有利于资源整合、减少重复投资；便于实现跨业务、跨系统的数据共享利用；有利于提高医疗服务的质量；有利于节省患者支出，缓解群众看病贵的问题；便于争抢生命绿色通道的"黄金时间"；有利于充分共享医疗资源；有利于开展远程医疗业务；有利于开展"六位一体"业务；有利于开展健康干预跟踪服务；便于"移动"（如转院、跨地区等）治病；通过远程医疗系统使人们便于享受优质的医疗服务。

作为一家内容分发网络和云服务的提供商，AKAMAI 早在 2003 年就与 IBM 就"边缘计算"进行合作。作为世界上最大的分布式计算服务商之一，当时它承担了全球 15%~30% 的网络流量。在其一份内部研究项目中，AKAMAI 即提出"边缘计算"的目的和解决方案，并通过 IBM 在其 WebSphere 上提供基于边缘的服务。对物联网而言，边缘计算技术取得突破，意味着许多控制将通过本地设备实现而无须交由云端，处理过程将在本地边缘计算层完成。这无疑将大大提升处理效率，减轻云端的负荷。由于更加靠近用户，还可为用户提供更快的响应，将需求在边缘端解决。在中国，边缘计算联盟（Edge Computing Consortium，ECC）正在努力推动三种技术，即运营、信息和通信（Operational，Information and Communication Technology，OICT）的融合。而其计算对象，则主要定义了四个领域：第一是设备域的问题。纯粹的物联网（Internet of Things，IoT）设备与自动化的 I/O 采集设备相比较，有不同但也有重叠部分。那些可以直接用于顶层优化，而并不参与控制本身的数据，可以直接放在边缘侧处理。第二是网络域。在传输层面，直接的末端 IoT 数据与来自自动化生产线的数据，其传输方式、机制、协议都会有所不同，因此，这里要解决传输的数据标准问题。当然，在 OPC-UA 架构下可以直接访问底层自动化数据。但对于 Web 数据的交互而言，存在 IT 与 OT 之间的协调问题。尽管有一些领先的自动化企业已经提供了针对 Web 方式数据传输的机制，但是，大部分现场的数据仍然存在这些问题。第三是数据域。数据域需要解决的问题包括：数据传输后的数据存储、格式、数据查询与数据交互机制和策略等问题。最后一个，也是最难的应用域，针对这一领域的应用模型尚未有较多的实际应用。图 9-13 展示了边缘计算架构。

无论是云、雾还是边缘计算，本身只是实现物联网、智能制造等所需要计算技术的一种方法或者模式。严格讲，雾计算和边缘计算本身并没有本质的区别，都是在接近现场应用端提供的计算。

图 9-13
边缘计算架构

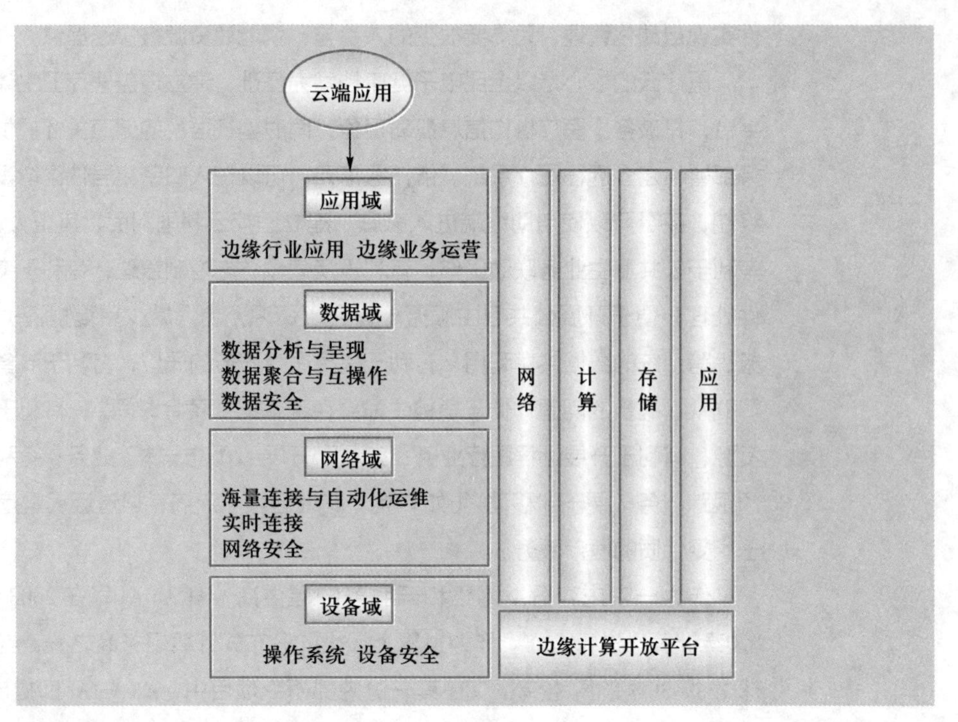

2. 移动医疗

移动医疗就是通过使用移动通信技术，例如掌上电脑、移动电话和卫星通信来提供医疗服务和信息，具体到移动互联网领域，则以基于安卓和 iOS 等移动终端系统的医疗健康类 App 为主。移动医疗改变了过去人们只能前往医院看病的传统方式，无论在家里还是在路上，人们都能够随时听取医生的建议，或者是获得各种与健康相关的资讯。移动通信技术的加入，不仅将节省之前大量用于挂号、排队等候乃至搭乘交通工具前往的时间和成本，而且会更高效地引导人们养成良好的生活习惯，变治病为防病。数据显示，移动医疗市场规模从 2013 年的 19.8 亿元，快速增长至 2017 年的超 200 亿元，年复合增长率达 78.48%，而 2018 年更是达到近 300 亿元的市场规模。2020 年年初新冠疫情暴发，进一步加速了国内移动医疗发展。2013—2020 年中国移动医疗市场规模如图 9-14 所示。

移动医疗 App 发展至今已经具备比较成熟的商业模式。根据移动医疗 App 功能，我们可以将其分为以下几类：

（1） 在线问诊功能。在线问诊功能其实就是社交类应用常见的文字、音频、视频通话功能的延伸，不同的是问诊过程中涉及明确的流程，包括患者档案、病情说明、诊疗用药、药品配送等，这些流程需要嵌入在问诊流程中，并保持数据的无缝对接。

（2） 电商功能。电商功能涉及商品展示、商品分类、个人中心、客服中心、线上支付等功能。医疗电商是线上商城常用的功能架构，综合平台购药环节会与个人档案关联，从而形成一套完整的个人健康记录。

（3） 流程管理。预约挂号往往是在线医疗 App 开发的一大难点，主要包括一套流程化管

图 9-14
2013—2020 年中国移动医疗市场规模

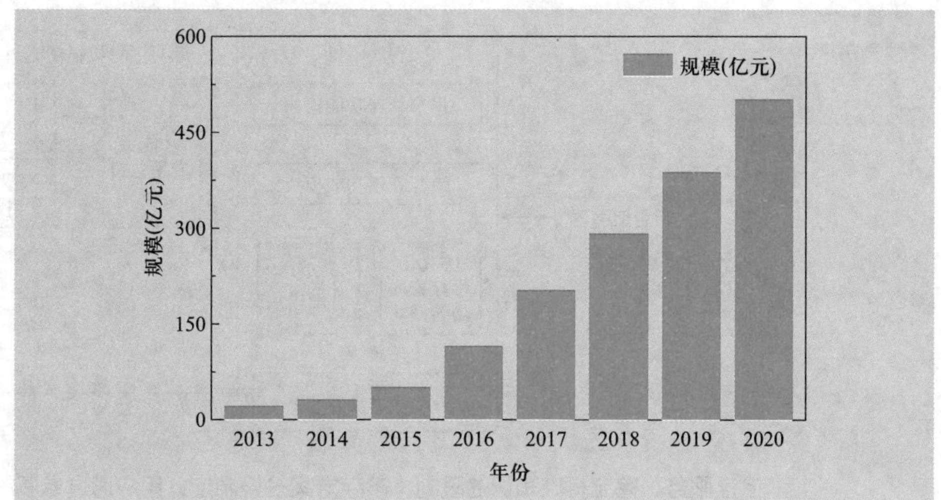

理工具与患者档案管理。重要的是，每个医院的数字化系统以及数据接口可能都不一样，如果要开发一款集各大医院的数字化系统于一身的挂号平台，数据接入及流程化管理难度会很高。

（4） IoT。部分医疗 App 会与智能硬件相结合，以此读取用户的心跳、血脂等健康信息，所以需要考虑 App 与智能硬件间的通信功能，包括 WIFI、蓝牙等通信组件，以及 IoT 相关的数据读取、信息加密等功能。

API-Cloud 作为国内领先的移动云定制平台，在移动医疗领域积累了丰富的行业经验，借助全行业解决方案与技术实践落地，助力我国健康产业进一步发展。

（二） 基于医疗大数据的辅助诊疗系统功能

1. 诊疗一体化

诊疗一体化一词，1998 年由 John Funkhouser 第一次提出。其将诊疗一体化定义为“根据疾病状态干预治疗手段的能力”。随着诊疗一体化快速蓬勃发展，其定义也得到扩充，当前业内普遍认为诊疗一体化是一种将疾病的诊断或监测与治疗有机结合的新型生物医学技术。由于诊疗一体化将诊断和治疗功能整合为一体，因此相对于单一的诊断或治疗手段具有明显的优势。

下面以面向某呼吸疾病的智能诊疗一体化系统为例进行简要介绍。该系统包括逻辑功能模块、用户管理功能模块、诊疗管理功能模块、游戏化诊疗管理功能模块、设备共享管理模块。用户管理功能模块和诊疗管理功能模块配有数据库，分别存储用户注册信息和用户诊疗方案。智能主机配置后台服务器，后台服务器配有数据库，存储所有用户注册信息和用户诊疗方案，并根据智能主机的请求提供所查询的用户注册信息以及用户诊疗方案。智能主机与后台服务器实现无线连接。用户接口包括手机 App，通过无线方式与智能主机连接。该智能诊疗一体化系统示意图如图 9-15 所示。

该系统可以实现智能主机通过可拔插功能头识别用户，为不同用户提供专属医疗服务。用户携带专属的可拔插功能头，在任何联网的智能主机上即可享受完全一致的

图 9-15
呼吸疾病智能诊疗一体化系统示意图

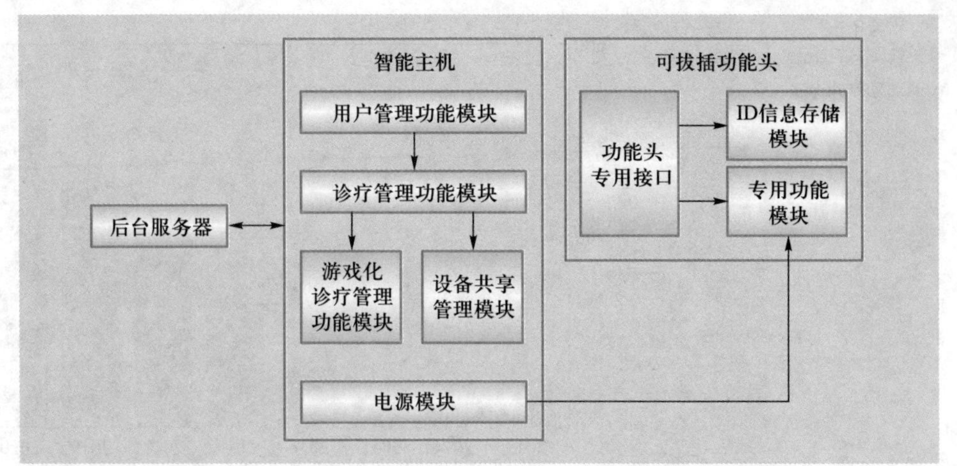

诊疗服务，完全打破知识的限制（诊疗方案一旦制定，用户通过专属的可拔插功能头和任何联网的智能主机即可在任何时间、任何地点获取完全一致的诊疗服务。而传统诊疗过程中，用户获得的诊疗服务往往因为医疗机构不同而存在差异，比如，通常只能在大医院获得较好的诊疗服务）和硬件的限制（任意联网的智能主机即可获得完全一致的服务，例如安全卫生前提下的可拔插功能头共享，包括药物管理设备头与红外体温计设备头共享等。共享的智能主机和功能头可以是社会上任意一台设备，且不会对用户诊疗造成任何影响，这意味着用户可以使用任意共享设备获得完全一致的诊疗服务）。基于此，该系统使得在全社会范围内共享诊疗知识和硬件成为可能，实现呼吸诊疗领域最大可能的资源共享，最大限度提高诊疗资源利用效率和使用效果。

2. 预后预测

疾病预后是基于对某种疾病的了解，包括其临床表现、化验及影像学、病因、病理、病情规律等，根据治疗时机和方法结合治疗操作中所发现的新情况，对疾病的近期和远期疗效、转归恢复或进展程度的评估。疾病预后与患者的治疗时机、疾病的发生程度、医学水平、合并的疾病、医生的个人能力、患者是否正视疾病或对疾病的认知能力、是否继续治疗等诸多因素有关。

预后预测系统应用场景与原因多种多样，但其最主要的目的就是告知个体疾病的将来进展以及出现某结局的概率，以便指导医生、病人共同决定将来的预防、治疗、康复方案。此外，应用预后预测系统还可以为治疗方案选择适宜的相关病人。例如，可以用已经验证过的预测模型筛选高危的癌症病人，并用于三苯氧胺的预防乳腺癌的临床试验。预后预测系统还可以用于医院间绩效的评价和比较，例如婴儿临床风险指数可用于新生儿重症监护病房死亡率和治疗效果的评价。

一种预后预测系统包括数据输入单元、因素提取单元、自搜寻单元、自返回单元、处理器、滤除规则库、显示单元、存储单元和自预测单元。预后预测系统能够根据用户的基本数据，进行相关的病历搜寻，同时会在搜寻的基础上对相关病历情况进行匹配，在最为类似的情况下，进行相关的康复概率统计，并根据统计结果，给予对应医生提供相应的技术帮助，在一定程度上提高医生的治病效率，提升病人的康复可能性。预后预测系统如图 9-16 所示。

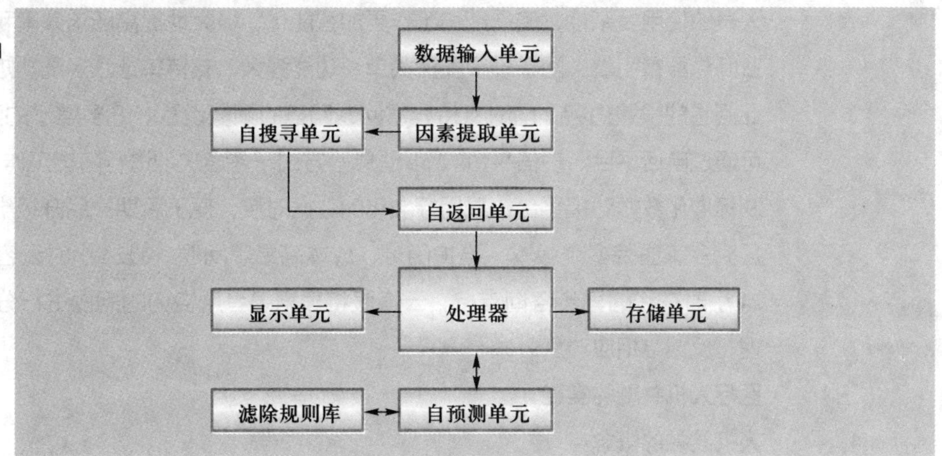

图 9-16
预后预测系统示意图

其中，数据输入单元用于录入病人的基本信息，包括年龄、性别、患病时间、患病名称和个人病历，并将病人的基本信息传输到因素提取单元。因素提取单元接收数据输入单元传输的病人基本信息，并结合自搜寻单元对基本信息进行相关要素获取操作，得到核选病历。自搜寻单元将核选病历和个人病历传输到自返回单元，自返回单元将核选病历和个人病历传输到处理器，处理器接收自返回单元传输的核选病历和个人病历；处理器将核选病历和个人病历传输到自预测单元，自预测单元结合滤除规则库对核选病历和个人病历进行预测操作，得到预测值。

3. 智能回访

医院对住院患者随访、出院患者回访是健康医疗服务延伸的重要组成部分。随着医疗市场竞争日趋激烈，就医就像选择商品一样要求有质量保证和完善的售后服务。目前对各家医院来说，除了不断提高医疗技术水平和护理质量，使患者在住院期间得到优质的医疗服务，出院后的回访也是留住患者、增进患者对医院信任的又一重要方法。事实证明，通过住院患者随访和出院患者回访可了解患者的真实感受，有利于客观评价医院服务及运行状态，有效改善医疗服务质量，促进业务水平不断提高，随访 + 回访中医患互动还能促进和谐医患关系的建立，提高患者满意度，提高医院竞争力。

智能回访系统包含以下几个主要功能。①患者档案综合管理：包括患者综合查询，可便捷地查找和筛选一些特定病种和有随访价值的患者，并直接添加到已制定的随访计划主题当中。②医患沟通管理：实现医护与患者之间的异步在线交流，避免传统模式下双方空闲时间不匹配，实现出院患者咨询与随访一体化管理。③云随访智能引擎：根据不同规则类别，如患者疾病类型、特殊事件等实现精确的短信提醒。④贴切的随访操作流程：随访操作界面内容展示全面，可同屏查看患者个人健康档案，以方便随访工作顺利开展。根据随访主题、随访计划、随访任务可实现合理的随访操作流程。⑤云随访知识库：提供精选在线问卷模板，在线随访专业模板，跨科室、跨院区模板共享；提供多类型在线短信提醒短语模板；提供单病种专业随访规则模板。⑥云随访规则引擎：灵活的随访规则、问卷规则、提醒规则的配置和管理，降低操作人员的使用复杂性，使得随访工作更加智能化，极大地提高随访效率和满意度。⑦专业问卷配置引擎：问卷模板配置简单，功能强大，支持单选、多选、矩阵、文本等专业问卷的设置内容，同时支持异常问题回答的预警设置。⑧多渠道的随访方式支持：可通过电话平台、短信平台、App 消息等方式，多层次地进行随访工作，确保随访率。⑨标准化数据对接平台：采用标准化的数据对接，便于后期产品升级维护，避免传统厂商多家医院多个版本，维护困难，成本高昂等问题。⑩24 小时云客服：提供患者 24 小时在线的异步咨询支持，云客服将根据患者所咨询的问题进行分类，并实时处理，反馈给相应对象。

（三） 医疗人机共融的实现

1. 人机共融的概念

人机共融是指智能机器人与人类协同解决问题，相互影响并配合实现设定的目标或方案。它是一个集成了人工智能、混合智能感知、群智能和大数据智能认知等技术的智能技术集成系统，并融合了多学科领域。这是近年来的一项突破性发明和前沿发现。Klaus Schwab 作为世界经济论坛创始人及执行主席曾提到，现实世界、数字世界和生物世界之间的界限，随着第四次工业革命的技术革新将集成和融合在一起，因此，制定和布局下一代机器人机器服务体系的发展战略已成为抢占世界技术制高点的必要措施。在“互联网 +”环境中，智慧城市、智能交通、智能机器人将被广泛应用于智能技术中以构建新的集成系统。

2. 人机共融的技术

为了真正实现人机共融，让人与机器人可以更好地协调各自的优势，势必要在感知、控制、结构和功能上突破机器人当前的挑战和技术瓶颈。共融机器人技术见表 9-13。

表 9-13 共融机器人技术

技术	内容	重要性
感知	适应复杂多变的环境，具备多模态感知功能	实现功能的基础，保证效率的前提
控制	更自然简便的交互形式，更优质的情感交互服务	安全高效，扩展应用场景
结构	加强仿人机器人在行为上的拟人化	使人产生共鸣，提高工作时配合度
功能	自主决策和自适应学习	高效完成目标且可胜任创造性工作

自主决策是共融机器人自主性的一个重要体现，这意味着它们不会受到人为干预的影响，执行控制态度和奖励目标是自行确定的。共融机器人可以在无监督状态下执行任务以实现用户定义的目标，并可通过更具创造性、灵活性的工作，具有一定的自我管理与自我引导能力。机器人实现自主决策的能力就需要共融机器人把握、感知动态环境变化的因素，为实施自主决策提供依据。

3. 医疗人机共融应用

医疗健康是国家战略和全球关注的重点。近年来协作机器人在康复领域取得了很大的发展。在康复方面，机器人种类的范畴很广，其中还可细分为行动机器人、生活自理机器人、交流和学习机器人、远程康复机器人和智慧医疗机器人等。生活自理机器人主要承担类似护工的工作，在生活中帮助患者完成穿衣、喂食等基本活动；交流和学习机器人具备医患沟通、心理辅导等功能；远程康复机器人则致力于配合患者康复训练、指导医疗等工作。尽管这类机器人有不同的使用场景，但是都需要有充分的语音识别和患者意图识别能力，特别需要有自我学习和自动知识更新的能力，使其能快速感知并判断患者的状态，同时获取外界信息并将有效信息反馈给患者。所有人体功能都与康复机器人的应用相关联，借助于人机共融服务系统不仅可以评价人体能力、辅助实现原本弱化或者丧失的人体功能，也可以通过反复应用，发挥功能训练的作用，实现功能康复的效果。

医疗人机共融包括医生与系统、病人与系统两方面。对于医生来说，共融机器人在康复医疗领域的应用可以降低治疗中的人为失误率，节约劳动成本。共融机器人受外界因素干扰的影响较小，同时易于统一管理和质量控制，随着其感知、认知、决策、逻辑判断能力的提高，学习能力、适应能力得以突破，可在应用时自主进行治疗方案的更新与完善，并将生成的数据信息反馈给人类，以便康复专业人员收集患者的状况信息，进一步调整康复方案和提出新的康复方法。

对于病人来说，在健康服务领域，共融机器人除了作为康复机器人，辅助病人完成康复治疗，辅助人工智能技术融入医疗系统，辅助病人看病和医生治疗以外，专为陪伴设计的社交型机器人对于自闭症儿童和老年痴呆症患者更有特殊的功用。智能机器人可用于自闭症儿童的早期教育、治疗、陪伴和心理健康服务，人机共融的交互方式可减缓自闭症患者的社交恐惧感。机器人通过数据分析和与用户的长期互动，可感知用户的心理状态，并给予合适的反馈，满足用户的行为和心理需求。共融机器人应具有与人类相同的理解、决策、判断和同情的能力和特征。这样，机器人就可以像真人一样与人交流，才能在陪伴的服务领域中完成人类的要求并使其满意。在老年痴呆症的治疗方法上，陪伴则是不可或缺的一种方式，有效的陪伴可以减少患者的躁动行为，减少孤独感和增强社交参与度。然而，具有认知障碍的老年人对于智能产品和创新技术的接受度较低，因此更有必要完成机器人与人的智能融合，使共融机器人具备人类意图理解能力，能及时感知人的情绪变化并及时给予反馈。

三、 面向甲状腺结节的辅助诊疗系统

（一） 图像数据获取

1. 图像采集与分级标记

甲状腺是一个富血供的腺体组织，而且在其周围有颈动脉及颈静脉等重要血管的

包绕，术后并发症多，不宜大面积开展，而且细针穿刺对一些较大结节取材有限，也起不到鉴别诊断的作用。随着超声造影技术的开展，对甲状腺结节的鉴别诊断有了新的方法。超声造影是微泡对比剂经外周静脉注射后通过肺循环最终到达靶器官及靶组织，通过改变声衰减、声速及增强后散射等原理，改变声波与组织间的基本作用，增加血流与周围组织间的回声差异，能实时动态连续地观察病灶的微循环水平、超声对比剂灌注的全过程，大大提高了对细微血管探测的敏感性及超声诊断的准确性。该方法为病灶的超声定性诊断提供了新的路径，极大地丰富了甲状腺疾病的诊断手段，超声造影显示甲状腺结节内微小血管已经成为可能，尤其是在疾病鉴别诊断中引起了人们的关注。

超声检查对甲状腺良性结节及甲状腺癌的诊断和评估有着重要作用，是甲状腺结节检查的首选方法。但对甲状腺良恶性结节的二维声像图存在重叠、术语不统一等问题，导致不同的超声医师对同一病例的诊断结果不一致，以致许多良性甲状腺病灶需接受活检确诊，由此带来过度治疗及患者的过度恐慌不容忽视。2009 年 Horvath 等在美国放射协会乳腺影像报告和数据系统（Breast Imaging Reporting And Data System，BI-RADS）的基础上提出了甲状腺影像报告和数据系统（Thyroid Imaging Reporting And Data System，TI-RADS），它将甲状腺结节特有的超声表现重新组合，并根据恶性程度分为 1—6 类（甲状腺结节分级表如表 9-3 所示）。

收集 2018 年 9 月至 2020 年 9 月的 8 461 张甲状腺结节图像，依据医生专业知识与经验进行特征图像鉴别和分级标记，支持可解释性的甲状腺结节诊断推荐。甲状腺结节图像的特征分级标记统计表如表 9-14 所示。甲状腺结节超声图像 TI-RADS 分级标记图如图 9-17 所示。

表 9-14
甲状腺结节图像的特征分级标记统计表

图片用途	图片种类	图片数目	
学习病理	病理结果（良 / 恶）	恶性：75	良性：70
学习特征	边界特征	TI-RADS 3：736 TI-RADS 4A：497 TI-RADS 4B：624 TI-RADS 4C：271 TI-RADS 5：207 共计：2 335	
	边缘特性	TI-RADS 3：738 TI-RADS 4A：440 TI-RADS 4B：587 TI-RADS 4C：151 TI-RADS 5：193 共计：2 109	

续表

图片用途	图片种类	图片数目	
学习病理	病理结果（良 / 恶）	恶性：75	良性：70
学习特征	回声特征	TI-RADS 3：485 TI-RADS 4A：375 TI-RADS 4B：689 TI-RADS 4C：177 TI-RADS 5：94 共计：1 820	
	钙化特征	TI-RADS 3：660 TI-RADS 4A：534 TI-RADS 4B：509 TI-RADS 4C：302 TI-RADS 5：192 共计：2 197	

图 9-17
甲状腺结节图像的分级标记过程

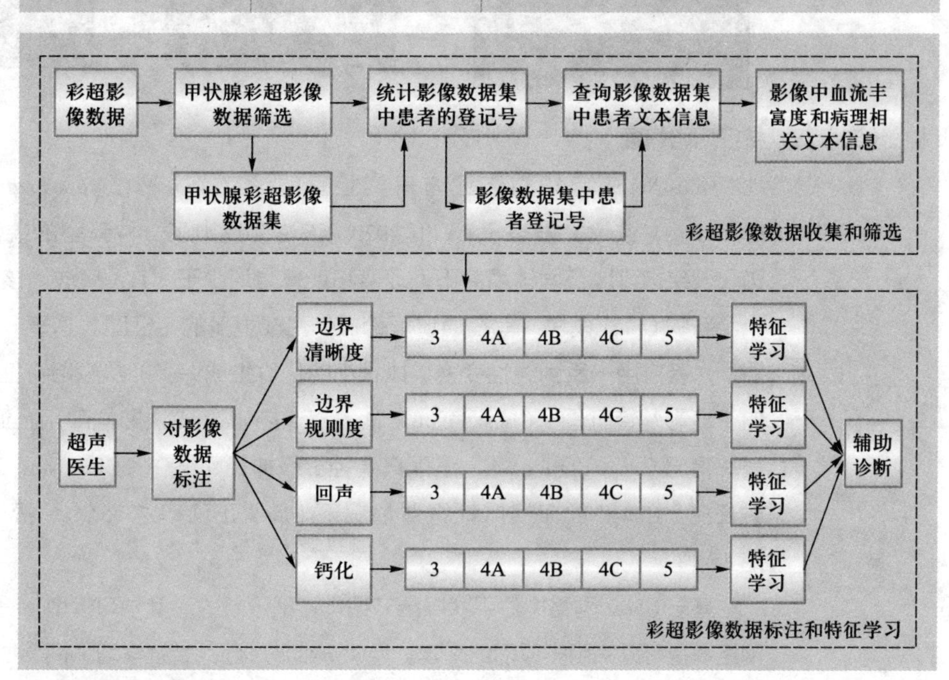

2. 感兴趣区域识别

依据超声医生的诊断知识，识别感兴趣区域，并使用矩形、方框等方式勾勒出此区域，便于深度网络学习图像特征。甲状腺结节图像的感兴趣区域识别如图 9-18 所示。

3. 图像标准化

将原始甲状腺结节图像统一裁剪为 740 × 520（像素）大小，并对裁剪后的图像进行归一化处理，消除不同图像之间的像素灰度范围差异。甲状腺图像标准化如图 9-19 所示。

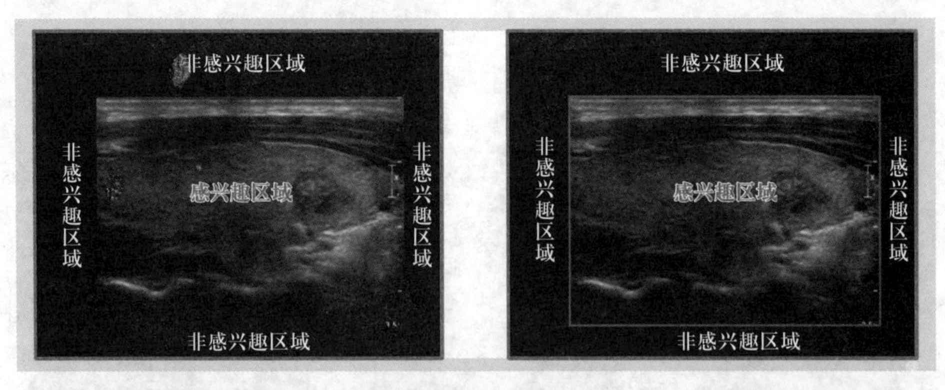

图 9-18
甲状腺结节图像的ROI识别

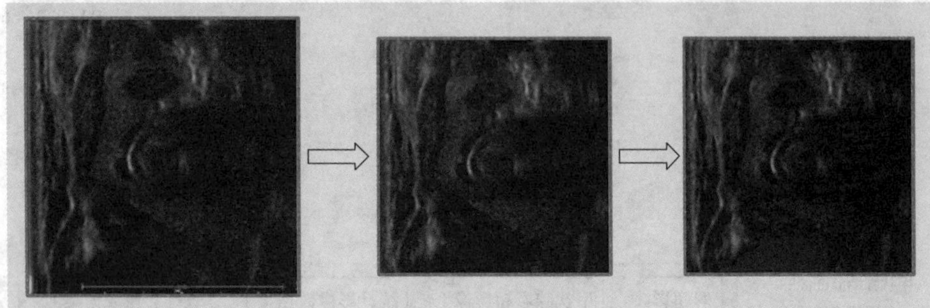

图 9-19
甲状腺结节图像从裁剪到归一化

（二） 特征网络构建

GhostNet 来自华为诺亚方舟实验室的论文 *GhostNet*：*More Features from Cheap Operations*，该论文发表于 CVPR 2020。该论文提出了一种新型的端侧神经网络架构。该架构可以在同样精度下，速度和计算量均少于 SOTA 算法。该论文提供了一个全新的 Ghost 模块，旨在通过廉价操作生成更多的特征图。基于一组原始的特征图，作者应用一系列线性变换，以很小的代价生成许多能从原始特征发掘所需信息的“幻影”特征图（Ghost Feature Maps）。该 Ghost 模块即插即用，通过堆叠 Ghost 模块得出 Ghost Bottleneck，进而搭建轻量级神经网络——GhostNet。在 ImageNet 分类任务，GhostNet 在相似计算量情况下 Top-1 正确率达 75.7%，高于 MobileNetV3 的 75.2%。

基于 Ghost 网络构建甲状腺结节钙化特征诊断的深度学习模型。其他三个特征的网络模型可以采用类似网络构建。甲状腺结节诊断的特征学习如图 9-20 所示。

四个特征在五种分级上分别随机选取 90% 数据作为训练样本，剩余 10% 数据作为测试样本。以 Ghost 网络为例得到如表 9-15 所示的结果。

诊断预测选取四类特征上的 7 624 个数据样本作为训练集，另选 145 张有病理结果的 B 超图片作为测试集。在随机选取四类特征权重的情况下，通过对四类特征上的预测结果进行加权生成诊断结果。通过多次实验，当网络诊断精度获得最优时，生成的权重为边界：0.181 356 74，轮廓：0.204 677 3，回声：0.226 402 34，钙化：0.387 563 62。

在该权重下对比 4 种不同的深度网络，得到测试结果如表 9-16 所示。

图 9-20
甲状腺结节诊断的特征学习——以钙化为例

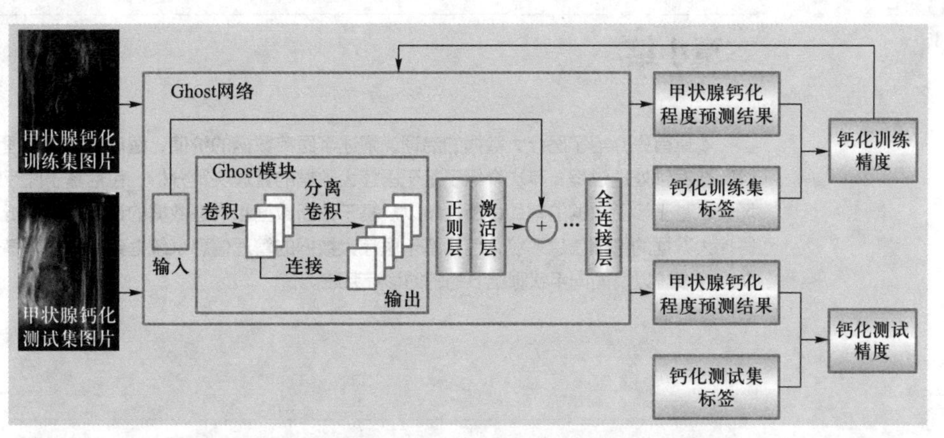

表 9-15
Ghost 网络在四类特征上预测结果表

特征名称	训练样本数	测试样本数	共计样本	总测试精度（%）
边界	2 104	231	2 335	75.14
边缘	1 900	209	2 109	72.05
回声	1 641	179	1 820	73.24
钙化	1 979	218	2 197	79.79

表 9-16
不同深度网络下的甲状腺结节诊断推荐预测结果

网络名称 - 层数	诊断预测精度（%）	训练总时间	网络大小
Restnet-9	57.19	5h8min43s	22.37
Restnet-18	58.05	1h22min4s	33.95
Pyrenet-9	54.77	2h50min43s	30.17
Ghostnet-18	61.84	1h19min14s	15.10

（三）诊断系统原型

甲状腺结节医疗诊断系统使用训练好的网络进行预测。单张图片输入系统并进行裁剪和预测共耗时约 2.9 秒，针对良性和恶性结节图片的裁剪与预测结果如图 9-21 所示。

图 9-21
系统对甲状腺恶性结节（左）、良性结节（右）诊断结果

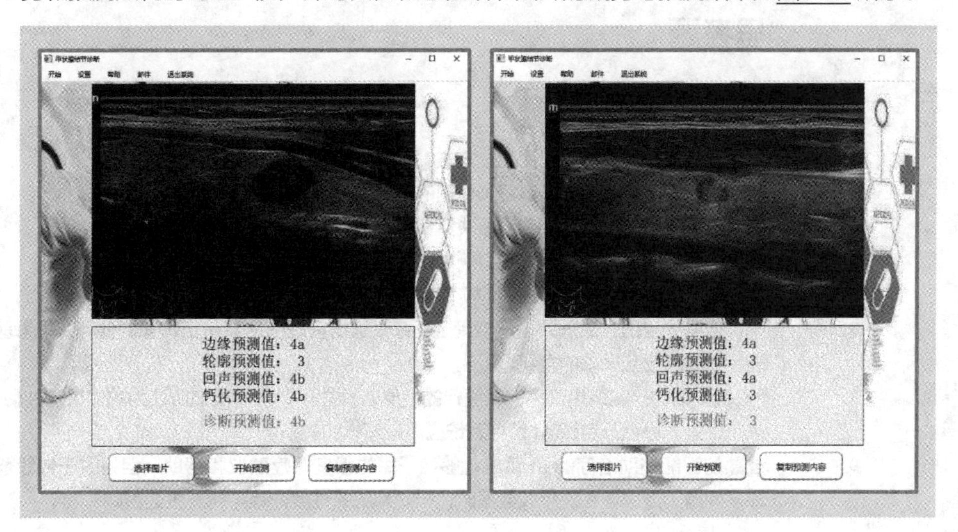

本章小结

本章首先介绍了医疗大数据的治理，阐述了医疗数据的价值、医疗数据预处理过程和甲状腺超声诊断数据预处理过程；其次介绍了基于医疗大数据的管理决策分析，包括基于医疗大数据的管理决策场景、基于诊断数据的辅助诊断决策以及基于诊断数据和病理数据的诊断行为分析；最后介绍了基于医疗大数据的管理信息系统，包括基于医疗大数据的管理信息系统框架和集成、基于医疗大数据的辅助诊疗系统以及面向甲状腺结节的辅助诊疗系统。

关键词

- 医疗大数据（Medical Big Data）
- 数据价值（Data Value）
- 数据预处理（Data Preprocessing）
- 甲状腺结节（Thyroid Nodule）
- 超声诊断（Ultrasonic Diagnosis）
- 管理决策场景（Management Decision Scenario）
- 辅助诊断决策（Auxiliary Diagnosis Decision）
- 诊断行为分析（Diagnostic Behavior Analysis）
- 管理信息系统（Management Information System）
- 辅助诊疗系统（Auxiliary Diagnosis and Treatment System）
- 超声图像（Ultrasonography）
- TI-RADS 分级（TI-RADS Categories）

思考题

1. 简述医疗大数据的四个特性。
2. 数据预处理中数据清理包括哪些方法？
3. 简述甲状腺结节超声诊断数据预处理的三个步骤。
4. 请概括基于诊断数据的辅助诊断决策案例中指标权重确定方法。
5. 基于诊断数据的辅助诊断决策案例中，人机共融是如何体现的？
6. 基于诊断数据的辅助诊断决策的实践意义是什么？
7. 结合自身的经历，谈一谈自己感受到医疗大数据管理信息系统所带来的便利，思考医疗大数据时代可能存在的问题和未来的发展。
8. “人机共融”的实现是未来智慧医疗的发展目标之一，谈一谈你所认为的“人机共融”是怎样的状态，未来医生、患者分别和 AI 诊疗系统应该有怎样的关系。
9. 成熟的智能辅助治疗的 AI 系统能够给予医生很多医疗建议和帮助，但是过于依赖智能系统也会造成许多问题。请思考在医疗大数据时代，对系统的过度依赖可能产生的影响。

即测即评

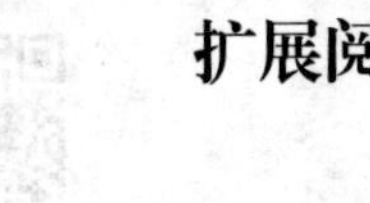

扩展阅读

[1] 国务院.促进大数据发展行动纲要(国发[2015]50号),2015年8月.

[2] 中共中央,国务院.关于构建更加完善的要素市场化配置体制机制的意见,2020年3月.

[3] 中华人民共和国数据安全法,2021年6月.

[4] 《中华人民共和国国民经济和社会发展第十四个五年规划和2035年远景目标纲要》第五篇“加快数字化发展 建设数字中国”,2021年3月.

[5] A. Acquisti, C. Fong. An experiment in hiring discrimination via online social networks. Management Science, 2020, 66(3): 1005-1024.

[6] 陈国青,曾大军,卫强,等.大数据环境下的决策范式转变与使能创新.管理世界,2020,36(2):95-105.

[7] 陈国青,张瑾,王聪,等.“大数据—小数据”问题:以小见大的洞察.管理世界,2021,37(2):203-213.

[8] 陈剑,黄朔,刘运辉.从赋能到使能——数字化环境下的企业运营管理.管理世界,2020,36(2):117-128.

[9] 洪永淼,汪寿阳.数学、模型与经济思想.管理世界,2020,36(10):15-27.

[10] 刘业政,孙见山,姜元春,等.大数据的价值发现:4C模型.管理世界,2020,36(2):129-138.

[11] 刘意,谢康,邓弘林.数据驱动的产品研发转型:组织惯例适应性变革视角的案例研究.管理世界,2020,36(3):164-183.

[12] 马长峰,陈志娟,张顺明.基于文本大数据分析的会计和金融研究综述.管理科学学报,2020,23(9):19-30.

[13] 戚聿东,肖旭.数字经济时代的企业管理变革.管理世界,2020,36(6):135-152.

[14] 孙新波,钱雨,张明超,等.大数据驱动企业供应链敏捷性的实现机理研究.管理世界,2019,35(9):133-151.

[15] 肖静华,吴瑶,刘意,等.消费者数据化参与的研发创新——企业与消费者协同演化视角的双案例研究.管理世界,2018,34(8):154-173.

[16] 邢根上,鲁芳,周忠宝,等.数据可携权能否治理“大数据杀熟”?.中国管理科学,2022,30(3):85-95.

[17] 徐鹏,徐向艺.人工智能时代企业管理变革的逻辑与分析框架.管理世界,2020,36(1):122-129.

[18] 杨善林,周开乐.大数据中的管理问题:基于大数据的

资源观. 管理科学学报，2015，18（5）：1-8.

[19] R. Agarwal，V. Dhar. Editorial—Big data，data science，and analytics：The opportunity and challenge for IS research. Information Systems Research，2014，25（3）：443-448.

[20] S.S. Cao，V.W. Fang，L.G. Lei. Negative peer disclosure. Journal of Financial Economics，2021，140（3）：815-837.

[21] A. Culotta，J. Cutler. Mining brand perceptions from twitter social networks. Marketing Science，2016，35（3）：343-362.

[22] A. Intezari，S. Gressel. Information and reformation in KM systems：Big data and strategic decision-making. Journal of Knowledge Management，2017，21（1）：71-91.

[23] E.P. Lim，H. Chen，G. Chen. Business intelligence and analytics：Research directions. ACM Transactions on Management Information Systems（TMIS），2013，3（4）：1-10.

[24] K. Obaid，K. Pukthuanthong. A picture is worth a thousand words：Measuring investor sentiment by combining machine learning and photos from news. Journal of Financial Economics，Forthcoming，2021.

[25] F. Provost，T. Fawcett. Data science and its relationship to big data and data-driven decision making. Big Data，2013，1（1）：51-59.

[26] D. Shin，S. He，G.M. Lee，et al. Enhancing social media analysis with visual data analytics：A deep learning approach. MIS Quarterly，2020，44（4）：1459-1492.

[27] D. Simchi-Levi. OM forum—OM research：From problem-driven to data-driven research. Manufacturing & Service Operations Management，2014，16（1）：2-10.

[28] Q. Wang. B. Li，P.V. Singh. Copycats vs original mobile apps：A machine learning copycat-detection method and empirical analysis. Information Systems Research，2018，29（2）：273-291.

[29] D. Zeng，Y. Liu，P. Yan，et al. Location-aware real-time recommender systems for brick-and-mortar retailers. INFORMS Journal on Computing，Forthcoming，2021.

[30] I. Rahwan，M. Cebrian，N. Obradovich，et al. Machine behaviour. Nature，2019，568（7753）：477-486.

教学支持说明

建设立体化精品教材，向高校师生提供整体教学解决方案和教学资源，是高等教育出版社“服务教育”的重要方式。为支持相应课程教学，我们专门为本书研发了配套教学课件及相关教学资源，并向采用本书作为教材的教师免费提供。

为保证该课件及相关教学资源仅为教师获得，烦请授课教师清晰填写如下开课证明并拍照后，发送至邮箱：yangshj@hep.com.cn，也可加入 QQ 群：184315320 索取。

编辑电话：010-58556042。

证 明

兹证明________________大学________________学院/系第______学年开设的________________课程，采用高等教育出版社出版的《　　　　　　　　》（__________主编）作为本课程教材，授课教师为__________，学生__________个班，共__________人。授课教师需要与本书配套的课件及相关资源用于教学使用。

授课教师联系电话：________________ E-mail：________________

学院/系主任：________________（签字）

（学院/系办公室盖章）

20____年____月____日